中 国 国 家 标 准 汇 编

2017 年修订-36

中国标准出版社　编

中国标准出版社

北　京

图书在版编目(CIP)数据

中国国家标准汇编:2017年修订.36/中国标准出版社编.—北京:中国标准出版社,2019.5
ISBN 978-7-5066-9311-0

Ⅰ.①中… Ⅱ.①中… Ⅲ.①国家标准-汇编-中国-2017 Ⅳ.①T-652.1

中国版本图书馆CIP数据核字(2019)第107572号

中国标准出版社出版发行
北京市朝阳区和平里西街甲2号(100029)
北京市西城区三里河北街16号(100045)

网址 www.spc.net.cn
总编室:(010)68533533 发行中心:(010)51780238
读者服务部:(010)68523946
中国标准出版社秦皇岛印刷厂印刷
各地新华书店经销

*

开本 880×1230 1/16 印张 33.25 字数 998 千字
2019年5月第一版 2019年5月第一次印刷

*

定价 220.00 元

出 版 说 明

《中国国家标准汇编》是一部大型综合性国家标准全集。自1983年起，每年按国家标准顺序号分册汇编出版，分为“制定”卷和“修订”卷两种形式。

“制定”卷收入上一年度我国发布的、新制定的国家标准，视篇幅分成若干分册，封面和书脊上注明“20××年制定”字样及分册号，分册号一直连续。各分册中的标准是按照标准编号顺序连续排列的，如有标准顺序号缺号的，除特殊情况注明外，暂为空号。

“修订”卷收入上一年度我国发布的、被修订的国家标准，视篇幅分成若干分册，但与“制定”卷分册号无关联，仅在封面和书脊上注明“20××年修订-1，-2，-3，……”字样。“修订”卷各分册中的标准，仍按标准编号顺序排列（但不连续）；如有遗漏的，均在当年最后一分册中补齐。需提请读者注意的是，个别非顺延前年度标准编号的新制定国家标准没有收入在“制定”卷中，而是收入在“修订”卷中。

读者购买每年出版的《中国国家标准汇编》“制定”卷和“修订”卷则可收齐由我社出版的上一年度制定和修订的全部国家标准。

2017年我国制修订国家标准共3 811项。本分册为《中国国家标准汇编》“2017年修订-36”，收入新制修订的国家标准28项。

中国标准出版社
2019年3月

目　　录

ICS 65.100.10
G 25

中华人民共和国国家标准

GB/T 18416—2017
代替 GB/T 18416—2009

家用卫生杀虫用品 蚊香

Domestic sanitary insecticide—Mosquito coils

2017-12-29 发布 2018-04-01 实施

中华人民共和国国家质量监督检验检疫总局
中国国家标准化管理委员会 发布

前　言

本标准按照 GB/T 1.1—2009 给出的规则起草。

本标准代替 GB/T 18416—2009《家用卫生杀虫用品　蚊香》。与 GB/T 18416—2009 相比主要技术变化如下：

——修改了范围(见第 1 章,2009 年版的第 1 章)；

——修改了规范性引用文件(见第 2 章,2009 年版的第 2 章)

——修改了术语和定义(见 3.3,2009 年版的 3.3)；

——修改了外观和感官的要求(见 4.2,2009 年版的 4.2)；

——增加了盘平均质量或净含量的要求(见 4.8)；

——修改了平整度的测试方法(见 5.5,2009 年版的 5.5)；

——修改了燃点时间测试条件(见 5.7.1,2009 年版的 5.7.1)；

——增加了盘平均质量或净含量的试验方法(见 5.8)；

——修改了型式检验(见 6.3,2009 年版的 6.2.2)；

——修改了标志(见 7.1.1,2009 年版的 7.1.1)；

——修改了使用说明(见 7.5,2009 年版的 7.5)。

请注意本文件的某些内容可能涉及专利。本文件的发布机构不承担识别这些专利的责任。

本标准由中国轻工业联合会提出。

本标准由全国家用卫生杀虫用品标准化技术委员会(SAC/TC 311)归口。

本标准主要起草单位:中山榄菊日化实业有限公司、成都彩虹电器(集团)中南有限公司、北京市轻工产品质量监督检验一站、广州超威日化股份有限公司、国家家用杀虫用品质量监督检验中心、黑猫神日化股份有限公司、柳州华力家庭品业股份有限公司、福建省金鹿日化股份有限公司、中山凯中有限公司、河北康达有限公司、浙江蓝剑生物科技有限公司、浙江绿岛科技有限公司、江西山峰日化有限公司、福建双飞日化有限公司、浙江正点实业有限公司。

本标准主要起草人:王昕瑶、李传和、林炜、周定刚、魏晓英、周信尧、晏许超、秦孝明、李伟、高少伟、林彬、张启贵、吴加木、霍天雄、张海莲、吴雪君、朱宏伟、宫宝利。

本标准所代替标准的历次版本发布情况为：

——GB 18416—2001、GB/T 18416—2009。

家用卫生杀虫用品　蚊香

1　范围

本标准规定了家用卫生杀虫用品蚊香的术语和定义、要求、试验方法、检验规则及标志、包装、运输、贮存、使用说明。

本标准适用于由有效成分、植物性粉末、炭质粉末、粘合剂等为原材料混合制成的盘式蚊香。

本标准不适用于线香、轻质蚊香。

2　规范性引用文件

下列文件对于本文件的应用是必不可少的。凡是注日期的引用文件，仅注日期的版本适用于本文件。凡是不注日期的引用文件，其最新版本(包括所有的修改单)适用于本文件。

GB/T 2828.1—2012　计数抽样检验程序　第1部分：按接收质量限(AQL)检索的逐批检验抽样计划

GB/T 2829—2002　周期检验计数抽样程序及表(适用于过程稳定性的检验)

GB 24330　家用卫生杀虫用品安全通用技术条件

定量包装商品计量监督管理方法　国家质量监督检验检疫总局令第75号

3　术语和定义

下列术语和定义适用于本文件。

3.1

抗折力　strength of coil

单圈蚊香抗折断的能力。

注：单位为牛顿。

3.2

平整度　level off

蚊香平面的翘曲程度。

3.3

盘　a plate of several coils

一次成型的两个或两个以上的单圈组成的蚊香。

3.4

单圈　coil

不能再拆分的蚊香单元。

4　要求

4.1　通则

有效成分使用要求、毒理、有效成分含量及允许波动范围、药效、热贮稳定性、烟尘量应符合GB 24330中规定。

4.2 外观和感官

4.2.1 产品应完整，色泽均匀，无霉斑，无断裂、变形和缺损。

4.2.2 同一产品可使用多种香型，其香型应与明示香型相符合，无异味。

4.3 抗折力

单圈的抗折力应≥1.5 N。

4.4 脱圈性

除连结点外，产品其他部分均易完整脱开。

4.5 平整度

产品表面平整度应符合5.5试验要求。

4.6 水分

蚊香产品的水分应不大于10%。

4.7 燃点时间

4.7.1 蚊香燃点时间应不小于7.0 h，中途不得熄灭。

4.7.2 特殊规格的产品应明示燃点时间，其燃点时间应不小于明示时间，中途不得熄灭。

4.8 盘平均质量或净含量

4.8.1 盘平均质量或净含量（单位为g）应明示包装上。

4.8.2 盘平均质量或净含量偏差应符合《定量包装商品计量监督管理方法》中附表3相应规定。

5 试验方法

5.1 通则

有效成分使用要求、毒理、有效成分含量及允许波动范围、药效、热贮稳定性、烟尘量按GB 24330中试验方法测试。

5.2 外观和感官

5.2.1 外观目测。

5.2.2 感官点燃后用嗅觉判断。

5.3 抗折力

5.3.1 测试条件

室温：(23±3)℃，相对湿度：(65±15)%。

5.3.2 操作步骤

打开包装，在上述测试条件下放置24 h后测试，将1个单圈蚊香置于蚊香支架中（见图1），其中一边槽距蚊香点燃端2 cm，然后将蚊香与蚊香支架一起放在蚊香抗折力测试仪上（见图2），并调整零位

(量程 0 g～2 000 g)。用手转动螺丝指针降低并调至蚊香的头(或眼)中，螺丝轻轻的旋转压下直至蚊香断裂。记录蚊香断裂时蚊香抗折力测试仪上的读数，并将单位换算成牛顿。

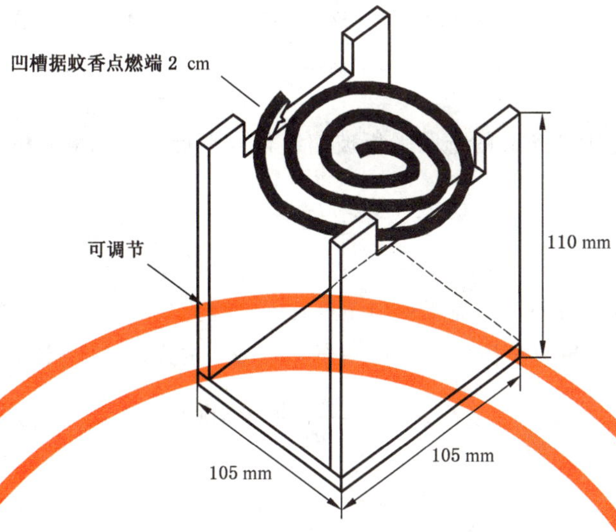

图 1　蚊香支架

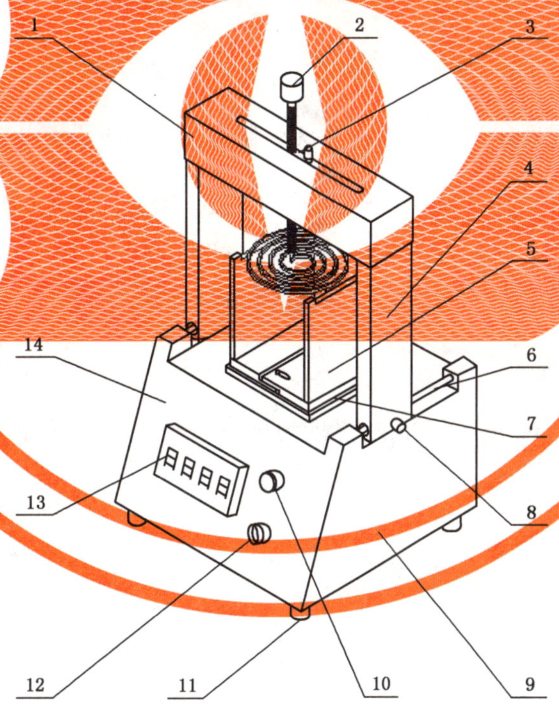

说明：

1 ——护罩；
2 ——下压调节螺杆；
3 ——螺杆快速复位；
4 ——螺杆调节支架；
5 ——蚊香可调支架；
6 ——滑杆；
7 ——力值采集平板；
8 ——螺杆调节支架锁紧；
9 ——底座；
10——电源指示；
11——底座脚；
12——主电源开关；
13——力值显示屏；
14——前面板。

图 2　蚊香抗折力测试仪

5.4 脱圈性

掰开蚊香的连结点，从相反方向轻推蚊香，逐渐分为两单圈，香体不应断裂。

5.5 平整度

用两块长 150 mm、宽 150 mm 的透明平板玻璃组合成平行间距为 8 mm 的卡板，蚊香能在卡板中间自然通过。

5.6 水分

将一盘蚊香用天平称重为 m_1（精确至 0.01 g），放入温度为（105±5）℃的烘箱中 1.5 h，取出放置干燥器中冷却至室温后立即称量直至恒重 m_2（精确至 0.01 g），按式（1）进行计算：

$$M_{水分}=\frac{m_1-m_2}{m_1}\times 100\% \qquad \cdots\cdots(1)$$

式中：

$M_{水分}$——水分，%；

m_1 ——干燥前质量，单位为克（g）；

m_2 ——干燥后质量，单位为克（g）。

5.7 燃点时间

5.7.1 测试条件

室温：（23±3）℃，相对湿度：（65±15）%。在无强制对流空气的环境中进行测试。

5.7.2 操作步骤

将被测样品在上述测试条件下放置 24 h 后，点燃样品，放在产品包装提供的支架上，分别置于 1 m×1 m×1 m 敞口的燃点柜中间区域内，记录点燃到熄灭的时间。

5.8 盘平均质量或净含量

取整包装试样，在温度为（23±3）℃相对湿度为（65±15）%条件下，测量并计算盘平均质量或净含量。

6 检验规则

6.1 检验分类

检验分为出厂检验和型式检验。

6.2 出厂检验

产品经生产厂质量检验部门按本标准检验合格后方可出厂，并附有使用说明和检验合格标识。出厂检查采用 GB/T 2828.1—2012 特殊检查水平 S-2 的正常检查一次抽样方案。出厂检验项目、要求、试验方法及接收质量限 AQL 值见表 1。

表 1

序号	检验项目	要求	试验方法	AQL
1	外观和感官	4.2	5.2	10
2	抗折力	4.3	5.3	6.5
3	脱圈性	4.4	5.4	
4	平整度	4.5	5.5	

6.3 型式检验

6.3.1 有下列情况之一应进行型式检验：

a) 新产品或老产品转厂生产的试制定型鉴定；

b) 正式生产后，如结构、材料、工艺有较大改变，可能影响产品性能时；

c) 正常生产时，对批量产品进行抽样检查，每年至少一次；

d) 产品停产半年以上，恢复生产时；

e) 出厂检验结果与上次型式检验有较大差异时；

f) 国家质量监督检验机构提出进行型式检验要求时。

6.3.2 型式检验采用 GB/T 2829—2002 判别水平Ⅱ的一次抽样方案，其检验项目、要求、试验方法、样本大小、不合格质量水平 RQL 值及判定数组见表 2。

表 2

序 号	检验项目	要求	试验方法	样本大小	RQL	判定数组 Ac	判定数组 Re
1	外观和感官	4.2	5.2	5 盘	65	1	2
2	脱圈性	4.4	5.4				
3	平整度	4.5	5.5				
4	抗折力	4.3	5.3	10 单圈	40	2	3
5	燃点时间	4.7	5.7				

6.3.3 有效成分使用要求、毒理、有效成分含量及允许波动范围、药效、热贮稳定性、烟尘量、应符合 GB 24330中规定，否则判定为不合格。

6.3.4 水分应符合 4.6 要求，否则判定为不合格。

6.3.5 盘平均质量或净质量应符合 4.8 的规定，否则判定为不合格。

6.3.6 型式检验出现一项不合格即综合判定为不合格。

7 标志、包装、运输、贮存、使用说明

7.1 标志

7.1.1 产品包装

产品包装上应有以下中文内容：

a) 产品名称、商标、生产厂厂名、厂址；

b） 有效成分及含量；

c） 盘平均质量或净质量；

d） 产品执行标准编号；

e） 生产日期、产品批号和有效期；

f） 产品质量检验合格标识；

g） 农药登记证号或农药临时登记证号；

h） 农药生产批准文件号或生产许可证号；

i） 毒性标识；

j） 注意事项（如注意远离儿童，不得在高温、明火处存放等）；

k） 规格（型号）及数量；

l） 无烟、微烟的蚊香烟尘量产品分类；

m） 特殊规格的蚊香燃点时间。

7.1.2 产品包装箱

产品包装箱上应有以下中文内容：

a） 包装储运图示标志；

b） 品名规格；

c） 数量；

d） 毛重；

e） 生产厂厂名、厂址；

f） 外形尺寸：长×宽×高（cm）；

g） 注意事项："小心轻放""切勿受潮""切勿重压"等文字或储运图示标志；

h） 生产日期或批号。

7.2 包装

产品包装应牢固，无破损，能防潮，防震。

7.3 运输

产品运输时要轻取轻放，防止剧烈震动、日晒、雨淋和重压。

7.4 贮存

产品应存放在阴凉干燥、通风的仓库内，不得和易燃、易爆品混放。产品在上述条件下，产品有效期不少于两年。

7.5 使用说明

产品应有使用说明。

ICS 65.100.10
G 25

中华人民共和国国家标准

GB/T 18417—2017
代替 GB/T 18417—2009

家用卫生杀虫用品 电热蚊香片

Domestic sanitary insecticide—Electrothermal vaporizing mats

2017-12-29 发布 2018-04-01 实施

中华人民共和国国家质量监督检验检疫总局
中国国家标准化管理委员会 发布

前　言

本标准按照 GB/T 1.1—2009 给出的规则起草。

本标准代替 GB/T 18417—2009《家用卫生杀虫用品　电热蚊香片》。与 GB/T 18417—2009 相比主要技术变化如下：

——修改了规范性引用文件(见第 2 章,2009 年版的第 2 章)；

——删除了尺寸的要求和试验方法(2009 年版的 4.2,5.2)；

——修改了外观和感官(见 4.2.2,2009 年版的 4.3.2)；

——修改了型式检验(见 6.3,2009 年版的 6.2.2)；

——修改了标志(见 7.1.1,2009 年版的 7.1.1)；

——修改了使用说明(见 7.5,2009 年版的 7.5)。

请注意本文件的某些内容可能涉及专利。本文件的发布机构不承担识别这些专利的责任。

本标准由中国轻工业联合会提出。

本标准由全国家用卫生杀虫用品标准化技术委员会(SAC/TC 311)归口。

本标准主要起草单位:成都彩虹电器(集团)股份有限公司、北京市轻工产品质量监督检验一站、国家家用杀虫用品质量监督检验中心、中山榄菊日化实业有限公司、广州超威日化股份有限公司、黑猫神日化股份有限公司、柳州华力家庭品业股份有限公司、福建省金鹿日化股份有限公司、中山凯中有限公司、河北康达有限公司、浙江蓝剑生物科技有限公司、浙江绿岛科技有限公司、温州瓯斯达电器实业有限公司、江西山峰日化有限公司、厦门市胜伟达工贸有限公司、福建双飞日化有限公司、浙江正点实业有限公司。

本标准主要起草人:李传和、柏坤、晏许超、余锡辉、王昕瑶、张利萍、秦孝明、唐健超、高少伟、林彬、张启贵、吴加木、霍天雄、胡立新、张海莲、吴智福、吴雪君、朱宏伟、魏晓英、宫宝利。

本标准所代替标准的历次版本发布情况为：

——GB 18417—2001、GB/T 18417—2009。

家用卫生杀虫用品　电热蚊香片

1　范围

本标准规定了家用卫生杀虫用品电热蚊香片的术语和定义、要求、试验方法、检验规则及标志、包装、运输、贮存、使用说明。

本标准适用于由可吸性材料为载体，添加杀虫有效成分制成的作为驱（灭）蚊虫用的药片，与恒温电加热器配套使用，在额定的加热温度下，有效成分以气体状态作用于蚊虫，起到驱（灭）蚊虫效果的产品。

2　规范性引用文件

下列文件对于本文件的应用是必不可少的。凡是注日期的引用文件，仅注日期的版本适用于本文件。凡是不注日期的引用文件，其最新版本（包括所有的修改单）适用于本文件。

GB/T 2828.1—2012　计数抽样检验程序　第1部分：按接收质量限（AQL）检索的逐批检验抽样计划

GB/T 2829—2002　周期检验计数抽样程序及表（适用于过程稳定性的检验）

GB 24330　家用卫生杀虫用品安全通用技术条件

3　术语和定义

下列术语和定义适用本文件。

3.1

挥发速率　vaporization rate

$V_{r有效成分}$

在明示持效期内一半时间有效成分与明示有效成分的比值。

4　要求

4.1　通则

有效成分使用要求、毒理、有效成分含量及允许波动范围、药效、热贮稳定性应符合GB 24330中规定。

4.2　外观与感官

4.2.1　外观

产品应有指示色，色泽均匀，不得有霉变。

4.2.2　感官

同一产品可为无味型或多种香型，其香型应与明示香型相符合，无异味。

4.3 挥发速率

将蚊香片放入符合相关标准的加热器中加热至明示时间的一半时，测试其残留总有效成分含量不得低于明示总有效成分含量的30%。

5 试验方法

5.1 通则

有效成分使用要求、毒理、有效成分含量及允许波动范围、药效、热贮稳定性按GB 24330中相应的试验方法进行测试。

5.2 外观和感官

5.2.1 外观目测。

5.2.2 感官用嗅觉判断。

5.3 挥发速率

在室温(23±3)℃，湿度(65±15)%下，按说明书操作，将电热蚊香片放入符合相关标准的恒温电加热器中加热并开始记时。当加热至明示时间的一半时立即取下电热蚊香片，按GB 24330中规定的方法测试其总有效成分含量。

有效成分的挥发速率按式(1)计算：

$$V_{\text{r有效成分}} = \frac{m_2}{m_1} \times 100\% \qquad \cdots\cdots(1)$$

式中：

$V_{\text{r有效成分}}$——有效成分的挥发速率，%；

m_1 ——明示总有效成分含量，单位为毫克每片(mg/片)；

m_2 ——明示时间一半时总有效成分含量，单位为毫克每片(mg/片)。

6 检验规则

6.1 检验分类

检验分为出厂检验和型式检验。

6.2 出厂检验

产品经生产厂质量检验部门按本标准检验合格后方可出厂，并附有使用说明和检验合格标识。出厂检验采用GB/T 2828.1—2012特殊检查水平S-2的正常检查一次抽样方案，检验项目、要求、试验方法及接收质量限AQL值见表1。

表1

检验项目	要求	试验方法	AQL
外观和感官	4.2	5.2	6.5

6.3 型式检验

6.3.1 有下列情况之一应进行型式检验：

a) 新产品或老产品转厂生产的试制定型鉴定；

b) 正式生产后，如结构、材料、工艺有较大改变，可能影响产品性能时；

c) 正常生产时，对批量产品进行抽样检查，每年至少一次；

d) 产品停产半年以上，恢复生产时；

e) 出厂检验结果与上次型式检验有较大差异时；

f) 国家质量监督检验机构提出进行型式检验要求时。

6.3.2 型式检验采用GB/T 2829—2002判别水平Ⅱ的一次抽样方案，其检验项目、要求、试验方法、样本大小、不合格质量水平RQL值及判定数组见表2。

表2

序号	检验项目	要求	试验方法	RQL	样本大小	判定数组	
						Ac	Re
1	外观和感官	4.2	5.2	65	5	1	2
2	挥发速率	4.3	5.3		2	0	1

6.3.3 有效成分使用要求、毒理、有效成分含量及允许波动范围、药效、热贮稳定性应符合GB 24330中规定，否则判定为不合格。

6.3.4 型式检验出现一项不合格即综合判定为不合格。

7 标志、包装、运输、贮存、使用说明

7.1 标志

7.1.1 产品包装

产品包装上应有以下中文内容：

a) 产品名称、商标、生产厂厂名、厂址；

b) 有效成分及含量；

c) 产品执行标准编号；

d) 生产日期、产品批号和有效期；

e) 产品质量检验合格标识；

f) 规格及数量；

g) 农药登记证号或农药临时登记证号；

h) 农药生产批准文件号或生产许可证号；

i) 毒性标识；

j) 注意事项(如注意远离儿童，不得在高温、明火处存放等)。

7.1.2 产品包装箱

产品包装箱上应有如下中文标志：

a) 包装储运图示标志；

b) 品名规格；

c) 数量；

d) 毛重；

e) 产厂厂名、厂址；

f) 外形尺寸：长×宽×高(cm)；

g) 注意事项：“小心轻放”“切勿受潮”“切勿重压”等文字或储运图示标志；

h) 生产日期或批号。

7.2 包装

应采用能防潮、避光、气密性良好的包装材料(如铝箔复合包装袋)密封包装。包装应牢固，无破损，能防潮，防震。

7.3 运输

产品运输时要轻取轻放，防止剧烈震动、日晒、雨淋和重压。

7.4 贮存

产品应存放在阴凉干燥、通风的仓库内，不得和易燃、易爆品混放。产品在上述条件下，有效期不少于两年。

7.5 使用说明

产品应有使用说明。

ICS 65.100.10
G 25

中华人民共和国国家标准

GB/T 18418—2017
代替 GB/T 18418—2009

家用卫生杀虫用品　电热蚊香液

Domestic sanitary insecticide—Electrothermal vaporizing liquid

2017-12-29 发布　　2018-04-01 实施

中华人民共和国国家质量监督检验检疫总局
中国国家标准化管理委员会　发布

前　言

本标准按照 GB/T 1.1—2009 给出的规则起草。

本标准代替 GB/T 18418—2009《家用卫生杀虫用品　电热液体蚊香》。与 GB/T 18418—2009 相比，主要技术变化如下：

——修改了规范性引用文件(见第 2 章，2009 年版的第 2 章)；

——修改了测试角的术语和定义(见 3.1，2009 年版的 3.1)；

——删除了吸液芯棒直径的要求和试验方法(2009 年版的 4.2.3.1，5.2.3)；

——修改了感官(见 4.3，2009 年版的 4.2.2)；

——修改了密闭性的要求和试验方法(见 4.4，5.4，2009 年版的 4.3，5.3)；

——修改了挥发速率测试条件(见 5.6.1，2009 年版的 5.5.1)；

——修改了检验规则(见第 6 章，2009 年版的第 6 章)；

——修改了使用说明(见 7.5，2009 年版的 7.5)；

——修改了电加热器要求和测试方法(见附录 A，2009 年版的附录 A)。

请注意本文件的某些内容可能涉及专利。本文件的发布机构不承担识别这些专利的责任。

本标准由中国轻工业联合会提出。

本标准由全国家用卫生杀虫用品标准化技术委员会(SAC/TC 311)归口。

本标准主要起草单位：成都彩虹日化有限公司、温州瓯斯达电器实业有限公司、温州市雄正电器股份有限公司、中山榄菊日化实业有限公司、北京市轻工产品质量监督检验一站、广州超威日化股份有限公司、温州市大瓯电器有限公司、国家家用杀虫用品质量监督检验中心、黑猫神日化股份有限公司、柳州华力家庭品业股份有限公司、福建省金鹿日化股份有限公司、中山凯中有限公司、河北康达有限公司、浙江蓝剑生物科技有限公司、浙江绿岛科技有限公司、江西山峰日化有限公司、厦门市胜伟达工贸有限公司、福建双飞日化有限公司、浙江正点实业有限公司。

本标准主要起草人：李传和、柏坤、陈大为、黄东海、廖国栋、王昕瑶、刘庆刚、林为国、晏许超、秦孝明、韦金城、高少伟、林彬、张启贵、吴加木、霍天雄、张海莲、吴智福、吴雪君、朱宏伟、魏晓英、宫宝利。

本标准所代替标准的历次版本发布情况为：

——GB 18418—2001、GB/T 18418—2009。

家用卫生杀虫用品　电热蚊香液

1　范围

本标准规定了家用卫生杀虫用品电热蚊香液(包括电加热器)的术语和定义、要求、试验方法、检验规则及标志、包装、运输、贮存、使用说明。

本标准适用于将可吸性芯棒放置在装有药液的瓶中,经配套使用的电加热器加热后,以气态作用于蚊虫,起到驱(灭)蚊虫效果的产品。

2　规范性引用文件

下列文件对于本文件的应用是必不可少的。凡是注日期的引用文件,仅注日期的版本适用于本文件。凡是不注日期的引用文件,其最新版本(包括所有的修改单)适用于本文件。

GB/T 1002　家用和类似用途单相插头插座　型式、基本参数和尺寸

GB/T 2099.1　家用和类似用途插头插座　第1部分:通用要求

GB/T 2423.8—1995　电工电子产品环境试验　第2部分:试验方法 试验Ed:自由跌落

GB/T 2828.1—2012　计数抽样检验程序　第1部分:按接收质量限(AQL)检索的逐批检验抽样计划

GB/T 2829—2002　周期检验计数抽样程序及表(适用于过程稳定性的检验)

GB 4706.1—2005　家用和类似用途电器的安全　第1部分:通用要求

GB 4706.81—2014　家用和类似用途电器的安全　挥发器特殊要求

GB 24330　家用卫生杀虫用品安全通用技术条件

3　术语和定义

下列术语和定义适用于本文件。

3.1

测试角　testing corner

能使被测样品处于无强制对流空气作用的装置。

3.2

工作温度(辐射温度)　operating temperature

在正常工作状态下,电加热器发热圈内中心的稳定温度。

3.3

挥发速率　vaporization rate

V_r

在明示持效期内一半时间的药液剩余量与明示净含量的比值和剩余药液的有效成分与明示有效成分的比值。

4 要求

4.1 通则

有效成分使用要求、毒理、有效成分含量及允许波动范围、药效、热贮稳定性、电热蚊香液最低持效期、电热蚊香液净含量应符合 GB 24330 中的规定。

4.2 结构和尺寸

4.2.1 药液瓶应由瓶体、药液、吸液芯棒、瓶塞、瓶盖等组成。

4.2.2 带有螺纹的药液瓶口径的外螺纹尺寸:螺纹外径 D 为 $24.5_{-0.33}^{0}$ mm,螺距 t 为 2.5 mm,螺纹宽度 A 为 1.25 mm,螺纹高度 h 大于 0.95 mm。

4.3 感官

4.3.1 同一产品可为无味型或多种香型,其香型应与明示香型相符合。

4.3.2 药液应澄清,无絮状、无分层、无结晶、无沉淀。

4.3.3 正常使用时应无明显烟雾及异味。

4.4 密闭性

药液瓶经 5.4 试验后,瓶体外部应无药液外溢。

4.5 自由跌落

药液瓶经 5.5 试验后,瓶体外部应无药液外溢,瓶体无破损,芯棒不断裂。

4.6 挥发速率

连续使用至明示时间的一半时,测试其剩余药液量不低于明示净含量的 30%,剩余药液有效成分含量不得低于明示含量的 80%。

4.7 电加热器

电加热器技术要求见附录 A。

5 试验方法

5.1 通则

有效成分使用要求、毒理、有效成分含量及允许波动范围、药效、热贮稳定性、电热蚊香液最低持效期、电热蚊香液净含量按 GB 24330 中试验方法进行测试。

5.2 结构和尺寸

5.2.1 目测。

5.2.2 尺寸药液瓶口的外螺纹口径尺寸,用工具显微镜或专用螺纹环规测量。

5.3 感官

药液在通电加热后，用目测和嗅觉判断。

5.4 密闭性

将药液瓶盖旋紧置于平面上倒置 24 h 后，再平置 2 h，目测。

5.5 自由跌落

将药液瓶盖旋紧，于 300 mm 高度，底面三次、侧面三次分别自由跌落于硬质地面。

5.6 挥发速率

5.6.1 测试条件

室温：(23±3)℃，湿度：(65±15)%。

5.6.2 操作步骤

按说明书操作，将蚊香液与配套的加热器组装好，电加热器在额定电压下加热并开始计时，当加热至明示时间的一半时停止加热。剩余药液量按 GB 24330 中规定的电热蚊香液净含量方法测试为 m_2。有效成分含量按 GB 24330 中电热蚊香液有效成分含量测试方法测试 m_4。

药液的挥发速率按式(1)计算：

$$V_{r药液}=\frac{m_2}{m_1}\times 100\% \quad \cdots\cdots(1)$$

有效成分的挥发速率按式(2)计算：

$$V_{r有效成分}=\frac{m_4}{m_3}\times 100\% \quad \cdots\cdots(2)$$

式中：

$V_{r药液}$ ——药液挥发速率，%；

$V_{r有效成分}$ ——有效成分的挥发速率，%；

m_1 ——明示的净含量，单位为毫升或克(mL 或 g)；

m_2 ——明示时间一半时净含量，单位为毫升或克(mL 或 g)；

m_3 ——明示有效成分含量，%；

m_4 ——明示时间一半时有效成分含量，%。

5.7 电加热器

电加热器按附录 A 方法测试。

6 检验规则

6.1 检验分类

检验分为出厂检验和型式检验。产品经生产厂质量检验部门按本标准检验合格后方可出厂，并附有使用说明和检验合格标识。

6.2 出厂检验

6.2.1 药液及药液瓶的出厂检验

出厂检验采用GB/T 2828.1—2012特殊检查水平S-2的正常检查一次抽样方案,检验项目、要求、试验方法、接收质量限AQL值见表1。

表1

序号	检验项目	要求	试验方法	接收质量限AQL值
1	结构和尺寸	4.2	5.2	10
2	感官	4.3	5.3	
3	密闭性	4.4	5.4	6.5

6.2.2 电加热器的出厂检验

出厂检验采用GB/T 2828.1—2012特殊检查水平S-2的正常检查一次抽样方案,检验项目、要求、试验方法、接收质量限AQL值见表2。

表2

序号	检验项目	要求	试验方法	接收质量限AQL值
1	外观	A.1.1	A.2.1	10
2	电加热器工作温度(辐射温度)及偏差	A.1.2	A.2.2	6.5
3	标志和说明	A.1.4	A.2.4	1.0
4	电气强度	A.1.9	A.2.9	1.0
5	指示装置	A.1.17	A.2.17	6.5

6.3 型式检验

6.3.1 有下列情况之一应进行型式检验:

a) 新产品或老产品转厂生产的试制定型鉴定;

b) 正式生产后,如结构、材料、工艺有较大改变,可能影响产品性能时;

c) 正常生产时,对批量产品进行抽样检查,每年至少一次;

d) 产品停产半年以上,恢复生产时;

e) 出厂检验结果与上次型式检验有较大差异时;

f) 国家质量监督检验机构提出进行型式检验要求时。

6.3.2 药液及药液瓶的型式检验采用GB/T 2829—2002判别水平Ⅱ的一次抽样方案,其检验项目、要求、试验方法、样本大小、不合格质量水平RQL值及判定数组见表3。型式检验出现一项不合格即综合判定为不合格。

表 3

序号	检验项目	要求	试验方法	样本大小	RQL	判定数组 Ac	判定数组 Re
1	结构和尺寸	4.2	5.2	4	80	1	2
2	感官	4.3	5.3				
3	密闭性	4.4	5.4				
4	自由跌落	4.5	5.5				
5	挥发速率	4.6	5.6	2	65	0	1

6.3.3 有效成分使用要求、毒理、有效成分含量及允许波动范围、药效、热贮稳定性应符合 GB 24330 中规定，否则判定为不合格。

6.3.4 电加热器的型式检验采用 GB/T 2829—2002 判别水平Ⅱ的一次抽样方案，其检验项目、要求、试验方法、样本大小、不合格质量水平 RQL 值及判定数组见表 4。型式检验出现一项不合格即综合判定为不合格(安全性能指标，应在一个器具上进行，此器具应经受所有有关的试验，但 A.1.12、A.1.15 的试验可在另外单独试样上进行)。

表 4

序号	检验项目	要求	试验方法	样本大小	RQL	判定数组 Ac	判定数组 Re
1	对触及带电部件的防护	A.1.4	A.2.4	1	80	0	1
2	输入功率和电流	A.1.5	A.2.5				
3	发热	A.1.6	A.2.6				
4	泄漏电流	A.1.7	A.2.7				
5	电气强度	A.1.8	A.2.8				
6	非正常工作	A.1.10	A.2.10				
7	机械强度	A.1.11	A.2.11				
8	内部布线	A.1.12	A.2.12				
9	螺钉和连接	A.1.13	A.2.13				
10	电源连接和外部软线、插头	A.1.14	A.2.14				
11	爬电距离、电气间隙和固体绝缘	A.1.15	A.2.15				
12	耐热	A.1.16	A.2.16				
13	标志和说明	A.1.18	A.2.18				
14	外观	A.1.1	A.2.1	4	80	1	2
15	电压波动性	A.1.3	A.2.3				
16	耐久性	A.1.9	A.2.9				
17	指示装置	A.1.17	A.2.17				

6.3.5 电加热器工作温度(辐射温度)及偏差型式检验采用二次抽样方案，一次抽样样本数为 4 个，有 1 个样本不合格判定为合格，有 3 个样本不合格判定为不合格，如果有 2 个样本不合格启动二次抽样，

二次抽样样本数为 4 个，允许有 1 个样本不合格，否则判定为不合格。

7 标志、包装、运输、贮存、使用说明

7.1 标志

7.1.1 产品或包装上应有以下中文内容：

a) 产品名称、商标、生产厂厂名、厂址；

b) 有效成分及含量；

c) 产品执行标准编号；

d) 生产日期、产品批号和有效期；

e) 产品质量检验合格标识；

f) 型号或规格；

g) 农药登记证号或农药临时登记证号；

h) 农药生产批准文件号或生产许可证号；

i) 毒性标识；

j) 注意事项（如注意远离儿童，不得在高温、明火处存放等）；

k) 电热蚊香液的净含量；

l) 电热蚊香液最低持效期；

m) 特殊规格的导线长度需明示。

7.1.2 产品包装箱上应有以下中文内容：

a) 包装储运图示标志；

b) 品名、规格；

c) 数量；

d) 毛重；

e) 生产厂厂名、厂址；

f) 外形尺寸：长×宽×高（cm）；

g) 注意事项："小心轻放""切勿受潮""切勿重压"等文字或储运图示标志；

h) 生产日期或批号。

7.2 包装

包装应牢固，无破损，能防潮，防震。

7.3 运输

产品运输时要轻取轻放，防止剧烈震动、日晒、雨淋和重压。

7.4 贮存

产品应存放在阴凉干燥、通风的仓库内，不得和易燃、易爆品混放。在上述条件下，产品保质期不少于两年。

7.5 使用说明

产品应有使用说明。

附 录 A
（规范性附录）
电加热器要求和试验方法

A.1 要求

A.1.1 外观

A.1.1.1 塑料件不得有明显塑性缺陷及翘曲变形、裂纹、划痕、毛刺。

A.1.1.2 电加热器各零部件组装配合牢固，紧固件不得松动。

A.1.1.3 金属部件不得有锈斑。

A.1.2 电加热器工作温度（辐射温度）及偏差

电加热器的工作温度（辐射温度）由生产企业自定，应在器具或包装上明示，温度偏差为±7 ℃。

A.1.3 电压波动特性

电源电压在额定电压±10%范围内变动，应不影响正常使用。

A.1.4 对触及带电部件的防护

器具的结构和外壳应使其对意外触及带电部件有足够的防护。

A.1.5 输入功率和电流

输入功率不大于 25 W 的器具在额定电压且在正常工作温度下，其输入功率或工作电流对其额定输入功率或额定电流的偏差不应大于+20%。

A.1.6 发热

A.1.6.1 电加热器外壳手握持部分的表面温升不应超过 50 K。

A.1.6.2 对于直接插入电源插座的器具，器具电源插座附近表面的温升不应超过 40 K。

A.1.7 泄漏电流

A.1.7.1 工作温度下的泄漏电流≤0.25 mA。

A.1.7.2 潮态泄漏电流≤0.25 mA。

A.1.8 电气强度

电加热器应能承受频率为 50 Hz 的交流电压历时 1 min 的耐压试验，不发生击穿现象。不同试验施加的电压值如下：

a） 冷态电气强度：3 000 V；

b） 工作温度下的电气强度：3 000 V；

c） 潮态电气强度：3 000 V。

A.1.9 耐久性

在正常使用状态下施加 1.1 倍额定电压，经试验后应符合 A.1.2、A.1.6、A.1.7、A.1.8 的要求，同时不得有影响正常使用的明显变形损坏。

A.1.10 非正常工作

器具的结构，应可消除非正常工作或误操作导致的火灾危险、有损安全或电击防护的机械性损坏。

A.1.11 机械强度

A.1.11.1 跌落

A.1.11.1.1 带线的电加热器经自由跌落应按 A.2.11.1.1 试验后能正常使用，器具无损坏并应符合 A.1.4、A.1.8、A.1.15 的要求。

A.1.11.1.2 直接插入电源插座的器具应按 A.2.11.1.2 试验，器具无损坏并应符合 A.1.4、A.1.8、A.1.15 要求的损坏。

A.1.11.2 冲击

器具经 A.2.12.2 试验后，仍能正常使用，并符合 A.1.4、A.1.7、A.1.8、A.1.15 的要求。

A.1.11.3 结构

产品应为Ⅱ类电器结构，并符合 GB 4706.81—2014 第 22 章有关要求。

A.1.12 内部布线

A.1.12.1 应符合 GB 4706.1—2005 第 23 章的规定。

A.1.12.2 经 A.2.14.2 试验后器具应符合 A.1.5 和 A.1.17 的要求并且电器连接不应松动。

A.1.13 螺钉和连接

应符合 GB 4706.1—2005 第 28 章的规定。

A.1.14 电源连接和外部软线、插头

A.1.14.1 电源线

A.1.14.1.1 带电源线的电加热器，其 2 000 mm 以内导线标称截面积应不小于 0.5 mm^2，1 000 mm 以内特殊规格的产品长度需明示，其长度不应小于明示值。

A.1.14.1.2 电源线应符合国家有关部门强制性认证的要求。

A.1.14.2 电源线拉力

电源线应有防止从电加热器拉脱的固定装置，并能承受 30 N 的拉力试验 25 次，试验期间，电源线不应损坏；试验后，电源线的纵向位移不得超过 2 mm，接线端子处不应有明显的张力。

A.1.14.3 电源线抗弯曲

A.1.14.3.1 对于无卷线盘的电加热器应进行电源线抗弯曲试验。

A.1.14.3.2 电源线进入器具入口处，经受 1 万次的抗弯曲试验，试验后绝缘体不能损坏，护套不脱落，铜芯线断股不得超过 10%。

A.1.14.4 插头

插头选用应符合 GB/T 1002 和 GB/T 2099.1 规定的不可重接插头。

A.1.15 爬电距离、电气间隙和固体绝缘

A.1.15.1 电加热器不同电位的带电部件之间，以及带电部件与其易触及表面之间的加强绝缘的电气间隙和爬电距离应符合表 A.1 的规定。

表 A.1

单位为毫米

部位		电气间隙	爬电距离
不同电位的带电部件之间	≥	2.0	2.0
带电部件与其易触及表面之间	≥	3.5	5.0

A.1.15.2 附加绝缘与加强绝缘应具有足够的厚度，或具有足够的层数，以经受器具在使用中可能出现的电气应力。

A.1.16 耐热

外壳要有足够的耐热性，通过球压试验后，其压痕直径应不大于 2 mm。

A.1.17 指示装置

电加热器应有电源接通的指示装置。

A.1.18 标志和说明

A.1.18.1 器具应有含下述内容的标志：

a) 额定电压或额定电压范围，单位为伏(V)；
b) 电源性质的符号，标有额定频率的除外；
c) 额定输入功率，单位为瓦(W)或额定电流，单位为安(A)；
d) 制造商或责任承销商的名称，商标或识别标志；
e) 器具名称、型号或系列号；
f) Ⅱ类结构的符号(仅限Ⅱ类电器)；
g) 防水等级的 IP 代码，IPXO 不标出。

A.1.18.2 产品包装上有如下内容：

a) 当使用符号时，应使用 GB 4706.1—2005 中 7.6 规定的符号。
b) 使用说明书应随器具一起提供，以保证器具能安全使用。
c) 带有电源软线的器具应按 GB 4706.1—2005 中 7.12.5 的要求给予说明。
d) 使用说明和本标准要求的其他内容，应使用国家的官方语言文字写出。
e) 本标准所要求的标志应清晰易读并持久耐用。
f) 使用说明书应包括下述内容：器具只能使用推荐的挥发介质，使用其他介质可能会产生毒性或者火灾。使用时不应触及器具挥发介质的热表面。

A.2 试验方法

A.2.1 外观

用目测和手感检查。

A.2.2 电加热器工作温度(辐射温度)及偏差

A.2.2.1 测试条件:在温度(23±2)℃,相对湿度(65±15)%,无外界气流的测试角内进行。

A.2.2.2 仪器名称:电热蚊香液加热器温度测试仪。

A.2.2.3 仪器精度:±0.5 ℃(分辨率不小于 0.1 ℃)。

A.2.2.4 测温范围:0 ℃～200 ℃。

A.2.2.5 专用测头:专用铂电阻温度计。

A.2.2.6 测温探头:红外测温探头。

A.2.2.7 测试步骤:包括方法一和方法二。

a) 方法一:

1) 螺口式电加热器:将测温瓶(见图 A.1)旋入被测电加热器,转动调整钮(5),使测温头(1)上平面和电加热器加热圈上平面为同一高度(用专用挡板见图 A.2),定位,再摆动调整钮(5),使测温头位置在电加热器加热圈中心,调整好后,放在支架板上将测温头引线连接在支架接线柱(3)上并紧固,连接测量仪表及被测电加热器电源,并打开开关,将整个测温系统放入测试角内,充分加热 1 h 待温度稳定后读数。

单位为毫米

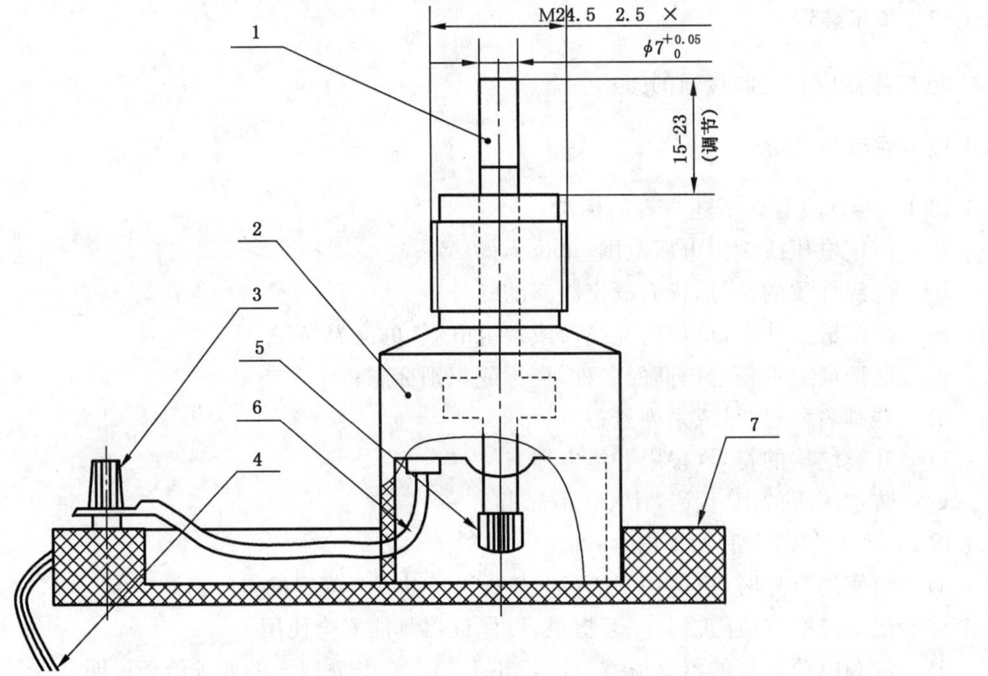

说明:

1——测温头;

2——测温瓶;

3——支架接线柱;

4——支架连接线;

5——调整钮;

6——铂电阻温度计引线;

7——支架。

图 A.1 测温瓶及支架

单位为毫米

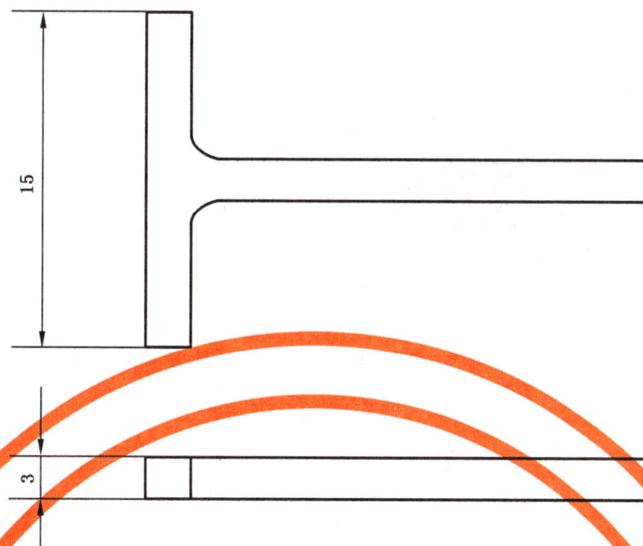

图 A.2 专用挡板

2) 托盘式电加热器:在托盘底部中心开孔,孔的尺寸约 Φ25 mm,以通过连接线及调整钮操作方便为准,测温瓶选用托盘式测温瓶,测试方法同螺口式。

b) 方法二:

1) 测温瓶调节:将测温瓶(见图 A.3)旋入待测加热器,转动测温瓶调整钮(2),使专用红外测温探头(1)上平面和加热器加热圈上平面为同一高度,再摆动调整钮(2),使专用红外测温探头(1)在加热器加热圈中心。

2) 高度校验:将调节好的测温瓶;放入电热蚊香液加热器测温仪(见图 A.4)的高度测试座(3)上;手动按参数设置屏(6)的"高度校验键"对测试高度进行校验(距离设置为 25±2 mm);手动按参数设置屏(6)的"保存键"保存。

3) 温度测试:将调节好的测温瓶旋入待测加热器;放入电热蚊香液加热器测温仪的测温座(4)上,加热器充分加热 1 h 后,手动按下"启动按钮"进行温度测试,加热器温度稳定后自动记录显示在温度显示仪(7)上。

单位为毫米

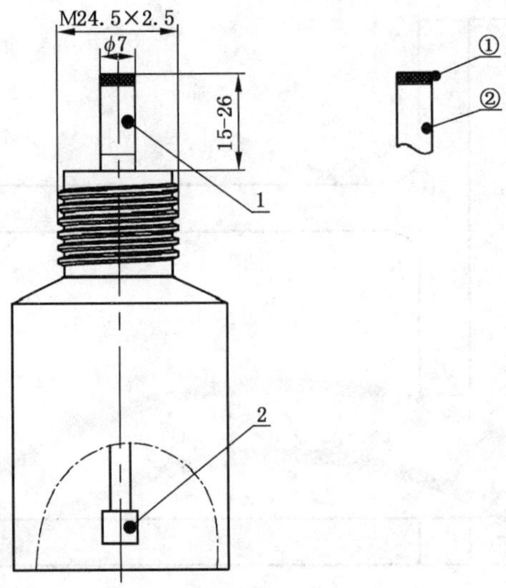

说明：

1——专用红外测温探头(①黑体、②感温头)；

2——调整钮。

图 A.3 红外测温瓶

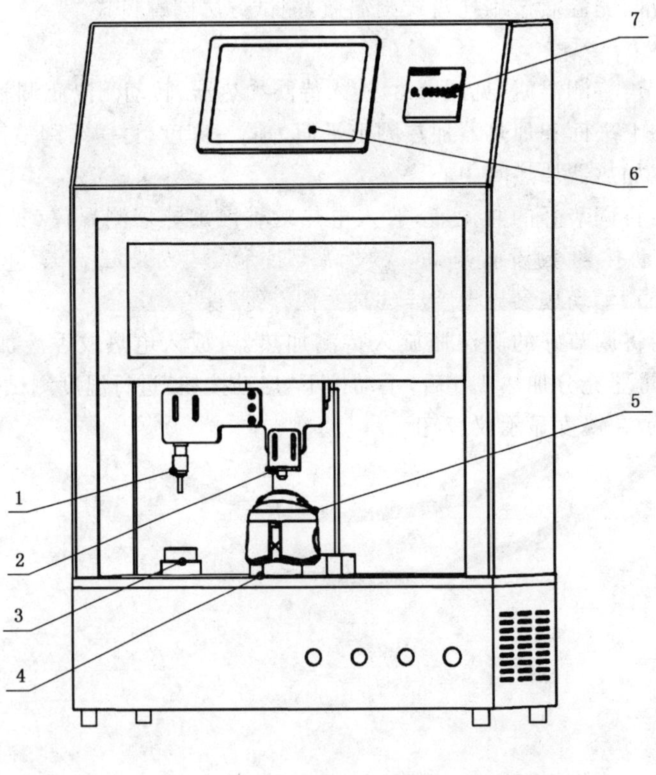

说明：

1——高度测试探头；

2——红外测温仪；

3——高度测试座；

4——测温座；

5——待测加热器；

6——参数设置屏；

7——温度显示仪。

图 A.4 电热蚊香液加热器测温仪

A.2.2.8 电加热器工作温度(辐射温度)及偏差的仲裁按方法二进行检验。

A.2.3 电压波动特性

在环境温度为(23±2)℃,相对湿度(65±15)%调节电压分别在额定电压±10%二个电压值上器具仍能正常使用。

A.2.4 对触及带电部件的防护

按 GB 4706.1—2005 第 8 章有关要求方法进行。

A.2.5 输入功率和电流

按 GB 4706.81—2014 中 10.1、10.2 有关要求方法进行。

A.2.6 发热

施加 1.06 倍额定电压,连续通电 2 h,测量电加热器外壳手握持部分表面温升值,测试按 GB 4706.1—2005 第 11 章要求的方法进行。

A.2.7 泄漏电流

A.2.7.1 工作温度下的泄漏电流

按 GB 4706.1—2005 第 13 章有关方法进行。测试电压取额定值的 1.06 倍。

A.2.7.2 潮态泄漏电流

按 GB 4706.1—2005 中 15.3 和 16.2 的条件和方法进行。测试电压取额定值的 1.06 倍。

A.2.8 电气强度

A.2.8.1 冷态电气强度

按 GB 4706.1—2005 中 16.3 的条件和方法进行。试验置定电流为 100 mA。

A.2.8.2 工作温度下的电气强度

按 GB 4706.1—2005 中 13.3 有关方法进行。试验置定电流为 100 mA。

A.2.8.3 潮态电气强度

按 GB 4706.1—2005 中 15.3 和 16.3 的条件和方法进行,试验置定电流为 100 mA。

A.2.9 耐久性

施加 1.1 倍额定电压,以通电 25 min,断电 5 min 的工作周期进行试验,共进行 1 000 个周期。

A.2.10 非正常工作

按 GB 4706.81—2014 中第 19 章的规定方法进行。

A.2.11 机械强度

A.2.11.1 跌落

A.2.11.1.1 按 GB/T 2423.8—1995 中规定方法进行,选取高度为 500 mm,正面、侧面跌落次数各为二次。

A.2.11.1.2 试验在一台新的器具上进行，用一台新器具按 GB/T 2423.8—1995 规定方法 2 进行跌落试验。

跌落次数：器具质量大于 250 g 时 50 次；其他器具 100 次。

A.2.11.2 冲击

按 GB 4706.1—2005 第 21 章的规定方法进行。

A.2.11.3 结构

按 GB 4706.81—2014 第 22 章规定的方法进行。

A.2.12 内部布线

A.2.12.1 按 GB 4706.1—2005 第 23 章规定的方法进行。

A.2.12.2 直接插入电源插座并可以沿插座方向转动的器具应经受下述试验，可沿逆时针和顺时针方向转动的移动部件按器具结构对插座允许的最大角度转动，以 10 r/min 的速度转动 100 次。

A.2.13 螺钉和连接

按 GB 4706.1—2005 第 28 章规定的方法进行。

A.2.14 电源连接和外部软线、插头

A.2.14.1 电源线尺寸

A.2.14.1.1 长度用钢卷尺测量，由电源软线或护套进入器具的那一点至插头入口处。

A.2.14.1.2 目测是否提供强制性产品认证相关材料。

A.2.14.2 电源线

按 GB 4706.1—2005 中 25.7 有关方法检测。

A.2.14.3 电源线拉力

按 GB 4706.1—2005 中 25.15 规定进行。

A.2.14.4 电源线抗弯曲

按 GB 4706.1—2005 中 25.14 规定进行。

A.2.14.5 插头

按 GB/T 1002 和 GB/T 2099.1 中有关规定进行。

A.2.15 爬电距离、电气间隙和固体绝缘

按 GB 4706.1—2005 中第 29 章规定的方法测量。

A.2.16 耐热

按 GB 4706.1—2005 中 30.1 的规定进行。

A.2.17 指示装置

通电检查电加热器是否有指示装置。

A.2.18 标志和说明

按 GB 4706.1—2005 第 7 章有关规定进行。

ICS 65.100.10
G 25

中华人民共和国国家标准

GB/T 18419—2017
代替 GB/T 18419—2009

家用卫生杀虫用品 杀虫气雾剂

Domestic sanitary insecticidal—Aerosols

2017-12-29 发布 2018-04-01 实施

中华人民共和国国家质量监督检验检疫总局
中国国家标准化管理委员会 发布

前　言

本标准按照 GB/T 1.1—2009 给出的规则起草。

本标准代替 GB/T 18419—2009《家用卫生杀虫用品　杀虫气雾剂》。与 GB/T 18419—2009 相比主要技术变化如下：

——修改了范围(见第 1 章,2009 年版的第 1 章)；

——修改了规范性引用文件(见第 2 章,2009 年版的第 2 章)；

——修改了通则要求(见 4.1,2009 年版的 4.1)；

——修改了外观和感官(见 4.2,2009 年版的 4.2)；

——修改了雾化率(见 4.3,2009 年版的 4.3)；

——修改了通则试验方法(见 5.1,2009 年版的 5.1)；

——修改了 pH 测定(水基、醇基类产品)(见 5.4.2,2009 年版的 5.4.2)；

——修改了型式检验(见 6.3,2009 年版的 6.2.2)；

——修改了标志(见 7.1.2,2009 年版的 7.1.2)；

——修改了使用说明(见 7.5,2009 年版的 7.5)。

请注意本文件的某些内容可能涉及专利。本文件的发布机构不承担识别这些专利的责任。

本标准由中国轻工联业合会提出。

本标准由全国家用卫生杀虫用品标准化技术委员会(SAC/TC 311)归口。

本标准主要起草单位:中山榄菊日化实业有限公司、成都泉源卫生用品有限公司、广州超威日化股份有限公司、北京市轻工产品质量监督检验一站、江苏爱特福 84 股份有限公司、福建高科日化有限公司、国家家用杀虫用品质量监督检验中心、黑猫神日化股份有限公司、柳州华力家庭品业股份有限公司、福建省金鹿日化股份有限公司、中山凯中有限公司、河北康达有限公司、浙江蓝剑生物科技有限公司、浙江绿岛科技有限公司、江西山峰日化有限公司、福建双飞日化有限公司、浙江正点实业有限公司。

本标准主要起草人:李传和、余锡辉、邹继平、杨作毅、宫宝利、吴耀举、许春晖、何建国、秦孝明、覃勇、高少伟、陈美芬、张启贵、吴加木、霍天雄、张海莲、吴雪君、朱宏伟、魏晓英、王昕瑶。

本标准所代替标准的历次版本发布情况为：

——GB 18419—2001、GB/T 18419—2009。

家用卫生杀虫用品　杀虫气雾剂

1　范围

本标准规定了家用卫生杀虫用品杀虫气雾剂的术语和定义、要求、试验方法、检验规则及标志、包装、运输、贮存、使用说明。

本标准适用于以有效成分与适宜溶剂和助剂配制而成的，以抛射剂为动力灌装于耐压容器内，内容物按预定形态喷出，用以杀灭害虫的产品。

2　规范性引用文件

下列文件对于本文件的应用是必不可少的。凡是注日期的引用文件，仅注日期的版本适用于本文件。凡是不注日期的引用文件，其最新版本(包括所有的修改单)适用于本文件。

GB/T 601　化学试剂　标准滴定溶液的制备

GB/T 1600—2001　农药水分测定方法

GB/T 1601　农药 pH 值的测定方法

GB/T 2828.1—2012　计数抽样检验程序　第1部分：按接收质量限(AQL)检索的逐批检验抽样计划

GB/T 2829—2002　周期检验计数抽样程序及表(适用于过程稳定性的检验)

GB 24330　家用卫生杀虫用品安全通用技术条件

3　术语和定义

下列术语和定义适用于本文件。

3.1

杀虫气雾剂　aerosols insecticide

将有效成分、溶剂、助剂密封充装在气雾包装容器内，借助抛射剂的压力把内容物通过阀门和促动器按预定形态喷出，用于杀灭害虫的一种产品。

3.2

雾化率　spray rate

杀虫气雾剂可喷出物占内容物总量的质量分数。

4　要求

4.1　通则

有效成分使用要求、毒理、有效成分含量及允许波动范围、药效、热贮稳定性、杀虫气雾剂甲醇含量、杀虫气雾剂内压、杀虫气雾剂净含量应符合 GB 24330 中规定。

4.2　外观和感官

4.2.1　印刷图文清晰，无明显划伤和污迹，罐体无明显凹陷，无锈斑。

4.2.2 同一产品可为无味型或多种香型,其香型应与明示香型相符合,无异味。

4.3 雾化率

4.3.1 产品喷出后应呈雾状。

4.3.2 雾化率≥98.0%。

4.4 酸度

4.4.1 油基类产品(以 HCl 计)≤0.02%(质量分数)。

4.4.2 水基、醇基类产品 pH 范围为 4.0～8.0。

4.5 水分

水分≤0.15%。

注:水基和醇基除外。

5 试验方法

5.1 通则

有效成分使用要求、毒理、有效成分含量及允许波动范围、药效、热贮稳定性、杀虫气雾剂甲醇含量、杀虫气雾剂内压、杀虫气雾剂净含量按 GB 24330 中试验方法进行测试。

5.2 外观和感官

5.2.1 外观目测。

5.2.2 感官嗅觉判断。

5.3 雾化率

5.3.1 仪器

5.3.1.1 恒温水浴锅:控温精度±2 ℃。

5.3.1.2 天平:分度值不低于 0.01 g。

5.3.2 测试步骤

取试样置于(25±2)℃的水浴中,使水浸至试样高度的五分之四处,恒温 30 min,取出试样擦干,称取质量 m_1(精确至 0.1 g),摇动试样,按试样标示的喷射方向喷出内容物,直到喷不出内容物为止,再称取质量 m_2(精确到 0.1 g),将试样开孔并清除余液,再称取皮重 m_3(精确至 0.1 g)。

雾化率按式(1)进行计算:

$$r_s = \frac{m_1 - m_2}{m_1 - m_3} \times 100\% \qquad (1)$$

式中:

r_s ——雾化率;

m_1——试样喷射前的质量,单位为克(g);

m_2——试样喷射后的质量,单位为克(g);

m_3——试样清除余液后的质量,单位为克(g)。

5.4 酸度

5.4.1 酸度测试（油基类产品）

5.4.1.1 试剂

5.4.1.1.1 氢氧化钾标准滴定溶液：c(KOH)=0.02 mol/L，按 GB/T 601 配制和标定。
5.4.1.1.2 中性乙醇：取 95%分析纯乙醇，加入数滴酚酞指示液，用氢氧化钾标准滴定溶液(5.4.1.1.1)，滴定至出现微红色。
5.4.1.1.3 酚酞指示液：5 g/L 乙醇溶液。

5.4.1.2 测试步骤

取试样按罐上标明的使用方法喷射 1 s～2 s，然后摘下原配喷头，换上一只带导管的气雾阀促动头(或用注射器针头代替)，称取试样此时的质量为 m_4(精确至 0.01 g)。

摇匀试样，将促动头导管末端浸入体积约 50 mL 的中性乙醇(置于一个 150 mL 的锥形瓶)中，按下促动头(或者注射器针头)间歇喷入内容物约 20 g(注意控制喷入速度，以防液滴溅出)，称取试样此时的质量为 m_5(精确至 0.01 g)。

加入 1 mL 酚酞指示液，以尽可能快的速度用氢氧化钾标准滴定溶液滴定至出现微红色为终点。

5.4.1.3 结果的计算

按式(2)计算试样的酸度：

$$A_c = \frac{0.036\ 5cV_1}{m_4 - m_5} \times 100\% \quad \cdots\cdots\cdots\cdots (2)$$

式中：

A_c ——酸度；

c ——氢氧化钾标准滴定溶液的浓度，单位为摩尔每升(mol/L)；

V_1 ——滴定试样溶液消耗的氢氧化钾标准滴定溶液的体积，单位为毫升(mL)；

m_4 ——取样前的试样质量，单位为克(g)；

m_5 ——取样后的试样质量，单位为克(g)；

0.036 5——与 1.00 mL 氢氧化钾标准滴定溶液的浓度[c(KOH)=1.00 mol/L]相当的盐酸(HCl)的质量。

5.4.2 pH 测定(水基、醇基类产品)

摇匀试样，用带导管的喷头，慢慢喷入适量的杀虫剂于试管中，放入 55 ℃水浴中，将推进剂慢慢赶尽后(直至无明显气泡)，按 GB/T 1601 的方法进行检测。

5.5 水分

取经前处理后的试样，按 GB/T 1600—2001 中卡尔·费休法测定(允许使用精度相当的微量水分测定仪)。

注：“前处理后的试样”为有效成分含量测定时进行前处理过的试样。

6 检验规则

6.1 检验分类

检验分为出厂检验和型式检验。

6.2 出厂检验

产品经生产厂质量检验部门按本标准检验合格后方可出厂，并附有使用说明和检验合格标识。出厂检验采用 GB/T 2828.1—2012 特殊检查水平 S-2 的正常检查一次抽样方案，检验项目、要求、试验方法及接收质量限 AQL 值见表 1。

表 1

检验项目	要求	试验方法	接收质量限 AQL
外观和感官	4.2	5.2	6.5

6.3 型式检验

6.3.1 有下列情况之一应进行型式检验：

a) 新产品或老产品转厂生产的试制定型鉴定；

b) 正式生产后，如结构、材料、工艺有较大改变，可能影响产品性能时；

c) 正常生产时，对批量产品进行抽样检查，每年至少一次；

d) 产品停产半年以上，恢复生产时；

e) 出厂检验结果与上次型式检验有较大差异时；

f) 国家质量监督检验机构提出进行型式检验要求时。

6.3.2 型式检验采用 GB/T 2829—2002 判别水平Ⅱ的一次抽样方案，其检验项目、要求、试验方法、样本大小、不合格质量水平 RQL 值及判定数组见表 2。

表 2

序 号	检测项目	要求	试验方法	RQL	样本大小	判定数组	
						Ac	Re
1	外观和感官	4.2	5.2	100	3	1	2
2	雾化率	4.3	5.3	100		1	2
3	酸度	4.4	5.4	50		0	1
4	水分	4.5	5.5	100		1	2

6.3.3 有效成分使用要求、毒理、有效成分含量及允许波动范围、药效、热贮稳定性、杀虫气雾剂甲醇含量、杀虫气雾剂内压、杀虫气雾剂净含量应符合 GB 24330 中规定，否则判定为不合格。

6.3.4 型式检验出现一项不合格即综合判定为不合格。

7 标志、包装、运输、贮存、使用说明

7.1 标志

7.1.1 在产品上应有以下中文内容：

a) 产品名称、商标、生产厂厂名、厂址；

b) 有效成分及含量；

c) 产品执行标准编号；

d) 生产日期、产品批号和有效期；

e) 产品质量检验合格标识；

f) 型号或规格；

g) 农药登记证号或农药临时登记证号；

h) 农药生产批准文件号或生产许可证号；

i) 毒性标识；

j) 注意事项(如注意远离儿童，不得在高温、明火处存放等)；

k) 气雾剂的净含量。

7.1.2 产品包装箱上应有以下中文内容：

a) 包装储运图示标志；

b) 品名规格；

c) 数量；

d) 毛重；

e) 生产厂厂名、厂址；

f) 外形尺寸：长×宽×高(cm)；

g) 注意事项："小心轻放""切勿受潮""切勿重压"等文字或储运图示标志；

h) 有限数量包装标志；

i) 生产日期或批号。

7.2 包装

包装应牢固，无破损，能防潮，防震。

7.3 运输

产品运输时要轻取轻放，防止剧烈震动、日晒、雨淋和重压。

7.4 贮存

产品应存放在阴凉干燥、通风的仓库内，不得和易燃、易爆品混放。产品在上述条件下，有效期不少于两年。

7.5 使用说明

产品应有使用说明。

ICS 23.020.40
A 82

中华人民共和国国家标准

GB/T 18442.7—2017

固定式真空绝热深冷压力容器 第7部分:内容器应变强化技术规定

Static vacuum insulated cryogenic pressure vessels—
Part 7:Rules of pressure strengthening for inner vessels

2017-11-01 发布　　2018-05-01 实施

中华人民共和国国家质量监督检验检疫总局
中国国家标准化管理委员会　发布

前　言

GB/T 18442《固定式真空绝热深冷压力容器》分为以下 7 个部分：

——第 1 部分：总则；

——第 2 部分：材料；

——第 3 部分：设计；

——第 4 部分：制造；

——第 5 部分：检验与试验；

——第 6 部分：安全防护；

——第 7 部分：内容器应变强化技术规定。

本部分为 GB/T 18442 的第 7 部分。

本部分按照 GB/T 1.1—2009 给出的规则起草。

本部分由全国锅炉压力容器标准化技术委员会(SAC/TC 262)提出并归口。

本部分起草单位：中国特种设备检测研究院、上海市气体工业协会、浙江大学、华东理工大学、国家质检总局特种设备安全监察局、查特深冷工程系统(常州)有限公司、张家港中集圣达因低温装备有限公司、南通中集罐式储运设备制造有限公司、江西制氧机有限公司、荆门宏图特种飞行器制造有限公司、合肥通用机械研究院。

本部分主要起草人：陈朝晖、周伟明、郑津洋、寿比南、尹立军、滕俊华、惠虎、徐锋、谢铁军、徐惠新、王淑华、罗永欣、陈燕山、魏蔚、肖学文、缪存坚、范志超。

固定式真空绝热深冷压力容器
第7部分:内容器应变强化技术规定

1 范围

GB/T 18442的本部分规定了采用应变强化技术建造固定式真空绝热深冷压力容器的内容器(以下简称内容器)的材料、设计、制造与检验等方面的技术要求。

本部分适用于同时满足下列条件的内容器:

a) 符合GB/T 18442.1中1.2的规定,盛装介质为冷冻液化气体;

b) 材料为奥氏体不锈钢;

c) 名义厚度不小于4 mm且不大于24 mm,由单一直径的圆筒和标准椭圆形封头构成;

d) 在室温下完成应变强化处理。

本部分不适用于盛装毒性危害程度为中度及以上介质的内容器。

2 规范性引用文件

下列文件对于本文件的应用是必不可少的。凡是注日期的引用文件,仅注日期的版本适用于本文件。凡是不注日期的引用文件,其最新版本(包括所有的修改单)适用于本文件。

GB/T 150(所有部分) 压力容器

GB/T 228.1 金属材料 拉伸试验 第1部分:室温试验方法

GB/T 229 金属材料 夏比摆锤冲击试验方法

GB/T 232 金属材料 弯曲试验方法

GB/T 2653 焊接接头弯曲试验方法

GB/T 3808 摆锤式冲击试验机的检验

GB/T 12160 单轴试验用引伸计的标定

GB/T 14976 流体输送用不锈钢无缝钢管

GB/T 16825.1 静力单轴试验机的检验 第1部分:拉力和(或)压力试验机 测力系统的检验与校准

GB/T 18442.1~18442.6 固定式真空绝热深冷压力容器

GB/T 24511 承压设备用不锈钢钢板及钢带

NB/T 47010 承压设备用不锈钢和耐热钢锻件

NB/T 47013.2 承压设备无损检测 第2部分:射线检测

NB/T 47013.5 承压设备无损检测 第5部分:渗透检测

NB/T 47013.11 承压设备无损检测 第11部分:X射线数字成像检测

NB/T 47014 承压设备焊接工艺评定

NB/T 47016 承压设备产品焊接试件的力学性能检验

NB/T 47018.1 承压设备用焊接材料订货技术条件 第1部分:采购通则

NB/T 47018.2 承压设备用焊接材料订货技术条件 第2部分:钢焊条

NB/T 47018.3 承压设备用焊接材料订货技术条件 第3部分:气体保护电弧焊钢焊丝和填充丝

NB/T 47018.4 承压设备用焊接材料订货技术条件 第4部分:埋弧焊钢焊丝和焊剂

JB 4732—1995　钢制压力容器分析设计标准(2005 确认)

TSG 21—2016　固定式压力容器安全技术监察规程

3　术语和定义及符号

3.1　术语和定义

GB/T 18442.1 界定的以及下列术语和定义适用于本文件。

3.1.1

强化压力　strengthening pressure

奥氏体不锈钢制内容器在室温下进行应变强化处理时,容器顶部所达到的最高压力。

3.1.2

应变强化容器　pressure strengthened vessel

奥氏体不锈钢制内容器在室温下施加强化压力进行应变强化处理,卸载后使壳体发生总体塑性变形并达到结构稳定的容器。

3.2　符号

下列符号运用于本文件。

A ——断后伸长率,%;

D_i ——筒体或封头内直径,mm;

KV_2 ——夏比冲击吸收能量,J;

LE ——侧膨胀值,mm;

p_c ——计算压力,MPa;

p_k ——强化压力,MPa;

R_m ——抗拉强度,MPa;

$R_{p0.2}$ ——钢材规定残余延伸率为 0.2%时的应力,MPa;

δ_s ——钢材厚度,mm;

$[\sigma_p]^t$ ——内容器应变强化后,筒体或封头材料在设计温度下的许用应力,MPa。

4　一般要求

4.1　内容器的材料、设计、制造与检验及标识除应符合本标准所有部分的规定外,还需遵守国家颁布的有关法律、法规、安全技术规范及相关标准的规定。

4.2　超出本部分范围采用应变强化技术制造内容器时,应按 TSG 21 中的相关规定执行。

4.3　制造单位应在本单位进行内容器的制造,对其采用的焊接工艺和应变强化工艺进行验证,并对工艺文件的正确性和完整性负责。

4.4　制造单位应将产品焊接试件力学性能数据和应变强化试验过程数据及时上传至全国应变强化深冷容器制造信息公共服务平台。

4.5　特种设备监督检验机构应对内容器采用的应变强化工艺及参照附录 A 提出的重要质量控制点进行监督检验,并满足本部分的要求。

5 材料

5.1 钢板

5.1.1 钢板的牌号及力学性能应符合表1的规定，供货状态为固溶热处理状态，且满足GB/T 150.2和GB/T 24511的要求。

5.1.2 钢板应进行复验，至少包括下列内容：

a) 逐张检查钢板的表面质量和材料标记；

b) 按批复验钢板的室温拉伸性能；

c) 若采用开平板，其复验要求还应符合GB/T 150.4的相关规定。

5.1.3 拉伸试验的取样数量和位置符合GB/T 24511和GB/T 150.2的规定。

5.1.4 拉伸试样尺寸和试验方法应符合GB/T 228.1的规定。

表1 钢板力学性能

钢号	室温拉伸		
	规定残余延伸率为0.2%时的应力 $R_{p0.2}$/MPa	抗拉强度 R_m/MPa	断后伸长率 A/%
S30408	≥220	520～720	≥45
S30403	≥210	490～720	
S31608	≥220	520～720	
S31603	≥210	490～720	

5.1.5 当钢板抗拉强度高于720 MPa时，应按7.4.1重新进行焊接工艺评定，评定合格后方可采用。

5.2 钢管与管件

5.2.1 钢管与管件用材料应符合GB/T 18442.2的规定。

5.2.2 管件采用冷成形加工时，其成形后的铁素体测量值应不大于15%。

5.3 锻件

与介质接触的不锈钢锻件应符合GB/T 18442.2和NB/T 47010的规定，级别不低于Ⅲ级。

5.4 焊接材料

5.4.1 焊接材料应符合GB/T 18442.2和NB/T 47018.1～47018.4的相应规定。

5.4.2 内容器壳体采用的焊接材料其熔敷金属化学成分应与母材相同或相近，焊接接头强度和韧性与壳体母材相匹配。

5.5 境外牌号材料

内容器材料采用境外牌号时，宜参照附录B的规定执行。

5.6 其他材料

当采用表1和表B.1以外的材料建造应变强化技术制造内容器时，还应符合TSG 21的相关规定。

6 设计

6.1 一般要求

6.1.1 内容器设计除应符合本部分的规定外，还应符合 TSG 21、GB/T 150 和 GB/T 18442.3 的规定。

6.1.2 设计单位应针对应变强化制真空绝热深冷容器出具风险评估报告，其内容除符合 GB/T 150.1 的规定外，还应包括采用应变强化技术可能产生的失效模式及其风险控制。

6.1.3 内容器的设计图样中应注明“采用应变强化技术”，以及强化压力、强化前直径等内容。

6.1.4 本章涉及的内容器直径、厚度等均为应变强化处理前的参数，不考虑应变强化处理后的变化。

6.1.5 产品铭牌中应标明“应变强化容器”，符号为“PS”。

6.2 载荷

6.2.1 内容器设计时，应按照 GB/T 18442.3 的规定考虑相应的载荷及其组合。

6.2.2 应变强化处理过程中，还应考虑内容器支撑处产生的支反力和强化压力载荷。

6.3 许用应力

6.3.1 筒体和封头用钢板的许用应力按表 2 确定。

6.3.2 接管和锻件等受压元件的许用应力按 GB/T 150.2 确定。

6.3.3 接管、内容器支承以及开孔部位等局部应力按 JB 4732 校核时，筒体和封头总体薄膜应力的设计应力强度取值按表 2 确定，其他受压元件的设计应力强度按 GB/T 150.2 规定的相应材料许用应力确定。

表 2 应变强化后钢板的许用应力

钢　　号	应变强化许用应力 $[\sigma_p]^t$
S30408	273
S31608	
S30403	266
S31603	

6.4 内压计算

内容器的强度计算应符合 GB/T 150.3 的规定，其他相关计算符合 GB/T 18442.3 的规定。

6.5 外压计算

6.5.1 各元件的外压稳定性计算，应符合 GB/T 150.3 的规定，其外压曲线按相应材料 20 ℃时选取。

6.5.2 外压计算压力按下列要求确定，且取大值：

a) 不小于制造、运输、装卸、检验与试验或者其他工况中，可能出现的最大内外压力差；

b) 不小于 0.04 MPa。

6.6 开孔补强

内容器的开孔应采用整体补强结构，开孔补强的计算应符合 GB/T 150.3 或 JB 4732 的规定。

6.7 强化压力

强化压力 p_k 按式(1)进行计算：

$$p_k = 1.5p_c \quad \cdots\cdots(1)$$

6.8 耐压试验压力

耐压试验压力应符合 GB/T 18442.3 的规定。

6.9 泄漏试验压力

按照 GB/T 18442.3 的规定进行。

6.10 结构设计

6.10.1 内容器除最后一道封闭环焊缝外，A、B 类焊接接头应采用全焊透对接接头，封闭环焊缝允许采用带永久性垫板的对接接头。

6.10.2 内容器开孔直径一般不大于 150 mm。当设置工艺人孔时，开孔边缘应在封头中心 $0.8D_i$ 内，开孔中心线沿壳体法线方向。

6.10.3 加强圈的拼接焊缝应采用全截面焊透焊接接头。加强圈与筒体之间的焊缝应采用双面连续焊接，焊脚高度应不小于筒体厚度和加强圈厚度的较小值。

6.10.4 应按额定充满率在内容器上设置溢流口。确定额定充满率时，一般采用应变强化前的内容器几何容积。

6.10.5 结构设计时，还应考虑由于内容器塑性变形对容器低温绝热性能、外壳安装及管路系统产生的影响。

7 制造与检验

7.1 一般要求

7.1.1 内容器的制造、检验与验收除应符合本部分规定外，还应满足 GB/T 18442 其他部分和设计文件的要求。

7.1.2 制造单位应具备与应变强化工艺相适应的厂房设施、强化装备以及相应的检测设备等。

7.1.3 制造单位首次采用应变强化技术进行内容器制造前，应试制样品容器，并按 TSG 21 的要求进行试验验证。强化工艺验证性试验参照附录 C 的规定。

7.2 材料制备

7.2.1 内容器筒体相邻筒节应优先采用同一炉批号、同一厚度的钢板。采用不同炉批号材料时，相邻筒节材料的 $R_{p0.2}$ 相差不宜超过 30 MPa。

7.2.2 内容器封头用钢板宜选择 S30403 或 S31603 材料。

7.2.3 拼接封头应选用同一炉批号的钢板。

7.3 加工成形

7.3.1 内容器的加工应符合 GB/T 18442.4 的相关规定。

7.3.2 封头如采用 S30408 奥氏体型不锈钢材料，成形时应采用温成形等适当的工艺对其过渡段和直边段的马氏体含量进行控制，成形后各部位的铁素体测量值应不大于 15%。

7.4 焊接

7.4.1 焊接工艺评定

7.4.1.1 内容器施焊前应按照 NB/T 47014 和本部分的要求进行焊接工艺评定。

7.4.1.2 焊接工艺评定试件的焊接接头外观应无咬边、裂纹、表面气孔、焊渣、凹坑、焊瘤等缺陷，且表面无焊接飞溅物，试件应按 NB/T 47013.2 进行 100%射线检测，技术等级不低于 AB 级，合格级别不低于 7.5 中规定的合格级别。

7.4.1.3 试件按 7.4.1.2 的规定经检验合格后，应避开缺陷区域位置制取预拉伸试件，保留焊缝余高，且参见附录 D 的规定进行预拉伸处理。

7.4.1.4 预拉伸后的试件制成试样时，采用机械方法去除焊缝余高，使之与母材齐平。试样取样方法、规格及加工应分别符合 GB/T 228.1、GB/T 229、GB/T 2653 和 NB/T 47014 的相应规定。

7.4.1.5 试验要求：

a) 试样数量

取室温拉伸试样 2 件，弯曲试样 4 件(2 件面弯和 2 件背弯或 4 件侧弯)，焊缝金属区及热影响区冲击试样各 3 件。

b) 试验温度

拉伸试验和弯曲试验取室温，冲击试验温度不高于内容器最低设计金属温度。

c) 试验结果评定

焊接工艺评定试验结果应符合表 3 的规定，其中焊接接头每组标准试样的冲击吸收能量平均值应不低于规定值，允许有一个试样的冲击吸收能量低于规定值，且不低于规定值的 70%。当试样厚度小于 5 mm 时，其冲击试验仅考核侧膨胀值。

表 3 预拉伸后焊接接头力学性能和弯曲性能合格指标

<table>
<tr><td colspan="4">室温拉伸</td></tr>
<tr><td>材料牌号</td><td colspan="2">抗拉强度
R_m/MPa</td><td>断后伸长率
A/%</td></tr>
<tr><td>S30408
S31608</td><td colspan="2">≥520</td><td rowspan="2">25</td></tr>
<tr><td>S30403
S31603</td><td colspan="2">≥490</td></tr>
<tr><td colspan="4">冲击试验</td></tr>
<tr><td>材料牌号</td><td>试样规格
mm</td><td>夏比冲击吸收能量
KV_2/J</td><td>侧膨胀值
LE/mm</td></tr>
<tr><td rowspan="3">S30408
S30403
S31608
S31603</td><td>10×10×55</td><td>≥31</td><td rowspan="3">≥0.53</td></tr>
<tr><td>7.5×10×55</td><td>≥24</td></tr>
<tr><td>5×10×55</td><td>≥16</td></tr>
<tr><td colspan="4">室温弯曲</td></tr>
<tr><td colspan="4">弯曲试验的弯头直径为 4 倍试样厚度，弯曲角度 180°时拉伸面无裂纹为合格。</td></tr>
<tr><td colspan="4">注：侧膨胀值合格指标均为规定的最小值。</td></tr>
</table>

7.4.2 焊缝形状尺寸

7.4.2.1 焊缝形状尺寸及表面质量除应符合 GB/T 18442.4 的规定外，A 类焊接接头焊缝余高还应满足下列要求：

a) $\delta_n \leqslant 10$ mm 时，焊缝余高不宜大于 1 mm；

b) 10 mm$<\delta_n \leqslant 24$ mm 时，焊缝余高不宜大于 $0.1\delta_s$。

7.4.2.2 相同厚度的焊接接头，其对口错边量(见图 1)应符合下列要求：

a) A 类焊缝不大于对口处钢材厚度的 15%，且不大于 2 mm；

b) B 类焊缝不大于对口处钢材厚度的 15%，且不大于 3 mm。

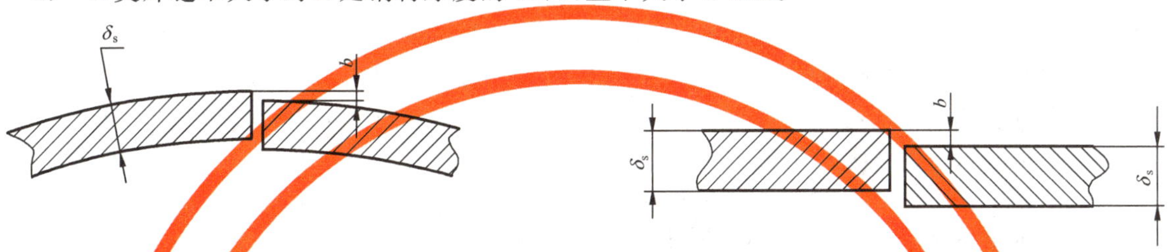

图 1 A、B 类焊接接头对口错边量

7.4.3 强化前焊缝返修

强化前焊缝返修应符合 GB/T 18442.4 的规定。

7.4.4 强化后焊缝焊接返修和施焊

7.4.4.1 当筒体 A、B 类焊接接头和公称直径大于 50 mm 的接管与筒体的 D 类焊接接头焊接返修后，应重新进行应变强化处理，并经制造单位技术负责人批准。

7.4.4.2 当符合下列情况施焊时，可免除再次应变强化处理，但应进行耐压试验，试验压力按 6.8 确定：

a) 仅承受较小载荷附件的点焊；

b) 接管的焊缝长度不超过内容器内直径的 10%，且不超过 100 mm；

c) 对主体结构不产生显著影响的轻微的焊缝返修。

7.4.5 产品焊接试件

7.4.5.1 应逐台制备产品焊接试件，试件应在筒节纵向焊缝的延长部位与筒节同时施焊。强化前几何容积小于或等于 5 m³ 的内容器纵向焊缝，采用相同的焊接工艺时，允许以批代台制备产品焊接试件。同型号、同批次、同材料牌号、同焊接工艺和同强化工艺的内容器可以组批，每批不超过 20 台。

7.4.5.2 产品焊接试件宜按附录 D 的规定进行预拉伸。产品焊接试件和试样数量应符合 NB/T 47016 的规定。预拉伸后的室温拉伸、室温弯曲与低温冲击(不高于最低设计金属温度)试验及其合格指标应符合表 3 的规定。

7.5 无损检测

7.5.1 应变强化实施前检测：

a) 内容器所有 A、B 类焊接接头应按 NB/T 47013.2 或 NB/T 47013.11 进行 100% 射线检测，检测技术等级不低于 AB 级，除带垫板的封闭焊接接头合格级别不低于Ⅱ级外，其余焊接接头的合格级别不低于Ⅰ级；

b) 内容器A、B、D、E类焊接接头及加强圈与内容器的角接焊接接头等应力集中的部位应按NB/T 47013.5进行100%渗透检测，合格级别不低于Ⅰ级；
c) 起弧点和临时附件切除后的焊接处应修磨至圆滑过渡并按NB/T 47013.5进行渗透检测，合格级别不低于Ⅰ级；
d) 经检测发现不允许的缺陷时，应对超标缺陷进行返修，并对该部位按原检测要求和合格级别进行重新检测和评定。

7.5.2 应变强化过程的检测：

a) 当压力升至设计压力时，对内容器表面进行目测检查，应无泄漏、无可见变形、无异常响声为合格；
b) 强化后压力卸压至设计压力时，应对内容器的焊接接头进行形状尺寸检查、外观目视检查，应无渗漏、无异常声响为合格。

7.5.3 应变强化实施后检测：

a) 带垫板的封闭焊接接头应按NB/T 47013.2或NB/T 47013.11进行5%射线检测，检测技术等级不低于AB级，合格级别不低于Ⅱ级，检测部位优先选择丁字焊缝和原有条形缺陷部位；
b) 对T形焊缝和7.5.1中b)、c)要求的焊缝，应按NB/T 47013.5进行100%渗透检测，合格级别不低于Ⅰ级；
c) 经检测发现不允许的缺陷时，应在缺陷两端的延伸部位均增加不少于250 mm的补充检测，如仍有不允许的缺陷，则对该条焊缝进行100%检测。对超标缺陷应进行返修，并对该部位按原检测要求和合格级别进行重新检测和评定；
d) 符合7.4.4.2规定的施焊部位，应按NB/T 47013.5进行100%渗透检测，合格级别不低于Ⅰ级。

7.6 应变强化处理

内容器应变强化处理应符合经验证合格的强化工艺文件和附录E的规定。

7.7 耐压试验

当内容器强化后焊缝的焊接返修和施焊符合7.4.4.2的规定时，应按本部分和其他部分的要求进行耐压试验。

附　录　A
（资料性附录）
应变强化内容器制造过程中重要质量控制点

A.1　设计文件

A.1.1　风险评估报告。

A.1.2　文件的完整性和标准符合性。

A.1.3　设计文件中的"PS"标识。

A.2　材料复验

A.2.1　内容器材料应满足第5章的要求。

A.2.2　筒体和封头的材料还应符合7.2的规定。

A.3　成形控制

A.3.1　筒体和封头的成形应符合7.3的规定。

A.3.2　焊缝形状尺寸应符合7.4.2的规定。

A.4　焊接工艺评定

焊接工艺评定应符合7.4.1的规定，预拉伸后焊接接头的力学性能和弯曲性能合格指标应符合表3的规定。

A.5　焊接

A.5.1　应按评定合格的焊接工艺进行施焊。

A.5.2　焊材的选择应符合5.4的规定。

A.6　产品焊接试件

产品焊接试件应符合7.4.5的规定，其力学性能和弯曲性能合格指标应符合表3的规定。

A.7　无损检测

A.7.1　内容器应在强化实施前、强化实施过程中及强化实施后进行无损检测。

A.7.2　检测方法、检测比例及合格指标等应符合7.5的规定。

A.7.3　应注意强化前有缺陷的部位和应力集中部位在强化后的检测结果。

A.8 强化过程

A.8.1 强化过程应严格按照经验证合格的强化工艺要求进行。强化工艺要求应满足附录E的规定。

A.8.2 升压速率以及最后15 min～30 min内最大周长变化速率的控制要求,应符合附录E的规定。

A.9 出厂文件和标识

出厂文件应注明“应变强化容器”,铭牌中应有“PS”标识。

附 录 B
（资料性附录）
奥氏体不锈钢钢号近似对照及要求

B.1 本附录给出了相应境外牌号材料与本标准所采用材料的对应关系，见表 B.1。

B.2 当表 B.1 中的境外牌号的材料用于采用应变强化技术制造内容器时，其化学成分和力学性能等应符合第 5 章的相关要求。

表 B.1 奥氏体型不锈钢钢号近似对照表

GB/T 24511—2009		EN 10028-7:2007		ASME(2013) SA240	
统一数字代号	牌 号	数字代号	牌 号	UNS 代号	型号
S30408	06Cr19Ni10	1.4301	X5CrNi18-10	S30400	304
S30403	022Cr19Ni10	1.4306	X2CrNi19-11	S30403	304L
S31608	06Cr17Ni12Mo2	1.4401	X5CrNiMo17-12-2	S31600	316
S31603	022Cr17Ni12Mo2	1.4404	X2CrNiMo17-12-2	S31603	316L

附 录 C
（资料性附录）
应变强化工艺验证性试验要求

C.1 一般要求

C.1.1 内容器制造前其工艺文件应经工艺验证性试验进行验证。验证试验采用试制样品容器，并参见附录D的要求进行相关试验。

C.1.2 样品容器的设计、制造和检验应符合本部分的要求，并在试制前根据本部分及相关标准的要求进行焊接工艺评定，制定焊接工艺指导书、应变强化工艺指导书和试验大纲等工艺文件。

C.1.3 验证试验的相关要求应按照试验大纲的内容和要求进行。

C.2 样品容器的结构要求

C.2.1 样品容器的结构要求如下：

a） 罐体至少为2个筒节，每筒节宽度不小于1 500 mm，对接环向焊缝设置在预估内容器变形最大处；

b） 内直径不小于1 800 mm，名义壁厚不小于8 mm；

c） 罐体不设加强圈、人孔、支座垫板等约束性部件；

d） 筒体与封头的对接环向焊缝应能模拟内容器封闭焊缝的焊接接头形式。

C.2.2 按样品容器的结构和设计参数进行强度计算。

C.2.3 样品容器应变强化工艺可进行数值仿真，通过与试验结果对比，掌握采用应变强化工艺造成筒体的塑性变形的部位及变形量的规律。

C.3 验证性试验大纲

C.3.1 一般要求

验证性试验大纲应明确在应变强化实施前、强化过程中和强化实施后的检验和试验项目、目的、方法和要求。

C.3.2 验证性试验项目、实施时机和试验目的

见表C.1。

表C.1 试验项目、实施时机和试验目的

序号	试验项目	试验阶段	试 验 目 的
1	焊接接头无损检测	强化前	本试验是检测样品容器的焊接接头内外部相关缺陷和母材表面缺陷，以发现超标缺陷和线状表面缺陷
		强化后	本试验是检测样品容器的焊接接头内部缺陷和母材表面缺陷，以发现新的超标缺陷和线状表面缺陷的扩展情况

表 C.1（续）

序号	试验项目	试验阶段	试 验 目 的
2	金相组织分析（选择项）	强化前	本试验是检测样品容器母材和焊接接头的金相组织、晶粒度和夹渣等，并对比分析其奥氏体和马氏体组织变化情况
		强化后	
3	马氏体含量测试（选择项）	强化前	用铁素体含量测试仪对强化实施前的封头过渡段、直边段部位的马氏体含量进行测试
4	筒体周长测量	强化前	筒体周长测量的目的是按应变强化工艺要求测量样品容器筒体周长变化情况，并计算周长变化率，为强化结束提供判据。 样品容器再次加压到计算压力时周长的测量是为了了解样品容器筒体的弹性变形情况
		设计压力时	
		强化压力时	
		保压过程	
		卸压后	
		计算压力时	
		再次卸压后	
5	A、B类焊接接头力学性能检验	强化后	本试验是检测样品容器强化后 A、B 焊接接头的力学性能，以验证其性能是否符合本部分要求
6	母材力学性能检验	强化前	本试验是检测取样品容器强化前母材的力学性能，以验证其性能是否符合本部分要求
7	产品焊接试件力学性能检验	预拉伸后	本试验是检测取样品容器产品焊接试件强化后的力学性能，以验证其性能是否符合本部分要求

C.3.3 试验内容

C.3.3.1 焊接接头无损检测

焊接接头的无损检测应符合 7.5 的相关规定。

C.3.3.2 马氏体含量测试

用铁素体含量测试仪对强化前的封头过渡段、直边段的马氏体含量进行测试。

C.3.3.3 筒体周长长度测量

C.3.3.3.1 强化实施前测量

在内容器开始强化前对筒体进行周长测量，周长测量位置选在各拘束段预估可能产生最大变形的截面部位。

C.3.3.3.2 强化实施过程中及强化实施后测量

在强化过程中及强化实施后测量，应对预估可能产生最大变形的截面进行周长测量。

C.3.3.4 强化后力学性能检验

C.3.3.4.1 取样原则

应避开超标缺陷处取样。

C.3.3.4.2 取样位置、测试项目及合格指标

取样位置、测试项目及合格指标如下：

a) 取样位置见图 C.1，要求如下：
   1) 筒体周向最大变形截面处的纵向焊缝试件；
   2) 筒体周向最大变形截面处的临近环向焊缝试件；
   3) 封头拼接焊缝试件；
   4) 筒体与封头连接处带垫板环向焊缝试件；
   5) 筒体与封头连接处不带垫板环向焊缝试件；
   6) 产品焊接试件，应满足 7.4.5 的要求，并按附录 D 的规定进行预拉伸。

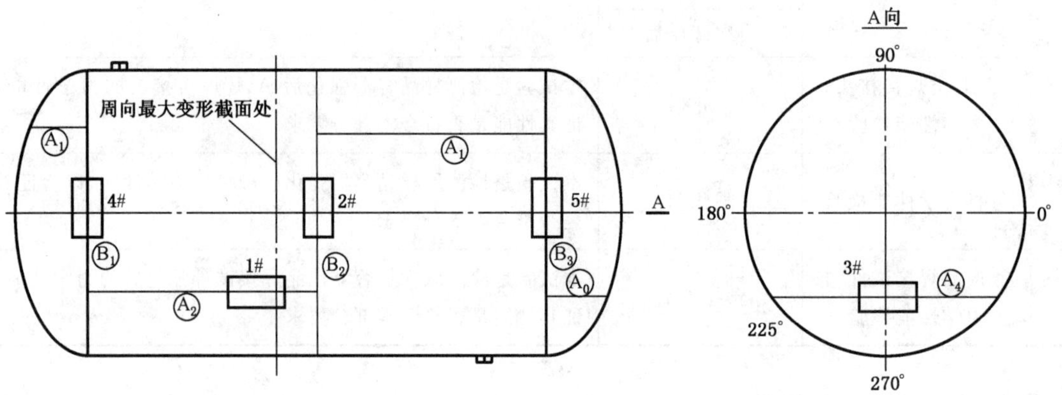

说明：

1#——筒体周向最大变形截面处纵向焊缝试件；
2#——筒体周向最大变形截面处的临近环向焊缝试件；
3#——封头拼接焊缝试件；
4#——筒体与封头连接处带垫板环向焊缝试件；
5#——筒体与封头连接处不带垫板环向焊缝试件。

图 C.1 样品容器取样示意图

b) 测试项目及合格指标见表 C.2。

表 C.2 测试项目及合格指标

样品容器取样位置	测 试 项 目	要 求	合格指标
样品容器焊接接头试件	拉伸（常温 1 个） 冲击（－196 ℃低温 6 个，焊缝和热影响区各 3 个） 弯曲（常温 2 个，面弯＋背弯各 1 个）	1) 取样后需要把弧面展平； 2) 拉伸试样轴向垂直于焊缝； 3) 冲击试样长度方向垂直于焊缝，V 形缺口的轴线平行于板厚方向（垂直于表面）； 4) 弯曲试样轴向垂直于焊缝，焊缝中心应对准弯心轴线	表 3

表 C.2（续）

样品容器取样位置	测 试 项 目	要　　求	合格指标
产品焊接试件（预拉伸后）	拉伸（常温 1 个） 冲击（－196 ℃低温 6 个，焊缝和热影响区各 3 个） 弯曲（常温 2 个，面弯＋背弯各 1 个）	1） 拉伸试样轴向垂直于焊缝； 2） 冲击试样长度方向垂直于焊缝，V 形缺口的轴线平行于板厚方向； 3） 弯曲试样轴向垂直于焊缝，焊缝中心应对准弯心轴线	表 3
原始母材（筒体）的力学性能试件	拉伸（常温 1 个）	拉伸试样垂直于板材轧制方向	表 1

附 录 D
（资料性附录）
试件预拉伸及试验规则

D.1 试验设备

D.1.1 拉伸试验机采用计算机控制，测力系统按 GB/T 16825.1 校准，精确度不低于 1 级，数据采集和处理按 GB/T 228.1 中附录 A 的规定。

D.1.2 引伸计应符合 GB/T 12160 的规定，精确度不低于 1 级。

D.1.3 夏比摆锤冲击试验机应符合 GB/T 3808 的规定。

D.2 焊接试件预拉伸

D.2.1 焊接试件预拉伸试样

预拉伸试样尺寸为原始钢板全厚度(T)×宽度(W)×长度(L)。带焊缝的试样应保留焊缝余高，焊缝应位于试样中间部位。预拉伸试样的有效区域应为远离上下夹头 20 mm 的范围内。预拉伸试样见图 D.1。

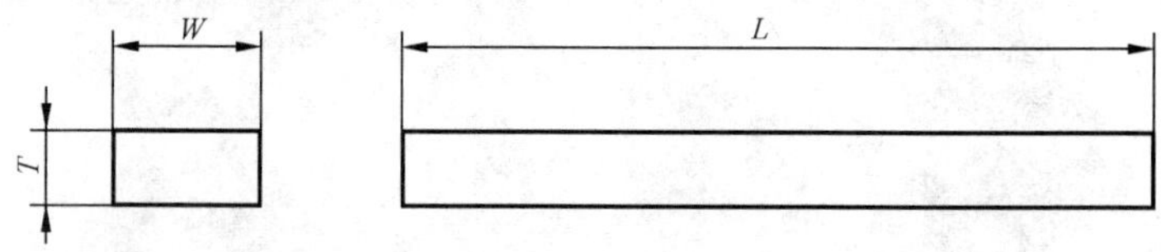

图 D.1 预拉伸试样

D.2.2 焊接试件预拉伸方法

D.2.2.1 焊接试件预拉伸方法可采用应力控制法或应变控制法。

D.2.2.2 采用应力控制法时，应满足如下要求：

a) 预拉伸时，应保证预拉伸试样与试验机的同轴度；
b) 平均应力加载速率不大于 1 MPa/s；
c) 达到预拉伸终止应力值后，保持载荷不变进行保载，保载时间不少于 15 min 后卸载，应变率不大于 0.1% h。预拉伸终止应力值见表 D.1；
d) 焊接试件性能试验报告中，应有预拉伸加载的应力-时间以及位移-时间的关系曲线图。

表 D.1 焊接试件预拉伸终止应力值

钢　号	预拉伸终止应力值/MPa
S30408	410
S31608	
S30403	400
S31603	

D.2.2.3 采用应变控制法时，应满足如下要求：

a) 预拉伸前，根据试验条件确定标距尺寸，以试件中心为基准向两侧进行标距划线，标距尺寸应在 200 mm～300 mm 之间；

b) 预拉伸时，应保证预拉伸试样与试验机的同轴度；

c) 平均应力加载速率不大于 1 MPa/s；

d) 以标定的标距，进行 9%的总应变控制，达到 9%应变后卸载。

D.3 室温拉伸试样和试验方法

D.3.1 室温拉伸试样

D.3.1.1 拉伸试样尺寸

室温拉伸试样为比例试样，并符合 GB/T 228.1 的规定。

D.3.1.2 试样制备

室温拉伸试样的制备应符合 GB/T 228.1 的规定。带焊缝的室温拉伸试样，应去除焊缝余高，焊缝应位于试样平行段的中间部位，试样的厚度应等于或接近试样母材的厚度。焊缝两侧母材厚度不一致时，试样厚度应与较薄侧一致。

D.3.2 室温拉伸方法

室温拉伸试验按 GB/T 228.1 的要求进行。

D.4 冲击试样和试验方法

D.4.1 冲击试样

D.4.1.1 制取尺寸为 10 mm×10 mm×55 mm 的夏比 V 型缺口冲击试样，也可按试件的厚度制取尺寸为 7.5 mm×10 mm×55 mm 或 5 mm×10 mm×55 mm 的夏比 V 型缺口冲击试样，冲击试样应符合 GB/T 229 的规定。

D.4.1.2 每个冲击试样的 V 型缺口均需在专用的缺口投影仪进行测量，合格后方可进行试验。

D.4.2 冲击试验方法

冲击试验方法应符合 GB/T 229 的规定。

D.4.3 试样的制冷

试样进行冲击试验时，应制冷至规定温度，保温时间不少于 5 min。

D.5 弯曲试样和试验方法

D.5.1 弯曲试样

弯曲试样厚度为试件原始厚度，焊缝应位于试样中心部位，且去除焊缝余高。当试样表面需平整加工时，试样厚度应尽量接近于试件厚度。试样的长度 L 为 200 mm，宽度 W 为 38 mm，见图 D.2。

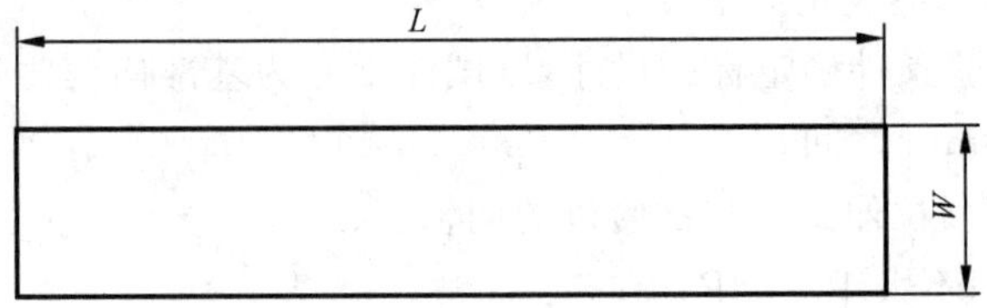

图 D.2　弯曲试样

D.5.2　弯曲试验方法

弯曲试验方法应符合 GB/T 232 和 GB/T 2653 的规定。弯曲角度 180°,焊接接头弯曲试验的弯头直径为 4 倍试件厚度,且焊缝应位于变形最大处。

D.6　试验记录

试验记录至少包括下列内容:

a）　试验过程中采集的原始数据;

b）　材料拉伸试验的完整应力-应变曲线;

c）　材料力学性能试验报告。

D.7　资料保存

试件预拉伸及试验应至少保存下列资料备查:

a）　试验完成后的试样;

b）　试件材料的原始质量证明书;

c）　D.6 中规定的试验记录和报告文件。

附　录　E
（规范性附录）
应变强化处理

E.1　应变强化处理

E.1.1　基本要求

E.1.1.1　应变强化场地应有可靠的安全防护设施，并经单位技术负责人和安全部门认可。应变强化过程中，试验现场不得进行与试验无关的工作，无关人员不得在试验现场停留。

E.1.1.2　内容器应满足本部分和设计文件的要求。

E.1.1.3　与内容器焊接的零部件应在强化之前焊接。

E.1.1.4　应变强化实施前，焊缝应按7.5的要求经无损检测合格。

E.1.1.5　应变强化用水中氯离子含量不超过25 mg/L。

E.1.1.6　内容器顶部（最高处）应设置排气接管，充液口位于内容器的底部。应变强化时，支座的设置应不影响内容器的变形。将水加满容器后，至少等待15 min以让溶解在水中的气体充分排尽。

E.1.1.7　应变强化过程中应保持内容器外表面的干燥，强化完成后应将水排净吹干。

E.1.1.8　特种设备监督检验机构应对应变强化过程进行见证和检验，并在应变强化报告中签字确认。

E.1.2　检测器具及控制系统

E.1.2.1　压力表精度应不低于1.6级，压力表数量应不少于2个，压力表的量程应为强化压力的1.5倍～3.0倍。压力表应经校验合格并在检定有效期内。

E.1.2.2　内容器各拘束段可能产生最大变形的截面，均应采用经过标定的位移传感器测量周长。采用的附加测量的钢尺，其最小刻度至少达到1 mm，且应校验合格。

E.1.2.3　应变强化自动控制系统除应满足强化工艺要求外，还应满足如下要求：

a)　能自动测量截面的周长变化，精度应不低于0.2 mm；

b)　能按设定的时间间隔记录压力和位移的数据，并形成压力-时间与位移-时间的关系曲线；

c)　能自动控制应变强化时压力的变化，并维持所设定的压力；

d)　能按设定的压力停止点进行保压；

e)　应变强化处理结束时，能计算最大变形截面的变形量。

E.1.3　应变强化压力

应变强化压力应符合6.7的规定。

E.1.4　强化处理过程

E.1.4.1　应变强化时应缓慢升压，最大升压速度不应超过0.5 MPa/min。当压力升至设计压力时，经表面检查合格后方可继续升压，升压速度不应超过0.1 MPa/min。

E.1.4.2　当压力升到强化压力后应进行保压，保压过程中每隔不超过5 min重复测量每个可能产生最大变形的截面的周长，并计算该截面的周长变化率。周向变化率按下式进行计算：

周向变化率＝（实测周长－初始周长）/初始周长。

E.1.4.3　同时满足下列两个条件时，可以终止保压，开始降压：

a） 保压时间不小于 1 h；

b） 最后 30 min 内的最大周长变化率不超过 0.1%/ h。

注 1：对于直径不超过 2 000 mm 的内容器，如果最后 15 min 内满足最大周长应变率不超过 0.1%/h 的要求，则内容器的强化时间可缩短至不小于 30 min。

注 2：为了减少保压时间，压力达到强化压力后开始保压的最初 0.5 h 内，可将强化压力提高 5%，且不得超过 $1.6p_c$。

E.1.4.4 当压力下降到耐压试验压力时，保压时间应不少于 30 min，并按 7.5.2 的要求进行检查。

E.1.4.5 卸压结束后应计算强化处理后筒体最大变形截面的周长变化率。

E.2 应变强化处理记录

E.2.1 应变强化过程至少应记录以下内容：

a） 升压过程的压力和时间；

b） 强化实施前、强化实施过程中和强化实施后的周长（或变化量）测量值；

c） 筒体变形最大截面的周长变化率；

d） 任何影响内容器使用功能的形状、尺寸的显著变化；

e） 设计文件规定的其他要求。

E.2.2 当需进行二次强化时，还应记录二次强化的原因和相关数据。

ICS 33.100
L 06

中华人民共和国国家标准

GB/T 18487.2—2017
代替 GB/T 18487.2—2001

电动汽车传导充电系统　第2部分：非车载传导供电设备电磁兼容要求

Electric vehicle conductive charging system—Part 2: EMC requirements for off-board electric vehicle supply equipment

2017-12-29 发布　　2018-07-01 实施

中华人民共和国国家质量监督检验检疫总局
中国国家标准化管理委员会　发布

前 言

GB/T 18487《电动汽车传导充电系统》由以下三部分组成：

——第1部分：通用要求；

——第2部分：非车载传导供电设备电磁兼容要求；

——第3部分：电动车辆交流/直流充电机(站)。

本部分为GB/T 18487的第2部分。

本部分按照GB/T 1.1—2009给出的规则起草。

本部分代替GB/T 18487.2—2001《电动车辆传导充电系统 电动车辆与交流/直流电源的连接要求》。

与GB/T 18487.2—2001相比，除编辑性修改外主要技术变化如下：

——因增加了供电设备内容，将本部分名称改为《电动汽车传导充电系统 第2部分：非车载传导供电设备电磁兼容要求》；

——增加了供电设备配置的要求(见第4章)；

——增加了供电设备的试验负载条件(见第5章)；

——增加了测试过程中的操作条件(见第6章)；

——增加了抗扰度要求(见第7章)；

——增加了加发射要求(见第8章)。

本部分由中国电力企业联合会提出并归口。

本部分起草单位：上海电器科学研究院、中国电力科学研究院、国网电力科学研究院、许继集团、普天新能源有限责任公司、深圳奥特迅电力设备股份有限公司、珠海泰坦科技股份有限公司、许昌开普检测技术有限公司、比亚迪汽车工业有限公司、浙江万马新能源有限公司、台达电子企业管理(上海)有限公司、北汽新能源汽车股份有限公司。

本部分主要起草人：郑军奇、王爱国、刘永东、陈灏、卢琛钰、李妮、姜宁浩、邵浙海、李彩生、李志刚、潘景宜、杨兴超、周宇奎、吴连日、高新杰、刘媛、叶琼瑜、李新强。

本部分所代替标准的历次版本发布情况为：

——GB/T 18487.2—2001。

电动汽车传导充电系统　第2部分：非车载传导供电设备电磁兼容要求

1　范围

GB/T 18487的本部分规定了为电动汽车非车载传导充电的电动汽车供电设备(以下统称为供电设备)的电磁兼容要求。供电设备的供电电源额定电压最大值为1 000 V AC或1 500 V DC,额定输出电压最大值为1 000 V AC或1 500 V DC。

本部分适用于GB/T 18487.1中规定的充电模式2、充电模式3、充电模式4的供电设备。

本部分适用于从现场储能系统(如缓冲蓄电池组等)获得能量的电动汽车供电设备。

本部分认为无电子元件或开关(除手动开关外)的电缆是无源的,符合发射和抗扰度要求,不需要测试。

本部分不适用于任何车载供电设备和电动汽车的供电系统的零部件和设备。

本部分不适用于以无线充电(WPT)方式为电动汽车供电或充电的供电设备。

本部分不适用于无轨电车、铁路车辆、工业车辆和主要用于非道路车辆的供电设备。

2　规范性引用文件

下列文件对于本文件的应用是必不可少的。凡是注日期的引用文件,仅注日期的版本适用于本文件。凡是不注日期的引用文件,其最新版本(包括所有的修改单)适用于本文件。

GB/T 4365　电工术语　电磁兼容

GB 4824—2013　工业、科学和医疗(ISM)射频设备　骚扰特性　限值和测量方法

GB/T 6113.102—2008　无线电骚扰和抗扰度测量设备和测量方法规范　第1-2部分:无线电骚扰和抗扰度测量设备　辅助设备　传导骚扰

GB/T 6113.201　无线电骚扰和抗扰度测量设备和测量方法规范　第2-1部分:无线电骚扰和抗扰度测量方法　传导骚扰测量

GB/T 17215.321　交流电测量设备　特殊要求　第21部分:静止式有功电能表(1级和2级)

GB 17625.1　电磁兼容　限值　谐波电流发射限值(设备每相输入电流≤16 A)

GB/T 17625.2　电磁兼容　限值　对每相额定电流≤16 A且无条件接入的设备在公用低压供电系统中产生的电压变化、电压波动和闪烁的限制

GB/T 17625.7　电磁兼容　限值　对额定电流≤75 A且有条件接入的设备在公用低压供电系统中产生的电压变化、电压波动和闪烁的限制

GB/T 17625.8　电磁兼容　限值　每相输入电流大于16 A小于等于75 A连接到公用低压系统的设备产生的谐波电流限值

GB/T 17626.2　电磁兼容　试验和测量技术　静电放电抗扰度试验

GB/T 17626.3　电磁兼容　试验和测量技术　射频电磁场辐射抗扰度试验

GB/T 17626.4　电磁兼容　试验和测量技术　电快速瞬变脉冲群抗扰度试验

GB/T 17626.5　电磁兼容　试验和测量技术　浪涌(冲击)抗扰度试验

GB/T 17626.6　电磁兼容　试验和测量技术　射频场感应的传导骚扰抗扰度

GB/T 17626.8　电磁兼容　试验和测量技术　工频磁场抗扰度试验

GB/T 17626.11 电磁兼容 试验和测量技术 电压暂降、短时中断和电压变化的抗扰度试验

GB/T 17626.29 电磁兼容 试验和测量技术 直流电源输入端口电压暂降、短时中断和电压变化的抗扰度试验

GB/T 17626.34 电磁兼容 试验和测量技术 主电源每相电流大于16 A的设备的电压暂降、短时中断和电压变化抗扰度试验

GB/T 17799.1 电磁兼容 通用标准 居住、商业和轻工业环境中的抗扰度试验

GB/T 17799.2 电磁兼容 通用标准 工业环境中的抗扰度试验

GB 17799.3 电磁兼容 通用标准 居住、商业和轻工业环境中的发射

GB 17799.4 电磁兼容 通用标准 工业环境中的发射

GB/T 18487.1 电动汽车传导充电系统 第1部分:通用要求

GB/T 18655 车辆、船和内燃机 无线电骚扰特性 用于保护车载接收机的限值和测量方法

GB/T 19596 电动汽车术语

GB/T 29317 电动汽车充换电设施术语

GJB 151B—2013 军用设备和分系统电磁发射和敏感度要求和测量

CISPR 11 工业、科学和医疗(ISM)射频设备 骚扰特性 限值和测量方法(Industrial, scientific and medical equipment—Radio-frequency disturbancecharacteristics—Limits and methods of measurement)

CISPR 32:2015 多媒体设备的电磁兼容 发射要求(Electromagnetic compatibility of multimedia equipment—Emission requirements)

IEC 61000-4-3 电磁兼容 试验和测量技术射频电磁场辐射抗扰度试验(Electromagnetic compatibility (EMC)—Part 4-3:Testing and measurement techniques-radiated, radio-frequency, electromagnetic field immunity test)

3 术语和定义、缩略语

3.1 术语和定义

GB/T 4365、GB 4824—2013、GB/T 18487.1、GB/T 19596 和 GB/T 29317 界定的以及下列术语和定义适用于本文件。

3.1.1

端口 port

设备与外界电磁环境的特定界面,非车载供电设备的端口的示例见图1。

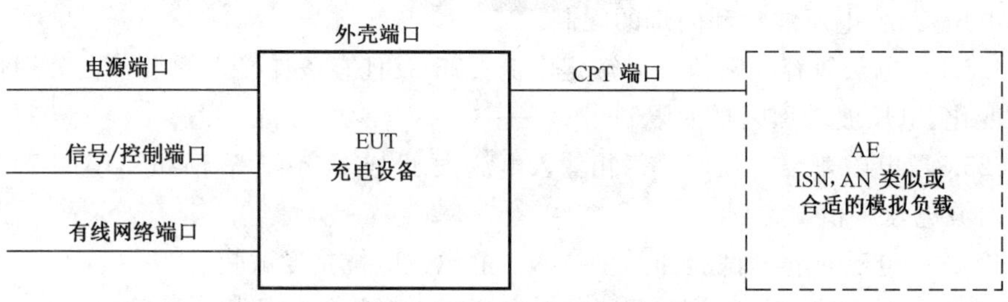

图1 非车载供电设备的端口的示例

3.1.2

外壳端口 enclosure port

电磁场可以通过它来辐射或入侵的物理边界。

3.1.3

电源端口(交流或直流) power port(AC or DC)

为设备或相关设备提供电源而使其正常工作的导体或电缆的端口。

3.1.4

有线网络端口 wired network port

连接声音、数据和信号传递的端口,旨在直接连接单用户或多用户电信网使分散的系统相互连接(如 PSTN、ISDN、xDSL、LAN 和类似的网络)。

注:这些端口可以支持屏蔽或非屏蔽电缆,也可以承载电信规范中规定的交流或直流电源。

[CISPR 32]

3.1.5

信号/控制端口 signal/control port

符合相关功能说明(如用于连接电缆的最大长度)的 EUT 或 EUT 内部元件与本地 AE 连接的端口。

注:例如,RS-232、通用串行总线(USB)、高清晰度多媒体接口(HDMI)、符合 IEEE 1394("火线")和控制导向器。

[CISPR 32]

3.1.6

传导电能传输端口(CPT 端口) conductive power transfer port (CPT port)

用于传导电能传输(CPT)的电动汽车供电设备的电力输出端口,该端口传输低压交流或直流电能到充电系统的次级装置(例如,电源充电给负载),并提供所必需的信号/控制和/或通讯功能。

3.2 缩略语

下列缩略语适用于本文件。

AE 辅助设备

AMN 人工电源网络

AN 人工网络

EMC 电磁兼容

EUT 受试设备

ISDN 综合业务数字网

ISN 阻抗稳定网络

CAN 控制器局域网络

LAN 局域网

PLC 电力线通信

PSTN 公共交换电话网络

PWM 脉冲宽度调制

RBW 分辨率带宽

WPT 无线电能传输

xDSL 各种类型数字用户线路的总称

4 供电设备配置

4.1 概述

本部分中试验项目的试验布置和试验条件在具体章节中给出。

4.2 传导电能传输(CPT)设备

所有试验应使用由制造商提供的典型的供电设备和通信电缆(在CPT端口)。若供电设备未提供电缆,试验应在电缆的典型长度下进行。

附录A给出了非车载直流供电设备在CPT端口进行传导骚扰测量的试验布置示例。具体的试验布置参考GB 4824—2013和GB/T 6113.201。

充电模式2的缆上控制与保护盒(不含电缆)及装置(IC-CPD),应按照台式设备布置进行测试。

5 供电设备的试验负载条件

5.1 概述

具有通信功能(在供电设备和车辆之间)的供电设备的通信线应按附录B进行端接,通信信号应由各自的模拟器提供并经由适合的耦合装置馈入。

若供电设备具有大量类似端口或连接器的端口,则应选择足够数量的端口来模拟实际运行状况,并确保覆盖了所有不同类型的终端,如所有端口数量的20%或至少四个端口。

注:需注意的是,这并不总是代表实际使用,因为当电池逐渐充满时功率将下降。

5.2 电动汽车的CPT供电设备

供电设备的CPT端口应连接到AE,该AE包括由AN和/或ISN所形成的车辆模拟器,并与可调电阻负载相连。

6 测试过程中的操作条件

6.1 概述

试验在本部分规定的模式下进行。试验应在第5章规定的负载条件下进行。

试验计划中应规定EUT的配置和运行模式,且试验报告中应准确记录试验时的实际条件。

应对以下两种运行模式进行评估:

a) 待机模式:模拟供电设备正常供电,其车辆插头插入车辆插座,此时供电设备处于未充电状态(例如,当车辆电池已充满电或等待电网决定何时充电);

b) 充电模式:试验过程中,供电设备的输出电流处于产生最高发射情况的功率。

注:当没有负载连接时无需进行评估,在待机模式中已充分考虑。

若供电设备和车辆之间(如:充电控制)使用非控制导引方式或其他信号(例如PLC)方式的通信,则试验应在最恶劣的信号情况下进行,如选择制造商规定的最大通信速率的信号。

试验应在供电设备规定的工作范围和额定输入电压下实施,除非相关基础标准另有规定。

缆上控制与保护装置(IC-CPD)应按照充电模式3进行试验。

6.2 试验说明

供电设备应同时符合本部分规定的抗扰度和发射要求。

本部分涉及的供电设备要求是基于逐个端口给出的。表1～表4规定了抗扰度要求，表5～表13规定了发射要求。

本部分规定的所有测试项目可按照任何顺序进行试验。

试验应调节阻性负载，使得供电设备在额定输出电压情况下，发射测量在功率分别为额定功率的20%，50%和80%状态下进行。抗扰度测量在额定功率的50%下进行。

所有类型端口都应按本部分要求进行抗扰度测试。

试验仪器、试验方法和试验布置见表1～表6。

6.3 环境条件/限制

本部分已考虑了在正常的EMC环境中的所有供电设备。供电设备可在多种场所安装使用。本部分覆盖所有安装于室内或室外的供电设备，安装使用环境包括工业环境(见GB/T 17799.2和GB 17799.4)和非工业环境(包括住宅、商业、轻工业环境，见GB/T 17799.1和GB 17799.3)。当供电设备制造商未规定供电设备的预期使用的环境时，应实施最严格的发射和抗扰度试验，即采用最低的发射限值和最高的抗扰度试验等级。

7 抗扰度要求

7.1 性能判据

7.1.1 概述

供电设备应维持在一种安全状态，作为本部分中规定的试验实施结果。进一步指导信息见标准GB/T 18487.1。

基于供电设备的充电模式有不同的性能判据，尤其是对于充电模式3和充电模式4。

在交流或直流电源输入端口上实施浪涌(GB/T 17626.5)和电快速瞬变/脉冲群(GB/T 17626.4)时，应使用合适的仪器进行测量，该仪器可测量直流输出端口上相关的瞬态幅值。这种测量应按照附录C所描述的布置进行。应满足附录C的要求。

当受试设备有计量和计费功能时，相应的性能判据应按照适用的产品标准进行定义，例如GB/T 17215.321。

供电设备制造商应提供EMC试验过程中或试验后的功能描述和性能判据定义。

7.1.2 性能判据A

试验实施的过程中或试验后，供电设备应在供电设备制造商所定义的容许范围内，按照预期继续运行。其运行状态不允许改变(即充电模式下继续保持充电，待机模式下保持闲置状态)。

注：对于充电模式2和充电模式3，状态的改变包括PWM信号的变化，对于充电模式4，状态的改变包括充电电流的任意变化(超过制造商定义的容许范围)。

7.1.3 性能判据B

试验完成后，供电设备应在供电设备制造商所定义的容许范围内，按照预期继续运行。此外，在试验实施过程中，应保持供电设备的主要功能(在供电设备制造商所定义的容许范围内)。次要功能(包括显示等)在试验过程中允许性能降级，但应在试验后恢复到初始状态。

试验实施后，供电设备应不改变其运行状态(即充电模式下继续保持充电，待机模式下保持闲置状态)。

注1：对于充电模式2和充电模式3，状态的改变包括PWM信号的变化，对于充电模式4，状态的改变包括充电电流的任意变化(超过制造商定义的容许范围)。

注 2：对于电压暂降和短时中断抗扰度测试，如果进行了充电流程中规定的人工操作，如刷卡或者充电启动等，可视为符合性能判据 B。

7.1.4 性能判据 C

试验实施的过程中和试验后，供电设备变化到故障保护状态。如已符合 GB/T 18487.1 中定义的安全要求，这种状态需要用户干预以重启充电或自动恢复充电。

7.2 试验要求

根据供电设备类型和其预期使用的环境，测试要求见表 1～表 4。

所有缆上控制与保护装置应满足表 1。

当供电设备制造商限制了产品使用场所，抗扰度要求见表 2。

后续表中所有提及的“信号/控制端口”均指供电设备的电源输入侧的端口。供电设备电源输出和负载侧无浪涌抗扰度要求，除非制造商说明书中规定的典型充电电缆超过 30 m。

直流供电设备的浪涌和电快速瞬变脉冲群的试验布置见附录 C。

表 1 交流充电抗扰度要求（除住宅环境外）

<table>
<tr><th>端口</th><th>受试设备的工作模式</th><th>试验项目</th><th>基础标准</th><th>试验要求</th><th>单位</th><th>性能判据</th></tr>
<tr><td rowspan="5">外壳</td><td rowspan="5">待机和充电模式</td><td>静电放电抗扰度</td><td>GB/T 17626.2</td><td>±6(接触)
±8(空气)</td><td>kV
kV</td><td>B</td></tr>
<tr><td rowspan="3">射频电磁场辐射抗扰度</td><td>GB/T 17626.3</td><td>10
(80 MHz～1 000 MHz)</td><td>V/m[d]</td><td>A</td></tr>
<tr><td>GB/T 17626.3</td><td>10
(1.4 GHz～2 GHz)</td><td>V/m[d]</td><td>A</td></tr>
<tr><td>IEC 61000-4-3</td><td>10
(2 GHz～2.7 GHz)</td><td>V/m[d]</td><td>A</td></tr>
<tr><td>工频磁场抗扰度[c]</td><td>GB/T 17626.8</td><td>30(32 A 以下系统)
100(32 A 以上系统)</td><td>A/m
A/m</td><td>A</td></tr>
<tr><td rowspan="4">交流电源输入(和直接连接到电源端口的信号/控制端口)</td><td rowspan="4">待机和充电模式</td><td>电快速瞬变脉冲群抗扰度</td><td>GB/T 17626.4</td><td>±4
5/50
100</td><td>kV
Tr/Th，ns
重复频率，kHz</td><td>B</td></tr>
<tr><td>浪涌抗扰度</td><td>GB/T 17626.5</td><td>1.2/50 (8/20)
±4[a]
±2[b]</td><td>μs
kV
kV</td><td>B</td></tr>
<tr><td>射频场感应的传导骚扰抗扰度</td><td>GB/T 17626.6</td><td>10
(0.15 ～80 MHz)</td><td>V (rms)</td><td>A</td></tr>
<tr><td>电压暂降和短时中断抗扰度</td><td>GB/T 17626.11
(≤16 A)
GB/T 17626.34
(>16 A)</td><td>40%，持续 10 周期
70%，持续 25 周期
80%，持续 250 周期
0%，持续 250 周期</td><td></td><td>B
B
B
C</td></tr>
</table>

表 1（续）

端口	受试设备的工作模式	试验项目	基础标准	试验要求	单位	性能判据
有线网络和信号/控制	待机和充电模式	电快速瞬变脉冲群抗扰度[f]	GB/T 17626.4	±2 5/50 100	kV Tr/Th，ns 重复频率 kHz	B
		浪涌抗扰度[e]	GB/T 17626.5	1.2/50 (8/20) ±2[a] ±1[b]	μs kV kV	B
				10/700(5/320)[g] ±2	μs kV	B
		射频场感应的传导骚扰抗扰度[e]	GB/T 17626.6	10 (0.15 MHz～80 MHz)	V (rms)	A
CPT	待机模式	电快速瞬变脉冲群抗扰度	GB/T 17626.4	±2 5/50 100	kV Tr/Th，ns 重复频率，kHz	B
		浪涌抗扰度[e]	GB/T 17626.5	1.2/50 (8/20) ±2[a] ±1[b]	μs kV kV	B
	待机和充电模式	射频场感应的传导骚扰抗扰度	GB/T 17626.6	10 (0.15 MHz～80 MHz)	V (rms)	A

[a] 线对地（地线），电压逐级施加。
[b] 线对线，电压逐级施加。
[c] 仅适用于包含对磁场敏感装置的设备。
[d] 规定的未调制载波值试验等级为有效值。
[e] 仅适用于连接线缆总长超过 30 m（依据供应商的功能规范）的端口。
[f] 仅适用于连接线缆总长超过 3 m（依据供应商的功能规范）的端口。
[g] 适用于屏蔽接地（地线），此试验不适用于信号/控制端口。

表 2　交流充电抗扰度要求（住宅环境）

端口	受试设备的工作模式	试验项目	基础标准	试验要求	单位	性能判据
外壳	待机和充电模式	静电放电抗扰度	GB/T 17626.2	±6（接触） ±8（空气）	kV kV	B
		射频电磁场辐射抗扰度	GB/T 17626.3	3 (80 MHz～1 000 MHz)	V/m[d]	A
			GB/T 17626.3	3 (1.4 GHz～2 GHz)	V/m[d]	A
			IEC 61000-4-3	3 (2 GHz～2.7 GHz)	V/m[d]	A

表 2(续)

端口	受试设备的工作模式	试验项目	基础标准	试验要求	单位	性能判据
外壳	待机和充电模式	工频磁场抗扰度[c]	GB/T 17626.8	30(32 A 以下系统) 100(32 A 以上系统)	A/m A/m	A
交流电源输入(和直接连接到电源端口的信号/控制端口)	待机和充电模式	电快速瞬变脉冲群抗扰度	GB/T 17626.4	±2 5/50 100	kV Tr/Th, ns 重复频率,kHz	B
		浪涌抗扰度	GB/T 17626.5	1.2/50 (8/20) ±2 [a] ±1 [b]	μs kV kV	B
		射频场感应的传导骚扰抗扰度	GB/T 17626.6	3 (0.15 MHz～80 MHz)	V (rms)	A
		电压暂降和短时中断抗扰度	GB/T 17626.11 (≤16 A) GB/T 17626.34 (>16 A)	40%,持续 10 周期 70%,持续 25 周期 80%,持续 250 周期 0%,持续 250 周期		B B B C
有线网络和信号/控制	待机和充电模式	电快速瞬变脉冲群抗扰度[f]	GB/T 17626.4	±1 5/50 100	kV Tr/Th, ns 重复频率,kHz	B
		浪涌抗扰度[e]	GB/T 17626.5	1.2/50 (8/20) ±2 [a] ±1 [b]	μs kV kV	B
		射频场感应的传导骚扰抗扰度[e]	GB/T 17626.6	3 (0.15 MHz～80 MHz)	V (rms)	A
CPT[e)]	待机模式	电快速瞬变脉冲群抗扰度	GB/T 17626.4	±2 5/50 100	kV Tr/Th, ns 重复频率,kHz	B
	待机和充电模式	射频场感应的传导骚扰抗扰度	GB/T 17626.6	3 (0.15 MHz～80 MHz)	V (rms)	A

[a] 线对地(地线),电压逐级施加。

[b] 线对线,电压逐级施加。

[c] 仅适用于包含对磁场敏感装置的设备。

[d] 规定的未调制载波值试验等级为有效值。

[e] 仅适用于连接线缆总长超过 30 m(依据供应商的功能规范)的端口。

[f] 仅适用于连接线缆总长超过 3 m(依据供应商的功能规范)的端口。

表 3　直流充电抗扰度要求(除住宅环境外)

端口	受试设备的工作模式	试验项目	基础标准	试验要求	单位	性能判据
外壳	待机和充电模式	静电放电抗扰度	GB/T 17626.2	±6 (接触) ±8 (空气)	kV kV	B
		射频电磁场辐射抗扰度	GB/T 17626.3	10 (80 MHz～1 000 MHz)	V/m [d]	A
			GB/T 17626.3	10 (1.4 GHz～2 GHz)	V/m [d]	A
			IEC 61000-4-3	10 (2 GHz～2.7 GHz)	V/m [d]	A
		工频磁场抗扰度[c]	GB/T 17626.8	30(32 A 以下系统) 100(32 A 以上系统)	A/m A/m	A
交流电源输入(和直接连接到电源端口的信号/控制端口)	待机和充电模式	电快速瞬变脉冲群抗扰度	GB/T 17626.4	±4 5/50 100	kV Tr/Th, ns 重复频率,kHz	B
		浪涌抗扰度	GB/T 17626.5	1.2/50 (8/20) ±4 [a] ±2 [b]	μs kV kV	B
		射频场感应的传导骚扰抗扰度	GB/T 17626.6	10 (0.15 MHz～80 MHz)	V (rms)	A
		电压暂降和短时中断抗扰度	GB/T 17626.11 (≤16 A) GB/T 17626.34 (>16 A)	40%,持续 10 周期 70%,持续 25 周期 80%,持续 250 周期 0%,持续 250 周期		B B B C
直流电源输入(和直接连接到电源输入端的 I/O 端口)	待机和充电模式	电快速瞬变脉冲群抗扰度	GB/T 17626.4	±2 5/50 100	kV Tr/Th, ns 重复频率 kHz	B
		浪涌抗扰度	GB/T 17626.5	1.2/50 (8/20) ±2 [a] ±1 [b]	μs kV kV	B
		射频场感应的传导骚扰抗扰度	GB/T 17626.6	10 (0.15 MHz～80 MHz)	V (rms)	A
		电压暂降和短时中断抗扰度	GB/T 17626.29	40%和 70% [g] 80%和 120% [g] 0%[g]		B B B
有线网络和信号/控制	待机和充电模式	电快速瞬变脉冲群抗扰度[f]	GB/T 17626.4	±2 5/50 100	kV Tr/Th, ns 重复频率 kHz	B
		浪涌抗扰度[e]	GB/T 17626.5	1.2/50 (8/20) ±2 [a] ±1 [b]	μs kV kV	B

表 3（续）

端口	受试设备的工作模式	试验项目	基础标准	试验要求	单位	性能判据
有线网络和信号/控制	待机和充电模式	射频场感应的传导骚扰抗扰度[e]	GB/T 17626.6	10 (0.15 MHz～80 MHz)	V (rms)	A
CPT[e)]	待机模式	电快速瞬变脉冲群抗扰度	GB/T 17626.4	±2 5/50 100	kV Tr/Th，ns 重复频率，kHz	B
	待机和充电模式	射频场感应的传导骚扰抗扰度	GB/T 17626.6	10 (0.15 MHz～80 MHz)	V (rms)	A

[a] 线对地(地线)，电压逐级施加。

[b] 线对线，电压逐级施加。

[c] 仅适用于包含对磁场敏感装置的设备。

[d] 规定的未调制载波值试验等级为有效值。

[e] 仅适用于连接线缆总长超过 30 m(依据供应商的功能规范)的端口。

[f] 仅适用于连接线缆总长超过 3 m(依据供应商的功能规范)的端口。

[g] 持续时间参见 GB/T 17626.29 中表 1 及对应的注释。

表 4　直流充电抗扰度要求(住宅环境)

端口	受试设备的工作模式	试验项目	基础标准	试验要求	单位	性能判据
外壳	待机和充电模式	静电放电抗扰度	GB/T 17626.2	±6(接触) ±8 (空气)	kV kV	B
		射频电磁场辐射抗扰度	GB/T 17626.3	3 (80 MHz～1 000 MHz)	V/m[d]	A
			GB/T 17626.3	3 (1.4 GHz～2 GHz)	V/m[d]	A
			IEC 61000-4-3	3 (2 GHz～2.7 GHz)	V/m[d]	A
		工频磁场抗扰度[c]	GB/T 17626.8	30(32 A 以下系统) 100(32 A 以上系统)	A/m A/m	A
交流电源输入(和直接连接到电源端口的信号/控制端口)	待机和充电模式	电快速瞬变脉冲群抗扰度	GB/T 17626.4	±2 5/50 100	kV Tr/Th，ns 重复频率，kHz	B
		浪涌抗扰度	GB/T 17626.5	1.2/50 (8/20) ±2[a] ±1[b]	μs kV kV	B
		射频场感应的传导骚扰抗扰度	GB/T 17626.6	3 (0.15 MHz～80 MHz)	V (rms)	A

表 4(续)

端口	受试设备的工作模式	试验项目	基础标准	试验要求	单位	性能判据
交流电源输入(和直接连接到电源端口的信号/控制端口)	待机和充电模式	电压暂降和短时中断抗扰度	GB/T 17626.11 (≤16 A) GB/T 17626.34 (>16 A)	40%,持续 10 周期 70%,持续 25 周期 80%,持续 250 周期 0%,持续 250 周期		B B B C
直流电源输入(直接连接到电源输入端的 I/O 端口)	待机和充电模式	电快速瞬变脉冲群抗扰度	GB/T 17626.4	±2 5/50 100	kV Tr/Th, ns 重复频率,kHz	B
		浪涌抗扰度	GB/T 17626.5	1.2/50 (8/20) ±2 [a] ±1 [b]	μs kV kV	B
		射频场感应的传导骚扰抗扰度	GB/T 17626.6	3 (0.15 MHz~80 MHz)	V (rms)	A
		电压暂降和短时中断抗扰度	GB/T 17626.29	40%和 70% [g] 80%和 120% [g] 0%[g]		B B B
有线网络和信号/控制	待机和充电模式	电快速瞬变脉冲群抗扰度[f]	GB/T 17626.4	±2 5/50 100	kV Tr/Th, ns 重复频率,kHz	B
		浪涌抗扰度[e]	GB/T 17626.5	1.2/50 (8/20) ±2 [a] ±1 [b]	μs kV kV	B
		射频场感应的传导骚扰抗扰度[e]	GB/T 17626.6	3 (0.15 MHz~80 MHz)	V (rms)	A
CPT [c]	待机模式	电快速瞬变/脉冲群	GB/T 17626.4	±2 5/50 100	kV Tr/Th, ns 重复频率,kHz	B
	待机和充电模式	射频场感应的传导骚扰抗扰度	GB/T 17626.6	3 (0.15 MHz~80 MHz)	V (rms)	A

[a] 线对地(地线),电压逐级施加。

[b] 线对线,电压逐级施加。

[b] 仅适用于包含对磁场敏感装置的设备。

[d] 规定的未调制载波值试验等级为有效值。

[e] 仅适用于连接线缆总长超过 30 m(依据供应商的功能规范)的端口。

[f] 仅适用于连接线缆总长超过 3 m(依据供应商的功能规范)的端口。

[g] 持续时间见 GB/T 17626.29 中表 1 及对应的注释。

8 发射要求

8.1 概述

应在明确的、可复现的条件下对每种类型的骚扰进行测量。

表5和表6给出了试验描述,试验方法和试验布置。

8.2 低频骚扰的限值和试验条件

8.2.1 综述

表5给出了低频骚扰现象评估的要求。

表5 低频现象评估的要求

端口	试验项目	参考标准	本部分中的参考章条
交流电源端口	谐波电流[a]	GB 17625.1(每相额定电流≤16 A) GB/T 17625.8(每相额定电流>16 A且≤75 A)	8.2.2
	电压波动和闪烁[a]	GB/T 17625.2(每相额定电流≤16 A) GB/T 17625.7(每相额定电流>16 A且≤75 A)[b]	8.2.3
注:充电模式2和充电模式3的供电设备需在待机模式下测试。			
[a] 适用于GB 17625.1,GB/T 17625.2,GB/T 17625.7和GB/T 17625.8范围内的供电设备。 [b] 满足GB/T 17625.2要求的设备,不适用于GB/T 17625.7。			

8.2.2 谐波电流

谐波电流仅适用于下列类别中的供电设备:

——额定电压220 V,单相,三线;

——额定电压380 V,三相,五线;

——额定频率50 Hz。

每相输入电流小于或等于16 A且连接到公共低压交流配电系统的供电设备应符合GB 17625.1,所有供电设备为A类设备。

注:上述A类设备的定义不同于GB 4824—2013中8.1.2详细说明的环境分类。

每相输入电流大于16 A,小于或等于75 A且连接到公共低压交流配电系统的供电设备应符合GB/T 17625.8。

对于每相输入电流大于75 A的供电设备,由于限值和测量方法尚在考虑中,其测量建议在每相输入电流不大于75 A的最大模块数量配置下进行。

对于充电模式2和充电模式3,无需进行谐波电流测量。

8.2.3 电压波动和闪烁

供电设备产生的电压波动和闪烁发射要求详见 GB/T 17625.2 和 GB/T 17625.7。

对于充电模式 3,采用机电式开关的供电设备电源输入端口无需进行电压波动和闪烁试验。

8.3 射频骚扰的限值和试验条件

8.3.1 限值要求

基于本部分的目的,供电设备按照其应用环境进行分类。这些定义详见 GB 4824—2013 第 5 章并汇总如下:

——A 类供电设备是非家用和不直接连接到住宅低压供电网设施中使用的设备。

——A 类设备应满足 A 类限值。

对于 A 类供电设备,产品附带的使用说明书应包含以下警告:

警告——此设备不能应用于居住环境,在这类环境中可能无法对无线电通信提供充分的保护。

B 类供电设备是家用设备和直接连接到住宅低压供电网设施中使用的设备。

B 类设备应满足 B 类限值。

表 6 给出了射频评估的要求。

表 6 射频骚扰评估的要求

端口类型	试验项目	参考标准	本部分中的参考章条
电源输入端 (低压交流或直流)	传导骚扰 (150 kHz~30 MHz)	GB 4824—2013[a]	8.3.2
CPT (低压交流或直流)	传导骚扰 (150 kHz~30 MHz)	附录 A,附录 B	8.3.3
有线网络和信号/控制端口	传导骚扰 (150 kHz~30 MHz)	CISPR 32:2015[b]	8.3.4
外壳	辐射骚扰 (保护车辆无钥匙进入系统的要求)	附录 D	8.3.5.1
外壳	辐射骚扰 (150 kHz~1 000 MHz)	GB 4824—2013[a]	8.3.5.2

[a] A 类和 B 类限值应用见 GB 4824—2013。

[b] 单独连接到 CAN 总线的网络端口无需进行符合性验证。

8.3.2 电源输入端口(150 kHz~30 MHz)

供电设备的电源输入端口应按照 GB 4824—2013 进行测试,使用 GB 4824—2013 中规定的试验仪器。

对于任何 A 类或 B 类供电设备骚扰电压限值见 GB 4824—2013 中的表 2 或表 3。

如确定 EUT 在 GB 4824—2013 所描述试验布置的型式试验中满足各自的限值,即符合本部分的发射要求。

8.3.3 CPT 端口(150 kHz～30 MHz)

8.3.3.1 CPT 端口的骚扰电压测量

按照附录 A 使用 GB/T 6113.201 中规定的测试设备进行测量。测量时,传导电能传输端口(CPT 端口)应通过适当的 AN 和/或 ISN 端接到接地平面,如附录 A 中图 A.1 所示。骚扰电压应使用连接到 EUT 的 CPT 端口低压交流或直流电源终端 AN 的测量端口进行测量。

对于供电设备和包含交流/交流或交流/直流功率变换器(提供三相低压交流供电电源)的设备,进行 CPT 端口骚扰电压测量时,供电设备直流输出端口应在 CPT 端口的每相使用一个 5 μH/50 Ω AN(参考 GB/T 18655),见图 A.1。这些 AN 的 AE 端口应端接适合的阻性可调负载。

注:不推荐使用 GB/T 6113.102—2008 的 4.3 规定的常规三相 50 μH/50 ΩV 型 AMN。

供电设备交流输出端口的测试布置见 GB 4824—2013 或参考 GB/T 6113.102—2008。

若被测 CPT 交流供电设备不包含任何电子功率变换器件或类似器件,仅有开关和隔离器件时,则只需在其低压交流电源输入端口测量骚扰电压,见 8.3.2。

表 7 或表 8 的骚扰电压限值适用于交流 CPT 端口,表 9 和表 10 适合骚扰电压限值适用于直流 CPT 端口

注:上面提到的 AN,也可用于单相低压交流供电电源的 CPT 电源线端口。

表 7　A 类供电设备 CPT 端口(交流)的骚扰电压限值

频率范围 MHz	额定功率 ≤20 kVA[a]		额定功率>20 kVA, ≤75 kVA[a,b]		额定功率 >75 kVA[a,b]	
	电压限值		电压限值		电压限值	
	准峰值 dB(μV)	平均值 dB(μV)	准峰值 dB(μV)	平均值 dB(μV)	准峰值 dB(μV)	平均值 dB(μV)
0.15～0.50	79	66	100	90	130	120
0.50～5	73	60	86	76	125	115
5～30	73	60	90～73	80～60	115	105

[a] 应基于制造商规定的额定交流功率选择适当的限值。限值在一定频率范围内随频率的对数增加而线性下降。

[b] 这些限值适用于额定功率>20 kVA 且由专业人士安装的设备。制造商和/或供应商应在产品的使用手册中提供缓解措施,以减少设备的发射并阻止 30 m 安装距离内对无线电接收有害的干扰。特别应当指出,这种设备可以配备额外的滤波且物理上距离住宅环境大于 30 m。安装人员可依据 GB 4824—2013 现场测量确认减缓措施。

表 8　B 类供电设备 CPT 端口(交流)的骚扰电压限值

频率范围 MHz	准峰值 dB(μV)	平均值 dB(μV)
0.15～0.50	66～56[a]	56～46[a]
0.50～5	56	46
5～30	60	50

[a] 随着频率的对数增加而线性下降。

表 9 A 类供电设备 CPT 端口(直流)的骚扰电压限值

<table>
<tr><td rowspan="3">频率范围
MHz</td><td colspan="2">额定功率
≤20 kVA[a]</td><td colspan="2">额定功率＞20 kVA,
≤75 kVA[a,b]</td><td colspan="2">额定功率
＞75 kVA[a,b]</td></tr>
<tr><td colspan="2">电压限值</td><td colspan="2">电压限值</td><td colspan="2">电压限值</td></tr>
<tr><td>准峰值
dB(μV)</td><td>平均值
dB(μV)</td><td>准峰值
dB(μV)</td><td>平均值
dB(μV)</td><td>准峰值
dB(μV)</td><td>平均值
dB(μV)</td></tr>
<tr><td>0.15～5</td><td>97～89</td><td>84～76</td><td>116～106</td><td>106～96</td><td>132～122</td><td>122～112</td></tr>
<tr><td>5～30</td><td>89</td><td>76</td><td>106～89</td><td>96～76</td><td>122～105</td><td>112～92</td></tr>
<tr><td colspan="7">[a] 应基于制造商规定的额定交流功率选择适当的限值。限值在一定频率范围内随频率的对数增加而线性下降。
[b] 这些限值适用于额定功率＞20 kVA 且由专业人士安装的设备。制造商和/或供应商应在产品的使用手册中提供缓解措施,以减少设备的发射并阻止 30 m 安装距离内对无线电接收有害的干扰。特别应当指出,这种设备可以配备额外的滤波且物理上距离住宅环境大于 30 m。安装人员可依据 GB 4824—2013 现场测量确认减缓措施。</td></tr>
</table>

表 10 B 类供电设备 CPT 端口(直流)的骚扰电压限值

<table>
<tr><td>频率范围
MHz</td><td>准峰值
dB(μV)</td><td>平均值
dB(μV)</td></tr>
<tr><td>0.15～0.50</td><td>84～74[a]</td><td>74～64 [a]</td></tr>
<tr><td>0.50～30</td><td>74</td><td>64</td></tr>
<tr><td colspan="3">[a] 随着频率的对数增加而线性下降。</td></tr>
</table>

8.3.3.2 CPT 端口中用于电动汽车信号/控制和/或通信功能端口的骚扰电压测量(150 kHz～30 MHz)

测量应按照 CISPR 32:2015 进行,使用 CISPR 32:2015 中规定的试验仪器。测量时,CPT 端口应通过适当的 AN 和/或 ISN 端接到接地平面,如图 A.1 所示。CPT 端口中用于电动汽车信号/控制和/或通信功能端口应端接 ISN,如附录 B 中图 B.1 所示。骚扰电压的测量应使用这种 ISN 的测量端口。

A 类供电设备的限值见 CISPR 32:2015 表 A.11,B 类供电设备的限值见 CISPR 32:2015 表 A.12。

若 EUT 按照上述测量布置进行型式试验满足限值,即证实其符合本部分的发射要求。

8.3.4 有线网络端口或信号/控制端口(150 kHz～30 MHz)

本部分范围内供电设备的有线网络端口,如它们将连接到公共交换电话网络(PSTN)的物理用户线,需要进行测量。

本部分范围内设备的信号/控制端口,若它们将连接到本地监督或电力调度系统,旨在通过多个本地供电设备进行电源传输管理,需要进行测量。

测量应按照 CISPR 32:2015 进行,使用 CISPR 32:2015 中规定的试验仪器。

A 类供电设备的限值见 CISPR 32:2015 表 A.11,B 类供电设备的限值见 CISPR 32:2015 表 A.12。

若 EUT 在 CISPR 32:2015 所描述测量布置的型式试验中,满足各自的限值,即符合本部分的发射要求。

8.3.5 外壳端口

8.3.5.1 辐射骚扰,保护无钥匙进入系统的要求(20 kHz～185 kHz)

被测供电设备在频率 20 kHz～185 kHz 产生的电磁辐射骚扰不应超过表 11 规定的限值。

测试方法和测试设备见附录 D。

表 11 辐射骚扰限值(20 kHz ～185 kHz)

频率范围 kHz	峰值限值 dB(μA/m)
20～10	62～60[a]
10～30	60
30～75	60～95[b]
75～120	95～55[a]
120～140	55
140～185	55～95[b]

[a] 限值随着频率线性递减。

[b] 限值随着频率线性增加。

8.3.5.2 辐射骚扰(30 MHz～1 000 MHz)

测量应按照 GB 4824—2013 进行,使用 GB 4824—2013 中规定的试验仪器。

对于任何类型(A 类或 B 类)CPT 供电设备,辐射骚扰限值(30 MHz～1 000 MHz)分别见 GB 4824—2013 中的表 4 或表 5。

9 试验结果和试验报告

试验报告应包括可以保证试验能复现的全部信息。

试验报告至少包含以下内容:

——充电设备的描述;

——测试计划;

——测试数据和结果;

——测试设备和布置。

附 录 A
（规范性附录）
直流供电 CPT 端口的传导骚扰电压测试布置示例

A.1 布置要求

供电设备应按照图 A.1 布置。

壁挂式供电设备应视作台式设备参照 GB/T 6113.201 布置(如,放在一个 0.8 m 高的桌子上)。

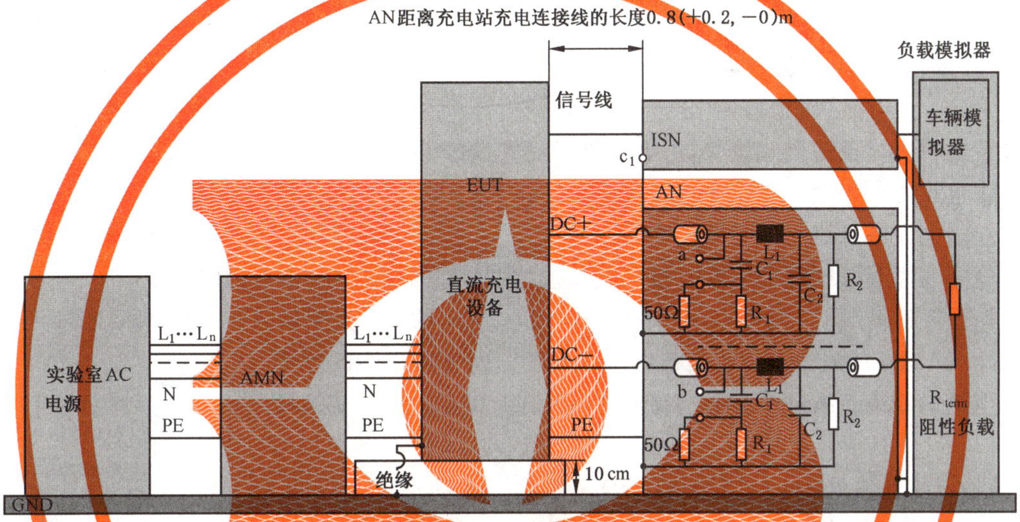

图 A.1 用于电动汽车的非车载直流供电设备 CPT 端口的传导骚扰电压测试布置示例

图 A.1 中的 AN 包含两个 GB/T 18655 规定的 AN 并且连接到一个合适的电阻性终端 R,R 的作用是消耗被测供电设备传递的电能,R 的数值大约为最大负载的 25%。汽车模拟器被包含在负载模拟器当中,确保供电设备正常运转。

对于 CPT 端口的电源线的终端,可使用其他适合的人工网络,如 GB/T 6113.102—2008 的 4.6 规定的 150 Ω△型 AMN 或 CISPR 11 的 X 规定的 150 Ω 的 DC-AN。在这种情况下,应采用修订的限值,见表 9 和表 10。

以上所述的任何人工网络也可适用于 CPT 端口电源线终端。

对于提供三相低压交流电电源的 CPT 端口的输电线终端,尤其供电设备装备有一个 AC/AC 或 AC/DC 的功率转换器,推荐使用符合 GB/T 18655 的三个 ISN。

应使用 GB/T 6113.102—2008 定义的电流探测器,在整个频率范围(150 kHz～30 MHz)内执行测量。电流探测器应夹在被测充电线距离充电站 30 cm 处。

附 录 B
（规范性附录）
CPT 端口的负载条件

B.1 概述

本附录描述作为交流或直流供电设备充电电源线上终端的适当 AN，和作为对称信号传输线（如，CAN 总线）和不对称信号传输线（如 PLC 方式的控制导引功能）用来管理通信和数据传输终端的适当 ISN。充电电缆中主要的线和充电电缆的插头构成了 CPT 端口。

B.2 供电设备和连接到实验室电源

传导传输供电设备的形式试验，供电设备需要放置在试验区域。

被测供电设备的供电电缆布线应做到：

a） 在供电设备到地的一侧需要垂直垂下；

b） 充电电缆过长的部分需要直接放置在接地参考平面（需要时，Z 字型折叠）；

c） 在允许的情况下，需通过 GB/T 6113.102—2008 的 4.3 介绍的人工电源网络连接到实验室电源。AMN 的最靠近被测设备的面需要至少远离被测设备边界 0.8 m。

充电电缆的线缆布线进一步的建议见 CISPR 11 和 GB/T 6113.201。

B.3 电源输出线的终端——人工网络（AN）

交流输出端应通过 GB/T 18655 规定的 2 个～4 个 5 μH / 50 Ω 的 AN 的组合端接模拟负载（也就是替代电动车）。每相线的终端应采用一个 AN 连接到实验室公共地。如果有中性线的话，中性线应端接另外一个 AN。

不推荐使用通常的单相或三相 50 μH / 50 Ω 人工网络（见 GB/T 6113.102—2008 的 4.3），端接供电设备 CPT 端口输电线，这些设备通过交流/交流或者直流/交流电源转换器充电。

直流输出端需要通过 5 μH / 50 Ω 的人工网络（见 GB/T 18655）端接负载模拟器（替换电动车）。其他适当的 AN 如 150 Ω △型 AMN（见 GB/T 6113.102—2008 的 4.6 ）或者 150 Ω AN（DC-AN）也可以被使用。

AN 需直接安装在接地平面上。AN 的接地需要低阻抗搭接到接地平面。

未与测量设备相连的 AN 的测量端口应连接 50 Ω 负载。

被测充电电缆的终端 AN 和 ISN 到被测充电设备的距离需 0.8（＋0.2，－0）m，如图 A.1 所示。

B.4 通信线的终端——ISN

B.4.1 概述

当前充电设备和电动车之间的通信应用不同类型的通讯系统和通信电缆。因此，一些特殊的电缆/操作方式的区分是有必要的。

ISN 需直接安装在接地平面上，并需要低阻抗搭接到接地平面。

测量中 ISN 没有用到的端口需要端接匹配电阻(ISN 同轴输出 50 Ω,如图 B.1 所示)。

被测通讯电缆的终端 ISN 到被测供电设备的距离需 0.8(+0.2,−0)m,如图 A.1 中所示。

B.4.2 对称的通信线(如 CAN)

连接在模拟负载(替换电动车或典型的通信模拟装置)和充电设备之间 ISN 参照 CISPR32,见图 B.1。ISN 的共模阻抗为 150 Ω。阻抗 Z_{cat} 调整布线的对称性和连接外围,通常表示为纵向转换损耗。纵向转换损耗值应通过测量确定或由供电设备/充电电缆制造商定义。纵向转换损耗值和来源需要在报告中阐明。

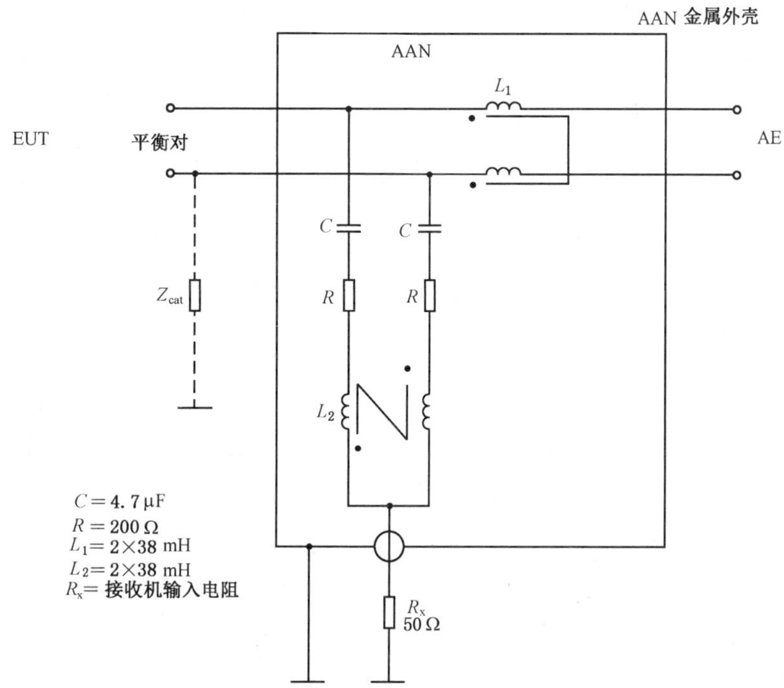

图 B.1 ISN 对称通信线的示例

B.5 供电设备桩体和通信电缆

被测供电设备的桩体和通信电缆及 AE 需布置在一条直线上(见图 B.1),AE 包含车辆的充电插座和 AN/ ISN。水平电缆的长度应为 0.8(+0.2;−0)m。如果充电电缆的长度超过 1 m,则多余的长度应"Z 字型折叠"或捆绑,并且宽度小于 0.5 m。

如果被测供电设备 CPT 端口连接到一辆典型的电动汽车,那么充电和通信电缆需垂直悬挂距汽车底盘 0.1(+0.2/−0)m。

在任何情况下,充电电缆应布置在距离地面(100±25)mm 非导电的低介电常数 ε_r 的材料上($\varepsilon_r \leqslant 1.4$)。

被测供电设备连接线的插头应插到相应 AE 箱的插槽中,见图 A.1 所示的终端设备(AN 和 ISN)。另外该插头应插到代表供电设备 CPT 端口 AE 的电动汽车的充电和通信插座。

附 录 C
（规范性附录）
直流供电设备的浪涌和电快速瞬变脉冲群的试验布置

CPT 端口车辆耦合端子上浪涌(GB/T 17626.5)和电快速瞬变脉冲群(GB/T 17626.4)的测量，需使用合适的仪器在测量相关联幅度的瞬变。高阻抗差分电压探头(AC 耦合)需和适用的示波器(如附录 E 所描述的最低要求)一起使用。示波器应是电池供电或浮地。

在直流或交流电源输入端口测量浪涌和电快速瞬变脉冲群时，CPT 端口上测量的交流耦合电压不应超过表 C.1 的要求。

表 C.1 在直流输出端口上测量的最大电压

测试项目	DC＋ (a)和 DC－ (b)之间的交流耦合电压峰-峰值	DC＋ (a)和大地之间的交流耦合电压峰-峰值	DC－ (b)和大地之间的交流耦合电压峰-峰值	CPT 端口信号线和大地之间的交流耦合电压峰-峰值
浪涌(GB/T 17626.5)	500 V(p-p)	500 V(p-p)	500 V(p-p)	500 V(p-p)
电快速瞬变脉冲群(GB/T 17626.4)	—	500 V(p-p)	500 V(p-p)	500 V(p-p)

测试设置见图 A.1。电源输入电缆的长度应参照 GB/T 17626.4 或 GB/T 17626.5。在 CPT 端口应使用由制造商提供的典型电缆(包括 DC ＋，DC－，PE 和 CPT－的信号线)。如果制造商提供不同长度的电缆，应使用最短的电缆。供电设备与 AN 的距离以及供电设备与 ISN 之间的距离见图 A.1 所示。多余的长度应折叠成 40 cm 长的 Z 字型。

与附录 B 一致，AN 和 ISN 需要布置在地平面之上。测量端口要端接 50 Ω 阻抗。

直流供电设备的浪涌和电快速瞬变脉冲群的试验布置还应考虑以下内容：

a) 如果浪涌测试中波形符合 GB/T 17626.5 规定，PE(PE 有可能有额外电感存在某些 CDN 中，这不在 GB/T 17626.5 的规定中)线可直接接地。
b) EUT 手册中应指示 EUT 机箱接地点。
c) 脉冲群/浪涌发生器，CDN、AN 和 ISN 需要低阻抗接地线搭接地平面。

附 录 D
（规范性附录）
无钥匙进入系统的辐射骚扰

D.1 介绍

本试验是模拟磁场辐射对于车辆的无钥匙进入系统的影响。按照 GJB 151B—2013 的测试方法和程序，但测试距离调整为 1 m。

D.2 测试方法

测量布置如图 D.1 和图 D.2 所示，供电设备应连接到能提供 100%最大负荷量的电阻负载，并根据以下程序进行测量：

a) 启动供电设备，留出足够的稳定时间；
b) 将环形天线置于供电设备表面前 1 m。将环传感器平面调整平行于供电设备表面，并平行于环形天线连接器的轴线；
c) 在可适用的频率范围内扫描测量接收机来定位最大辐射频率，带宽和最小的测试时间应根据 GJB 151B—2013；
d) 调整测量接收机至步骤 c)中的一个频率或频带；
e) 在 EUT 表面前移动环形天线（保持 1 m 的间隔），并监测测量接收器的输出。记录步骤 d)中的每个频率的最大辐射值；
f) 使用最大辐射点的频率，调整环形天线至垂直平面，使测量接收机给出最大读数，并记录数值；
g) 重复步骤 d)到步骤 f)的程序，在小于 200 Hz 频率范围每个倍频至少两个最大辐射点和大于 200 Hz 频率范围每个倍频至少三个最大辐射点；
h) 对于 EUT 的每个平面重复步骤 b)到步骤 g)。

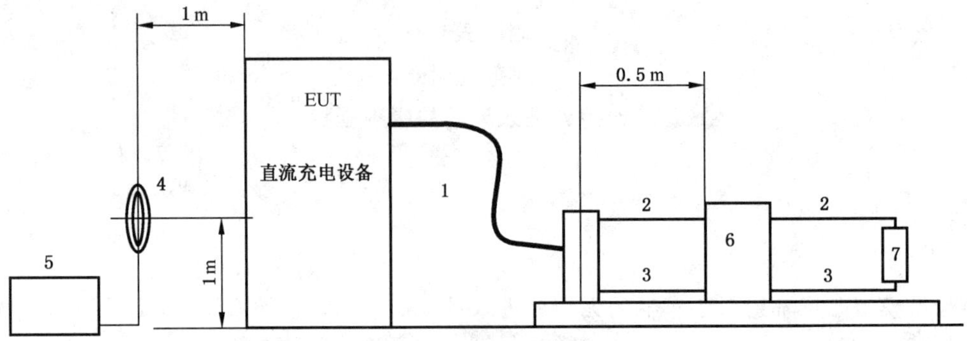

说明：

1——充电线；

2——直流电源线(正极)；

3——直流电源线(负极)；

4——环形天线；

5——EMI测量接收机，200 Hz的RBW；

6——人工网络(AN)；

7——直流电源线的终端，可变电阻负载R。

图 D.1 保护无钥匙进入系统测量布置的辐射骚扰测量实例

推荐使用GJB 151B—2013规定的环形传感器，但其他类型的线圈也可使用。GJB 151B—2013的环形传感器具有以下特征：

a) 直径：13.3 cm；

b) 圈数：36；

c) 线：7-41 绞合线；

d) 屏蔽：静电式；

e) 校正因子：请参见制造商提供的数据因了，测量接收机读数转换为dB(μA)。

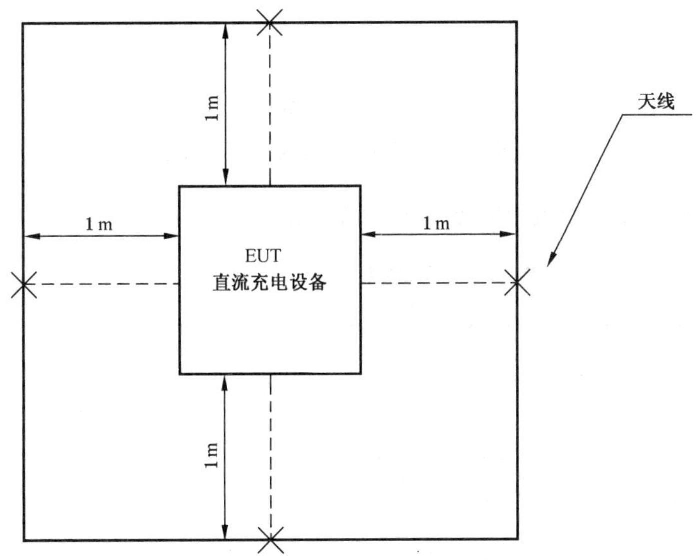

a） 俯视图

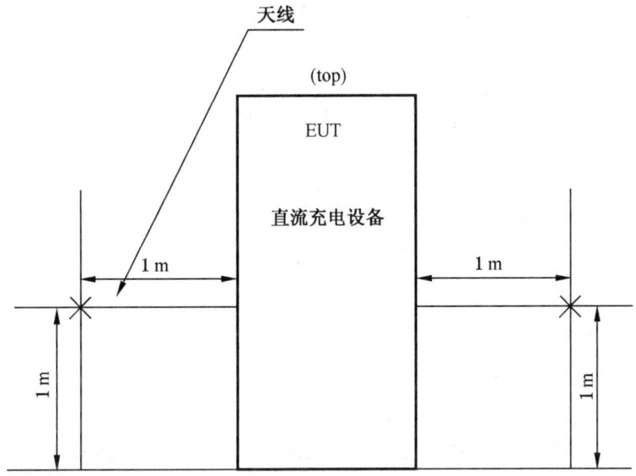

b） 侧面图

图 D.2 无钥匙进入辐射骚扰测量设置(环形传感器的布局和间距)的测量实例

附 录 E
（资料性附录）
直流供电设备的电压瞬态骚扰

供电设备中电力电子设备产生的电压瞬变不宜超过表E.1限值。本试验仅适用于直流供电设备。

表 E.1 供电设备的电压瞬变限值

测量点	正极(＋)和负极(－)之间	正极(＋)和地之间	负极(＋)和地之间
限值/ dU(＋) dU(－)	50 V	50 V	50 V

型式试验需要满足以下要求。

推荐在最大额定功率和最大额定电流下进行测量。图E.1描述了直流电动汽车供电设备的电压瞬变的说明和定义。

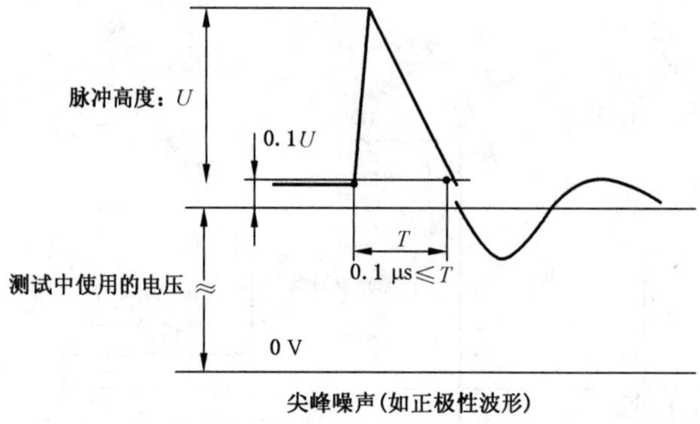

图 E.1 直流电动汽车供电设备的电压瞬变

图E.2所示的测量设备也可使用。

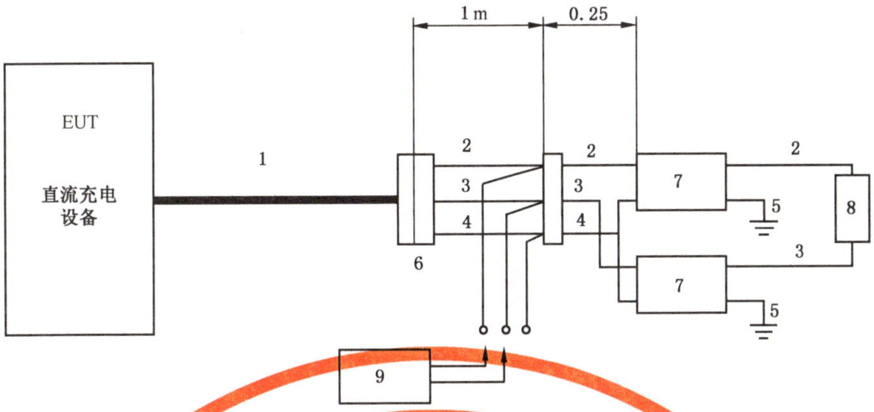

说明：

1——CPT 充电线；

2——直流电源线(正极)；

3——直流电源线(负极)；

4——接地线；

5——大地；

6——车辆耦合器(用于充电电缆插头的插座)；

7——人工网络(见 GB/T 18655 或 CISPR 11 规定的 150 Ω DC-AN)；

8——可变电阻负载 R；

9——示波器(直流到 400 MHz,每秒 2 G 个采样点)。

CPT 电缆应采用由制造商指定给最终用户电缆的最短长度,如图中 1 所指定的电缆。

图 E.2 电压瞬变测量设备布置

ICS 31.260
L 51

中华人民共和国国家标准

GB/T 18490.1—2017
代替 GB 18490—2001

机械安全 激光加工机 第1部分:通用安全要求

Safety of machinery—Laser processing machines—Part 1:General safety requirement

(ISO 11553-1:2005,Safety of machinery—Laser processing machines—Part 1:General safety requirements,MOD)

2017-12-29 发布 2018-07-01 实施

中华人民共和国国家质量监督检验检疫总局
中国国家标准化管理委员会 发布

前　言

GB/T 18490《机械安全　激光加工机》分为以下三个部分：

——第1部分：通用安全要求；

——第2部分：手持式激光加工机安全要求；

——第3部分：激光加工机和手持式加工机及相关辅助设备的噪声降低和噪声测量方法（准确度2级）。

本部分为GB/T 18490的第1部分。

本部分按照GB/T 1.1—2009给出的规则起草。

本部分代替GB 18490—2001《激光加工机械　安全要求》，与GB 18490—2001相比，主要技术变化如下：

——范围中增加了激光加工机产生噪声危险的标准（见第1章）；

——增加、修改了规范性引用文件（见第2章）；

——增加了术语和定义：受控可接近位置、受限可接近位置、非受控和非受限可接近位置（见3.3、3.4、3.5）；

——增加了"对于本部分未包括的机械危险，应遵循GB/T 15706—2012。"的内容（见5.1）；

——修改了激光辐射危险的防护的内容（见5.3.2.1、5.3.2.2，2001年版的5.3.1.1、5.3.1.2）；

——修改了控制装置与控制电路的内容（见5.3.3.1、5.3.3.3、5.3.3.4、5.3.3.6，2001年版的5.3.2、5.3.2.2、5.3.2.3、5.3.2.5）；

——修改了用户资料应遵循的标准内容（见第7章，2001年版的第7章）；

——增加了无意间损坏的材料的加工副产物的例子（见A.1.10）；

——增加了相关危险防护应遵循的标准内容（见附录B）。

本部分使用重新起草法修改采用ISO 11553-1:2005《机械安全　激光加工机　第1部分：通用安全要求》。

本部分与ISO 11553-1:2005相比，主要技术性差异及其原因如下：

——关于规范性引用文件，本部分做了具有技术差异的调整，以适应我国的技术条件，调整的情况集中反应在第2章"规范性引用文件"中，具体调整如下：

- 用GB/T 2893（所有部分）代替原国际标准中的引用文件ISO 3864:1984，两项标准的一致性程度如下：
  - GB/T 2893.1—2013　图形符号　安全色和安全标志　第1部分：安全标志和安全标记的设计原则（ISO 3864.1—2011，MOD）
  - GB/T 2893.2—2008　图形符号　安全色和安全标志　第2部分：产品安全标签的设计原则（ISO 3864-2:2004，MOD）
  - GB/T 2893.3—2010　图形符号　安全色和安全标志　第3部分：安全标志用图形符号设计原则（ISO 3864-3:2006，MOD）
  - GB/T 2893.4—2013　图形符号　安全色和安全标志　第4部分：安全标志材料的色度属性和光度属性（ISO 3864-4:2011，MOD）
- 使用等同采用国际标准的GB 5226.1—2008代替原国际标准中的引用文件IEC 60204-1:1997（见5.3.3、第7章）；
- 使用等同采用国际标准的GB 7247.1—2012代替原国际标准中的引用文件IEC 60825-1:

2001(见第3章、5.3、第6章、第7章、第8章);

- 使用等同采用国际标准ISO 12100:2010的GB/T 15706—2012代替原国际标准中的引用文件ISO 12100-1:2003和ISO 12100-2:2003(见第3章、4.2、5.1、5.2、5.3、第7章);
- 使用等同采用国际标准的GB/T 16855.1—2008代替原国际标准中的引用文件ISO 13849-1:1999(见5.3.3);
- 使用等同采用国际标准的GB/T 7247.4—2016代替原国际标准中的引用文件IEC 60825-4:2011(见5.3.2);
- 用修改采用国际标准的GB/T 18831—2010代替原国际标准中的引用文件ISO 14119:1998(见5.3.3);
- 用修改采用国际标准的GB/T 19670—2005代替原国际标准中的引用文件ISO 14118:2000(见5.3.3);
- 用ISO 11252:2013代替原国际标准中的引用文件ISO 11252:2004;
- 增加了GB/T 18490.3—2017 机械安全 激光加工机 第3部分:激光加工机和手持式加工机及相关辅助设备的噪声降低和噪声测量方法(准确度2级);

——删除ISO 11553-1:2005,3.5中的表1,消除歧义,简化标准;

——为5.3.3中的第一段悬置段增加标题5.3.3.1通用要求,后面的各条号顺延。

请注意本文件的某些内容可能涉及专利。本文件的发布机构不承担识别这些专利的责任。

本部分由中国机械工业联合会提出。

本部分由全国光学和光子学标准化技术委员会(SAC/TC 103)归口。

本部分起草单位:北京光电技术研究所、大族激光科技产业集团股份有限公司、西南技术物理研究所、中国兵器工业标准化研究所、武汉华工激光工程有限责任公司、中国电子科技集团公司第十一研究所。

本部分主要起草人:吴爱平、卢永红、冯建国、曾丽霞、叶大华、孟凡萍、卢飞星、戚燕、陈焱。

本部分所代替标准的历次版本发布情况为:

——GB 18490—2001。

引　言

由欧盟理事会发布的《机械安全指令》给出了保证机械安全性必须满足的必不可少的和强制性的要求。为此，欧洲标准化委员会(CEN)/ 欧洲电工标准化委员会(CENELEC)的联合机构启动了制定机械设备及其应用的制造安全标准程序。并将本部分的内容涵盖在其中。

准备提供的协调标准，目的是符合机械安全指令和关联的欧洲自由贸易协会规章中的必不可少的安全要求。

按照 GB/T 15706—2012 的条款本文件属于 B 类标准。本文件条款可根据 C 类标准进行增补或修改。

对于通过 C 类标准的范围所涵盖的机械以及按照 C 类标准的条款设计和制造的机械，则该 C 类标准的条款优先于 B 类标准。

本部分适用于利用激光辐射加工材料的机械。本部分的修订，目的是通过采取以下措施，避免人身受到伤害：

——列出包含激光器的机械所产生的潜在危险；

——规定减少特定危险条件引起的风险的安全措施和验证方法；

——提供相关标准的参考；

——向用户提供详细信息，以便用户建立适合的规程和预防措施。

机械安全　激光加工机
第1部分:通用安全要求

1　范围

GB/T 18490 的本部分给出了由激光加工机产生的危险,针对激光辐射和被加工物料产生的危险,规定了有关的安全要求,并给出了这类设备的制造商应提供的信息资料。

本部分不包括激光加工机产生的噪声危害的要求,相关内容见 GB/T 18490.3—2017。

本部分不适用于仅为下列应用制造的激光产品或者包含激光产品的设备:

—— 照相平板印刷术;

—— 立体光刻照相术;

—— 全息摄影术;

—— 医学应用;

—— 数据存储。

2　规范性引用文件

下列文件对于本文件的应用是必不可少的。凡是注日期的引用文件,仅注日期的版本适用于本文件。凡是不注日期的引用文件,其最新版本(包括所有的修改单)适用于本文件。

GB/T 2893(所有部分)　图形符号　安全色和安全标志[ISO 3864(所有部分)]

GB 5226.1—2008　机械电气安全　机械电气设备　第1部分:通用技术条件(IEC 60204-1:2005,IDT)

GB 7247.1—2012　激光产品的安全　第1部分:设备分类、要求(IEC 60825-1:2007,IDT)

GB/T 15706—2012　机械安全　设计通则　风险评估与风险减小(ISO 12100:2010,IDT)

GB/T 16855.1—2008　机械安全　控制系统有关安全部件　第1部分:设计通则(ISO 13849-1:2006,IDT)

GB/T 7247.4—2016　激光产品的安全　第4部分:激光防护屏(IEC 60825-4:2011,IDT)

GB/T 18831—2010　机械安全　带防护装置的联锁装置设计和选择原则(ISO 14119:1998 and Amd.1:2007,MOD)

GB/T 19670—2005　机械安全　防止意外启动(ISO 14118:2000,MOD)

GB/T 18490.3—2017　机械安全　激光加工机　第3部分:激光加工机和手持式加工机及相关辅助设备的噪声降低和噪声测量方法(准确度2级)(ISO 11553-3:2013,MOD)

ISO 11252:2013　激光和激光相关设备　激光设备　文件编制的最低要求(Laser and laser-related equipment—Laser device—Minimum requirements for documentation)

3　术语和定义

GB/T 15706—2012 和 GB 7247.1—2012 界定的以及下列术语和定义适用于本文件。

3.1

机器 machine

由若干个零、部件组合而成，其中至少有一个零件是可运动的，并且有适当的机械致动机构(执行机构)、控制和动力系统等。它们的组合具有一定的应用目的，如物料的加工、处理、搬运或包装等。

3.2

激光加工机 laser processing machine

包含有一台或多台激光器，能提供足够的能量/功率，至少使工件的某一部分熔化、气化，或者引起相变的机器，并在功能和安全性上符合工程化使用。

3.3

受控可接近位置 location with controlled access

只有经过足够激光安全培训和涉及系统检修的授权人员才可接近的位置。

3.4

受限可接近位置 location with restricted access

公众不可接近，但采用屏障或其他防护措施，避免人员暴露于激光加工危险中的其他观察人员或未经激光安全培训的人员可接近的位置。

3.5

非受限和非受控可接近位置 location with unrestricted and uncontrolled access

公众可接近，并不受限或不受控进入可接近的位置。

3.6

(预防)维护 (preventive) maintenance

为了保证产品的正常工作，制造商在给用户的使用说明书中规定的调整方式或流程，由用户来执行完成。

注：例如包括消耗品的补充和清洁。

3.7

制造商 manufacturer

组装激光加工机的个人或者组织。

注 1：如果激光加工机是进口的，则进口商承担制造者的职责。

注 2：负责调整、改变加工机的个人或者组织也被看作是制造者。

3.8

改变 modification

使激光加工机能以不同于原设计的方式加工物料的改造，或使激光加工机能对不同于原设计加工对象的物料进行加工的改造，或者影响激光加工机安全性能的改造。

3.9

加工区 process zone

激光光束与工件物料相互作用的区域。

3.10

生产 production

激光加工机按设计使用的阶段，包括下述操作：

——装入与卸下要加工的部件和/或物料；

——在加工过程中只有激光光束工作，或者激光光束与其他器具共同工作。

注：装入与卸下可以是全自动，半自动或手动。

3.11

维修　service

故障维护　corrective maintenance

执行制造商维修说明书中所陈述的那些流程或调整，它可能会影响产品的性能。

注：例如包括故障诊断、设备拆开和修理。

3.12

组件　subassembly

激光加工机固有性能所要求的组成部分。

注：符合 GB 7247.1—2012，一个组件可能属于任一激光类别。

3.13

工件　workpiece

预定要加工的物料，例如，激光光束的目标靶(即激光光束的靶标)。

4　危险

4.1　概述

本章概述了用激光加工物料时有关的各种危险。

4.2　固有的危险

激光加工机可能会产生以下危险(参见 GB/T 15706—2012)：

a)　机械危险。

b)　电气危险。

c)　热危险。

d)　振动危险。

e)　辐射危险包括：

　1)　由直接入射或反射的激光束产生的危险；

　2)　电离辐射产生的危险；

　3)　由诸如闪光灯、放电管或射频功率源产生的伴随辐射(如紫外线、微波等)产生的危险；以及

　4)　因光束作用使目标靶产生的二次辐射造成的危险。

f)　材料和物质产生的危险包括：

　1)　激光加工机使用的制品(例如激光气体、激光染料、激活气体，溶剂等)带来的危险；

　2)　光束与物料相互作用(例如烟尘、颗粒、气化物、碎片等)产生的危险，火灾或爆炸；

　3)　用于辅助激光与目标靶相互作用的气体(见 5.3.3)及其产生的烟雾导致的危险，这些危险包括爆炸、火灾、副作用和缺氧。

g)　机器设计时忽视人机工效学原则而导致的危险。

4.3　外部影响(干扰)造成的危险

激光加工机的工作环境及其电源状态可能使加工机工作不正常而导致危险状况，并且/或者有必要让人员进入危险加工区。

其他环境影响包括：

a)　温度；

b)　湿度；

c) 外来冲击/振动；

d) 周围的气化物、灰尘或其他气体；

e) 电磁干扰/无线电频率干扰；

f) 动力源中断/电压波动；

g) 硬件/软件的兼容性与完整性不足。

4.4 其他潜在的危险

有关其他潜在危险的资料参见附录 A。

5 安全要求与措施

5.1 通用要求

第 1 章中给出了危险覆盖的范围。对于本部分未包括的机械危险的安全要求和措施应遵循 GB/T 15706—2012 的规定。

制造商应采取以下措施确保激光加工机的安全：

——危害识别与风险分析；

——安全措施的实施；

——安全措施有效性的确认与验证；

——为用户提供适当的安全使用信息。

根据对危险的识别(见 5.2)，在激光加工机的设计与制造阶段应采取适当的安全措施，满足下述要求：

——每一个制造商都应遵守本章规定的安全要求与措施；

——所安装机器的制造商应对整个机器，包括组件的符合性负责。

注：即使制造商与顾客/用户是同一法人实体，这些要求也适用。

这些措施适用于第 4 章中规定的所有危害，考虑到每一种危害分析和风险评估的结果。同时应考虑附录 A 和附录 B 的资料信息。

5.2 风险评估

风险评估应在下列情况下进行：

——激光加工机“寿命”(如适用)的所有阶段，见 GB/T 15706—2012；

——负责改变的人员或组织对加工机进行每一次改变之后。

风险评估包括但不局限于下述内容：

a) 在 4.2 和 4.3 中列出的危害。

b) 危害区，特别是下列相关区域：

  ——激光系统；

  ——激光光束路径/光束传输系统；以及

  ——加工区域。

c) 在 4.3 中列出的“干扰”。

风险评估的结果应及时、准确地记录。文件内容见 GB/T 15706—2012。

5.3 纠正措施的实施

5.3.1 通用要求

应在激光加工机的设计与制造阶段，按照 5.3.2～5.3.4 的规定采取安全防护措施。

5.3.2 激光辐射危害的防护

5.3.2.1 概述

5.3.2.1.1 在非受限和非受控可接近位置操作激光加工机时，在生产期间，应排除人员暴露在超过1级可达发射极限(AEL)的激光辐射水平的可能性。维护时，则应避免人员受到超过直接观看可达发射极限(AEL)的激光辐射水平。

为满足上述要求，应按照GB 7247.1—2012和GB/T 15706—2012的规定采取工程上的措施，阻止未经许可的人员进入危险区。

5.3.2.1.2 在受限和受控可接近位置操作激光加工机时，在生产期间(不管正常与否)，应排除人员暴露在超过人眼照射极限 3×10^4 s的最大允许照射量(MPE)的激光辐射水平的可能性。

为了满足这一要求，应符合下列条件：

——应进行风险评估；

——建议按照GB 7247.1—2012和GB/T 15706—2012的规定采取工程措施进行防护，阻止未经许可的人员进入危险区；

——如果不能阻止未经许可的人员进入危险区，应采取工程控制或管理控制的措施，包括个人保护装备(PPE)，以避免人员暴露在超过人眼最大允许照射量(MPE)的辐射之中。

5.3.2.1.3 不考虑受限或受控可接近位置时，所有的激光加工机，应符合下列条件：

——如果在加工机运转的同时人员不得不在危险区停留(例如维修期间)，则该加工机应装备能直接控制加工机运行、光束方向和光束挡块的装置(见5.3.3.5)；

——设计的保护装置，如光闸、激光防护屏、光束吸收器件、自动停机机构、阻滞器件等，应符合GB 7247.1—2012和GB/T 15706—2012规定的要求。并且同一保护装置可用来同时防护一种以上的危害；

——激光防护屏应符合GB/T 7247.4—2016规定的要求。

5.3.2.2 生产期间的防护

应根据风险评估的结果来确定危险区，因主要危险区通常是加工区。

危险分析应说明要采用的防护屏是哪一种类型(局部保护还是外围保护)。

基于风险评估，局部保护是使激光辐射以及有关的光辐射减小到安全量值的一种防护方法(例如借助于套管或小块防护屏的方式遮挡在工件上的光束焦斑)。不必将工件、工件支架和/或加工机运动系统全封闭起来。

基于风险评估，外围保护是通过一个或多个远距离防护屏(例如防护围封)将工件、工件支架以及加工机，通常是大部分的运动系统封闭起来，使激光辐射以及有关的光辐射减小到安全量值的一种防护方法。

保护的种类取决于以下因素，例如：

——光束相对工件的传输方向(固定的或可变的)；

——激光加工机的工作类型(切割、焊接、表面改性等)；

——待加工工件的材质、形状及表面状态；

——工件支架；

——加工区的能见度。

5.3.2.3 维修期间的防护

在维修期间，人员有时是不可避免地受到超过1类可达发射极限(AEL)的激光辐射。因此，应根

据下述四种情况(按所列先后顺序考虑)进行激光加工机的设计,并提供适宜的安全保护措施:

a) 在危险区外面进行维修;

b) 在危险区里面进行维修,采用和生产期间相同的方式控制进入危险区通道;

c) 在危险区里面进行维修,例如把生产期间正常封闭的防护屏打开,但激光辐射不超过1类可达发射极限(AEL)水平;

d) 在危险区里面进行维修,例如因打开生产期间正常封闭的防护屏,人员受到超过1类可达发射极限(AEL)的激光辐射。

制造商应说明可能受到的激光辐射的类别,并推荐每种情况下(若适宜)的安全规程。

5.3.2.4 示教、编程和程序验证期间的防护

在示教、编程和程序验证期间,应避免人员受到超过1类可达发射极限(AEL)的激光辐射。如果不能满足这一条件,则应符合维修期间的防护要求(见5.3.3.5)。

5.3.3 控制装置与控制电路

5.3.3.1 通用要求

控制装置与控制电路应符合GB 5226.1—2008的要求。控制系统的设计应符合GB/T 16855.1—2008的要求。

注:通常情况下,控制在3类安全级别。

5.3.3.2 启动/停止控制

激光加工机停止控制应使加工机停机(致动机构关断),同时隔离激光束或者停止产生激光。激光器停止控制应停止产生激光。

对于激光系统和加工机的其余部分,可使用各自独立的控制装置。

5.3.3.3 紧急停止控制

紧急停止控制应符合GB 5226.1—2008的要求。

紧急停止控制应同时:

——停止产生激光束,并自动置位激光束终止器以防止(发射)激光输出;

——加工机停机(致动机构关断);

——切断激光电源并释放储存的所有能量。

每个手持式激光加工机都应有一个独立的启动/停止控制装置。

如果一个激光装置用于几个能够独立运行的加工机,则安装在某一台加工机上的紧急停止控制应按如上所述要求工作,或者:

——使相关的加工机停机(致动机构关断);并且

——切断通向该加工机的激光路径。

防止意外启动应符合GB/T 19670的要求,紧急停止设备应符合GB/T 16855.1—2008的要求。

5.3.3.4 连锁控制装置和防护控制装置

按GB/T 15706—2012的规定,当激光防护屏被打开或被移走,或者安全联锁装置失效时,加工机应不能自动运行。

如果加工机的设计要求,需要临时打开一个或多个激光防护屏(生产过程中通常是关闭的),并给加

工机的致动机构供电，应另外设计一种操作模式，使其优先权高于激光防护屏。选择这种操作模式应：

——通过可锁定的模式选择器；

——能自动隔离激光束或关闭激光器；并且

——能防止加工机自动运行(参见 GB/T 19670—2005)。

钥匙操作开关可用作模式选择器。

移除带有安全联锁的挡板将使安全联锁失效，这种分立预设式联锁优先控制机械装置应满足 GB 7247.1—2012 对优先控制机械装置的要求。

应明确告知选择的操作模式。选中这种操作模式后，在维修过程中，他可能优先于光束隔离(即“打开”激光束终止器)。

联锁系统应符合 GB/T 18831—2010 的要求。

5.3.3.5 隔离激光束的措施

应通过阻断和/或偏离激光束来完成激光束的隔离，以防止激光束进入光束传输系统。

实现光束隔离应在激光内或立即移出激光处，安装一个自动防故障激光束终止器(光闸)。当光束终止器处在闭合位置时，应有一位置显示器显示(即防止光束射出)。

应提供简便易行的方法，将光束终止器锁定在闭合位置。为达到此目的，允许使用钥匙控制。

激光加工机制造商应提供其他的激光光束终止器，例如在以下两种情况：

a) 当光路(光束传输系统)中有的区域需要维护或清洁时；

b) 当一个激光装置提供不止一条光路，有必要人工介入某条光路，而激光束正沿某一其他光路传输时。

5.3.3.6 人员位于危险区内时的防护装置

按照 GB/T 15706—2012 中 6.3.2.4 的规定，对于人员有必要停留在危险区内(生产情况除外)时，加工机应提供能控制机器运动和激光束发射的装置，并由位于危险区内的人员操作该装置。这种装置应符合下列要求：

a) 该装置应有一手持式控制开关，他断开时应防止人员暴露在超过裸眼不能直接观看的可达发射极限(AEL)的激光辐射，或者采用 GB 5226.1 提供的其他控制方法保护；

b) 在用该装置进行控制时，加工机的运动和激光束的发射应完全仅受此装置控制；

c) 如果通过门可以进入危险区，则应在这些门都关闭后，才能用该装置启动激光发射。

5.3.4 由材料和物质产生的危险防护

制造商应告知客户/用户该激光加工机能加工哪些材料。制造商也应使客户/用户了解通过激光辐射无意中会损坏的物料。制造商应提供适宜的方法来收集加工产生的烟雾和加工这些物料产生的弥散在空气中的悬浮颗粒。制造商还应提供加工这些物料时产生的烟雾和尘埃的临界限值的信息。

注：根据地方、国家或地区允许的极限值安全地清除和处理加工机加工产生的烟雾及颗粒物，是客户/用户的责任。

应预先考虑用于辅助激光/工件相互作用的辅助气体(如氧气)带来的危害，以及产生的任何烟雾所造成的危害。相关的危害包括爆炸、着火、有毒影响、氧气过剩及缺氧。

其他潜在危险参见附录 A。

6 安全要求和措施的验证

应通过目测确认与本部分的要求符合的一致性程度，特别要确认哪些有关的激光防护屏和控制装置是否存在并定位准确。

应按照制造商规定的功能测试来检验控制装置的正常(操作)功能。

有关激光辐射水平的验证程序应符合 GB 7247.1—2012 的规定。

7 给用户的信息

除了按照 GB 5226.1—2008、GB 7247.1—2012、ISO 11252:2013 和 GB/T 15706—2012 规定的要求外,还应满足以下要求:

a) 制造商应向客户/用户提供与安全相关的文件和相应的资料,包括正确维护和维修的规程;

b) 制造商应告知用户,将加工机加工产生的烟雾与颗粒物排除和/或处理是用户的责任;

c) 制造商应提供已规定可加工的材料和加工这些物料时产生的烟雾和尘埃的限值信息。制造商还应提供有关排除烟雾和尘埃的处理设备的一般信息;

d) 制造商应对用户进行适宜的、切实可行的安全方面的培训;

e) 制造商应在用户使用说明书和/或操作手册中的显著位置写出警告语句,警告用户可能存在的潜在危害。

宜考虑在使用说明书和/或操作手册中包含以下内容:

——GB 7247.1—2012 规定的对主要激光辐射的防护措施。

最低要求是:在可能受到 3B 和 4 类激光产品的辐射照射时,配戴与激光波长和功率相适应的激光防护眼镜。

——某些操作,例如焊接,可能会产生强烈的紫外线和/或可见光辐射。

最低要求是:在可能受到这类辐射照射时,应配戴适当的防护眼罩(如焊接面罩)。

绝大多数物料在加工时都会产生烟雾和颗粒物。在加工金属时会产生重金属气化物。这些气化物能伤害人体的器官与组织。在加工塑料时,可能产生有害的副产品(如过敏性物质,有毒物质,致癌物)。可采取适宜的防护措施,如配戴防护面具或过滤呼吸面罩等。

进行这类加工前的最低要求是:

a) 熟悉待加工的物料,了解可能会产生的副产品,评估他们对健康的风险,并确定必要的防护措施;

b) 采用适当的措施防止或控制有害风险;这类措施通常会要求可靠地排除加工区的烟雾,并将其净化到符合要求以后,再排放到远离人群的大气中;

c) 告知、指导和培训操作者有关的风险和要采取的预防措施;

d) 必要时监控操作者受到的辐射,并按照地方法规要求,采取适当方式跟踪他们的健康状况;

e) 咨询相关管理机构,了解废气排放到大气前必须要满足哪些国家和/或地方法规。

用来驱动激光器及其辅助设备的电压/电流是有危险的。电源可含有电容器组,在关断设备电源后,电容可能要持续一段时间处于充电状态。

最低要求是:在维修电源时应遵循电气安全操作规范。

8 标记

粘贴的标记应遵守当地或地区的法规。

加工机应有标记,说明:

——激光加工机制造商的名称和地址;

——激光加工机的生产日期；

——激光加工机的类型号(如适宜)和序列号(如有)。

标记应满足下列要求：

——激光辐射警告标记的颜色、尺寸及打印样式应符合 GB 7247.1—2012 的规定；

——除 GB 7247.1—2012 对标记的要求外，安装固定好激光加工机后，还要粘贴其他有关的注意事项和警告标记(例如："本加工机可能产生有毒的烟雾/颗粒物")。该标记的大小和位置应合适，能并使危险区外面的人员不会经受到第 4 章列出的各种危害，即可清晰可辨。

标记的颜色、尺寸及打印样式应符合 GB/T 2893(所有部分)规定的要求。

附 录 A
(资料性附录)
潜在的危险

A.1 加工副产物举例

A.1.1 概述

下面列举了用激光进行加工时常见的副产物。

这些例子仅供参考,并不全面。

A.1.2 陶瓷加工

铝(氧化铝),镁,钙以及硅的氧化物。

氧化铍 BeO(剧毒)。

A.1.3 硅片加工

浮在空气中的硅 S;及氧化硅碎屑[可能(被)吸进肺叶,能引起矽肺病]。

A.1.4 金属加工

从医学观点来看,至少下列金属及其化合物是有影响的:锰 Mn,铬 Cr,镍 Ni,钴 Co,铝 Al,锌 Zn,铜 Cu,铍 Be,铅 Pb,锑 Sb。

医学方面的影响如下所述:

——有毒:六价铬 Cr^{6+},锰 Mn,钴 Co;

——过敏反应,金属烟雾引起发烧:锌 Zn,铜 Cu;

——肺纤维化:铍 Be;

——致癌:六价铬 Cr^{6+},氧化镍 NiO。

金属铍是很危险的,尤其是在大气中切割与钛、镁、铝或含锌轴承金属类似的合金时,会产生重金属烟雾。

A.1.5 塑料切割

在切割塑料时可能会产生各种各样具有潜在危险的物质。温度比较低时产生脂肪族烃,而温度较高时则会使芳香族烃(像苯,多环芳烃 PAH)和多卤多环类烃(例如二氧芑,呋喃)增加。其中某些物质可能会产生氰化物,异氰酸盐(聚氨酯),丙烯酸盐(PMMA)和氯化氢(PVC),

医学方面的影响有:

——有毒:氰化物,一氧化碳,苯的衍生物;

——过敏源/刺激物:异氰酸盐,丙烯酸盐;

——呼吸系统刺激:甲醛,丙烯醛,胺类;

——致癌:苯,某些多环芳香烃 PAHs 物质。

A.1.6 金属焊接

与金属切割相比,产生的总烟雾量要低。预计可能会产生重金属蒸气。见 A.1.4。

A.1.7 表面处理

一般地说不会产生什么值得注意的副产物，但可产生重金属蒸气。

A.1.8 低温焊接与钎焊

预计可能会产生重金属蒸气，焊剂蒸气及其副产物。

A.1.9 切割纸和木材

一般的纤维素副产物，脂类，酸类，乙醇，苯等。

A.1.10 无意间损坏的材料

由于激光辐射无意中损坏的材料和物质所产生的有害副产品(如光学元件)。
锌 Zn 和硒 Se 的氧化物。

A.2 二次辐射危险举例

二次辐射危险包括焊接区的光辐射，会引起：
——聚合物降解及有毒烟雾和气体的产生，尤其是臭氧；
——可燃材料和物质造成的火灾或爆炸的危害；
——等离子体产生的 X 射线；
——紫外辐射与强可见光的发射对人员造成的危害。

A.3 机械危险举例

机器运动部件可能是一种危险。
机器人运行时可能会把防护罩打穿一个孔，可能损坏激光器或激光传输系统，还可能会使激光光束指向操作人员/围墙/观察窗。

A.4 电气危险举例

A.4.1 首要的危险

可能出现的高压，储存的能量，大电流。

A.4.2 次要的危险

在极高电压下无屏蔽元件产生的 X 射线。

A.5 设计不完善举例

联锁开关，开关组件，联锁线路，气体管线与气体阀门的粗劣设计和配置。
布置电缆和气体管线时没有充分考虑对激光辐射的防护。

附 录 B
（资料性附录）
其他危险的防护

B.1 概述

本附录列出了有关激光器件以外的危险，这些危险也很有必要给予考虑。这里列出的危险并不全面。

GB/T 15706—2012 的要求适用于这里列出的所有危险。

B.2 机械方面的危险

参见国际标准化组织机械安全标准化技术委员会出版的有关机械安全方面的标准。

B.3 电气方面的危险

参见 GB 5226.1—2008。

B.4 热方面的危险

参见 GB/T 18153—2000。

B.5 噪声

相关内容参见 GB/T 18490.3—2017 的范围概述。

B.6 振动

参见 GB/T 13441.1—2007。

B.7 硬件/软件兼容性和完整性

专用要求可适用。

B.8 二次辐射的防护

参见 EN 165～EN 171，EN 207 和 EN 208。

参 考 文 献

[1] GB/T 13441.1—2007 机械振动与冲击 人体暴露于全身振动的评价 第1部分：一般要求(ISO 2631-1:1997,IDT)

[2] GB/T 18153—2000 机械安全 可接触表面温度 确定热表面温度限值的工效学数据(eqv EN 563:1994)

[3] ISO 11145:2001 Optics and optical instruments—Lasers and laser-related equipment—Vocabularyand symbols

[4] ISO 13850:1996 Safety of machinery—Emergency stop—Principles for design

[5] IEC 60601-2-22:1992 Medical electrical equipment—Part 2: Particular requirements for the safety ofdiagnostic and therapeutic laser equipment

[6] IEV:1992, International Electrotechnical Vocabulary

[7] EN 165:1995, Personal eye-protection—Vocabulary

[8] EN 166:2001, Personal eye-protection—Specifications

[9] EN 167:2001, Personal eye-protection—Optical test methods

[10] EN 168:2001, Personal eye-protection—Non-optical test methods

[11] EN 169: 2002, Personal eye-protection—Filters for welding and related techniques—Transmittancerequirements and recommended use

[12] EN 170:2002, Personal eye-protection—Ultraviolet filters—Transmittance requirements and recommended use

[13] EN 171:2002, Personal eye-protection—Infrared filters—Transmittance requirements and recommended use

[14] EN 207:1998, Personal eye-protection—Filters and eye-protectors against laser radiation (laser eyeprotectors)

[15] EN 208:1998, Personal eye-protection—Eye-protectors for adjustment work on lasers and lasersystems (laser adjustment eye-protectors)

[16] EN 1050:1996, Safety of machinery—Principles for risk assessment

[17] EN 1070:1998, Safety of machinery—Terminology

ICS 31.260
L 51

中华人民共和国国家标准

GB/T 18490.2—2017

机械安全　激光加工机
第2部分：手持式激光加工机安全要求

Safety of machinery—Laser processing machines—
Part 2: Safety requirements for hand-held laser processing devices

(ISO 11553-2:2007, MOD)

2017-12-29 发布　　　　2018-07-01 实施

中华人民共和国国家质量监督检验检疫总局
中国国家标准化管理委员会　发布

前　言

GB/T 18490《机械安全　激光加工机》分为以下三个部分：

——第1部分：通用安全要求；

——第2部分：手持式激光加工机安全要求；

——第3部分：激光加工机和手持式加工机及相关辅助设备的噪声降低和噪声测量方法(准确度2级)。

本部分为GB/T 18490的第2部分。

本部分按照GB/T 1.1—2009给出的规则起草。

本部分使用重新起草法修改采用ISO 11553-2:2007《机械安全　激光加工机　第2部分：手持式激光加工机安全要求》。

本部分与ISO 11553-2:2007相比，主要技术性差异及其原因如下：

——关于规范性引用文件，本部分做了具有技术差异的调整，以适应我国的技术条件，调整的情况集中反应在第2章“规范性引用文件”中，具体调整如下：

- 用修改采用国际标准的GB/T 2893.1—2013代替原国际标准中的引用文件ISO 3864-1:2002(见第8章)；
- 用修改采用国际标准的GB/T 2893.2—2008代替原国际标准中的引用文件ISO 3864-2:2004(见第8章)；
- 用修改采用国际标准的GB/T 2893.3—2010代替原国际标准中的引用文件ISO 3864-3:2006(见第8章)；
- 用等同采用国际标准的GB 7247.1—2012代替原国际标准中的引用文件IEC 60825-1:2001(见5.3.2.1、5.4.8.5、6.1、6.3、7.1、7.2、第8章)；
- 用等同采用国际标准的GB/T 7247.4—2016代替原国际标准中的引用文件IEC 60825-4:2011(见第3章)；
- 用修改采用国际标准的GB/T 15313—2008代替原国际标准中的引用文件ISO 11145:2006(见第3章)；
- 用等同采用国际标准ISO 12100:2010的GB/T 15706—2012代替原国际标准中的引用文件ISO 12100-1:2003和ISO 12100-2:2003(见第3章、5.1、5.3.2.1、7.1、第8章)；
- 用等同采用国际标准的GB/T 16754—2008代替原国际标准中的引用文件ISO 13850:1996(见5.4.7)；
- 用等同采用国际标准的GB/T 16855.1—2008代替原国际标准中的引用文件ISO 13849-1:1999(见5.4.8.1、5.4.8.2、6.2)；
- 用修改采用国际标准的GB/T 18490.1—2017代替原国际标准中的引用文件ISO 11553-1:2005(见第3章、5.4.10)；
- 用修改采用国际标准的GB/T 18831—2010代替原国际标准中的引用文件ISO 14119:1998(见5.4.8.5、表B.5)；
- 用修改采用国际标准的GB/T 19670—2005代替原国际标准中的引用文件ISO 14118:2000(见5.4.7)；
- 用ISO 11252:2013代替原国际标准中的引用文件ISO 11252:2004。

本部分做了下列编辑性修改：

——删除了 ISO 11553-2:2007 第 1 章中“激光加工机的定义见 ISO 11553-1”;

——ISO 11553-2:2007 第 1 章中“噪声危害的相关要求不包括在标准中,这些要求将包含在今后的修订版本中”的语句修改为:“本部分不包括噪声危害的相关要求,其要求见 GB/T 18490.3—2017。”;

——删除了 ISO 11553-2:2007 5.3.2.2 中“在 IEC/TR 60825-14 中定义的标称危害区(NHA)”的语句;

——按照附录在正文中出现的先后顺序,互换了原国际标准的附录 A 和附录 B。

请注意本文件的某些内容可能涉及专利。本文件的发布机构不承担识别这些专利的责任。

本部分由中国机械工业联合会提出。

本部分由全国光学和光子学标准化技术委员会(SAC/TC 103)归口。

本部分起草单位:西南技术物理研究所、中国兵器工业标准化研究所、大族激光科技产业集团股份有限公司、北京光电技术研究所。

本部分主要起草人:叶大华、孟凡萍、罗舒、李炜娜、田立君、涂胜、吴爱平、曾丽霞。

引　言

本部分属于 GB/T 15706—2012 规定的 C 类标准。

机器相关的危害类型、危害情形和事件以及涉及的程度都包含在本部分中。对于按照该 C 类标准的条款设计和制造的机器，如果该 C 类标准的条款与其他 A 或 B 类标准的条款不同，该 C 类标准的条款优先于其他标准条款。

本部分适用于利用激光辐射加工材料的机器。本部分的目的是避免人身伤害，采取以下措施：

——列出包含激光器的机器产生的潜在危害；

——规定减少特定危害条件引起的危险的措施和验证方法；

——提供相关标准的参考；

——向用户提供详细信息，以便用户建立恰当的规程和预防措施。

机械安全　激光加工机
第2部分:手持式激光加工机安全要求

1　范围

GB/T 18490 的本部分规定了手持式激光加工机的危害、安全要求和措施、给用户的信息、标志等要求。

本部分适用于手持式激光加工机的设计、制造和使用。

本部分不包括噪声危害的相关要求,其要求见 GB/T 18490.3—2017。

本部分不适用于超出 GB/T 18490.1—2017 规定的应用范围而单独或特别制造的激光产品或设备。

2　规范性引用文件

下列文件对于本文件的应用是必不可少的。凡是注日期的引用文件,仅注日期的版本适用于本文件。凡是不注日期的引用文件,其最新版本(包括所有的修改单)适用于本文件。

GB/T 2893.1—2013　图形符号　安全色和安全标志　第1部分:安全标志和安全标志的设计原则(ISO 3864-1:2011,MOD)

GB/T 2893.2—2008　图形符号　安全色和安全标志　第2部分:产品安全标签的设计原则(ISO 3864-2:2004,MOD)

GB/T 2893.3—2010　图形符号　安全色和安全标志　第3部分:安全标志用图形符号设计原则(ISO 3864-3:2006,MOD)

GB 5226.1—2008　机械电气安全　机械电气设备　第1部分:通用技术要求(IEC 60204-1:2005,IDT)

GB 7247.1—2012　激光产品的安全　第1部分:设备分类、要求(IEC 60825-1:2007,IDT)

GB/T 7247.4—2016　激光产品的安全　第4部分:激光防护屏(IEC 60825-4:2011,IDT)

GB/T 7247.14—2012　激光产品的安全　第14部分:用户指南(IEC/TR 60825-14:2004,IDT)

GB/T 15313—2008　激光术语(ISO 11145:2006,MOD)

GB/T 15706—2012　机械安全　设计通则　风险评估与风险减小(ISO 12100:2010,IDT)

GB/T 16754—2008　机械安全　急停　设计原则(ISO 13850:2006,IDT)

GB/T 16855.1—2008　机械安全　控制系统有关安全部件　第1部分:设计通则(ISO 13849-1:2006,IDT)

GB/T 18490.1—2017　机械安全　激光加工机　第1部分:通用安全要求(ISO 11553-1:2005,MOD)

GB/T 18831—2010　机械安全　带防护装置的联锁装置　设计和选择原则(ISO 14119:1998 and Amd.1:2007,MOD)

GB/T 19670—2005　机械安全　防止意外启动(ISO 14118:2000,MOD)

ISO 11252:2013　激光和激光相关设备　激光装置　文件编制的最低要求(Lasers and laser-related equipment—Laser device—Minimum requirements for documentation)

3 术语和定义

GB/T 15313—2008、GB/T 18490.1—2017、GB/T 15706—2012、GB/T 7247.4—2016 界定的以及下列术语和定义适用于本文件。

3.1

手持式激光加工机 hand-held/hand-operated laser processing device

提供足够的激光能量/功率以使工件某一部分熔化、汽化或相变的设备。在激光加工过程中，手动操控激光输出或加工件，手持激光设备或加工件。

注：本部分中手持(hand-held)和手动操作(hand-operated)是同一含义。

3.2

受限区 confined spaces

用坚固的屏障封闭工作区的四周或者绝大部分所形成的空间。由于屏障的限制作用，或者受限区内的材料、制作或者设备的影响，在受限区内会增加或者有可能增强特定危害，这些危害远远超过在工作区正常的潜在危害。

3.3

供给系统 supply unit

所有提供加工能量和工作物质、并将能量传输到工作点的设备。这些设备对于手持式激光加工机的工作都是绝对需要的(例如冷却系统、电源和供气系统)。

3.4

废物处理系统 disposal units

在激光材料加工过程中收集和清除废液及副产品的设备(如收集设备、管道、过滤系统、通风系统)。这些设备传送废液和副产品达到过滤的目的。

4 危害

4.1 固有危害

激光加工机可能会产生以下危害：

a) 机械危害。

b) 电气危害。

c) 热危害。

d) 振动危害。

e) 辐射危害包括：

   1) 由直接入射或反射的激光束产生的危害(也应考虑工件背后可能发生的辐射，例如切割工件时或者工件的透明性所引起的辐射)；

   2) 电离辐射产生的危害；

   3) 诸如闪光灯、放电管或射频功率源等产生的伴随辐射(如紫外线、微波等)造成的危害；

   4) 由于光束影响，由目标再次发射产生的二次辐射造成的危害(由目标再次发射的波长可能与原始光束不同)。

f) 材料和物质产生的危害包括：

   1) 激光加工机所用产品带来的危害(例如激光气体、激光染料、溶剂)；

   2) 光束与材料之间的相互作用产生的危害(例如，浓烟、颗粒、蒸汽、碎片)，火灾或爆炸；

   3) 用于辅助激光与目标相互作用的气体(见 5.4.10)产生的危害，以及产生的浓烟造成的危害，这些危害包括爆炸、火灾、毒副作用和缺氧；

4） 液体（例如冷却液）泄漏产生的危害。

g） 在激光加工机设计过程中忽视人机工程原理而造成的危害。

4.2 外部影响（干扰）导致的危害

激光加工机工作时的功率和环境状况，可能会引起设备故障，导致出现危险状况，并且/或者需要人员介入危害区内。

其他环境影响包括：

a） 温度；

b） 湿度；

c） 外部冲击/振动；

d） 蒸汽、灰尘或环境中的气体；

e） 电磁干扰；

f） 雷击；

g） 源电压中断/波动；

h） 硬件/软件的兼容性和完整性不足；

i） 与辐射源分离的手持式激光加工机（参见附录 A）；

j） 不遵守接口规范（包括功率极限、控制信号）。

4.3 与手持式激光加工机使用有关的其他危害

4.3.1 受限房间

在受限房间使用手持式激光加工机可造成的危害有：

a） 室内空气中有害物质的浓度增加；

b） 室内空气中过多的工艺气体（氮气、氩气、氦气、氧气）；

c） 缺氧；

d） 电流；

e） 直接入射的激光辐射造成的危害，以及由直接反射或漫反射的激光辐射增强的辐射危害；

f） 增强的倾倒和冲击危害。

4.3.2 高空作业

手持式激光加工机在高于地面或其他支撑面上使用可造成的危害有：

a） 物体坠落；

b） 使用者坠落。

4.3.3 环境影响

常见的环境条件产生的危害可能直接影响用户的安全，尤其是手持式激光加工机在室外使用时。包括以下环境影响：

a） 温度（冷、热）；

b） 湿度（雨、雾、冰雹）；

c） 机械作用（振动、风压）；

d） 电磁效应（雷击）；

e） 能见度（日光、灯光）。

5 安全要求和措施

5.1 通用要求

对于没有包含在本部分中的危害，适当时其安全要求和措施应符合 GB/T 15706—2012 的规定。

制造商应采取以下措施保证手持式激光加工机的安全：

a) 危害识别和风险分析；

b) 落实安全措施；

c) 验证实施的安全措施的有效性；

d) 向用户提供适当的安全使用信息。

根据危害识别(见 5.2)，在手持式激光加工机设计和制造过程中应采取适当的安全措施，满足下列要求：

——每个制造商应遵守本章规定的安全要求和措施；

——手持式激光加工机制造商负责整个激光加工机及其相关部件(例如操控系统、激光组件)符合要求。

这些措施适用于第 4 章中规定的所有危害，反映危害分析和风险评估的结果。应考虑附录 A 和附录 B 提供的信息。

5.2 风险评估

风险评估的时机：

a) 手持式激光加工机“寿命”过程中的所有阶段(如果适用)；

b) 负责修改的个人或组织每次对手持式激光加工机修改后。

风险评估包含危害识别，包含但不局限于以下方面：

a) 4.1 和 4.3 中列出的危害；

b) 危险区，特别是与下列相关的区域：

   1) 激光系统；

   2) 激光束路径/传播，光束传输系统；

   3) 加工区；

   4) 4.2 中列出的干扰。

风险评估的结果应及时准确记录。

5.3 纠正措施的实施

5.3.1 通用要求

制造商应通过以下措施确保手持式激光加工机的安全：

——危害分析和风险评估；

——完整的安全措施；

——安全措施的验证；

——向用户提供相应的安全信息。

5.3.2 激光辐射危害的防护

5.3.2.1 通用要求

当操作过程中人暴露于激光辐射时，应消除激光辐射水平超过 GB 7247.1—2012 和 GB/T 7247.14—

2012 规定的 3×10^4 s 照射持续时间内的最大允许照射量(MPE)极限的可能性。

要满足这一点,应满足下列要求:

a) 应进行风险评估;

b) 应按照 GB 7247.1—2012 的规定采取工程控制措施,防止未经授权的人进入危险区;

c) 如果不能防止未经授权的人进入到危险区,应采取工程或管理控制措施,包括个人防护装备,消除超过最大允许照射量(MPE)的辐射:

  1) 应设计保护装置,如光闸、激光防护屏罩、光束吸收设备、防倾倒设备和阻止/阻碍设备,并符合 GB 7247.1—2012 规定的要求。在 GB/T 15706—2012 和 GB 7247.1—2012 解释含糊不清或有异议的情况下,应依据 GB/T 18490.1—2017 中 5.3.2.1.1、5.3.2.1.2 和 5.3.2.1.3 的前两句来决定;

  2) 同一防护设备可用来同时防护多种危害。

5.3.2.2 在使用过程中的防护

主要危险区通常是加工区,但是应根据风险评估的结果来确定危险区。标称危害区(NHA)是指激光辐射超过最大允许照射量(MPE)的体空间。

在使用过程中人体暴露在危险区时,应采取工程或管理控制措施,包括使用诸如眼镜和服装等个人防护设备(如局部防护围封或个人防护装备),限制激光辐射水平,使其不超过 3×10^4 s 照射持续时间内的最大允许照射量(MPE)值。

5.3.2.3 在维修过程中的防护

在维修过程中,人员受到超过 1 类可达发射极限(AEL)的激光辐射有时是不可避免的。在维修过程中,应确保只有经授权的人员才能允许进入激光辐射水平超过 1 类可达发射极限(AEL)的区域。因此,应按照以下四种情况的优先顺序设计激光加工机,并提供适当的安全措施。

a) 维修发生在危险区之外;

b) 维修发生在危险区,按照在生产过程中同样的方法(如联锁盖)控制进入危险区的通道;

c) 维修发生在危险区(例如打开激光防护屏,在生产过程中正常状态下是关闭的),但激光辐射不超过 1 类可达发射极限(AEL);

d) 维修发生在危险区,例如因为打开激光防护屏(在生产过程中正常状态下是关闭的),可达激光辐射超过 1 类可达发射极限(AEL)。

在这些情况下,制造商应注明可达激光辐射类别,并推荐每种情况下的安全规程(如果适用)。

维修手持式激光加工机时,应关闭激光装置。当不可能关闭激光装置时(例如调节时),应建立一个标称眼危害区。

5.4 设计要求

5.4.1 设计

应根据人机工程原理设计手持式激光加工机。

5.4.2 防护围封

应在风险分析的基础上,确定防护围封的设计要求。

5.4.3 授权控制设备

对于通过光束传输系统与外部激光装置连接的手持式激光加工机,应在手持式激光加工机上或紧邻手持式激光加工机附近设置防止未授权操作的技术设备(如钥匙开关)。

5.4.4 辐射警告装置

对于手持式激光加工机,在操作者的视野内应安装下面的辐射告警装置:

——激光就绪指示灯。每一个手持式激光加工机应有一个可见的激光就绪指示灯(如LED)。

——激光辐射指示器。除了激光就绪指示灯,每一个手持式激光加工机/激光装置应设有一个光学和/或声学的指示器(如LED),用来表示发射的激光辐射在3R类以上。

用来警告人眼防护的告警装置(人眼激光防护用具)应清晰可见。

5.4.5 校准激光

校准激光(如果适用)的出口功率不得超过2类可达发射极限(AEL)。校准激光束横截面相对于加工激光应有一个明确的位置。

5.4.6 扫描激光的安全装置

应通过风险分析确定扫描激光的安全装置的要求。辐射超过1类可达发射极限(AEL)的区域应标识为标称眼危害区。

注:对于激光可以在激光出口和目标之间自由传输,而又没有封闭的手持式激光加工机,宜严格限制光束传播的自由度(或激光束扫描的立体角),以保证正常运转。可以采用软件或者硬件来实现这种限制。也可采用邻近激光出口的防护罩、激光防护屏等设备来严格限制自由度,以使光束在一个特定的空间方向传播。

最低的要求是当光束扫描角度即将超过预定值时,应关闭激光光闸。

5.4.7 紧急停机控制

紧急停机控制是必要的。紧急停机控制应符合GB 5226.1—2008和GB/T 16754—2008的要求。

紧急停机控制应:

——停止激光束产生,并自动置位激光光束终止器以防止发射激光;

——使手持式激光加工机不能工作(即按照紧急停机的要求,在规定的时间极限内关断执行机构的电源,同时关闭气源和水源)。

紧急停机开关应是一个红色按钮,可以快捷、轻松地操作,并且紧邻手持式激光加工机操作者。

在手持式激光加工机通过一个光束传输系统连接到一个外部激光装置的情况下,紧急停机开关应符合GB/T 19670—2005的要求,防止意外启动。

5.4.8 控制方法和控制电路

5.4.8.1 通用要求

控制方法和控制电路应符合GB 5226.1—2008的要求。

设计者应根据GB/T 16855.1—2008完成风险评估,以评价控制系统。

注:通常情况下,这会控制在3级安全级别。

5.4.8.2 启动/停止控制

如果一个激光装置用于几个能够独立运行的手持式激光加工机,每个手持式激光加工机都应有一个独立的启动/停止控制装置。

启动控制:确保手持式激光加工机的启动受到监控。

停止控制:对于部分机械化的手持式激光加工机,为了进行辅助手动导向或定位,停止控制应停止电机驱动的进给运动和/或光束传播和整形系统(光束传输)的操作,同时隔离激光束或停止产生激光。

激光停止控制:激光停止控制应停止产生激光束。

控制进给运动和激光束发射的设备:手持式激光加工机应配置一个监控装置,用于监控进给运动(对于部分机械化手持式激光加工机的辅助手动导向和定位)和激光束发射,这个监控装置是为用户在危害区内操作而设计的。

该控制装置应符合以下要求:

——应符合 GB/T 16855.1—2008 3 级安全级别的要求,"按下运行";

——应具有自动复位控制装置,一旦被激活则保持激光发射。解除时,它应将可达激光辐射水平自动降低到 2 类可达发射极限(AEL)以下。

如果手持式激光加工机由该控制装置控制,所有的进给运动和激光束的发射应只能由该装置控制。

5.4.8.3 控制和操作设备

如果手持式激光加工机通过光束传输系统连接到超过 2 m 远的一个外部的激光装置,或者用户不能快速、轻松地接触到激光装置,控制和操作元件应集成到手持式激光加工机中,或者最基本的控制和操作元件应集成到手持式激光加工机中。或者,控制设备也可紧邻手持式激光加工机或用户放置(例如绑在用户身上)。

需要集成的最基本的控制元件的最低要求为:

——光闸操作(打开/关闭),见 5.4.8.2 的要求;

——紧急停机按钮。

所有其他与安全无关的控制,例如参数设置等,都不属于 5.4.8.3 的要求。

注:在正常使用过程中,即使一只手可以接触光束传播区域,由于职业安全的原因,最好使用双手控制装置(依据 GB/T 19671—2005)。建议只在特殊情况下使用脚踏开关,并且防止意外启动。

5.4.8.4 接口/供给

5.4.8.4.1 通用要求

手持式激光加工机的整套供给系统(电、气、水、光束传输系统)应符合手持式激光加工机正常使用的要求,即:

——耐机械负荷;

——耐热负荷;

——耐灰尘和湿度;

——耐激光辐射;

——抗其他危害。

5.4.8.4.2 光束传输系统

在手持式激光加工机通过一个光束传输系统连接到一个外部激光装置时,手持式激光加工机和光束传输系统之间的接口有特定要求。

应设计接口使光束传输系统与手持式激光加工机在以下方面匹配:

——光学元件;

——机械零件。

光束传输系统需要一个断开或联锁工具,防止接触到有危害的激光辐射。在激光发射之前,在接口区域应关断激光装置。应采取适当的技术措施(例如光纤监测),确保没有激光从光束传输系统发出。

5.4.8.4.3 电源/电气连接

电气设备的设计应符合电子技术安全规则,以防危及人身安全。

5.4.8.4.4 供气

如果手持式激光加工机需要供给气体(例如工艺气体),应合理设计,以防危及人身安全。

5.4.8.4.5 供给液体

如果手持式激光加工机需要供给液体介质(如冷却液),应采取合理的设计措施,防止液体产生的危害(操作中断、在工作区中滑倒)。

5.4.8.5 联锁和激光防护屏控制

当激光防护屏已打开或拆除,或者安全联锁失效,激光加工机不应自动工作。

如果设计激光加工机时,需要临时打开一个或多个激光防护屏(生产过程中通常是关闭的),并给激光加工机的执行机构供电,应另外设计一种操作模式,使其优先权高于激光防护屏。选择这种操作模式应:

——通过一个可锁定的模式选择器;

——自动隔离激光束;

——防止激光加工机自动运行。

钥匙操作开关可用作模式选择器。

拆除带有安全联锁的挡板将使安全联锁失效,这种谨慎的深思熟虑的联锁优先机制应符合GB 7247.1—2012 的要求。这适用于手持式激光加工机和/或激光组件。

联锁系统应符合 GB/T 18831—2010 的要求。

应明确告知选择的操作模式。选中这种操作模式后,在维修过程中,他可能优先于光束隔离(即"打开"激光光束终止器)。

5.4.9 激光束隔离

应阻断和/或偏离激光束,完成激光束的隔离,以防止激光进入光束传输系统。

应在封闭位置安装一个自动防故障激光光束终止器隔离激光束。为了达到该目的,可以用钥匙控制。

激光加工机制造商应提供其他的激光光束终止器,例如在以下几种情况下时:

——当光路(光束传输系统)中有的区域需要维护或清洁时;

——当一个激光装置提供不止一条光路,有必要人工介入某条光路,而激光束正穿过某一其他光路时。

5.4.10 材料和物质产生的危害防护

制造商应采取技术措施,确保从工作区中清除激光加工过程中产生的有害气体和颗粒物质,并输送到废物处理系统。应由风险分析确定废物处理系统的设计。

注 1:有害物质宜在其产生的地方直接收集。

注 2:根据地方、国家或地区允许的极限值安全清除和处理激光加工机产生的烟雾和颗粒物是客户/用户的责任。

制造商应优先提供合适的技术措施,防范这些危害(见第 4 章)。如果不能通过技术措施避免危害,制造商应向客户/用户提供与危害和允许的最大辐射值(或在工作场所的辐射)相关的信息。如果有必要,还应提供适当的个人防护设备的相关信息。

潜在危害见 GB/T 18490.1—2017 的附录 B。

应顾及用于辅助激光/工件相互作用的辅助气体(如氧气)带来的危害,以及产生的任何浓烟的危害。相关的危害包括爆炸、火灾、毒副作用、氧气过剩和缺氧。

6 安全要求和措施的验证

6.1 通用符合程度

应通过目测确认与本部分的通用符合程度，特别是确认激光防护屏和控制设备是否存在和定位准确。

应根据制造商规定的功能测试来验证每个产品的控制装置的正常功能。

有关激光辐射水平的验证程序应符合 GB 7247.1—2012 第 9 章的规定。

根据手持式激光加工机和特定的使用情况，有必要在使用一定时间后进行定期检测。

6.2 控制级别分类

应根据 GB/T 16855.1—2008 与设备安全失效相关的控制级别对手持式激光加工机进行分类。如果手持式激光加工机与一个外部激光装置连接，控制级别适用于手持式激光加工机和外部激光装置。

6.3 激光分类

当手持式激光加工机与一个外部激光装置连接时，应结合使用说明书中规定的激光装置对手持式激光加工机进行分类。

决定激光分类的是可能产生的最高级别的可达激光辐射(取决于输出功率和波长)。

应针对手持式激光加工机的所有工作状态进行分类：

——正常使用；

——维护/维修；

——失灵/故障。

应根据 GB 7247.1—2012 的要求和步骤对手持式激光加工机分类。

7 给用户的信息

7.1 其他要求

除了 GB 7247.1—2012，GB 5226.1—2008，ISO 11252:2013 和 GB/T 15706—2012 的要求外，还应满足以下要求：

a) 手持式激光加工机制造商不提供激光装置时(但通过光束传输系统连接到一个外部激光装置)，应向客户/用户提供接口信息以及激光装置和光束传输系统的技术要求(例如激光装置的最大输出功率、光纤技术要求)；

b) 手持式激光加工机制造商应向客户/用户提供安全相关的文件和相应的信息，包括正常使用的信息、可预见的错误使用的信息、正确的维护和维修规程，以及发生故障时需要采取的措施；

c) 制造商应告知用户具有安全使用手持式激光加工机的责任，并提供安全使用的通用信息。

安全使用的通用信息包括以下几个方面：

1) 防止激光辐射；

2) 防止二次辐射；

3) 防热辐射、热材料或渣粒；

4) 防止有害物质；

5) 防止其他危害。

制造商应对用户进行适当的、切实可行的安全培训。

制造商应在用户指南和/或操作手册中显著位置写上警告语句，警告用户可能存在的潜在危害。

7.2 推荐内容

应考虑将以下条款包含在用户指南和/或操作手册中：

a) GB 7247.1—2012 规定了对主要的激光辐射的防护措施。主要目的是用适当的保护设备限制标称眼危害区，在此区域之外不能超出 1 类可达发射极限(AEL)。对于 3B 类和 4 类激光产品，最低的要求是佩戴与激光功率和波长相适应的激光防护眼镜。

b) 有些操作，例如焊接，可能会产生强烈的紫外线(特别是同时使用氩气时)和/或可见光辐射。对于可能暴露在这种辐射的场合，最低要求是佩戴合适的保护眼罩(例如焊接面罩)。

c) 用手持式激光加工机加工材料时可能产生热辐射，剥离出热的材料或渣粒，由于距离近，可能会对用户造成伤害。存在潜在危害辐射的情况下，最低要求是穿戴合适的防护服(防护手套、防护服)。

d) 大多数材料加工时会产生浓烟和颗粒。加工金属时，可能会产生较浓的金属蒸气。金属蒸气会损害人体组织和器官。加工塑料时，可能会产生有毒或致命的副产品。开始加工之前的最低要求是：

   1) 熟悉要加工的材料，知道可能会产生什么副产品，评估健康风险，并确定必要的预防措施；
   2) 采用适当的措施防止或控制风险。这类措施通常要求主动从加工区排出浓烟，废气经过足够的净化处理，排放到远离人群的大气中；
   3) 告知、指导和培训操作者有关的风险和需采取的预防措施；
   4) 必要时监控操作者，并结合当地法规，采取适当的形式监控他们的健康；
   5) 咨询相关部门，知道废气排放到大气前需要满足哪些国家、市和/或地方法规。

e) 给激光器及其相关设备供电的电压/电流是危险的。电源中可能有电容，在关断设备电源后，电容可能保持一段时间处于充电状态。维修时的最低要求是遵循电气安全规定；

f) 手持式激光加工机的操控系统可能会造成其他潜在危害。最低要求是提供特定危害的信息(例如增加火灾的危险、在受限区内使用的危害)，以及相关的安全规程。

注：无论制造商是个人还是组织，都由制造商负责最后的修改(例如操控部件和激光组件之间的连接)。这同样适用于制造商和客户/用户是同一个实体的情况。

8 标志

应粘贴标志，标志应遵守相关国家标准的要求。

应按照 GB/T 15706—2012 中 6.4 的要求标识手持式激光加工机。

标志应注明：

a) 激光加工机制造商的名称和地址；

b) 生产日期；

c) 激光加工机型号(如适用)和序列号(如有)。

标志应符合下列要求：

——激光辐射警告标志的颜色、大小和打印样式应符合 GB 7247.1—2012 的规定；

——除了 GB 7247.1—2012 规定的标志外，安装激光加工机后，还要贴上其他相关的警示和警告标志(例如“本激光加工机可能产生有毒浓烟/颗粒”)。标志的大小和位置应合适，在第 4 章规定的危害区外可以清晰可辨。

标志的颜色、大小和打印样式应符合 GB/T 2893.1—2013、GB/T 2893.2—2008 和 GB/T 2893.3—2010 的要求。

附 录 A
（资料性附录）
手持式激光加工机类型

A.1 手持操控系统的激光加工机

手持操控系统的激光加工机见图 A.1，其中激光装置和工件固定不动，用光束传输系统连接操控系统和激光装置。手持操控系统，相对工件移动，手动定位，可用或不用电机驱动进给。

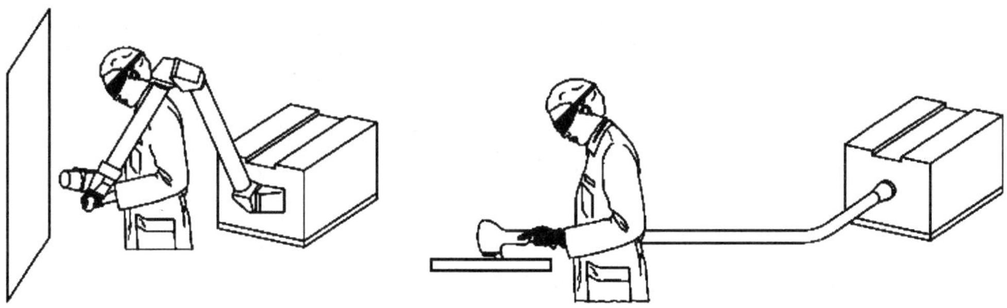

a）　　　　b）

图 A.1 手持操控系统的激光加工机

A.2 手持激光组件的激光加工机

手持激光组件的激光加工机见图 A.2，其中工件固定不动，激光装置与手持激光组件融为一体。手持激光组件相对工件移动，手动定位，可用或不用电机驱动进给。

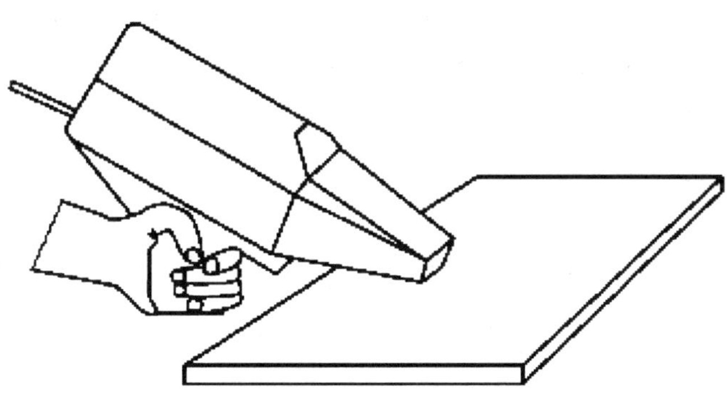

图 A.2 手持激光组件的激光加工机

A.3 激光组件固定的手持式激光加工机

激光组件固定的手持式激光加工机见图 A.3，其中激光组件固定不动，工件相对于光束整形部件（加工头）手动移动，手动导向或手动定位。

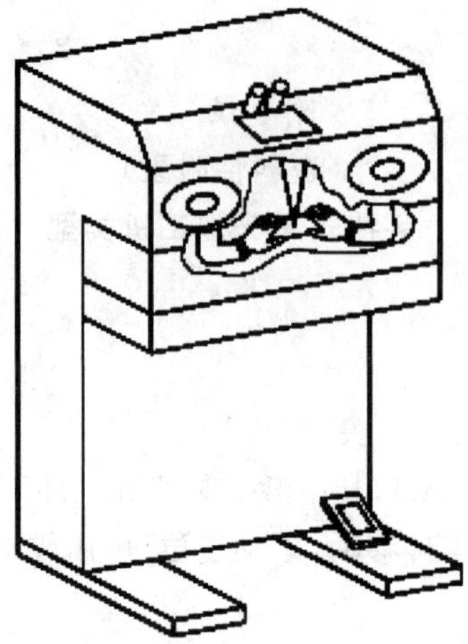

图 A.3　激光组件固定的手持式激光加工机

附 录 B
（资料性附录）
风险评估示例

表 B.1～表 B.5 包含手持式激光加工机危害和风险评估的示例。在手持式激光加工机的使用寿命内，需要检查下列操作状态/条件：

a） 运输。

b） 安装。

c） 试运行。

d） 使用：

  1） 正常使用；

  2） 故障；

  3） 非正常使用。

e） 维护/维修。

f） 报废。

应详细列出和评估每一个运行状态下可能产生的危害以及防护措施（方法：例如风险表格，加权评估规程）。

表 B.1 风险评估示例表格

操作状态	条件/地点	危害	发生危害的概率	可能的照射持续时间	伤害程度	伤害/限制概率			风险 R＝（∑B1，Bx）/x
						技术	组织	个人	
拟用于切割	光束穿透/工件	激光辐射	可以预料	100 s	永久性轻微损害健康（对眼睛不可弥补的伤害）	通过，屏障，激光防护屏			
			(4)	(3)	(4)	(3)			
	光束突然出现光纤断裂	激光辐射	可以想象到，但不经常发生	100 s	永久性轻微损害健康（对眼睛不可弥补的伤害）	光纤监测			
			(2)	(3)	(4)	(1)			
	聚合物加工	危害物质	可以预料	30 000 s	永久性轻微损害健康（肺功能损伤）	提取系统			
			(4)	(4)	(3)	(2)			

填表说明：

发生危害的概率见表 B.2；

可能的照射持续时间见表 B.3；

伤害程度见表 B.4；

伤害/限制概率见表 B.5。

表 B.2～表 B.5 包含单独因子评级的示例：

表 B.2　发生危害的概率

概率	因子
很难想到	1
可以想象到，但不经常发生	2
在一定条件下可能发生	3
可以预料	4
一定发生	5

表 B.3　最大的可能的照射持续时间

照射持续时间	因子
0.25 s	1
10 s	2
100 s	3
30 000 s	4

表 B.4　伤害程度

伤害程度	因子
轻微人身伤害（轻微影响）	1
完全可治愈的受伤（例如轻度烧伤）	2
永久性轻微损害健康（轻微的视网膜损伤、烧伤）	3
永久性严重损害健康（例如至少一只眼睛视力丧失，严重烧伤疤痕）	4
死亡	5

表 B.5　伤害限制概率（技术）

伤害限制概率	技术示例		因子
	光束传输	屏障	
快速检测到危害，采取的措施立即见效，自动防故障装置	用控制监测封闭或者联锁	用控制监测主动保护	1
快速检测到危害，采取的措施立即见效	封闭或者联锁	主动保护	2

表 B.5（续）

伤害限制概率	技术示例		因子
	光束传输	屏障	
及时检测到危害，采取的措施立即见效	联锁	根据 GB/T 18831—2010 被动保护	3
只有在恒定控制下检测到危害，伤害可能被限制	打开、在头顶上	没有、封闭标称眼危害区	4
伤害不可避免	打开	没有	5

参 考 文 献

[1] GB/T 19671—2005 机械安全 双手操纵装置 功能状况及设计原则(ISO 13851:2002,MOD)

[2] ISO 3253:1998,Gas welding equipment—Hose connections for equipment for welding,cutting and allied processes

[3] ISO 3821:1998,Gas welding equipment—Rubber hoses for welding,cutting and allied processes

[4] ISO 7289:1996,Quick-action couplings with shut-off valves for gas welding,cutting and allied processes

[5] ISO 13852:1996,Safety of machinery—Safety distances to prevent danger zones being reached by the upper limbs

[6] ISO 14120:2002,Safety of machinery—Guards—General requirements for the design and construction of fixed and movable guards

[7] ISO 14121:1999,Safety of machinery—Principles for risk assessment

[8] IEC 60447:2004,Basic and safety principles for man-machine interface,marking and identification—Actuating principles

[9] VDI 2242 Blatt 1:1986,Engineering design of products in accordance with ergonomics; fundamentals and procedures

[10] EN 136:1998,Respiratory protective devices—Full face masks—Requirements,testing,marking

[11] EN 140:1998,Respiratory protective devices—Half masks and quarter masks—Requirements,testing,marking

[12] EN 169:2002,Personal eye-protection—Filters for welding and related techniques—Transmittance requirements and recommended use

[13] EN 170:2002,Personal eye-protection—Ultraviolet filters—Transmittance requirements and recommended use

[14] EN 171:2002,Personal eye-protection—Infrared filters—Tranmittance requirements and recommen ded use

[15] EN 207:1998/A1:2002/AC 2004,Personal eye-protection—Filters and eye-protectors against laser radiation (laser eye-protectors)

[16] EN 208:1998/A1:2002,Personal eye-protection—Eye-protectors for adjustment work on lasers and laser systems (laser adjustment eye-protectors)

[17] EN 340:2003,Protective clothing—General requirements

[18] EN 352-1:2002,Hearing protectors—General requirements—Part 1:Ear-muffs

[19] EN 352-2:2002,Hearing protectors—General requirements—Part 2:Ear-plugs

[20] EN 388:2003,Protective gloves against mechanical risks

[21] EN 14387:2004,Respiratory protective devices—Gas filter(s)and combined filter(s)—Requirements, testing,marking

ICS 31.260
L 51

中华人民共和国国家标准

GB/T 18490.3—2017

机械安全 激光加工机 第3部分：激光加工机和手持式加工机及相关辅助设备的噪声降低和噪声测量方法（准确度2级）

Safety of machinery—Laser processing machines—
Part 3: Noise reduction and noise measurement methods for laser processing machines and hand-held processing devices and associated auxiliary equipment (accuracy grade 2)

(ISO 11553-3:2013, MOD)

2017-12-29 发布　　　　2018-07-01 实施

中华人民共和国国家质量监督检验检疫总局
中国国家标准化管理委员会　发布

前　言

GB/T 18490《机械安全　激光加工机》分为以下 3 个部分：

——第 1 部分：通用安全要求；

——第 2 部分：手持式激光加工机安全要求；

——第 3 部分：激光加工机和手持式加工机及相关辅助设备的噪声降低和噪声测量方法（准确度 2 级）。

本部分为 GB/T 18490 的第 3 部分。

本部分按照 GB/T 1.1—2009 给出的规则起草。

本部分使用重新起草法修改采用 ISO 11553-3:2013《机械安全　激光加工机　第 3 部分：激光加工机和手持式加工机及相关辅助设备的噪声降低和噪声测量方法（准确度 2 级）》。

本部分与 ISO 11553-3:2013 相比，主要技术性差异及其原因如下：

——关于规范性引用文件，本部分做了具有技术性差异的调整，以适应我国的技术条件，调整的情况集中反应在第 2 章"规范性引用文件"中，具体调整如下：

- 用等同采用国际标准的 GB/T 3767 代替原国际标准中的引用文件 ISO 3744（见附录 A）；
- 用等效采用国际标准的 GB/T 3768 代替原国际标准中的引用文件 ISO 3746（见附录 A）；
- 用等同采用国际标准的 GB/T 3785.1 代替原国际标准中的引用文件 IEC 61672-1（见第 5 章）；
- 用等效采用国际标准的 GB/T 14574 代替原国际标准中的引用文件 ISO 4871（见附录 A）；
- 用等效采用国际标准的 GB/T 16404.2 代替原国际标准中的引用文件 ISO 9614-2（见附录 A）；
- 用等效采用国际标准的 GB/T 17248.2 代替原国际标准中的引用文件 ISO 11201（见附录 A）；
- 用等效采用国际标准的 GB/T 17248.3 代替原国际标准中的引用文件 ISO 11202（见附录 A）；
- 用等效采用国际标准的 GB/T 17248.4—1998 代替原国际标准中的引用文件 ISO 11203:1995（见附录 A）；
- 用等效采用国际标准的 GB/T 17248.5 代替原国际标准中的引用文件 ISO 11204（见附录 A）；
- 用修改采用国际标准的 GB/T 18490.1 代替原国际标准中的引用文件 ISO/IEC 11553-1（见第 1 章）；
- 用修改采用国际标准的 GB/T 18490.2 代替原国际标准中的引用文件 ISO/IEC 11553-2（见第 1 章）；
- 用等同采用国际标准的 GB/T 25078.1 代替原国际标准中的引用文件 ISO/TR 11688-1（见 4.1）。

本部分做了下列编辑性修改：

——原标准第 2 章引用的 ISO 12100:2010，在正文中并没有规范性引用，根据 GB/T 1.1—2009，将 ISO 12100:2010 删除；

——原标准 4.1 规范性引用了 ISO/TR 11688-1，根据 GB/T 1.1—2009，增加到第 2 章规范性引用文件中。

请注意本文件的某些内容可能涉及专利。本文件的发布机构不承担识别这些专利的责任。

本部分由中国机械工业联合会提出。

本部分由全国光学和光子学标准化技术委员会(SAC/TC 103)归口。

本部分起草单位:大族激光科技产业集团股份有限公司、深圳市计量质量检测研究院、北京光电技术研究所、中国兵器工业标准化研究所、西南技术物理研究所、中车青岛四方机车车辆股份有限公司、上海理工大学、深圳大族彼岸数字控制软件技术有限公司、中国电子科技集团公司第十一研究所、中国光学学会、上海镭赛文化传媒有限公司、深圳出入境检验检疫局。

本部分主要起草人:陈焱、冯建国、周迎春、曾丽霞、全鸿、叶春秀、吴爱平、孟凡萍、叶大华、韩晓辉、章慧贤、戚燕、王又良、陈超、索彦彦、田社斌。

引　言

由欧盟理事会发布的《机械安全指令》给出了保证机械安全性必须满足的必不可少的和强制性的要求。为此，欧洲标准化委员会(CEN)/欧洲电工标准化委员会(CENELEC)的联合机构启动了制定机械设备及其应用的制造安全标准程序。并将本部分的内容涵盖在其中。

准备提供的协调标准，目的是符合机械安全指令和关联的欧洲自由贸易协会规章中的必不可少的安全要求。

按照GB/T 15706—2012的条款本文件属于B类标准。本文件条款可根据C类标准进行增补或修改。

对于通过C类标准的范围所涵盖的机械以及按照C类标准的条款设计和制造的机械，则该C类标准的条款优先于B类标准。

本部分适用于利用激光辐射加工材料的机械。本部分的制定，目的是通过采取以下措施，避免人身受到伤害：

——列出包含激光器的机械所产生的潜在危险；

——规定减少特定危险条件引起的风险的安全措施和验证方法；

——提供相关标准的参考；

——向用户提供详细信息，以便用户建立适合的规程和预防措施。

机械安全　激光加工机
第3部分：激光加工机和手持式加工机及相关辅助设备的噪声降低和噪声测量方法
（准确度2级）

1　范围

GB/T 18490的本部分规定了激光加工机和手持式激光加工机的噪声危害、降低噪声的通用要求和措施、降低噪声排放和/或保护措施的安全要求的验证，以及噪声测试的规程。

本部分适用于GB/T 18490.1和GB/T 18490.2范围内的激光加工机和手持式激光加工机及其相关辅助设备的噪声降低和噪声测量。

噪声排放特征包括操作工位的发射声压级和声功率级。声明的噪声排放值允许与市场上的激光加工机和手持式激光加工机相比较。

在特定的准确度等级下，使用附录A的噪声测试规程可以确保噪声排放特征值的测定过程的复现性。本部分所规定的噪声排放测量方法符合工程法的要求，即准确度2级。

2　规范性引用文件

下列文件对于本文件的应用是必不可少的。凡是注日期的引用文件，仅注日期的版本适用于本文件。凡是不注日期的引用文件，其最新版本（包括所有的修改单）适用于本文件。

GB/T 3767　声学　声压法测定噪声源声功率级和声能量级　反射面上方近似自由场的工程法（GB/T 3767—2016，ISO 3744：2010，IDT）

GB/T 3768　声学　声压法测定噪声源声功率级　反射面上方采用包络测量表面的简易法（GB/T 3768—1996，eqv ISO 3746：1995）

GB/T 3785.1　电声学　声级计　第1部分：规范（GB/T 3785.1—2010，IEC 61672-1：2002，IDT）

GB/T 14574　声学　机器和设备噪声发射值的标示和验证（GB/T 14574—2000，eqv ISO 4871：1996）

GB/T 16404.2　声学　声强法测定噪声源的声功率级　第2部分：扫描测量（GB/T 16404.2—1999，eqv ISO 9614-2：1996）

GB/T 17248.2　声学　机器和设备发射的噪声　工作位置和其他指定位置发射声压级的测量　一个反射面上方近似自由场的工程法（GB/T 17248.2—1999，eqv ISO 11201：1995）

GB/T 17248.3　声学　机器和设备发射的噪声　工作位置和其他指定位置发射声压级的测量　现场简易法（GB/T 17248.3—1999，eqv ISO 11202：1995）

GB/T 17248.4—1998　声学　机器和设备发射的噪声　由声功率级确定工作位置和其他指定位置的发射声压级（eqv ISO 11203：1995）

GB/T 17248.5　声学　机器和设备发射的噪声　工作位置和其他指定位置发射声压级的测量　环境修正法（GB/T 17248.5—1999，eqv ISO 11204：1995）

GB/T 18490.1　机械安全　激光加工机　第1部分：通用安全要求（GB/T 18490.1—2017，ISO/IEC 11553-1：2005，MOD）

GB/T 18490.2　机械安全　激光加工机　第2部分：手持式激光加工机安全要求(GB/T 18490.2—2017,ISO/IEC 11553-2:2007,MOD)

GB/T 25078.1　声学　低噪声机器和设备设计实施建议　第1部分：规划(GB/T 25078.1—2010,ISO/TR 11688-1:1995, IDT)

EN 352-1　听力保护器　一般要求　第1部分：护耳套(Hearing protectors—General requirements—Part 1:Ear-Muffs)

3　噪声危害

激光加工机和手持式激光加工机所产生的噪声可能会导致：

a)　永久性听力损失；

b)　耳鸣；

c)　疲劳、紧张和头痛；

d)　失衡和意识丧失等其他影响；

e)　妨碍语言交流；

f)　不能听到声音警报信号。

4　安全要求和措施

4.1　降低噪声的通用要求

降低噪声应作为设计过程中必不可少的一部分，按照GB/T 25078.1的建议，应特别考虑噪声源的降噪措施。依据本部分规定的噪声测试规程，参考有关其他激光加工机的类似应用，以实际噪声排放值为基础来评估降低噪声的措施是否成功应用。

4.2　降低噪声的措施

应采取适当的措施来降低噪声。应特别考虑以下几点：

a)　选用低噪声级的泵而不是把泵封起来；

b)　释放气动能量(为了节约能源，应避免不必要的排放。应考虑消声器或排气过滤器)；

c)　用专用固定结构固定可能振动的管路，以减少这些零部件移动时产生的噪声；

d)　选用低噪声风扇等零部件，或弹性支撑安装，或使用减震器，以减少产生激光噪声源；

e)　在冷却系统和排烟系统中采用阻尼措施；

f)　操作面板使用加强带固定或使用噪声阻尼材料，以防止其振动，减少噪声辐射；

g)　应尽可能将产生噪声的部件远离操作者；

h)　使用封闭或半封闭隔音罩封闭加工区，限制激光加工产生的噪声辐射进入环境中。

以上举例并不详尽。也可考虑其他替代技术措施(具有等同或更高效率的)来降低噪声。

5　降低噪声排放和/或保护措施的安全要求的验证

如发射声压级高于70 dB，噪声排放值应采用适当的测量方法测量，且应在用户使用说明书上给出噪声排放声明。

为确认是否有必要按附录A的噪声测试规程进行测量，可先进行初步测试。根据GB/T 3785.1，初步测试可使用较经济的2级声压计进行测量，测量条件见A.9。但不适用于任何的环境修正或背景噪声修正。

如在规定条件下测定的操作工位的A计权声压级不超过65 dB(A),此时不再按本部分规定的程序作进一步的测量。噪声排放声明应简单表示为:发射声压级 $L_{pA}\leqslant 70$ dB。

如果测量的发射声压级大于65 dB,则本部分所列出的降低噪声的措施、测量、验证及其文件陈述都是必要的。

表1给出了降低噪声排放和/或保护措施的安全要求的验证方法。

表1 降低噪声排放和/或保护措施的安全要求的验证方法

条款	验证方法
4	根据附录A噪声测试规程测量噪声排放值
6	验证说明书中给出噪声排放的声明

6 用户的使用说明

用户的使用说明中应包括空气噪声排放的信息,按照附录A确定和声明:

a) 应说明操作工位的A计权排放声压,何处超过70 dB(A),何处不超过70 dB(A);

b) 操作工位C计权峰值瞬时声压值,何处超过63 Pa(130 dB相当于20 μPa);

c) 机器发射的A计权声功率级,操作工位何处A计权发射声压级超过80 dB(A)。

此外,如有必要做进一步防护,还应:

d) 建议在机器上安装可能的噪声防护罩、防护屏等;

e) 建议额外的噪声降低措施,如:使用噪声防护隔间,以及为降低噪声涉及安装和装配的必要要求;

f) 建议使用低噪声运行模式或限时运行;

g) 建议佩戴个人听力保护器(见EN 352-1)。

附 录 A
（规范性附录）
噪声测试规程(准确度2级)

A.1 发射声压级的测定

A.9规定了操作工位内以及其他位置的A计权发射声压级的测量位置。所有传声器的位置应离地面或路径水平面(1.55±0.075)m。

A计权发射声压级应依据GB/T 17248.2的2级或GB/T 17248.5的2级法来测定。如果环境条件使测量结果达不到准确度2级，那么应按GB/T 17248.3的3级或GB/T 17248.5的3级法来测定。在测试报告中应说明不能使用准确度2级方法的原因。

注：使用GB/T 17248.2的2级方法的优点是当$K_2 \leqslant 2$ dB时不需考虑环境修正。

对有明确的操作者位置的激光加工机，其发射声压级应按A.9.1进行测量。

不带远程组件(电力设备，冷却装置，过滤风扇)的手持式激光加工机(HLDs)，其A计权发射声压级应按表A.5中Ⅰ进行测量。

带远程(几米距离)组件的手持式激光加工机(HLDs)，应单独测量每个机械部件的发射声压级。手持工具应按表A.5中Ⅰ进行测量，远程组件应按表A.5中Ⅱ进行测量。

上述情况中如要求确定HLDs的声功率级，可允许使用GB/T 17248.4—1998。但手持式激光工具与远程组件需区分开。手持工具发射声压级可按GB/T 17248.4—1998 Q=11 dB由声功率级来确定。若相关组件产生的噪声达到应声明的声压级时，应按GB/T 17248.4—1998中6.2.3d)来确定声压级，根据GB/T 3767，此时测量表面距离基准体大约1 m。

A.2 声功率级的测定

A.2.1 基本方法

A计权声功率级应依据GB/T 3767或GB/T 16404.2的2级法测定。若由于环境条件不适合，不能采用上述2个标准，则应按GB/T 3768或GB/T 16404.2的3级法测定。测试报告中应说明不能使用准确度2级方法测定声功率级的原因。

带远程组件的手持式激光加工机，手持工具与远程组件应分别单独测试。手持工具声功率级应按表A.5中Ⅱ里描述的测试布局(见图A.1)界定的基准体来确定。平行六面体测量面的测量距离d应为1 m。测试者的操作位置，应不阻碍噪声从工具到任一测量传声器的直接传播。

组件部分的声功率级的确定，应采用平行六面体的测量面。

A.2.2 用于大型激光加工机的替代方法

对于大型激光加工机，可以确定和声明机械周围规定测量点的A计权发射声压级，来代替A计权声功率级。

根据GB/T 3767，测量位置应环绕设备并高出地面或路径水平面(1.55±0.075)m，并距基准体1 m。测量点之间的间隔，应使相邻点间的A计权发射声压级之差不超过5 dB。在机械每个面应至少取一个点测定发射声压级，即使机械发射噪声相当均匀也应这样做。声明应用测量的最大值，并应记录和报告用作声明的发射声压级的测量位置。

注：某些复杂的定制机(如带有处理系统和装入复杂的生产线)，在客户现场第一次安装和运行，此时噪声排放值只能在现场测量。

例如，像带大型平台的大型激光加工机或机器人激光机。

A.3 组装和安装条件

激光加工机或手持式激光加工机应按制造商的说明组装和安装。如果未指明安装条件或存在多种安装方式，应在测试报告中指定测量噪声排放值时使用的安装形式。

通常安装在地面上的激光加工机，测量时应放置在水平反射地面上。操作者应按表 A.5 中Ⅰ描述的方式拿着手持式工具。相关组件(如：激光系统、电源设备、冷却装置)应放置于反射地面上。

测定声功率级和发射声压级时，机器的装配与安装条件应相同。

应注意的是，连接至机器的任何电气连接、管道或空气输送管都应不明显的增加噪声排放。

A.4 运行条件

由于存在许多不同的激光加工机，导致运行条件差别较大，因此不可能规定噪声排放测量的标准条件。因此用于测量的运行条件应既代表设备典型的使用情况，又代表设备典型的最嘈杂运行。运行条件应由生产商定义并在噪声排放声明里清楚描述。技术方面应遵守 A.9。

用于测定指定测量位置的发射声压级和声功率级的运行条件应一致。

为了规定一个适合的运行条件，应考虑以下方面：

a) 加工区域

——激光运行类型及参数；

——气体喷嘴类型及参数；

——手持系统类型及参数。

b) 激光设备和组件

——冷却装置类型及运行参数；

——风扇(电源)类型及运行参数；

——排气系统类型及操作系统。

应明确规定测量的工作周期，测量时间应不少于 15 s。

A.5 测量不确定度

依据本部分测定噪声排放值的合成不确定度取决于采用的噪声排放测量方法(在测试中，声源的不同辐射特性，不同的测量仪器，执行不同的测量程序)所给出的标准偏差 σ_{R0}，同时不确定度还与运行和安装条件的稳定性 σ_{omc} 有关。合成不确定度结果由式(A.1)计算得出：

$$\sigma_{tot}=\sqrt{\sigma_{R0}^2+\sigma_{omc}^2} \qquad \cdots\cdots (A.1)$$

对于测定发射声压级和声功率级的测量方法，采用 2 级时 σ_{R0} 上限值约为 1.5 dB，采用 3 级时 σ_{R0} 上限值约为 3 dB。

对于噪声排放相当稳定的机器，σ_{omc} 可用 0.5 dB。其他情况下，如材料进出机器时影响很大或者材料流动方式是变化不可预知时，σ_{omc} 用 2 dB 可能比较合适。确定 σ_{omc} 方法已在基础测量标准中描述。

扩展测量不确定度 U 应按 $U=k\sigma_{tot}$ 计算，单位为分贝，k 为包含因子。

注：扩展测量不确定度取决于所需的置信度。为了比较某一限值的测量结果，对于单边正态分布使用包含因子是适合的。此时，$k=1.96$，对应 95% 的置信水平。在 GB/T 14574 中有更多相关信息。应注意在 GB/T 14574 中扩展测量不确定度 U 用 K 表示。

A.6 记录信息

记录的信息须覆盖噪声测试规程的所有技术要求。记录所有偏离噪声测试规程或偏离作为噪声测试规程基础的基本部分的情况，并同时记录这些偏离的技术理由。

A.7 测试报告

噪声测试报告除了噪声排放声明(见 A.8)外，还应包括以下内容：

a) 测试机器的型号、类别和技术参数、尺寸、制造商、序列号、生产年份。

b) 表 A.3～表 A.5 中未规定的测试中用于测定噪声排放值的所有安装和运行条件(见 A.3 和 A.4)。

c) 测定噪声排放时采用的基本标准(见 A.1 和 A.2)，适当时给出不使用准确度 2 级方法的原因。

d) 测量结果：

——在操作工位和其他规定位置的发射声压级 L_{pA}。

——如有要求，根据 A.2.2 中的测量路径，指定位置的 A 计权声功率级 L_{WA} 或相关发射声压级 L_{pA}。

——当工作周期分成若干子循环时，应提供每个子循环的测量结果。

——如有要求，C 计权峰值发射声压级 L_{pCpeak}(根据 GB/T 14574)。

e) 操作工位和测量位置的定位如果偏离表 A.3～表 A.5，或未在测试报告中规定。

f) 测试地点、日期和测试责任人。

A.8 噪声排放值的声明和验证

噪声排放值声明仅由制造商或其指定的代表负责。

噪声排放值声明应依据 GB/T 14574 采用双值噪声排放声明。

声明应有发射声压级 L_{pA} 及其不确定度 K_{pA}。若有要求，还应包括声功率级 L_{WA} 及其不确定度 K_{WA}。脉冲噪声可要求声明 L_{pCpeak}。

不确定度 K_{pA} 和 K_{WA} 见表 A.1。

表 A.1 K_{pA} 和 K_{WA} 不确定度

参考文件	准确度 2 级	准确度 3 级
GB/T 17248.2 的 2 级	K_{pA}=3 dB	—
GB/T 17248.3	K_{pA}=3 dB	K_{pA}=4 dB
GB/T 17248.5	K_{pA}=3 dB	K_{pA}=4 dB
GB/T 3767	K_{WA}=3 dB	—
GB/T 3768	—	K_{WA}=4 dB
GB/T 16404.2	K_{WA}=3 dB	K_{WA}=4 dB

噪声排放声明应说明噪声排放值是根据噪声测试规程和 GB/T 3767、GB/T 3768、GB/T 16404.2、GB/T 17248.2 2 级、GB/T 17248.3、GB/T 17248.4—1998 或 GB/T 17248.5 这些基本标准之一得出的。如果上述说明不够准确，噪声排放声明应清楚地指明与噪声测试规程和/或这些基本标准的偏离。

排放值应修约至最高分贝值。

若承担以上声明,则应根据 GB/T 14574 进行验证。验证时固定、安装和运行条件应该与初次确定噪声排放值所用的条件一致。

表 A.2 为双值噪声排放声明示例。所列的噪声排放值为典型值,仅用于举例。

表 A.2 双值噪声排放值声明的示例

机器型号以及其他标识信息:Type 990,Model 11-TC,50 Hz,440 V。 噪声测试规程:GB/T 18490.3—2017 中附录 A 表 A.3——准确度 2 级。 操作条件:(GB/T 18490.3—2017 的 A.9 的要求规定)。 根据 GB/T 14574 声明双值噪声排放值。 依据 GB/T 18490.3。		
噪声排放特性总量及相关不确定度	运行模式 1	运行模式 2
测量的 A 计权声功率级, L_{WA}(参考值 1 pW),单位 dB	88	95
不确定度,K_{WA},单位 dB	2	2
在操作者位置测量的 A 计权发射声压级 L_{pA} (参考值 20 μPa),单位 dB	78	86
不确定度,K_{pA},单位 dB	2	2
根据 GB/T 18490.3—2017 的噪声测试规程,用 B 型声学的标准(GB/T 3767,GB/T 17248.2 2 级)测定的数值		
注:测量的噪声排放特性总量及相关不确定度代表了测量中可能出现的范围值上限。		

A.9 测定发射声压级的运行条件和测量位置的规定

A.9.1 激光加工机

激光加工机的制造商规定的机器运行条件和操作工位和其他指定位置的测量点见表 A.3。

表 A.3 测定发射声压级的运行条件和测量位置的规定——激光加工机

制造商规定的机器运行条件 (使用设计预定的激光处理方式和工件材料,使之正常工作时产生典型最大噪声)	描述规定运行条件的技术数据: a) 操作速度,单位 m/min; b) 被加工的原材料或构件; c) 加工的激光参数; d) 采用的整个工作周期
操作工位和其他指定位置的测量点	运行和控制位置中心前 1 m
	任一人工装卸料位置前 1 m(适用时)

A.9.2 大型激光加工机

大型激光加工机的制造商规定的机器运行条件和操作工位和其他指定位置的测量点见表 A.4。

表 A.4 测定发射声压级的运行条件和测量位置的规定——大型激光加工机

制造商规定的机器运行条件(使用设计预定的激光处理方式和工件材料,使之正常工作时产生典型最大噪声)	描述规定运行条件的技术数据： a) 操作速度,单位 m/min； b) 被加工的原材料或构件； c) 加工的激光参数； d) 采用的整个工作周期
操作工位和其他指定位置的测量点	运行和控制位置中心前 1 m
	依据 A.2.2 的测量路径

A.9.3 手持式激光加工机

手持式激光加工机的机器运行条件和操作工位和其他指定位置的测量点见表 A.5。

表 A.5 测定发射声压级的运行条件和测量位置的规定——手持式激光加工机(HLDs)

制造商规定的机器运行条件(使用设计预定的激光处理方式和工件材料,使之正常工作时产生典型最大噪声)	描述规定运行条件的技术数据： a) 操作速度,单位 m/min； b) 被加工的原材料或构件； c) 加工的激光参数； d) 采用的整个工作周期
操作工位和其他指定位置的测量点	Ⅰ. 不带远程组件或带有远程组件的 HLDs,应在加工典型的或预定的原料条件下运行。原料应放在测试台上,操作者或人员模拟器应拿着手持工具的重心,正好在测试台的中心上。在 GB/T 17248.5 中有测试台的描述。传声器应安装在操作者或模拟器的头部中心平面的(0.2±0.02)m 处,与眼睛同处与一条线,其轴线与操作者或模拟器的视线平行,此处可以观测到较高的声压级值,操作者或模拟器应有(1.75±0.085)m 高。应该注意远程组件噪声不能影响手持激光加工机工具的噪声排放测量
	Ⅱ. 对于 HLDs 的远程组件,应设置 4 个或更多的传声器进行测量,依据 GB/T 3767 传声器离基准体每一侧面 1 m,高出地面(1.55±0.075)m。应记录和报告发射声压级的最高值作为远程组件的发射声压级,应记录和报告获得该值的测量位置

测定小型机械发射声功率级测量点的布局见图 A.1。

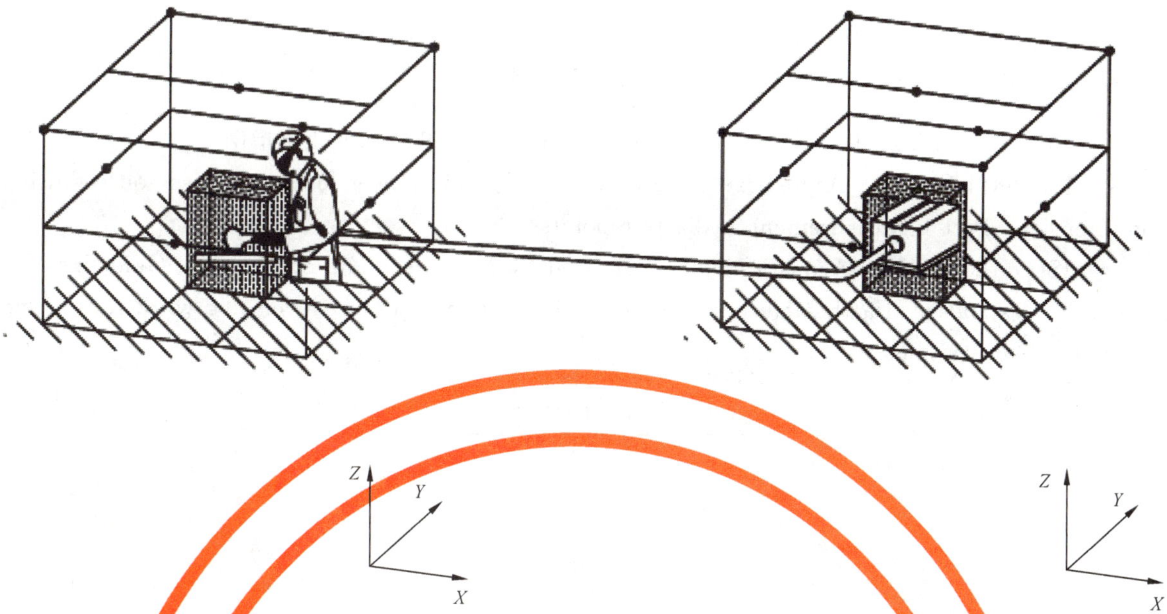

图 A.1 根据 GB/T 3767 测定小型机械发射声功率级测量点的布局

参考文献

［1］ GB/T 14367—2006 声学 噪声源声功率级的测定 基础标准使用指南

［2］ ISO 9614-1:1993 Acoustics—Determination of sound power levels of noise sources using sound intensity—Part 1:Measurement at discrete points

［3］ ISO 11200:1995 Acoustics—Noise emitted by machinery and equipment—Guidelines for the use of basic standards for the determination of emission sound pressure levels at a work station and at other specified positions

ICS 73.040
D 21

中华人民共和国国家标准

GB/T 18511—2017
代替 GB/T 18511—2001

煤的着火温度测定方法

Determination of ignition temperature of coal

2017-09-07 发布 2018-04-01 实施

中华人民共和国国家质量监督检验检疫总局
中国国家标准化管理委员会 发布

前　言

本标准按照GB/T 1.1—2009给出的规则起草。

本标准代替GB/T 18511—2001《煤的着火温度测定方法》。本标准与GB/T 18511—2001相比，除编辑性修改外，主要技术内容变化如下：

——删除了“引言”；

——试剂中增加了“联苯胺”(见5.2)；

——试剂中增加了“还原剂”(见5.3)；

——增加了还原煤样的处理方法(见7.3)；

——增加了“试验报告”(见第11章)。

本标准由中国煤炭工业协会提出。

本标准由全国煤炭标准化技术委员会(SAC/TC 42)归口。

本标准起草单位：煤炭科学技术研究院有限公司检测分院。

本标准主要起草人：方全国、傅皓、杨妮。

本标准的历次版本发布情况为：

——GB/T 18511—2001。

煤的着火温度测定方法

1 范围

本标准规定了测定煤的着火温度的术语和定义、方法提要、试剂、仪器设备、煤样处理、试验步骤、结果表述、方法精密度和试验报告。

本标准适用于褐煤、烟煤和无烟煤。

2 规范性引用文件

下列文件对于本文件的应用是必不可少的。凡是注日期的引用文件，仅注日期的版本适用于本文件。凡是不注日期的引用文件，其最新版本(包括所有的修改单)适用于本文件。

GB/T 483—2007 煤炭分析试验方法一般规定

3 术语和定义

GB/T 483—2007 界定的以及下列术语和定义适用于本文件。为了便于使用，以下重复列出了 GB/T 483—2007 中的一些术语和定义。

3.1

着火温度 ignition temperature

煤释放出足够的挥发分与周围大气形成可燃混合物的最低燃烧温度。

[GB/T 483—2007，定义 3.2.35]

4 方法提要

将处理过的煤样放入着火温度测定装置中，以一定的速度加热，到一定温度时，煤样突然燃烧。记录测量系统内空气体积突然膨胀或升温速度突然增加时的温度，作为煤的着火温度。

5 试剂

警示——由于联苯胺为中等毒性的致癌物质，所以在试验过程中应尽量减少其在空气中长时间暴露，操作应在通风橱中进行，避免人体与其有直接接触。

除非另有说明，在分析中仅使用确认为分析纯的试剂和蒸馏水或去离子水或相当纯度的水。

5.1 亚硝酸钠：使用前应在 102 ℃～105 ℃的鼓风干燥箱中干燥 1 h。

5.2 联苯胺。

5.3 还原剂：称取 0.075 g 亚硝酸钠与 0.002 5 g 联苯胺混合均匀。试验前配制。

5.4 过氧化氢溶液：质量分数为 30%。

6 仪器设备

6.1 着火温度测定装置

装置如图 1 所示，各部分要求如下：

a) 加热炉:圆形,能加热到 600 ℃,温度可调。

b) 加热体:铜或铝合金制,7 孔,见图 2。

c) 温度测控仪:能在 100 ℃~500 ℃范围内控制升温速度为 4.5 ℃/min~5.0 ℃/min,测温精度 ±1 ℃。

d) 缓冲球(见图 3)。

单位为毫米

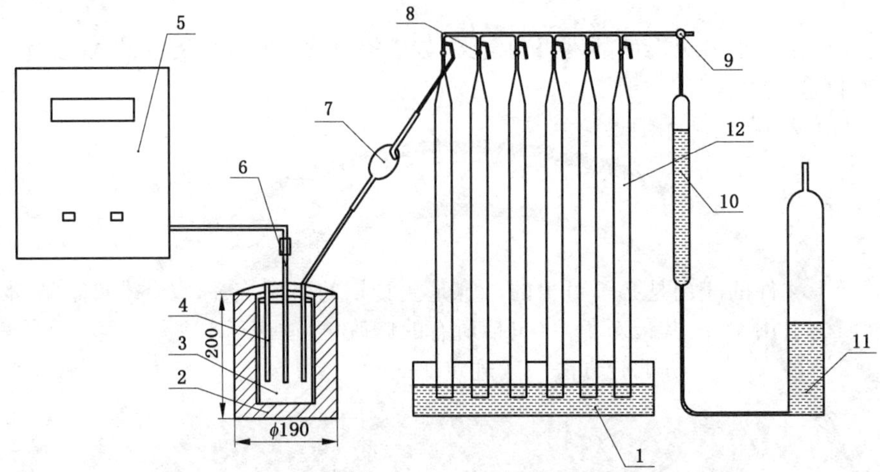

说明:

1——水槽;	7 ——缓冲球;
2——加热炉;	8 ——量水管三通;
3——加热体;	9 ——储水管三通;
4——试样管;	10——储水管;
5——温度测控仪;	11——水准瓶;
6——热电偶;	12——量水管。

图 1 着火温度测定装置

单位为毫米

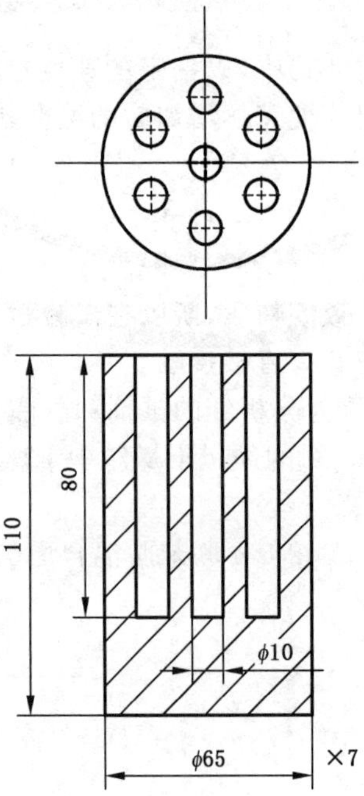

图 2 铜加热体

单位为毫米

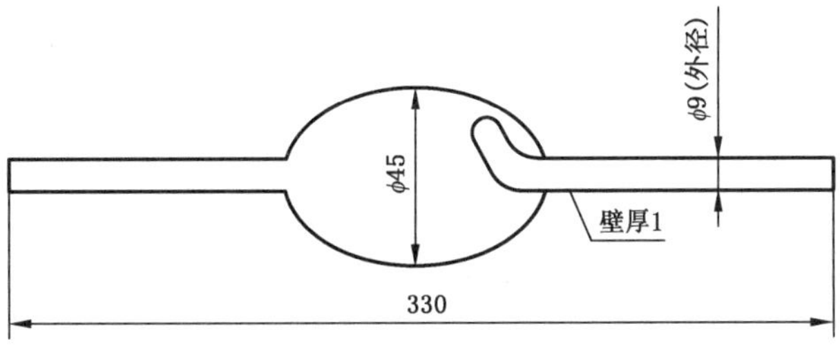

图 3 缓冲球

6.2 着火温度自动测定仪

测定仪如图 4 所示，主要由加热装置和自动测量系统组成，各部分要求如下：

a) 加热装置：加热炉与加热体。

b) 自动测量系统：能在 100 ℃～500 ℃范围内控制升温速度为 4.5 ℃/min～5.0 ℃/min，测温精度±1 ℃，能自动判断和记录煤的着火温度。

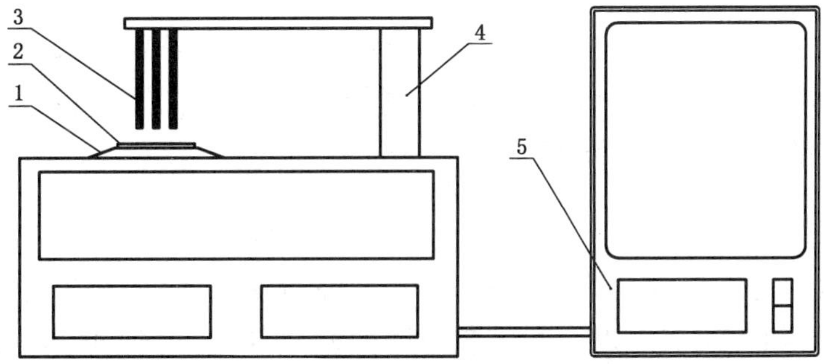

说明：

1——加热炉；

2——加热体；

3——热电偶；

4——升降杆；

5——自动测量系统。

图 4 着火温度自动测定仪

6.3 试样管

耐热玻璃制，如图 5 所示。

单位为毫米

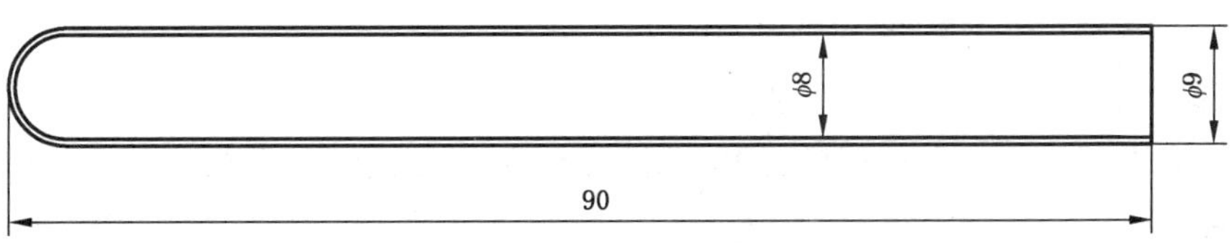

图 5 试样管

6.4 真空干燥箱

能控温在 50 ℃～60 ℃，压力在 53 kPa 以下。

6.5 鼓风干燥箱

能控温在 102 ℃～105 ℃。

6.6 分析天平

分度值 0.1 mg。

6.7 玻璃称量瓶

直径 40 mm，高 25 mm，并带有严密的磨口盖。

6.8 玛瑙研钵

7 煤样处理

7.1 原煤样

在称量瓶中称取 0.5 g～1.0 g 一般分析试验煤样，置于温度为 55 ℃～60 ℃、压力为 53 kPa 的真空干燥箱中干燥 2 h，取出放入干燥器中冷却至室温。试验前称取 0.09 g～0.11 g 干燥后的煤样与 0.075 g 亚硝酸钠，在玛瑙研钵中轻轻研磨 1 min～2 min，混合均匀。

7.2 氧化煤样

在称量瓶中称取 0.5 g～1.0 g 一般分析试验煤样，用滴管滴入过氧化氢溶液（每克煤约加 0.5 mL），用玻璃棒搅匀，盖上盖，在暗处放置 24 h；打开盖在日光或白炽灯下照射 2 h，置于温度为 55 ℃～60 ℃、压力为 53 kPa 的真空干燥箱中干燥 2 h，取出放入干燥器中冷却至室温。试验前称取 0.09 g～0.11 g 前述处理后的煤样与 0.075 g 亚硝酸钠，在玛瑙研钵中轻轻研磨 1 min～2 min，混合均匀。

7.3 还原煤样

在称量瓶中称取 0.5 g～1.0 g 一般分析试验煤样，置于温度为 55 ℃～60 ℃、压力为 53 kPa 的真空干燥箱中干燥 2 h，取出放入干燥器中冷却至室温。试验前称取 0.09 g～0.11 g 干燥后的煤样与还原剂（5.3），在玛瑙研钵中轻轻研磨 1 min～2 min，混合均匀。

8 试验步骤

8.1 人工测定

8.1.1 按图 1 所示连接装置各部分。

8.1.2 把加热体放入低于 100 ℃的加热炉内。

8.1.3 将处理过的煤样小心转移至试样管中，试样管与缓冲球连接，然后放入加热体中，将热电偶插入加热体中心孔内。

8.1.4 扭转储水管三通，使储水管与大气接通，向上移动水准瓶使水充满储水管。然后向下移动水准瓶使水槽内的水进入量水管到一定水平，随即扭转量水管三通使量水管与缓冲球相通。如果量水管水位下降一定距离后即停止，即证明气密性良好，否则表明漏气，须检查原因予以解决。

8.1.5 移动水准瓶，使量水管充满水，并使水准瓶水面与储水管水面保持水平位置。关闭量水管三通。

8.1.6 接通加热炉电源，开始升温，并控制升温速度为 4.5 ℃/min～5.0 ℃/min，待升温至 100 ℃时，每

5 min 记录一次温度，到 250 ℃时旋转量水管三通，使量水管与缓冲球接通，随时观测量水管水位，当其突然下降时，记录相应的温度。

8.1.7 测出每个试样的着火温度后，切断电源，取出热电偶、试样管和加热体。

8.2 自动测定

8.2.1 将处理过的煤样小心转移至试样管中，将试样管放入加热体四周的圆孔中，并将加热体放入测定仪的加热炉中。

8.2.2 启动电源，按照仪器说明书的操作步骤进行试验。

8.2.3 试验结束后，取出加热体和试样管。

8.2.4 记录试验结果。

9 结果表述

煤的着火温度以摄氏度(℃)表示。每个煤样进行两次重复测定，取重复测定结果的算术平均值，按 GB/T 483—2007 修约到整数报出。

10 方法精密度

煤的着火温度的重复性限为 6 ℃。

11 试验报告

试验报告至少应包括以下信息：

——试样编号；

——依据标准；

——试验结果；

——与标准的任何偏离；

——试验中出现的异常现象；

——试验日期。

ICS 65.060.80
B 96

中华人民共和国国家标准

GB/T 18516—2017
代替 GB/T 18516—2001

便携式油锯 锯切效率和燃油消耗率试验方法 工程法

Portable chain saws—Measurement of cutting rate and fuel consumption—Engineering method

2017-05-12 发布 2017-12-01 实施

中华人民共和国国家质量监督检验检疫总局
中国国家标准化管理委员会 发布

前　言

本标准按照 GB/T 1.1—2009 给出的规则起草。

本标准代替 GB/T 18516—2001《油锯　锯切试验方法　工程法》，与 GB/T 18516—2001 相比，除编辑性修改外主要技术变化如下：

——修改了标准的名称，由原来的“油锯　锯切试验方法　工程法”修改为“便携式油锯　锯切效率和燃油消耗率试验方法　工程法”，同时修改其英文名称；

——修改了“规范性引用文件”(见第 2 章，2001 年版第 2 章)；

——增加了术语和定义(见第 3 章)；

——修改了“试验条件”中的部分条款内容，增加了试验条件中对试验环境温度、湿度和大气压等要求，修改了对试验用木材的要求，并对部分章节进行了合并调整(见 4.1～4.4，2001 年版第 3 章)；

——修改了“试验方法”中的部分条款内容，修改了测试前机器的预热时间(见 4.5～4.8，2001 年版第 4 章)；

——修改了“试验报告”中的部分条款内容，删除了锯链锉磨状况、锯链张紧度和润滑状况的内容(见第 5 章，2001 年版第 5 章)；

——图 1、图 A.1、图 A.2、图 B.1 中增加了指示说明内容(见 4.3.3、附录 A、附录 B，2001 年版 3.2.3、3.3、5.3)；

——将“锯切试验机的示例”放入资料性附录 A(见附录 A，2001 年版 3.3)中；

——将“油锯锯切效率及锯切燃油消耗率测定数据表”、“测定结果曲线图”放入规范性附录 B(见附录 B，2001 年版 5.2、5.3)。

本标准由国家林业局提出。

本标准由全国林业机械标准化技术委员会(SAC/TC 61)归口。

本标准负责起草单位：浙江中坚科技股份有限公司。

本标准参加起草单位：永康市普天园林机械有限公司、浙江派尼尔机电有限公司、浙江中马园林机器股份有限公司、山东华盛中天机械集团股份有限公司、浙江萨帕斯工具制造有限公司、浙江鹰鸿园林机械有限公司、浙江白马实业有限公司、浙江三锋实业股份有限公司、安德烈斯蒂尔动力工具(青岛)有限公司、富世华(常州)机械制造有限公司、江门意玛克户外动力设备有限公司。

本标准主要起草人：杨海岳、夏鸿茂、唐恩常、朱道庆、赖佑政、张茂磊、叶方政、陈增辉、杨传武、杨锋、柳洪涛、全成镇、李大政。

本标准于 2001 年 11 月首次发布，本次为第一次修订。

引　言

本标准规定了采用专用试验机在实验室内测定便携式油锯(以下简称油锯)锯切效率和锯切燃油消耗率的方法,其测试精度主要取决于试验机及测试仪器的精度,受操作者人为因素影响较小。测定油锯锯切效率和锯切燃油消耗率的另一种方法是 LY/T 1198—1996《油锯　锯切试验方法　简易法》所规定的手工操作加秒表计时的方法。手工操作受人为因素影响较大,其测试精度较低。但 LY/T 1198 规定的测试方法较简单,可用于室外或林区现场测试。

便携式油锯 锯切效率和燃油消耗率试验方法 工程法

1 范围

本标准规定了采用专用试验机测定油锯锯切效率及锯切燃油消耗率的方法。

本标准适用于油锯采用标准试材时的情况。

2 规范性引用文件

下列文件对于本文件的应用是必不可少的。凡是注日期的引用文件，仅注日期的版本适用于本文件。凡是不注日期的引用文件，其最新版本(包括所有的修改单)适用于本文件。

GB/T 5849 细木工板

GB/T 17657 人造板及饰面人造板理化性能试验方法

GB/T 18960 林业机械 便携式油锯 词汇

3 术语和定义

GB/T 18960 界定的以及下列术语和定义适用于本文件。

3.1

进锯力 downward force used in sawing

测试系统通过油锯施加在试材上的下压力。

4 试验条件

4.1 试验环境状况

环境参数 α_a 满足 $0.93 \leqslant \alpha_a \leqslant 1.07$ 条件时认为试验有效。环境参数 α_a 按式(1)计算：

$$\alpha_a = \left(\frac{99}{p_y - \phi_y p_{sy}}\right)^{1.2} \times \left(\frac{T_y}{298}\right)^{0.6} \qquad (1)$$

式中：

α_a ——环境参数；

p_y ——总气压，单位为千帕(kPa)；

ϕ_y ——相对湿度；

p_{sy} ——试验环境饱和蒸汽压力，单位为千帕(kPa)；

T_y ——试验环境的空气绝对温度，单位为开尔文(K)。

测量时，环境温度的允许误差为±2 K，大气压力的允许误差为±0.1 kPa，相对湿度的允许误差为±3%(绝对值)。

4.2 试验用油锯

4.2.1 试验用油锯应是装配齐全、按标准规范生产的、经检验合格的产品。

4.2.2 油锯试验前应进行磨合运转，磨合时间和规范按制造厂的规定进行，磨合后允许对油锯按使用说明书的规定进行调整。

4.2.3 试验用的导板和锯链应为油锯制造厂家出厂时配带的，或符合使用说明书中推荐的规格及型号的新件。

4.2.4 试验前锯链的张紧度应按使用说明书调整到最佳切削性能状态。如果使用说明书没有明确说明，应调整到如下状态为宜：将 1 kg 的重物悬挂在锯链下段的锯切长度的中心位置时，悬挂点处锯链链片上边缘离开导板导轨面的距离应为锯切长度的 0.017 倍（例：锯切长度为 30 cm 时，悬挂点处锯链链片上边缘离开导板导轨面的距离为 0.51 cm）。

4.2.5 驱动链轮应为油锯制造厂家出厂时随机配带的，或符合使用说明书中推荐的型式及规格的新件。

4.2.6 发动机使用的燃油、润滑油及其混合比应符合使用说明书的规定。

4.2.7 锯链润滑应使用规定的润滑油并调节油泵至最大流量（若可调），保证锯链处于良好的润滑状态。

4.3 试验用木材

4.3.1 试验用木材（以下简称试材）应采用密度为 $0.5\ g/cm^3 \sim 0.7\ g/cm^3$ 的细木工板板材，质量应符合 GB/T 5849 的要求，含水率应在 8%～12%范围以内。

4.3.2 试材允许存在细小的节子、裂纹、空洞等缺陷，但不应影响锯切阻力及锯切过程的稳定性。

4.3.3 试材横截面如图 1 所示。试材允许有缺棱，但缺棱大小不应超过锯口宽度。试材宽度 L 为锯切长度的 70%～80%（当锯切长度不大于 50 cm 时），或比锯切长度小 10 cm（当锯切长度大于 50 cm 时）。试材高度 H 应能保证获得转速稳定的取值区间 H_m，在 H_m 内的锯切时间应不小于 5 s。试材宽度 L 与取值区间 H_m 的乘积，即为计测面积 A。

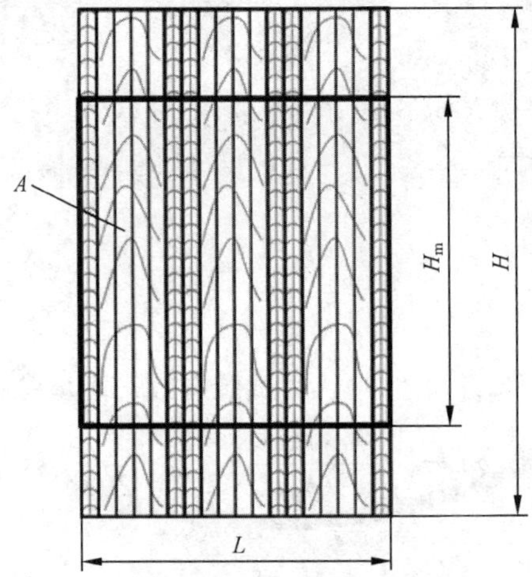

说明：

A ——计测面积；

L ——试材宽度；

H ——试材高度；

H_m——取值区间。

图 1 试材横截面

4.3.4 试材宽度 L 可以采用多块细木工板粘接的方法实现。拼接时要求试材的纹理方向一致，并保证锯切面与试材的纹理方向相垂直。粘接时胶粘剂使用量应尽可能少，粘接强度以在切割时不发生开裂为最低要求。拼合处缝宽应不大于 2 mm,拼缝不计入锯口面积。试材的高度 H 不允许拼接或堆叠。

4.3.5 试材的密度和含水率应按 GB/T 17657 的规定进行测定。

4.4 试验设备及测试系统

4.4.1 试验设备及测试系统应满足下列基本要求:

a) 提供可靠夹持油锯和试材的夹持装置;

b) 提供不需要借助操作者手的稳定、可靠的油锯节气门控制装置,或者可以将油锯节气门设置在全开的位置;

c) 提供施加在油锯上可调节的稳定的进锯力的控制装置,进锯力的测量精度为±1 N;

d) 提供可以测量发动机转速的装置,转速测量精度为测量值的±0.5%;

e) 提供可以在取值区间 H_m 内测量锯切时间的装置,取值区间的测定精度为±0.2 mm,锯切时间测量精度为±0.01 s;

f) 提供外接混合油及其消耗量测量系统,该系统可以测量取值区间 H_m 内的混合油(质量/体积)消耗量或者混合油(质量/体积)流量,混合油消耗量测定精度为±0.1 cm^3 或者±0.1 g;混合油流量测定精度为±1 cm^3/h 或者±1 g/h;

g) 提供试材宽度 L 的测量装置,其测定精度为±1 mm。

4.4.2 附录 A 给出了一种可以用于测定油锯锯切效率和锯切燃油消耗率的专用锯切试验机的示例。

4.5 试验准备

4.5.1 测试前将待测油锯和试材在测试环境中静置 4 h 以上。

4.5.2 将试材牢固可靠地固定在测试装置上,试材的横截面应与地面垂直。

4.5.3 将油锯的前、后手柄用夹具可靠地夹持在测试装置上,使锯切时导板中心线成水平,导板平面与试材横截面平行。

4.5.4 调整油锯的位置,使油锯在最上位置时下端锯链切齿齿尖高出木材上表面 5 mm～15 mm,油锯在最下位置时上端锯链切齿齿尖全部低于木材下沿 5 mm～15 mm。

4.5.5 调整试材,使其纹理方向或粘接面与导板中心线垂直,每次锯下的木片厚度应不小于 15 mm。在整个锯切过程中,油锯机体及插木齿不应接触木材,导板头部圆弧部分应伸出试材之外。必要时可拆去插木齿。

4.5.6 试锯和正式锯切应在同一试材上连续进行。如遇有节子、空洞或其他缺陷影响锯切效率或锯切燃油消耗率,应重锯。

4.6 预热和试锯

油锯起动后空转运行 5 min,以怠速为主,可适当加大油门以防火花塞积炭。然后进行木材试锯,从较小的进锯力开始,逐渐加大进锯力,直至锯不动为止。通过试锯初步确定所需最短锯切时间时的进锯力大小,该点即为试锯时的最大锯切效率点,然后以该进锯力大小为基础,确定正式锯切试验时的进锯力控制范围和间隔大小。进锯力的加载间隔应使发动机转速变化不大于 500 r/min。试锯的累计净锯切时间不应少于 1 min,整个预热过程延续时间应不少于 5 min,否则需增加锯口数目。

4.7 正式锯切

4.7.1 开始锯切时的进锯力应使发动机的转速比试锯时最大锯切效率点转速高 600 r/min 以上,逐步加大进锯力,进锯力间隔应使发动机转速变化不大于 500 r/min,在每个进锯力点重复锯切 3 次,直至锯切效率比最大值明显下降或锯不动为止。

4.7.2 记录每个锯口取值区间 H_m 内的锯切时间 t 和发动机平均转速 $\overline{n}$。结果填写在附录 B 的表 B.1

中。每个锯口取值区间 H_m 内发动机转速 n 变化应不大于 200 r/min，否则该组数据无效，应重锯。

4.7.3 记取每个锯口取值区间的混合油消耗量 Q 或者混合油流量 G。结果填写在附录 B 的表 B.1 中。

4.8 锯切效率及锯切燃油消耗率的计算和试验结果评定

4.8.1 锯切效率按式(2)计算：

$$S=\frac{LH_m}{t} \tag{2}$$

式中：

S ——锯切效率，单位为平方厘米每秒(cm^2/s)；

L ——试材宽度，单位为厘米(cm)；

H_m——锯口取值区间高度，单位为厘米(cm)；

t ——单个锯口锯切时间，单位为秒(s)。

4.8.2 锯切燃油消耗率按式(3)或式(4)计算：

$$q_c=\frac{10\,000Q\gamma k_r}{LH_m(k_r+1)} \tag{3}$$

式中：

q_c ——锯切燃油消耗率，单位为克每平方米(g/m^2)；

Q ——一个锯口取值区间内混合油消耗量，单位为立方厘米(cm^3)；

γ ——燃油密度，单位为克每立方厘米(g/cm^3)；

k_r ——燃油润滑油容积混合比；

L ——试材宽度，单位为厘米(cm)；

H_m——锯口取值区间高度，单位为厘米(cm)。

$$q_c=\frac{25Gt\gamma k_r}{9LH_m(k_r+1)} \tag{4}$$

式中：

q_c ——锯切燃油消耗率，单位为克每平方米(g/m^2)；

G ——一个锯口取值区间内混合油平均流量(采样频率为 1 Hz)，单位为立方厘米每小时(cm^3/h)；

t ——锯切时间，单位为秒(s)；

γ ——燃油密度，单位为克每立方厘米(g/cm^3)；

k_r ——燃油润滑油容积混合比；

L ——试材宽度，单位为厘米(cm)；

H_m——锯口取值区间高度，单位为厘米(cm)。

4.8.3 计算 t 时间内的若干转速值 n 得到发动机平均转速 $\bar{n}$。结果填写在表 B.1 中。计算同一进锯力点内三个锯口的各参数测量值的算数平均值，作为此进锯力点的测定值。结果填写在表 B.1 中。

4.8.4 以最大锯切效率点的测定值作为锯切效率的最终测定值，同一点的锯切燃油消耗率也作为最终测定值。

4.8.5 在同一进锯力点内测得的三次锯切数据中，如果最大值和最小值相差大于 10%，则该组测定值无效，应重新进行锯切试验。

5 试验报告

5.1 试验报告应包括下列各项内容：

a) 油锯的制造厂、型号规格、序列号；

b) 燃油、润滑油牌号及混合比；

c) 导板制造厂家、类型和有效长度；

d) 锯链制造厂家、类型和节距；

e) 驱动链轮类型、齿数；

f) 锯链润滑油类型；

g) 试材类型、含水率、密度；

h) 试材尺寸及缺陷情况；

i) 测试设备、仪器和工具；

j) 测试日期、地点、环境状况、操作人员；

k) 测定数据表；

l) 测定结果曲线图；

m) 试验报告应由试验单位签字盖章。

5.2 测定数据填写在表 B.1 中。

5.3 按 B.2 要求将测定结果画出曲线图。

附 录 A
（资料性附录）
锯切试验机的示例

图 A.1 是一种可以用于测定油锯锯切效率和锯切燃油消耗率的专用锯切试验机。如果油锯的进给运动基本上是平行的话，也可以采用其他等效的试验机结构，但该等效机构的测试精度应符合 4.4 的要求。

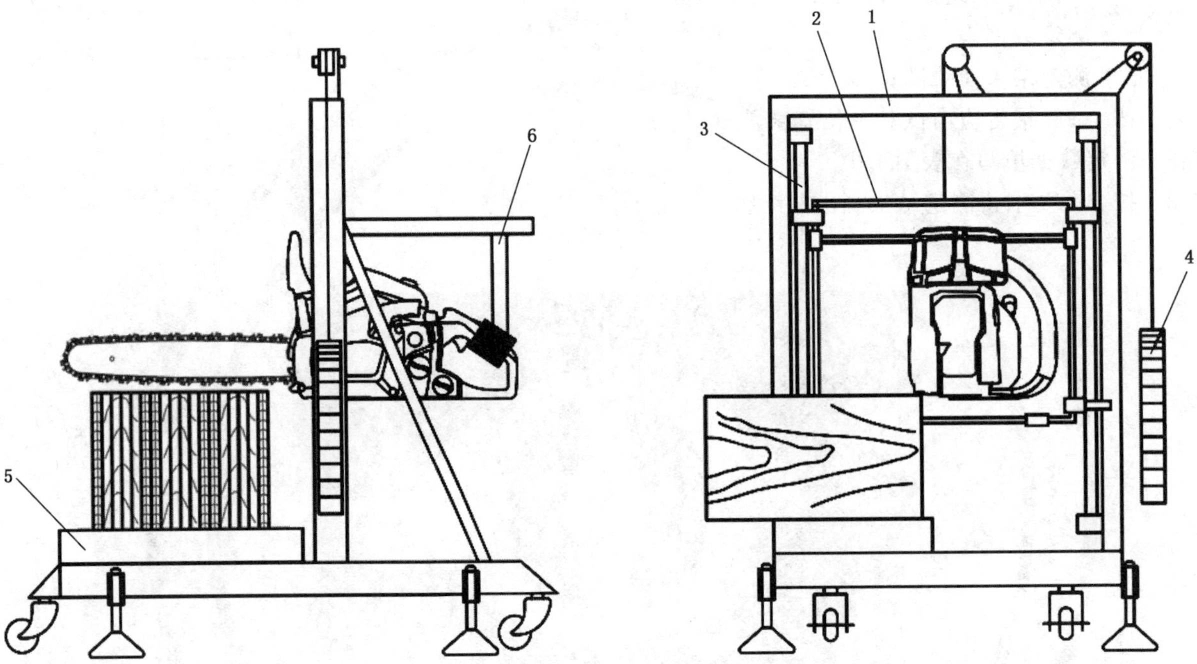

说明：

1——机架；

2——移动框架；

3——垂直导轨；

4——平衡重；

5——试材安装台；

6——油锯安装夹具。

图 A.1 专用锯切试验机

专用锯切试验机由机架(1)、移动框架(2)、垂直导轨(3)、平衡重(4)、试材安装台(5)、油锯安装夹具(6)等组成。移动框架由滚动轴承支承在两个垂直导轨上，可沿垂直导轨做上下运动。平衡重与移动框架由钢丝绳联接，两钢丝绳轮也支承在滚动轴承上。平衡重由若干砝码组成，改变砝码的大小和数量可产生所需的进锯力。当移动框架和机器的自重无法产生足够的进锯力时，可在移动框架上增加适当的配重。油锯油门控制为软线遥控，可避免操纵油门时对进锯力的影响。发动机转速信号也由软线输出。

图 A.2 为试验机的测试系统。转速传感器(1)安装在驱动链轮附近或高压线上，转速信号经调理电路(2)处理后，由转速表(3)显示或记录下来。安装在移动框架上的动触点(4)及固定在试验机机架上的两个定触点(5)可以控制转换电路(6)，从而控制电子秒表(7)的走停，以此测定在取值区间 H_m 内的锯切时间 t。两固定触点的间距即为 H_m。两固定触点可上下调节以改变 H_m 的大小和取值区间在试材上的高度位置。转换电路(6)同时还控制电磁三通阀(10),使油锯在 H_m 行程内由计量管(9)供油,而其他时间由燃油箱(8)供油。测试时旁路阀(11)应关闭。当旁路阀(11)打开时,油箱的油自动充入计量管。

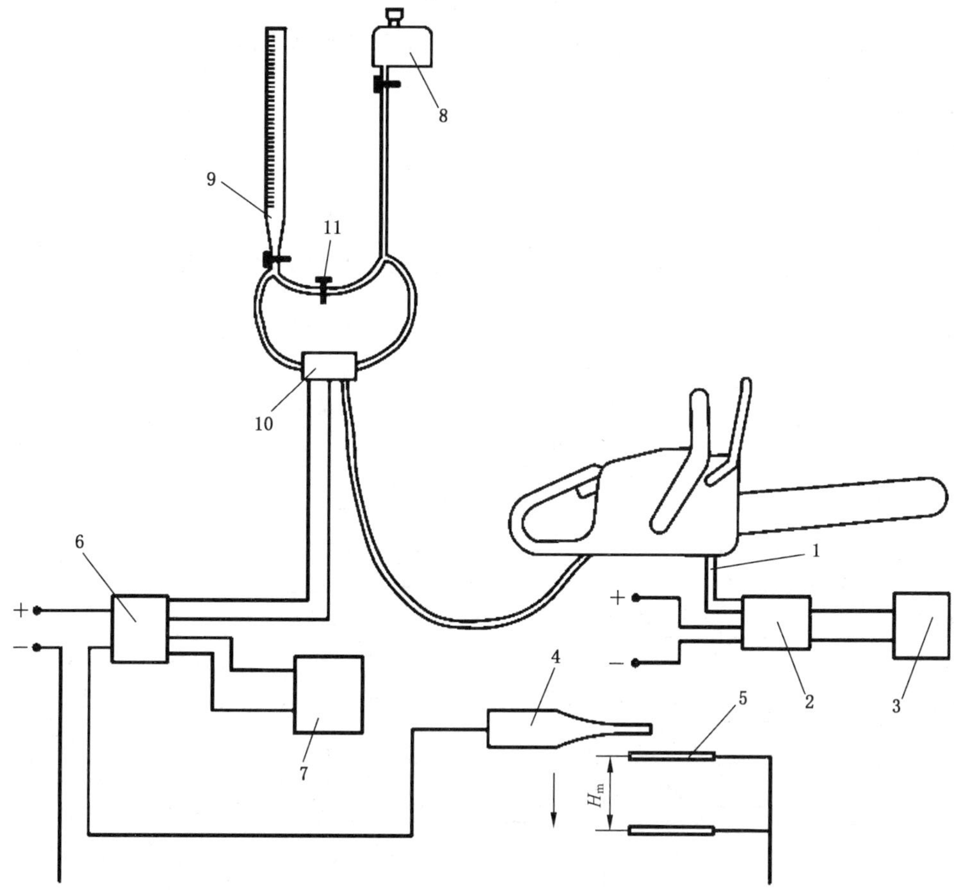

说明:

1 ——转速传感器;

2 ——调理电路;

3 ——转速表;

4 ——动触点;

5 ——定触点;

6 ——转换电路;

7 ——电子秒表;

8 ——燃油箱;

9 ——计量管;

10——电磁三通阀;

11——旁路阀。

图 A.2 测试系统

附　录　B
（规范性附录）
油锯锯切效率及锯切燃油消耗率测定数据表

B.1　试验用表

表 B.1　油锯锯切效率及锯切燃油消耗率测定数据表

样机序列号：____________；油锯型号：____________；制造厂：____________；

出厂年月：____________；

试验日期：____________；试验单位：____________；试验地点：____________；

试验人员：____________；试验台型号：____________；

环境状况：大气压力______kPa，环境温度______℃，相对湿度______；

试验用燃油标号：____________；润滑油标号：____________；

燃油/润滑油混合比（体积比）：____________；燃油密度：____________g/ cm^3；

导板制造厂家____________；类型____________；有效长度____________；

锯链制造厂家____________；类型____________；节距____________；

驱动链轮类型____________；齿数____________；锯链润滑油类型和标号____________；

试材树种____________；含水率____________；密度____________；

试材尺寸____________；缺陷情况____________。

组号	进锯力 N	锯口序号	发动机平均转速 $\overline{n}$ r/min	锯切时间 t s	混合油消耗量 cm^3（或混合油流量 cm^3/h）	取值区间高度 H_m cm	试材宽度 L cm	锯切效率 S cm^2/s	锯切燃油消耗率 q_c g/m^2
1		1							
		2							
		3							
		测定值							
2		1							
		2							
		3							
		测定值							
3		1							
		2							
		3							
		测定值							
最大锯切效率点参数									

B.2 测定结果曲线制作

选取表中的发动机平均转速 $\overline{n}$、锯切效率 S、锯切燃油消耗率 q_c 等数据制作测试结果的曲线图(图 B.1)。测定结果曲线图为以直线连接测定值点的折线图,并标出最大锯切效率点的锯切效率值 S_{max}、锯切燃油消耗率值 q_{csmax} 及转速值 n_{smax}。

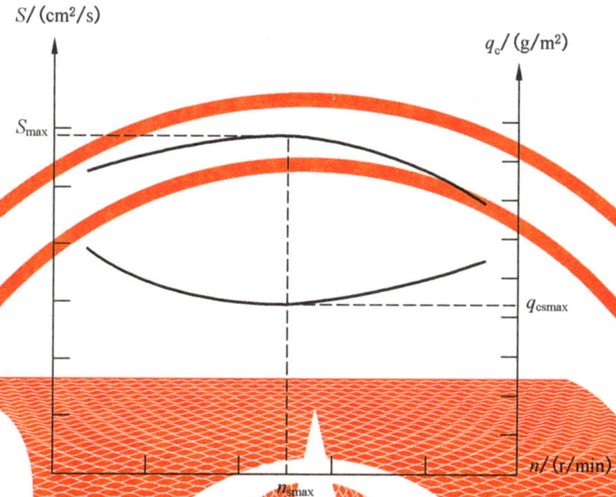

说明:

$\overline{n}$ ——发动机平均转速;

S ——锯切效率;

q_c ——锯切燃油消耗率;

S_{max} ——最大锯切效率点的锯切效率值;

q_{csmax} ——最大锯切效率点的燃油消耗率值;

n_{smax} ——最大锯切效率点的转速值。

图 B.1 测定结果曲线图

ICS 91.120.25
P 15

中华人民共和国国家标准

GB/T 18575—2017
代替 GB/T 18575—2001

建筑幕墙抗震性能振动台试验方法

Shaking table test method for seismic performance of curtain wall

2017-10-14 发布　　2018-09-01 实施

中华人民共和国国家质量监督检验检疫总局
中国国家标准化管理委员会　发布

前 言

本标准按照 GB/T 1.1—2009 给出的规则起草。

本标准代替 GB/T 18575—2001《建筑幕墙抗震性能振动台试验方法》，与 GB/T 18575—2001 相比主要技术变化如下：

——增加了模拟地震波选择方法和检测报告首页样式(见附录 A 和附录 B)；

——补充了幕墙工程试件要求、加速度传感器测点布置要求(见 4.4,5.1.2)；

——修改和调整了标准的主要检测方法(见第 5 章,2001 年版第 4 章)。

本标准由中华人民共和国住房和城乡建设部提出。

本标准由全国建筑幕墙门窗标准化技术委员会(SAC/TC 448)归口。

本标准负责起草单位：中国建筑金属结构协会、中国建筑科学研究院、同济大学。

本标准参加起草单位：广东省建筑科学研究院集团股份有限公司、河南省建筑科学研究院有限公司、中国建材检验认证集团股份有限公司、沈阳远大铝业工程有限公司、姜清海幕墙系统工程(武汉)有限公司、深圳市方大建科集团有限公司、上海建科检验有限公司、上海市建设工程监理咨询有限公司、深圳市三鑫科技发展有限公司、广东坚朗五金制品股份有限公司、慧鱼(太仓)建筑锚栓有限公司、河北奥润顺达窗业有限公司、江河创建集团股份有限公司、鼎泰恒(北京)建筑材料有限公司。

本标准主要起草人：黄圻、姜仁、卢文胜、黄小坤、李庆祥、钱伟、刘海波、于华、姜清海、文林、徐勤、席时葭、王飞勇、杜万明、赵麟、魏贺东、黄张智、黄政。

本标准所代替标准的历次版本发布情况为：

——GB/T 18575—2001。

建筑幕墙抗震性能振动台试验方法

1 范围

本标准规定了建筑幕墙抗震性能振动台试验方法的术语和定义、试验要求、试验程序、试验数据处理及检测报告。

本标准适用于采用模拟地震振动台对建筑幕墙试件进行动力反应的试验，用以检查、验证、评估建筑幕墙的抗震性能。

2 规范性引用文件

下列文件对于本文件的应用是必不可少的。凡是注日期的引用文件，仅注日期的版本适用于本文件。凡是不注日期的引用文件，其最新版本(包括所有的修改单)适用于本文件。

GB/T 21086 建筑幕墙

GB 50011 建筑抗震设计规范

JGJ/T 101 建筑抗震试验规程

3 术语和定义

下列术语和定义适用于本文件。

3.1

建筑幕墙模拟地震振动台试验 earthquake simulation shaking table test for curtain wall

通过振动台台面输入规定的地震记录波和人工地震波，模拟地震对试体(包括建筑幕墙足尺试件及其安装用模拟试验框架)作用的抗震试验。

3.2

建筑幕墙抗震性能 seismicperformanceof curtain wall

在规定的地震作用下，建筑幕墙抵抗地震作用的性能，通常包括幕墙承载能力、变形能力和破坏模式。

3.3

幕墙层间位移角 storydrift angle of curtain wall

幕墙试件顶部和底部测点的水平位移差与该测点间距之比。

4 试验要求

4.1 振动台

4.1.1 振动台应符合 JGJ/T 101 的规定，宜选用具有迭代修正功能的低频大位移数控式模拟地震振动台。

4.1.2 振动台台面尺寸及空间应能满足模拟试验框架及幕墙试件的安装要求。

4.1.3 振动台台面负载及抗倾覆能力应满足试验要求。

4.2 动态数据采集系统

4.2.1 动态数据采集系统应与模拟地震振动台性能匹配，应具有幕墙试件动力反应以及相关参数的实时采集能力。

4.2.2 动态数据采集系统的使用频率范围，其下限应低于试验用地震记录最低主要频率分量的 1/10，上限应大于最高有效频率分量值。

4.2.3 动态数据采集系统的动态范围应大于 60 dB，信噪比优于－40 dB；动态数据采集系统的精度不应低于满量程的 0.5%。

4.2.4 测量用传感器及其连接导线应具有良好的机械抗冲击性能，且便于安装和拆卸。传感器的质量和体量不应影响试件的动力特性。

4.2.5 测量用传感器的连接导线应采用屏蔽电缆。测试仪器的输出阻抗和输出电平应与记录仪器或数据采集系统匹配。

4.3 模拟试验框架

4.3.1 模拟试验框架用于模拟安装幕墙试件的主体结构，应能满足幕墙试件的安装要求及测量要求。

4.3.2 模拟试验框架应具有合适的刚度和承载能力，在试验过程中宜保持弹性状态，并能满足幕墙层间位移角设计要求。

4.4 幕墙试件

4.4.1 幕墙试件的确定应符合 GB/T 21086 的规定。试件应为委托方自检合格的产品，并应符合设计要求。工程检测时，其面板、连接件和支承构件等应与实际工程相同。

4.4.2 试件应具有幕墙工程的代表性，应为足尺试件。构件式幕墙试件的高度不宜少于一个层高，宽度不宜少于三个分格。单元式幕墙试件应至少包括上下两个单元和左右三个单元。

4.4.3 试件应包括典型的垂直接缝、水平接缝和十字缝。当幕墙有可开启部分时，尚应包括可开启部分。

4.4.4 试件应按设计要求或采用与实际工程相同的连接方法安装在模拟试验框架上，无扭转检测要求时，幕墙试件的布置应能避免试件在试验过程中产生扭转反应。

5 试验程序

5.1 试验准备

5.1.1 应根据需要测量幕墙试件的加速度、位移和应变等主要参数的动力响应。

5.1.2 加速度传感器的位置及数量应根据测量需要确定。其位置宜符合下列要求：

a) 在振动台台面中心位置，应按三维方向布置测点；

b) 在模拟试验框架每个楼层位置处，按平行于幕墙表面的水平方向分别布置测点；

c) 在动力反应较大或复杂变化的部位布置测点；

d) 在模拟试验框架的固定底座处，宜布置测点监测其相对于台面的滑动情况；

e) 当需测量扭转分量时，应在幕墙试件的同一标高的两端部对称位置布置测点。

5.1.3 位移传感器宜采用非接触式位移计。当采用接触式位移计测量幕墙试件位移时，安装位移计的仪表架自身应有足够的刚度。位移传感器的布置宜符合 5.1.2 的要求。

5.1.4 当需要测量应变时，应变片应布置在幕墙试件中受力复杂、局部变形较大以及有性能化设计要求的部位。

5.1.5 传感器应与试体可靠接触，连接导线应捆绑在幕墙试件上。传感器与试体间应采用绝缘垫隔离，绝缘垫谐振频率应远大于幕墙试件的频率。

5.2 加载方法

5.2.1 振动台试验加载时，台面输入的加速度时程波形应符合下列要求：

a) 设计和选择台面输入加速度时程波形时，应考虑主体结构及幕墙自振频率、拟建场地类别和设计地震分组等因素。地震波选择参见附录A；

b) 应至少选取三条加速度时程波形进行试验。加速度时程曲线可直接选用典型强震记录的加速度时程，也可选择一条人工地震波。人工地震波可按拟建场地特性进行拟合；有条件时，人工地震波宜根据设计计算的幕墙所在楼层的加速度包络反应谱进行拟合。人工地震波的有效持续时间不宜小于试体基本周期的10倍，其中强震动部分的持续时间不宜小于10 s。

5.2.2 加载前及加载后应采用白噪声激振法测定试体加载前后的动力特性。白噪声的频率范围宜为0.5 Hz～50 Hz，应能覆盖试体的自振频率范围，加速度幅值宜取50 cm/s^2～80 cm/s^2，单方向有效持续时间不宜少于120 s。台面白噪声激振可采用三向同时加载或单向分别加载。

5.2.3 试验宜采用分级多次加载方法，宜按下列步骤进行：

a) 依据主体结构与幕墙试件模型理论计算的弹性和非弹性地震反应情况，确定分级次数及对应的台面加速度幅值，并宜覆盖多遇地震、设防烈度地震和预估罕遇地震相对应的加速度幅值，测试试体出现从弹性阶段、弹塑性阶段甚至到破坏阶段依次变化的地震反应。除设计另有要求外，多遇地震、设防烈度地震和预估罕遇地震的加速度幅值应按表1选取；

表1 地震波加速度幅值

抗震设防烈度及设计基本地震加速度值		6度	7度		8度		9度
		0.05 g	0.10 g	0.15 g	0.20 g	0.30 g	0.40 g
加速度幅值/(cm/s^2)	多遇地震	—	—	55	70	110	140
	设防烈度地震	50	100	150	200	300	400
	预估罕遇地震	125	220	310	400	510	620
注：表中 g 为重力加速度。							

b) 根据试验加载工况，每次输入某一幅值的加速度时程波形，记录模拟试验框架及幕墙试件的动力响应，观察幕墙试件各部位的变形、破坏情况，分析加速度放大系数和幕墙试件的抗震性能；

c) 若需要进行破坏试验，可继续加大台面输入加速度波的幅值或在某一加速度幅值下多次进行地震输入，直到幕墙试件发生整体破坏现象，观察、记录幕墙试件的极限抗震能力；

d) 应至少在两个水平主轴方向分别进行试验；测试幕墙试件两个水平方向地震作用相互影响时，应按设计规定的加速度幅值同时进行双水平方向试验；如果幕墙试件对竖向地震反应敏感时，宜同时进行两个水平方向和竖向三向地震输入试验，各项地震输入的加速度幅值比例应符合设计要求。

5.3 试验观测和动力反应测量

5.3.1 每个工况试验后，应观测幕墙试件面板、连接件和支承构件的地震反应，并按输入工况进行描绘与记录，主要内容包括：

a) 面板状况，包括面板开裂、面板间间隙变化情况等；

b) 面板与支承构件连接状况、支承构件与模拟试验框架连接状况；

c) 支承构件破坏状况；

d) 模拟试验框架的地震反应。

5.3.2 试验过程宜采用视频进行实时记录。对于幕墙试件主要部位的开裂、失稳屈服及其他破坏情况，应拍摄照片并作记录。

5.4 安全规定

5.4.1 试验时幕墙试件外围应设置安全防护网。

5.4.2 试验时应采取措施防止试体侧翻。可采用吊车吊钩及钢丝绳与模拟试验框架相连，也可在模拟试验框架外围设置防护钢架。

5.4.3 试验过程中，人员不应进入安全防护网范围内。

6 试验数据处理及检测报告

6.1 数据处理

6.1.1 试验数据采样频率应满足一般信号数值处理的要求。

6.1.2 试验数据分析前，应对数据进行以下处理：

a) 根据传感器的标定值及应变计的灵敏系数等对试验数据进行修正；

b) 根据试验情况和分析需要，可采用滤波处理、零均值化、消除趋势项等减小测量误差的措施。

6.1.3 采用白噪声激振法确定试体的自振频率和阻尼比时，宜通过传递函数分析求得，试件的振型宜通过传递函数或互功率谱分析求得。

6.1.4 试体的位移反应可采用位移传感器直接测试，也可采用加速度传感器进行测试，并通过对实测加速度反应时程进行两次积分求得位移值，但应在积分前消除趋势项和进行滤波处理。

6.1.5 处理后的试验数据，应提取测试数据的最大值及其相应时刻、时程反应曲线以及试体的自振频率、振型和阻尼比等数据。

6.2 检测报告

幕墙振动台抗震性能检测报告首页样式参见附录B，检测报告至少应包括下列内容：

a) 幕墙试件的名称、类型、主要尺寸及图样(包括模拟试验框架、幕墙试件的平立剖面、主要节点、型材和密封条的截面、主要受力构件的尺寸以及可开启部分的开启方式和五金件的品牌、种类、规格及位置)；

b) 面板的品种、厚度、规格和安装方法，并配相关照片；

c) 密封材料的材质和牌号；

d) 附件的名称、材质和配置；

e) 点支承玻璃幕墙的拉索预拉力设计值；

f) 试验方法及试验用主要测量传感器、仪器设备描述；

g) 模拟地震作用，包括台面输入地震波等；

h) 振动台台面、模拟试验框架及试件的加速度、位移、应变反应时程曲线，幕墙层间位移角等；

i) 幕墙试件变化情况，包括面板、连接件和支承构件的变化情况等；

j) 注明试验过程中对幕墙试件所作的修改；

k) 检测单位、检测日期和检测人员。

附 录 A
（资料性附录）
地震波选择方法

A.1 地震波的选取

A.1.1 应按照场地类别和设计地震分组选用不少于三组的加速度时程波，每条地震波的选取宜满足 GB 50011 的有关规定。

A.1.2 试验选取的地震波可以是实际地震记录，也可以是根据场地特征拟合的人工地震波。

A.1.3 试验选取的地震波应与主体结构设计或试验选用的地震波相适应。

A.1.4 有条件时，试验选取的人工合成地震波应可根据幕墙试件选取位置的实际工程地震反应谱拟合人工地震波。可采用一定比例系数将原始地震波进行放大处理。

A.2 常用实测地震波

幕墙振动台性能试验可选用以下实测地震波形对主体结构进行地震反应分析，获得相应楼层的地震作用：

a） ELCENTRO 波（埃尔森特罗地震波），适用于中软场地；
b） TAFT 波（塔夫特地震波），适用于中硬场地；
c） SAN 波；
d） EUR 波；
e） DUZCE 波；
f） 天津地震波，适用于软弱场地；
g） 兰州地震波；
h） 滦县地震波，适用于坚硬场地。

附 录 B
（资料性附录）
幕墙振动台抗震性能检测报告首页样式

报告编号：　　　　　　　　共　页　第　页

<table>
<tr><td colspan="2">委托单位</td><td colspan="3"></td></tr>
<tr><td colspan="2">地　址</td><td></td><td>电　话</td><td></td></tr>
<tr><td colspan="2">送样/抽样日期</td><td colspan="3"></td></tr>
<tr><td colspan="2">抽样地点</td><td colspan="3"></td></tr>
<tr><td colspan="2">工程名称</td><td colspan="3"></td></tr>
<tr><td colspan="2">生产单位</td><td colspan="3"></td></tr>
<tr><td rowspan="2">样品</td><td>名称</td><td></td><td>状　态</td><td></td></tr>
<tr><td>商标</td><td></td><td>规格型号</td><td></td></tr>
<tr><td rowspan="4">检测</td><td>项目</td><td></td><td>数　量</td><td></td></tr>
<tr><td>地点</td><td></td><td>日　期</td><td></td></tr>
<tr><td>依据</td><td colspan="3"></td></tr>
<tr><td>设备</td><td colspan="3"></td></tr>
<tr><td colspan="5">检测结论</td></tr>
<tr><td colspan="5">在输入×××地震波和人工波的 X 方向、Y 方向、Z 方向情况下，在加速度峰值达到×××时，幕墙试件面板、连接和支承构件未发生破坏或破损。

满足/不满足工程设防要求（当工程检测时注明）

（检测报告专用章）</td></tr>
</table>

批准：　　　　　　审核：　　　　　　主检：　　　　　　报告日期：

ICS 79.060.01
B 70

中华人民共和国国家标准

GB 18580—2017
代替 GB 18580—2001

室内装饰装修材料 人造板及其制品中甲醛释放限量

Indoor decorating and refurbishing materials—Limit of formaldehyde emission of wood-based panels and finishing products

2017-04-22 发布 2018-05-01 实施

中华人民共和国国家质量监督检验检疫总局
中国国家标准化管理委员会 发布

前　言

本标准的第4章为强制性的，其余为推荐性的。

本标准按照GB/T 1.1—2009给出的规则起草。

本标准代替GB 18580—2001《室内装饰装修材料　人造板及其制品中甲醛释放限量》。

本标准与GB 18580—2001相比主要技术内容变化如下：

——取消了分类；

——修改了1 m^3 气候箱法试验方法，改为引用；

——取消了40 L干燥器法及限量值；取消了(9～11)L干燥器法、穿孔萃取法的限量值；

——(9～11)L干燥器法、穿孔萃取法仅用于生产质量控制；

——增加了气体分析法用于生产质量控制；

——修改了检验规则条款；

——取消了产品标志条款。

本标准甲醛释放量1 m^3 气候箱法与ISO 12460-1:2007《人造板甲醛释放量测定　第1部分:1 m^3 气候箱法》一致，限量值与ISO 16893:2016《木质人造板　刨花板》及ISO 16895:2016《木质人造板　干法纤维板》中相应部分的规定基本一致。

本标准由国家林业局提出。

本标准由全国人造板标准化技术委员会(SAC/TC 198)归口。

本标准起草单位：中国林业科学研究院木材工业研究所、浙江省林产品质量检测站、江西省产品质量监督检测院、南京林业大学、徐州市产品质量监督检验中心、江苏出入境检验检疫局工业产品检测中心、四川升达林业产业股份有限公司、大亚人造板集团有限公司、德华兔宝宝装饰新材股份有限公司、湖南圣保罗木业有限公司、吉林森林工业股份有限公司、柯诺(北京)木业有限公司、昆明新飞林人造板有限公司、千年舟投资集团有限公司、圣象集团有限公司、太尔化工有限公司、亚洲创建(深圳)木业有限公司、粤海装饰材料(中山)有限公司、江苏洛基木业有限公司、浙江裕华木业有限公司、山东拜尔新材料有限公司、冠县新瑞木业有限公司、江苏森茂竹木业有限公司。

本标准主要起草人：杨帆、王维新、许文、方崇荣、邱伟星、黄河浪、谢东、卢志刚、向中华、张海燕、张晓伟、杜少波、刘大伟、国晓均、张建军、陆铜华、苗景有、杨虹、高秋玲、梁家勇、沈鸣生、金月华、杨光、马洪超、刘海良。

本标准所代替标准的历次版本发布情况为：

——GB 18580—2001。

室内装饰装修材料
人造板及其制品中甲醛释放限量

1 范围

本标准规定了室内装饰装修用人造板及其制品中甲醛释放限量要求、试验方法[1)]、判定规则和检验报告等。

本标准适用于纤维板、刨花板、胶合板、细木工板、重组装饰材、单板层积材、集成材、饰面人造板、木质地板、木质墙板、木质门窗等室内用各种类人造板及其制品的甲醛释放限量。

2 规范性引用文件

下列文件对于本文件的应用是必不可少的。凡是注日期的引用文件,仅注日期的版本适用于本文件。凡是不注日期的引用文件,其最新版本(包括所有的修改单)适用于本文件。

GB/T 17657—2013 人造板及饰面人造板理化性能试验方法

GB/T 18259—2009 人造板及其表面装饰术语

3 术语和定义

GB/T 18259—2009 界定的术语和定义适用于本文件。

4 要求

室内装饰装修材料人造板及其制品中甲醛释放限量值为 0.124 mg/m^3,限量标识 E_1。

5 试验方法

5.1 按 GB/T 17657—2013 中 4.60 甲醛释放量测定——1 m^3 气候箱法的规定进行。

5.2 试件尺寸为长 $l=(500\pm5)$mm,宽 $b=(500\pm5)$mm。试件数为两块,试件表面积为 1 m^2。当试件长、宽小于所需尺寸,允许采用不影响测定结果的方法拼合。

6 判定规则

检验结果符合限量规定时,判为符合本标准要求。

1) 企业可采用气体分析法、干燥器法或穿孔萃取法(参见附录 A)进行生产控制,建立其与 1 m^3 气候箱法之间的相关性,以满足本标准的要求。

7 检验报告

7.1 检验报告的内容应包括产品名称、规格、类别、限量标识、生产日期、检验依据标准及试验方法等。

7.2 检验结果和结论。

7.3 检验过程中出现的异常情况和其他有必要说明的问题。

附 录 A
（资料性附录）
用于生产质量控制的甲醛释放量试验方法

A.1 气体分析法

按 GB/T 17657—2013 中 4.61 甲醛释放量测定——气体分析法的规定进行。

A.2 干燥器法

按 GB/T 17657—2013 中 4.59 甲醛释放量测定——干燥器法的规定进行。

A.3 穿孔萃取法

按 GB/T 17657—2013 中 4.58 甲醛含量测定——穿孔法的规定进行。

ICS 75.040
E 21

中华人民共和国国家标准

GB/T 18606—2017
代替 GB/T 18606—2001

气相色谱-质谱法测定沉积物和原油中生物标志物

The test method for biomarkers in sediment and crude oil by GC-MS

2017-05-12 发布

2017-12-01 实施

中华人民共和国国家质量监督检验检疫总局
中国国家标准化管理委员会
发布

前　言

本标准按照GB/T 1.1—2009给出的规则起草。

本标准代替GB/T 18606—2001《气相色谱-质谱法测定沉积物和原油中生物标志物》，与GB/T 18606—2001相比，主要技术变化如下：

——增加了二环倍半萜化合物 m/z 123的鉴定及其质量色谱图例说明(见5.4)；

——增加了萘系列化合物 m/z 128；142；156；170；184；198的鉴定及其质量色谱图例说明(见5.4)；

——增加了菲系列化合物 m/z 178；192；206；220；234的鉴定及其质量色谱图例说明(见5.4)；

——增加了荧蒽、芘、䓛系列化合物 m/z 202；216；228；252的鉴定及其质量色谱图例说明(见5.4)；

——增加了联苯、二苯并呋喃系列化合物 m/z 154；168；182的鉴定及其质量色谱图例说明(见5.4)；

——增加了二苯并噻吩、苯并萘噻吩系列化合物 m/z 184；198；234的鉴定及其质量色谱图例说明(见5.4)；

——增加了芴系列化合物 m/z 166；180的鉴定及其质量色谱图例说明(见5.4)；

——修改了原标准的质量色谱图(见附录B)。

本标准由中国石油天然气集团公司提出。

本标准由全国石油天然气标准化技术委员会(SAC/TC 355)归口。

本标准起草单位：中国石油天然气股份有限公司勘探开发研究院、中国石油化工股份有限公司勘探开发研究院无锡石油地质研究所、长江大学地球环境与水资源学院、中国石油辽河油田分公司勘探开发研究院、中国石油新疆油田分公司实验检测研究院、中国石油西南油气田分公司勘探开发研究院。

本标准主要起草人：王汇彤、魏彩云、张渠、朱翠山、李培新、马万云、王密云、朱光有。

本标准2001年12月首次发布，本次是首次修订。

气相色谱-质谱法测定沉积物和原油中生物标志物

1 范围

本标准规定了沉积物和原油中饱和烃、芳烃组分生物标志化合物的气相色谱-质谱分析鉴定方法和质量要求。

本标准适用于沉积物和原油中饱和烃、芳烃组分的生物标志化合物分析鉴定。

2 规范性引用文件

下列文件对于本文件的应用是必不可少的。凡是注日期的引用文件，仅注日期的版本适用于本文件。凡是不注日期的引用文件，其最新版本(包括新有的修改单)适用于本文件。

GB/T 6379.1—2004 测量方法与结果的准确度

3 方法原理

将沉积物和原油制备的饱和烃和芳烃组分，经过气相色谱的分离，进入质谱检测，经数据处理系统处理后，得到所需的总离子流图、质量色谱图和质谱图。

4 设备和材料

4.1 气相色谱-质谱仪：具有程序升温功能的气相色谱仪及与其相连的具有EI离子源、最高扫描质量数不低于650 amu的质谱仪和数据处理系统。

4.2 气相色谱柱：固定相为5%苯甲基硅氧烷石英毛细管柱，最高使用温度不低于325 ℃，柱长不短于30 m。

4.3 校准试剂：全氟三丁基胺(FC-43)。

4.4 试剂：

a) 正己烷，分析纯。

b) 二氯甲烷，分析纯。

4.5 载气：氦气(纯度不低于99.99%)。

5 分析程序

5.1 气相色谱分析条件

5.1.1 汽化室温度：280 ℃～320 ℃。

5.1.2 载气流速：0.5 mL/min～1.5 mL/min。

5.1.3 初始温度：50 ℃～100 ℃。

5.1.4 升温速率：2 ℃/min～4 ℃/min。

5.1.5 终止温度:300 ℃~320 ℃,保持 10 min~20 min。

5.1.6 进样方式:手动进样或自动进样。

5.2 质谱分析条件

5.2.1 电离方式:电子轰击。

5.2.2 电子能量:70 eV。

5.2.3 分辨率:大于 500 或全质量范围为 1 个质量单位。

5.2.4 离子源温度:180 ℃~280 ℃。

5.2.5 扫描速率:不大于 1.5 s。

5.2.6 扫描方式:全扫描或选择离子检测。

5.2.7 接口温度:250 ℃~300 ℃。

5.3 操作步骤

5.3.1 启动仪器,抽真空,检测仪器是否漏气,等待仪器稳定。

5.3.2 全氟三丁基胺调谐,达到正常工作状态。调谐后的各离子峰比例应合适;如要求符合谱库检索,则 m/z 为 69 的离子峰高调至 100%,m/z 219 的离子峰高调至小于或等于 80%大于或等于 40%,m/z 502 的离子峰高调至大于或等于 2%小于或等于 5%。

5.3.3 设定样品分析条件。

5.3.4 空白、内部管理样品测试合格后,饱和烃、芳烃经正己烷或二氯甲烷溶解后进行样品测定。

5.3.5 数据处理。

5.4 分析报告

5.4.1 质量色谱图

分析报告中应至少提取以下内容的谱图:

a) 饱和烃包括:
   1) 三环萜烷、藿烷 m/z 191 质量色谱图,参见图 B.1;
   2) 甾烷 m/z 217 质量色谱图,参见图 B.2;
   3) 二环倍半萜 m/z 123 质量色谱图,参见图 B.3。

b) 芳烃包括:
   1) 萘系列化合物 m/z 128;142;156;170;184;198 质量色谱图,参见图 B.4;
   2) 菲系列化合物 m/z 178;192;206;220;234 质量色谱图,参见图 B.5;
   3) 萤蒽、芘、䓛系列化合物 m/z 202;216;228;252 质量色谱图,参见图 B.6;
   4) 联苯、二苯并呋喃系列化合物 m/z 154;168;182 质量色谱图,参见图 B.7;
   5) 芴系列化合物 m/z 166;180 质量色谱图,参见图 B.8。

5.4.2 定性结果

饱和烃和芳烃的命名参见附录 A;饱和烃定性结果参见附录 B 相关谱图及表 1(三环萜烷、藿烷)、表 2(甾烷)和表 3(二环倍半萜),芳烃定性结果参见附录 B 相关谱图及表 4。

5.4.3 定量结果

按照气相色谱-质谱仪数据处理系统的定量程序,采用程序提取、人工校正的方法获取下列化合物质量色谱图中的峰面积和峰高数据。化合物包括:

a) 饱和烃中三环萜烷、甾烷、二环倍半萜和藿烷系列化合物；

b) 芳烃中萘、菲、萤蒽、芘、䓛、联苯、二苯并呋喃、芴等系列化合物。

表1 m/z 191 质量色谱图图中萜烷化合物鉴定表

峰号	分子式	分子量	化合物名称
1	$C_{19}H_{34}$	262	13β(H),14α(H)-C_{19}三环萜烷
2	$C_{20}H_{36}$	276	13β(H),14α(H)-C_{20}三环萜烷
3	$C_{21}H_{38}$	290	13β(H),14α(H)-C_{21}三环萜烷
4	$C_{22}H_{40}$	304	13β(H),14α(H)-C_{22}三环萜烷
5	$C_{23}H_{42}$	318	13β(H),14α(H)-C_{23}三环萜烷
6	$C_{24}H_{44}$	332	13β(H),14α(H)-C_{24}三环萜烷
7	$C_{25}H_{46}$	346	13β(H),14α(H)-C_{25}三环萜烷
8	$C_{24}H_{42}$	330	C_{24}四环萜烷
9	$C_{26}H_{48}$	360	13β(H),14α(H)-C_{26}三环萜烷
10	$C_{26}H_{48}$	360	13β(H),14α(H)-C_{26}三环萜烷
11	$C_{28}H_{52}$	388	13β(H),14α(H)-C_{28}三环萜烷
12	$C_{28}H_{52}$	388	13β(H),14α(H)-C_{28}三环萜烷
13	$C_{29}H_{54}$	402	13β(H),14α(H)-C_{29}三环萜烷
14	$C_{29}H_{54}$	402	13β(H),14α(H)-C_{29}三环萜烷
15	$C_{27}H_{46}$	370	18α(H)-C_{27}三降藿烷(Ts)
16	$C_{27}H_{46}$	370	17α(H)-C_{27}三降藿烷(Tm)
17	$C_{29}H_{50}$	398	17α(H),21β(H)-C_{29}降藿烷
18	$C_{29}H_{50}$	398	18α(H)-C_{29}降新藿烷(C_{29} Ts)
19	$C_{30}H_{52}$	412	17α(H)-C_{30}重排藿烷
20	$C_{29}H_{50}$	398	17β(H),21α(H)-C_{29}降莫烷
21	$C_{30}H_{52}$	412	17α(H),21β(H)-C_{30}藿烷
22	$C_{30}H_{52}$	412	17β(H),21α (H)-C_{30}莫烷
23	$C_{31}H_{54}$	426	17α(H),21β(H)-C_{31}藿烷(22S)
24	$C_{31}H_{54}$	426	17α(H),21β(H)-C_{31}藿烷(22R)
25	$C_{30}H_{52}$	412	伽马蜡烷
26	$C_{31}H_{54}$	426	17β(H),21α (H)-C_{31}升莫烷(22S+22R)
27	$C_{32}H_{56}$	440	17α(H),21β(H) -C_{32}藿烷(22S)
28	$C_{32}H_{56}$	440	17α(H),21β(H)-C_{32}藿烷(22R)
29	$C_{33}H_{58}$	454	17α(H),21β(H)-C_{33}藿烷(22S)
30	$C_{33}H_{58}$	454	17α(H),21β(H)-C_{33}藿烷(22R)
31	$C_{34}H_{60}$	468	17α(H),21β(H)-C_{34}藿烷(22S)
32	$C_{34}H_{60}$	468	17α(H),21β(H)-C_{34}藿烷(22R)
33	$C_{35}H_{62}$	482	17α(H),21β(H) -C_{35}藿烷(22S)
34	$C_{35}H_{62}$	482	17α(H),21β(H) -C_{35}藿烷(22R)

表 2 *m/z* 217 质量色谱图中甾烷化合物鉴定表

峰号	分子式	分子量	化合物名称
1	$C_{21}H_{36}$	288	5α(H)-C_{21}孕甾烷
2	$C_{22}H_{38}$	302	5α(H)-C_{22}升孕甾烷
3	$C_{27}H_{48}$	372	13β(H),17α(H)-C_{27}重排甾烷(20S)
4	$C_{27}H_{48}$	372	13β(H),17α(H)-C_{27}重排甾烷(20R)
5	$C_{27}H_{48}$	372	13α(H),17β(H)-C_{27}重排甾烷(20S)
6	$C_{27}H_{48}$	372	13α(H),17β(H)-C_{27}重排甾烷(20R)
7	$C_{27}H_{48}$	372	5α(H),14α(H) ,17α(H) -C_{27}甾烷(20S)
8	$C_{27}H_{48}$	372	5α(H),14β(H) ,17β(H) -C_{27}甾烷(20R)
9	$C_{27}H_{48}$	372	5α(H),14β(H) ,17β(H) -C_{27}甾烷(20S)
10	$C_{27}H_{48}$	372	5α(H),14α(H) ,17α(H) -C_{27}甾烷(20R)
11	$C_{29}H_{52}$	400	24-乙基-13β(H),17α(H)-C_{29}重排甾烷(20R)
12	$C_{29}H_{52}$	400	24-乙基-13α(H),17β(H)-C_{29}重排甾烷(20S)
13	$C_{28}H_{50}$	386	24-甲基-5α(H),14α(H) ,17α(H) -C_{28}甾烷(20S)
14	$C_{28}H_{50}$	386	24-甲基-5α(H),14β(H) ,17β(H) -C_{28}甾烷(20R)
15	$C_{28}H_{50}$	386	24-甲基-5α(H),14β(H) ,17β(H) -C_{28}甾烷(20S)
16	$C_{28}H_{50}$	386	24-甲基-5α(H),14α (H),17α(H) -C_{28}甾烷(20R)
17	$C_{29}H_{52}$	400	24-乙基-5α(H),14α(H) ,17α(H) -C_{29}甾烷(20S)
18	$C_{29}H_{52}$	400	24-乙基-5α(H),14β (H),17β(H) -C_{29}甾烷(20R)
19	$C_{29}H_{52}$	400	24-乙基-5α(H),14β(H) ,17β(H) -C_{29}甾烷(20S)
20	$C_{29}H_{52}$	400	24-乙基-5α(H),14α(H) ,17α(H) -C_{29}甾烷(20R)

表 3 *m/z* 123 质量色谱图中二环倍半萜化合物鉴定表

峰号	分子式	分子量	化合物名称
1	$C_{14}H_{26}$	194	二环倍半萜(C_{14})
2	$C_{14}H_{26}$	194	二环倍半萜(C_{14})
3	$C_{15}H_{28}$	208	二环倍半萜(C_{15})
4	$C_{15}H_{28}$	208	二环倍半萜(C_{15})
5	$C_{15}H_{28}$	208	8β(H)-补身烷(C_{15})
6	$C_{15}H_{28}$	208	二环倍半萜(C_{15})
7	$C_{16}H_{30}$	222	二环倍半萜(C_{16})
8	$C_{16}H_{30}$	222	二环倍半萜(C_{16})
9	$C_{16}H_{30}$	222	二环倍半萜(C_{16})
10	$C_{16}H_{30}$	222	8β(H)-升补身烷(C_{16})

表 4　芳烃质量色谱图中化合物鉴定表

峰号	质量色谱图(*m*/*z*)	分子式	分子量	化合物
1	128	$C_{10}H_8$	128	萘
2	142	$C_{11}H_{10}$	142	2-甲基萘
3	142	$C_{11}H_{10}$	142	1-甲基萘
4	156	$C_{12}H_{12}$	156	2-乙基萘
5	156	$C_{12}H_{12}$	156	1-乙基萘
6	156	$C_{12}H_{12}$	156	2,6-二甲基萘+2,7-二甲基萘
7	156	$C_{12}H_{12}$	156	1,3-二甲基萘+1,7-二甲基萘
8	156	$C_{12}H_{12}$	156	1,6-二甲基萘
9	156	$C_{12}H_{12}$	156	1,4-二甲基萘+2,3-二甲基萘
10	156	$C_{12}H_{12}$	156	1,5-二甲基萘
11	156	$C_{12}H_{12}$	156	1,2-二甲基萘
12	170	$C_{13}H_{14}$	170	1,3,7-三甲基萘
13	170	$C_{13}H_{14}$	170	1,3,6-三甲基萘
14	170	$C_{13}H_{14}$	170	1,3,5-三甲基萘+1,4,6-三甲基萘
15	170	$C_{13}H_{14}$	170	2,3,6-三甲基萘
16	170	$C_{13}H_{14}$	170	1,2,7-三甲基萘+1,6,7-三甲基萘
17	170	$C_{13}H_{14}$	170	2,3,5-三甲基萘
18	170	$C_{13}H_{14}$	170	1,2,4-三甲基萘
19	170	$C_{13}H_{14}$	170	1,2,5-三甲基萘
20	170	$C_{13}H_{14}$	170	1,2,3-三甲基萘
21	184	$C_{14}H_{16}$	184	1,3,5,7-四甲基萘
22	184	$C_{14}H_{16}$	184	1,3,6,7-四甲基萘
23	184	$C_{14}H_{16}$	184	1,2,4,6,-+1,2,4,7-+1,4,6,7-四甲基萘
24	184	$C_{14}H_{16}$	184	1,2,5,7-四甲基萘
25	184	$C_{14}H_{16}$	184	2,3,6,7-四甲基萘
26	184	$C_{14}H_{16}$	184	1,2,6,7-四甲基萘
27	184	$C_{14}H_{16}$	184	1,2,3,7-四甲基萘
28	184	$C_{14}H_{16}$	184	1,2,3,6-四甲基萘
29	184	$C_{14}H_{16}$	184	1,2,5,6-四甲基萘+1,2,3,5-四甲基萘
30	184	$C_{12}H_8S$	184	二苯并噻吩
31	198	$C_{15}H_{18}$	198	1,2,4,6,7-五甲基萘
32	198	$C_{15}H_{18}$	198	1,2,3,5,7-五甲基萘
33	198	$C_{13}H_{10}S$	198	4-甲基二苯并噻酚
34	198	$C_{15}H_{18}$	198	1,2,3,6,7-五甲基萘

表 4（续）

峰号	质量色谱图(*m*/*z*)	分子式	分子量	化合物
35	198	$C_{13}H_{10}S$	198	2+3-甲基二苯并噻酚
36	198	$C_{15}H_{18}$	198	1,2,3,5,6-五甲基萘
37	198	$C_{13}H_{10}S$	198	1-甲基二苯并噻酚
38	178	$C_{14}H_{10}$	178	菲
39	178	$C_{14}H_{10}$	178	蒽
40	192	$C_{15}H_{12}$	192	3-甲基菲
41	192	$C_{15}H_{12}$	192	2-甲基菲
42	192	$C_{15}H_{12}$	192	3-甲基蒽
43	192	$C_{15}H_{12}$	192	9-甲基菲
44	192	$C_{15}H_{12}$	192	1-甲基菲
45	206	$C_{16}H_{14}$	206	3-乙基菲
46	206	$C_{16}H_{14}$	206	9-乙基菲+2-乙基菲+1-乙基菲+3,6-二甲基菲
47	206	$C_{16}H_{14}$	206	3,5-二甲基菲+2,6-二甲基菲
48	206	$C_{16}H_{14}$	206	2,7-二甲基菲
49	206	$C_{16}H_{14}$	206	1,3+3,9+2,10+3,10-二甲基菲
50	206	$C_{16}H_{14}$	206	1,6+2,9+2,5 二甲基菲
51	206	$C_{16}H_{14}$	206	1,7-二甲基菲
52	206	$C_{16}H_{14}$	206	2,3-二甲基菲
53	206	$C_{16}H_{14}$	206	1,9+4,9+4,10-二甲基菲
54	206	$C_{16}H_{14}$	206	1,8-二甲基菲
55	206	$C_{16}H_{14}$	206	1,2-二甲基菲
56	234	$C_{18}H_{18}$	234	惹烯
57	234	$C_{16}H_{10}S$	234	苯并[b]萘[2,1-d]噻酚
58	234	$C_{16}H_{10}S$	234	苯并[b]萘[1,2-d]噻酚
59	234	$C_{16}H_{10}S$	234	苯并[b]萘[2,3-d]噻酚
60	202	$C_{16}H_{10}$	202	萤蒽
61	202	$C_{16}H_{10}$	202	芘
62	216	$C_{17}H_{12}$	216	苯并[a]芴
63	216	$C_{17}H_{12}$	216	苯并[b]芴+4-甲基芘
64	216	$C_{17}H_{12}$	216	2-甲基芘
65	216	$C_{17}H_{12}$	216	1-甲基芘
66	216	$C_{17}H_{12}$	216	甲基萤蒽
67	228	$C_{18}H_{12}$	228	苯并[c]蒽
68	228	$C_{18}H_{12}$	228	苯并[a]蒽

表 4（续）

峰号	质量色谱图(m/z)	分子式	分子量	化合物
69	228	$C_{18}H_{12}$	228	䓛
70	252	$C_{20}H_{12}$	252	苯并[k]萤蒽
71	252	$C_{20}H_{12}$	252	苯并[e]芘
72	252	$C_{20}H_{12}$	252	苯并[a]芘
73	252	$C_{20}H_{12}$	252	苝
74	154	$C_{12}H_{10}$	154	联苯
75	168	$C_{13}H_{12}$	168	3-甲基联苯
76	168	$C_{13}H_{12}$	168	4-甲基联苯
77	168	$C_{12}H_{8}O$	168	二苯并呋喃
78	182	$C_{14}H_{14}$	182	3-乙基联苯
79	182	$C_{14}H_{14}$	182	3,5-二甲基联苯
80	182	$C_{14}H_{14}$	182	3,3′-二甲基联苯
81	182	$C_{14}H_{14}$	182	4-乙基联苯
82	182	$C_{14}H_{14}$	182	3,4′-二甲基联苯
83	182	$C_{14}H_{14}$	182	4,4′-二甲基联苯
84	182	$C_{13}H_{10}O$	182	甲基二苯并呋喃
85	182	$C_{13}H_{10}O$	182	甲基二苯并呋喃
86	182	$C_{13}H_{10}O$	182	甲基二苯并呋喃
87	166	$C_{13}H_{10}$	166	芴
88	180	$C_{14}H_{12}$	180	2-甲基芴
89	180	$C_{14}H_{12}$	180	1-甲基芴
90	180	$C_{14}H_{12}$	180	甲基芴

注 1：当色谱柱型号、柱长等色谱条件不同时，某些化合物的出峰顺序可能有变动。

注 2：各峰的定性仅说明该化合物的保留位置，可能会有其他化合物在相同位置共逸出。

6 质量要求

6.1 空白：做空白样品时，基线无明显杂峰。

6.2 峰形：生成的质量色谱峰呈正态分布，峰形对称。

6.3 分离度：对于饱和烃低成熟样品，17α(H)，21β(H)-C_{31}藿烷(22S)和(22R)差向立体异构体对应完全分开；高成熟样品，24-乙基-5α(H)，14β(H)，17β(H)-C_{29}甾烷(20R)和(20S)峰高分离度不小于 40%；对于芳烃样品，3-甲基菲和 2-甲基菲明显分开，9-甲基菲和 1-甲基菲分离度不小于 80%。

6.4 测试方法的精密度：方法用的内部参考油样，其比对实验测定的参数值服从正态分布，按照 GB/T 6379.1—2004 规定的方法来计算其重复性 r 和再现性 R，结果见表 5。

表 5　测试方法的精密度

参数值	重复性 r	再现性 R
m	$r=0.0047+0.0125m$	$R=-0.0199+0.1271m$
注：m 为内部参考油样经比对实验后，得到的参数平均值。		

6.5　如果在同一实验室内，在重复条件下，进行了两组测试：第一组进行了 n_1 次测试，平均值为 $\overline{Y}_1$；第二组进行了 n_2 次测试，平均值为 $\overline{Y}_2$。如果以 $CrD_{95}(\overline{Y}_2-\overline{Y}_1)$ 表示 95％概率的平均值的临界差值，则 $|\overline{Y}_2-\overline{Y}_1|$ 小于或等于此值时可视为合格。

$$CrD_{95}(\overline{Y}_2-\overline{Y}_1)=r\sqrt{\frac{1}{2n_1}+\frac{1}{2n_2}} \qquad (1)$$

式中：

$\overline{Y}_1$ ——第一组测试的平均值；

$\overline{Y}_2$ ——第二组测试的平均值；

$CrD_{95}(\overline{Y}_2-\overline{Y}_1)$——95％概率的平均值的临界差值。

当 n_1、n_2 均为 1 时，上式简化为：

$$CrD_{95}(\overline{Y}_2-\overline{Y}_1)=r \qquad (2)$$

6.6　如果在同一实验室内，在重复性条件下进行了 n 次测试，平均值为 $\overline{Y}$，与内部参考油样平均值 m 比较，如果以 $CrD_{95}|\overline{Y}-m|$ 表示 95％概率的平均值的临界差值，则 $|\overline{Y}-m|$ 小于或等于此值时可视为合格。

$$CrD_{95}(|\overline{Y}-m|)=\frac{1}{\sqrt{2}}\sqrt{R^2-r^2\frac{n-1}{n}} \qquad (3)$$

式中：

m ——内部参考油样平均值；

$CrD_{95}(|\overline{Y}-m|)$——95％概率的平均值的临界差值。

当 $n=1$ 时，上式简化为：

$$CrD_{95}(|\overline{Y}-m|)=\frac{R}{\sqrt{2}} \qquad (4)$$

附 录 A
（资料性附录）
化合物结构与命名

采用中国化学学会有机化学名词小组有关有机化合物系统命名法（1982 年），结合国内有机地球化学界惯例，对饱和烃里的甾烷、藿烷、三环萜烷、二环倍半萜以及部分芳烃的命名作如下规定：

a） 环状结构及碳原子位次标记

按图 A.1～图 A.16 所示排列：

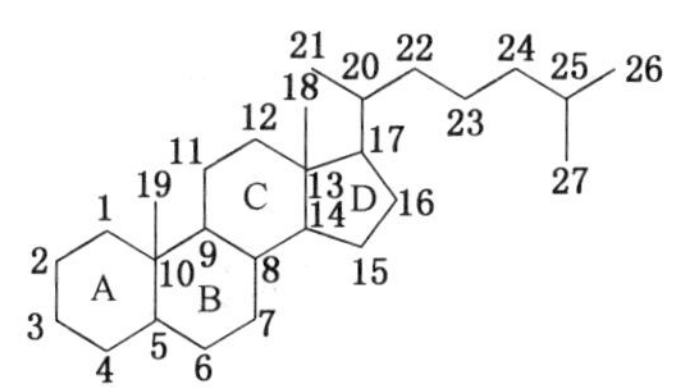

图 A.1 胆(C_{27})甾烷

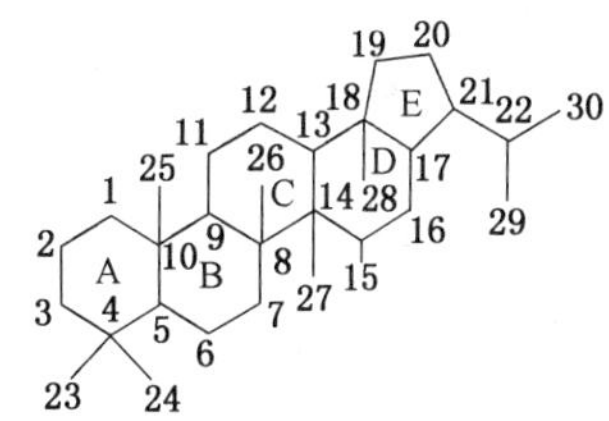

图 A.2 藿烷

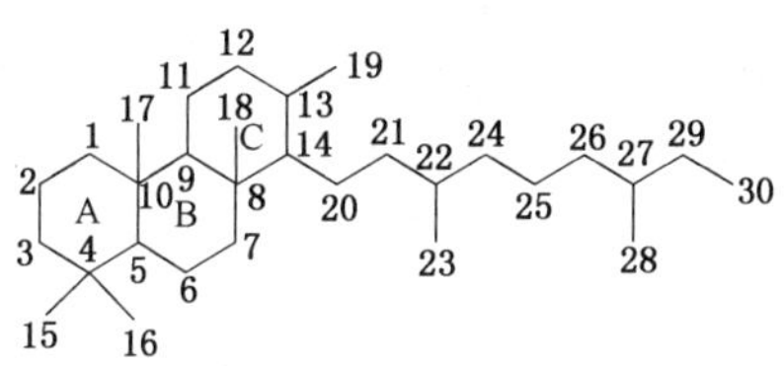

图 A.3 C_{30}-三环萜烷

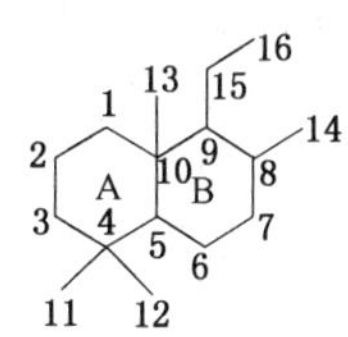

图 A.4 8β(H)-升补身烷

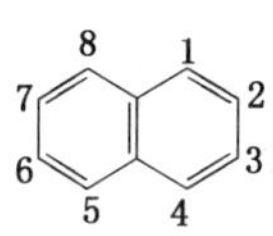

图 A.5 萘

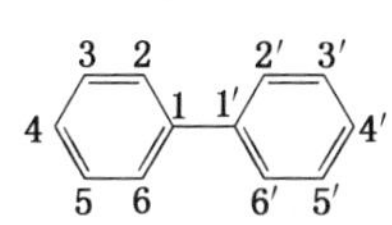

图 A.6 联苯

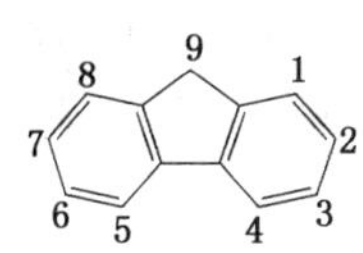

图 A.7 芴

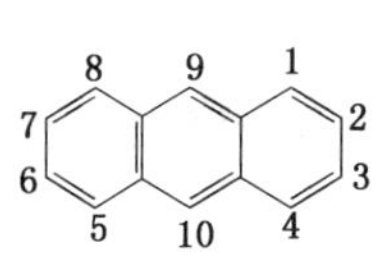

图 A.8 蒽

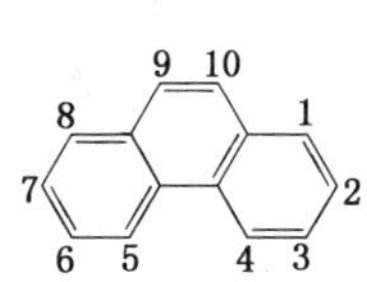

图 A.9 菲

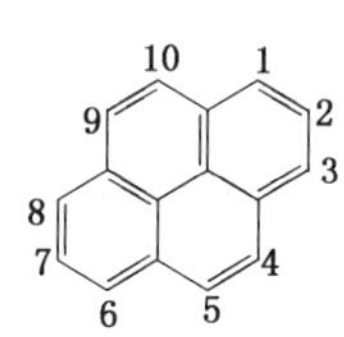

图 A.10 芘

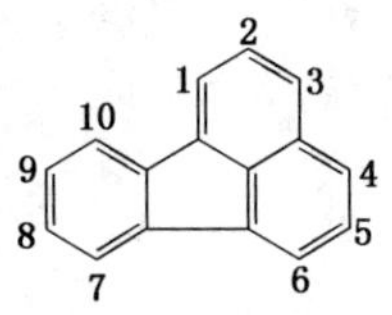

图 A.11　荧蒽

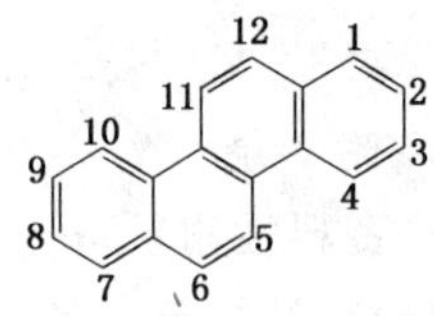

图 A.12　䓛

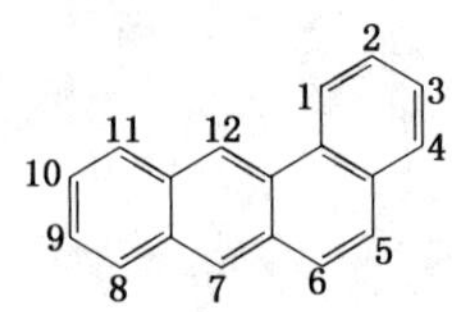

图 A.13　苯并[a]蒽

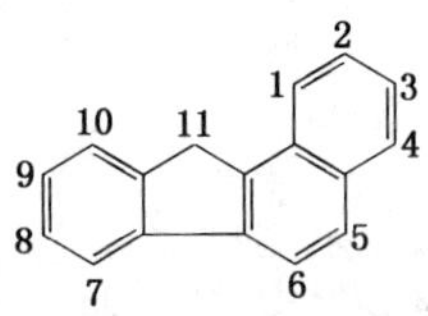

图 A.14　苯并[a]芴

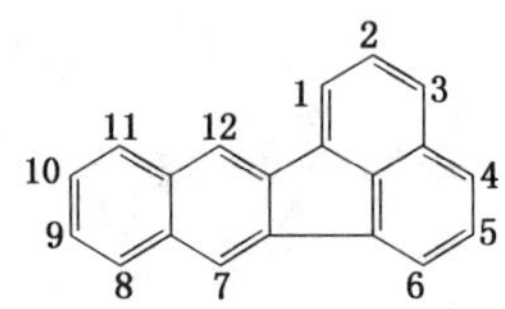

图 A.15　苯并[k]荧蒽

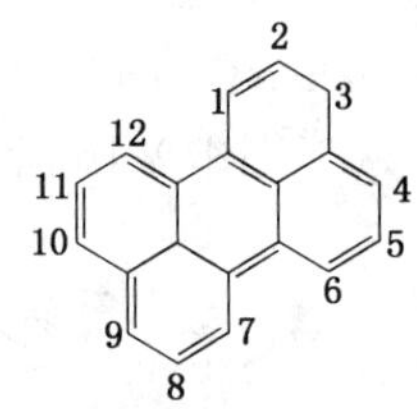

图 A.16　苝

b)　立体化学及其表示方法

若分子中的手性碳在非环部分，则其构型依据手性碳原子相连的四个基团的排列情况而定，把最小的基团放在观察者对面，其余三个基团指向观察者，沿最小基团方向看去，若其余三个基团由大到小是按顺时针方向排列的，则构型为 R，若按逆时针方向排列，则构型为 S。若手性碳在环状结构内，与其相连的基团在环平面之下，则构型为 α，在环平面之上，则构型为 β。其表示方法如下：

α(H)，用虚线····H 表示；

β(H)，用实三角◀H 表示；

两种可能，用〰H 表示；

α(CH_3)，用虚线····表示；

β(CH_3)，用实三角◀表示；

两种可能，用波浪线〰表示。

如图 A.17～图 A.21 所示：

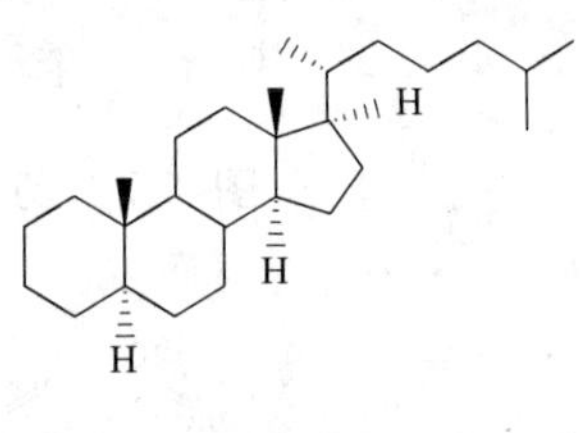

图 A.17　5α(H)，14α(H)，17α(H)-胆甾烷(20R)

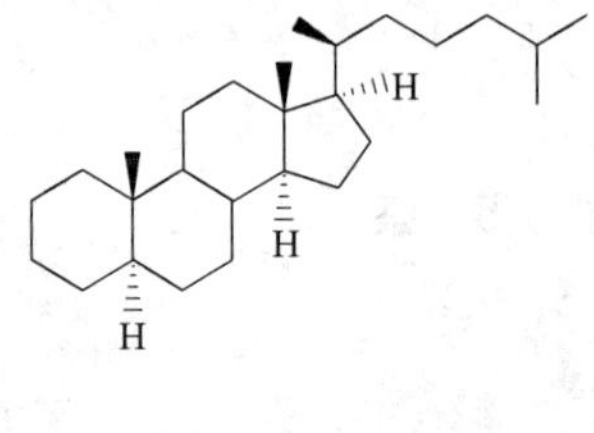

图 A.18　5α(H)，14α(H)，17α(H)-胆甾烷(20S)

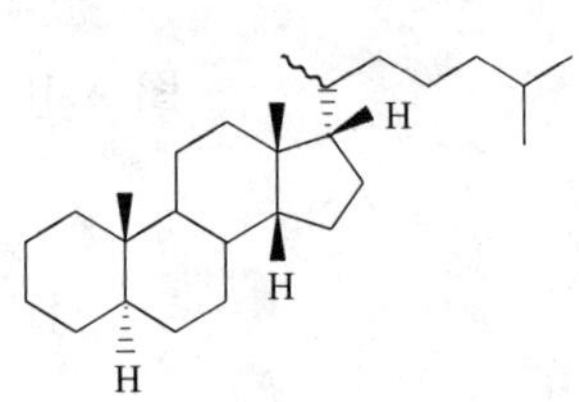

图 A.19　5α(H)，14β(H)，17β(H)-胆甾烷(20R 或 20S)

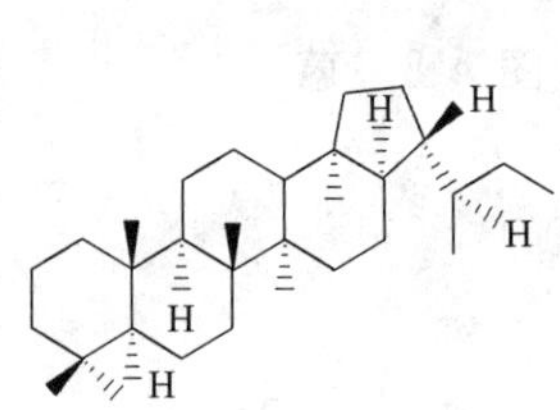

图 A.20　17α(H)，21β(H)-C_{31}藿烷(22R)

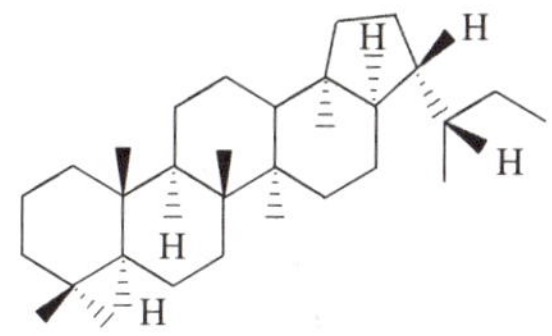

图 A.21　17α(H),21β(H)-C_{31} 藿烷(22S)

c)　命名

1)　甾类的命名应以其烃类的基本结构作为母体名称并加前、后缀表明取代基的位次、名称及构型来构成。

2)　萜烷类的命名按英文俗名意义，再加一个"烷"字及表明取代基位次、名称和构型的前、后缀。如 8β(H),14α(H)-芒柄花根烷(Onocerane)；14β(H)-锯齿烷(Serratane)。其中：少数名称沿用英文音译。如：伽马蜡烷(Gammacerane)；17α(H),21β(H)-藿烷(Hopane)；18α(H)-奥利烷(Oleanane)。

质谱基峰为 m/z 191 的三环萜烷，根据其所含碳原子的数目命名为某三环萜烷。如：C_{20}-三环萜烷、C_{25}-三环萜烷和 C_{30}-三环萜烷。

3)　甾烷的命名应包括 5、8、9、10、13、14、17 和 20 碳位的构型，但因其中有些碳位构型已稳定，有些构型不可能因氢的交换而变化，故规则甾烷只需标明 5、14、17 和 20 碳位上的构型，重排甾烷(Diasterane)只需标明 13、17 和 20 碳位的构型。

4)　藿烷的命名只需标明 17、21 及 22 碳位的构型。

5)　失碳和加碳：失碳用"降"，加碳用"升"表示，并用阿拉伯数字标明"降"或"升"基团位次。如：17α(H)-22,29,30 三降藿烷；17α(H),21β(H)-30 升藿烷(22R)。若环失碳或加碳，则在"降"或"升"之前加英文大写字母 A、B、C…，以标明所指的环。如：5α(H)-A-降胆甾烷。

6)　开环：甾、萜环裂开用"断-"(Seco-)表示，并用阿拉伯数字标明断键位置。如：8，14-断-藿烷。

7)　在藿烷中，甲基从 C-18 位移至 C-17，C-18 位的甲基被 H 取代，则用"新-"(Neo-)表示，如：18α(H)-30 降新藿烷(C_{29} Ts)。

d)　简称

为便于地质应用，甾烷、萜烷可沿用国内外通用的简称。原则是，省略表示环系手性碳位的阿拉伯数字和氢，并按所含碳原子数目命名，见表 A.1。

表 A.1　甾、萜烷化合物的简称

化学命名	简称
5α(H),14α(H),17α(H)-C_{27} 甾烷(20R)	ααα-C_{27} 甾烷(20R)
24-甲基-5α(H),14β(H),17β(H)-C_{28} 甾烷(20S)	αββ-C_{28} 甾烷(20S)
24-乙基-5α(H),14α(H),17α(H)-C_{29} 甾烷(20R)	ααα-C_{29} 甾烷(20R)
4-甲基,24-乙基-5α(H),14α(H),17α(H)-C_{30} 甾烷(20R)	ααα-C_{30} 4-甲基甾烷(20R)
17α(H)-C_{27} 三降藿烷	Tm
17β(H),21α(H)-C_{29} 藿烷(降莫烷)	βα-C_{29} 降莫烷
17α(H),21β(H)-C_{30} 藿烷	αβ-C_{30} 藿烷
17α(H),21β(H)-C_{31} 藿烷(22R)	αβ-C_{31} 藿烷(22R)

附 录 B
（资料性附录）
质量色谱图

B.1 质量色谱图分析条件

以下质量色谱图分析条件为：

a) 柱型：HP-5MS；

b) 柱长 60 m，直径 0.25 mm，膜厚 0.25 μm；

c) 饱和烃升温程序：100 ℃恒温 5 min，4 ℃/min 至 220 ℃，2 ℃/min 至 320 ℃，恒温 20 min；

d) 芳烃升温程序：100 ℃恒温 5 min，3 ℃/min 至 320 ℃，恒温 20 min。

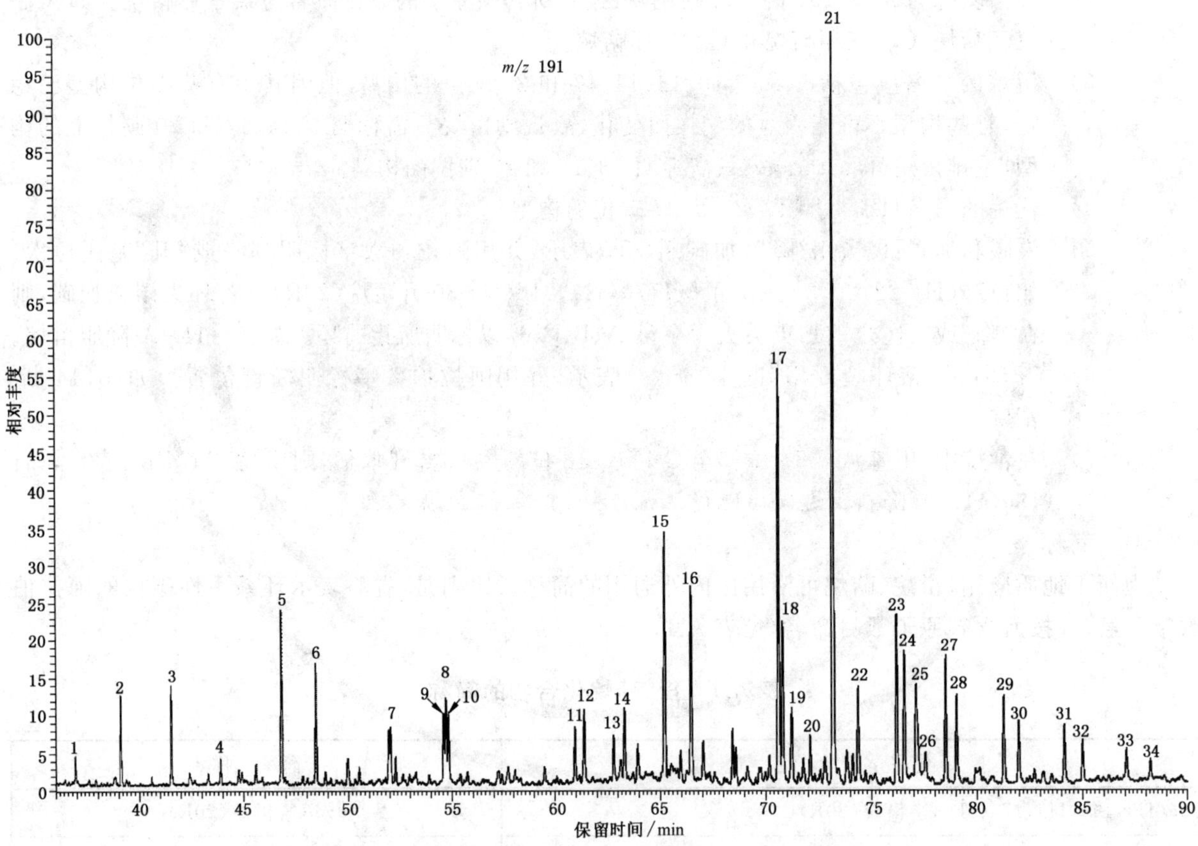

图 B.1 *m/z* 191 三环萜烷、藿烷质量色谱图[1,2,7]

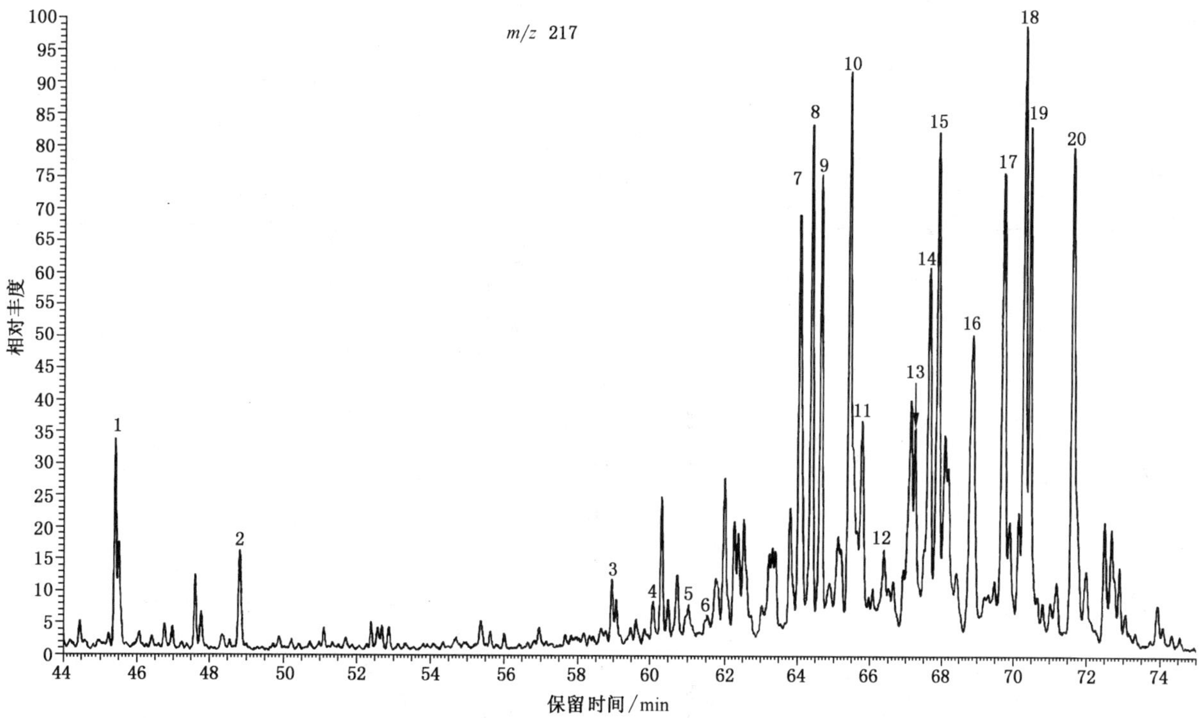

图 B.2 *m/z* 217 甾烷的质量色谱图[1,2]

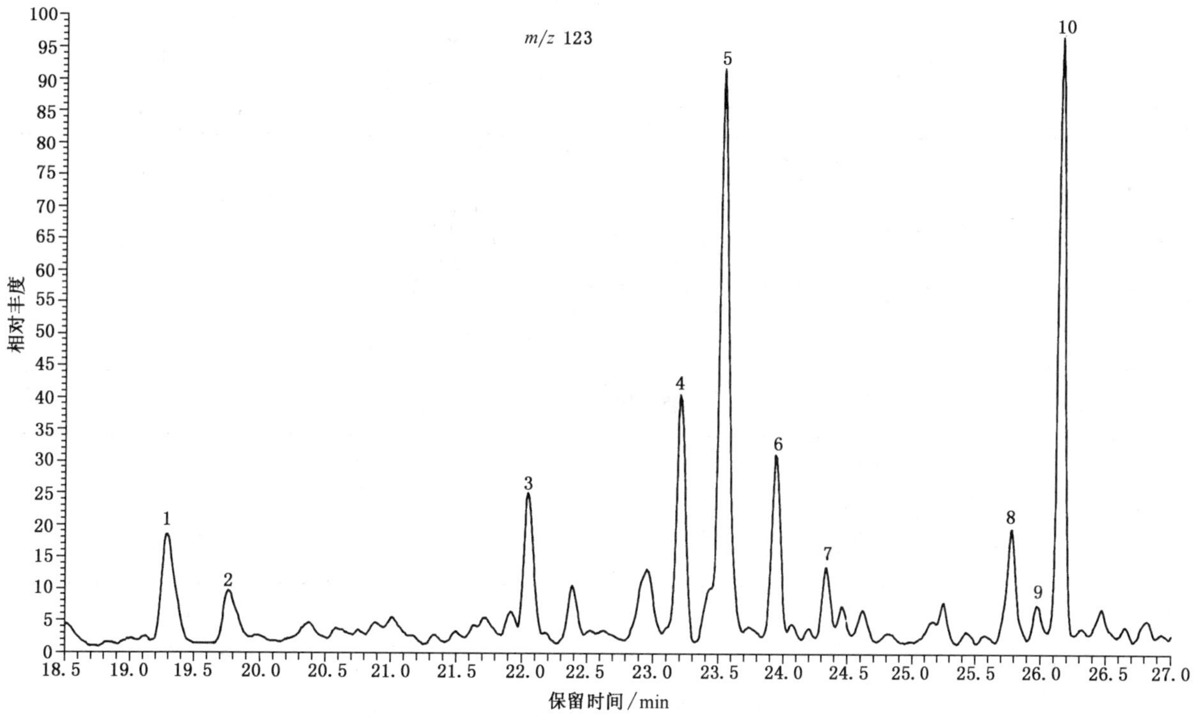

图 B.3 *m/z* 123 二环倍半萜的质量色谱图[1,2,7]

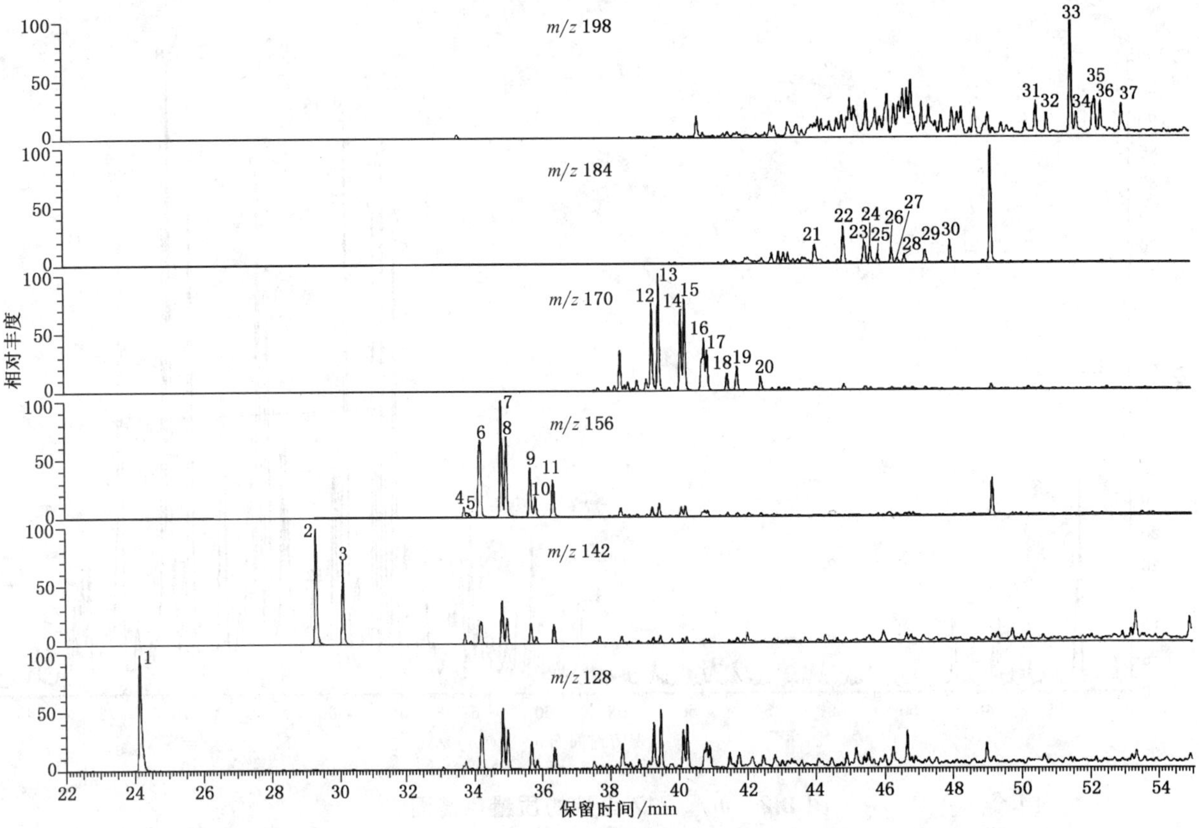

图 B.4 *m/z* 128、142、156、170、184、198 萘系列和二苯并噻吩系列质量色谱图[1,3,5,8]

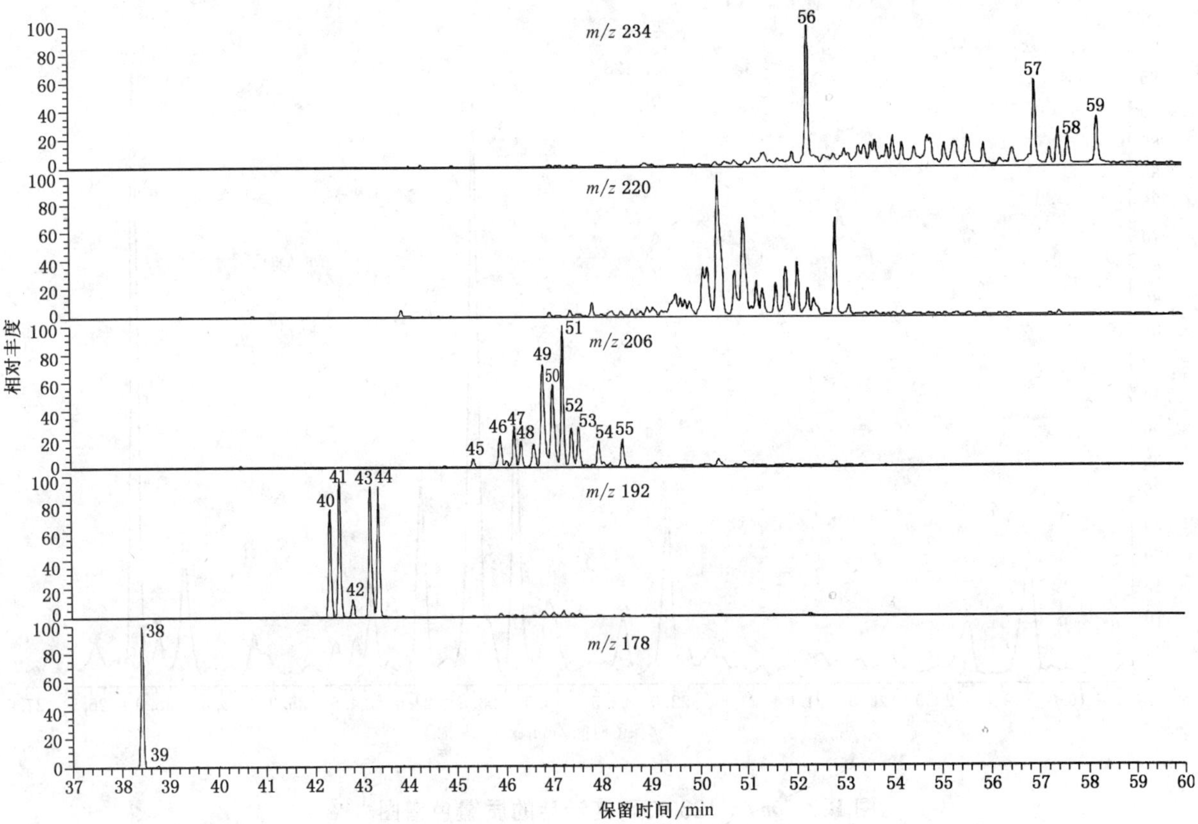

图 B.5 *m/z* 178、192、206、220、234 菲、蒽系列和苯并萘噻吩质量色谱图[1,3,7,8]

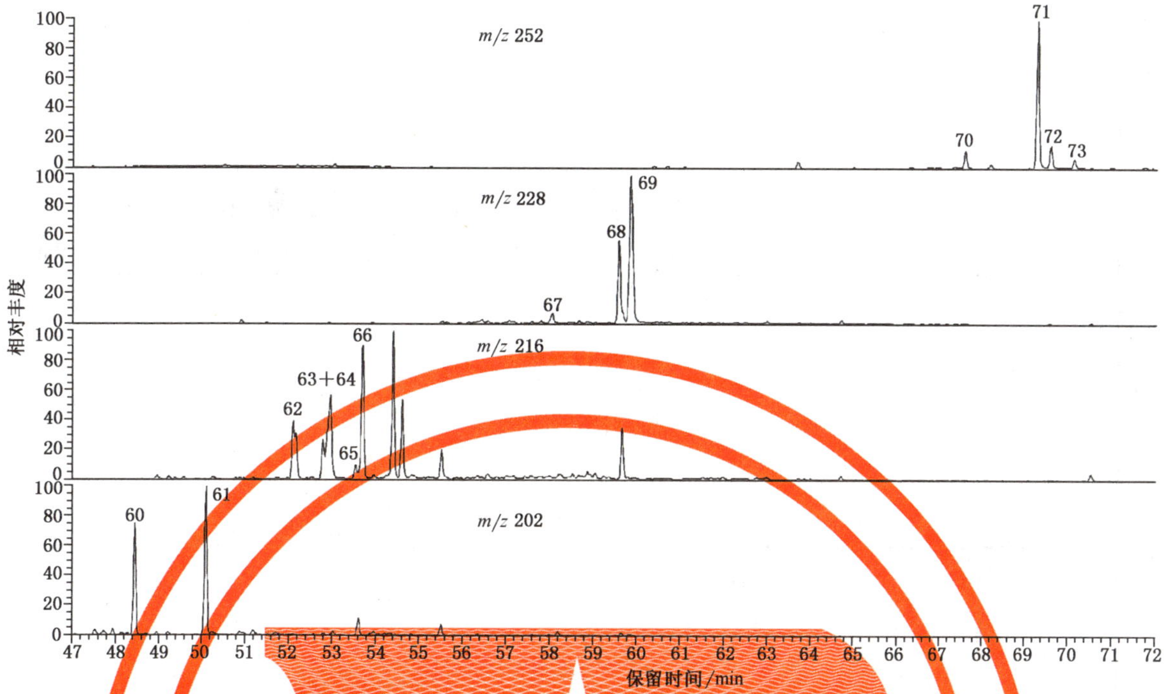

图 B.6 *m/z* 202、216、228、252 萤蒽、芘系列质量色谱图[1,2,9]

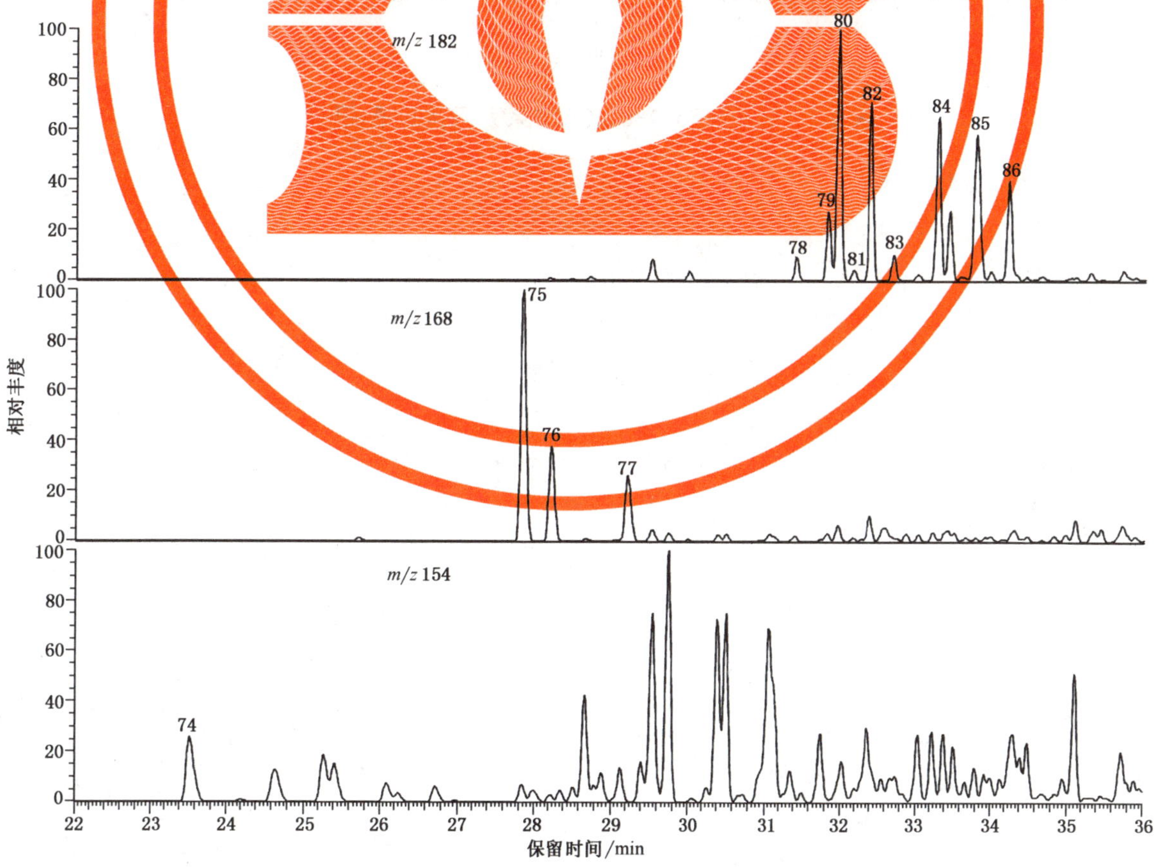

图 B.7 *m/z* 154、168、182 联苯系列和二苯并呋喃系列质量色谱图[1,2,6]

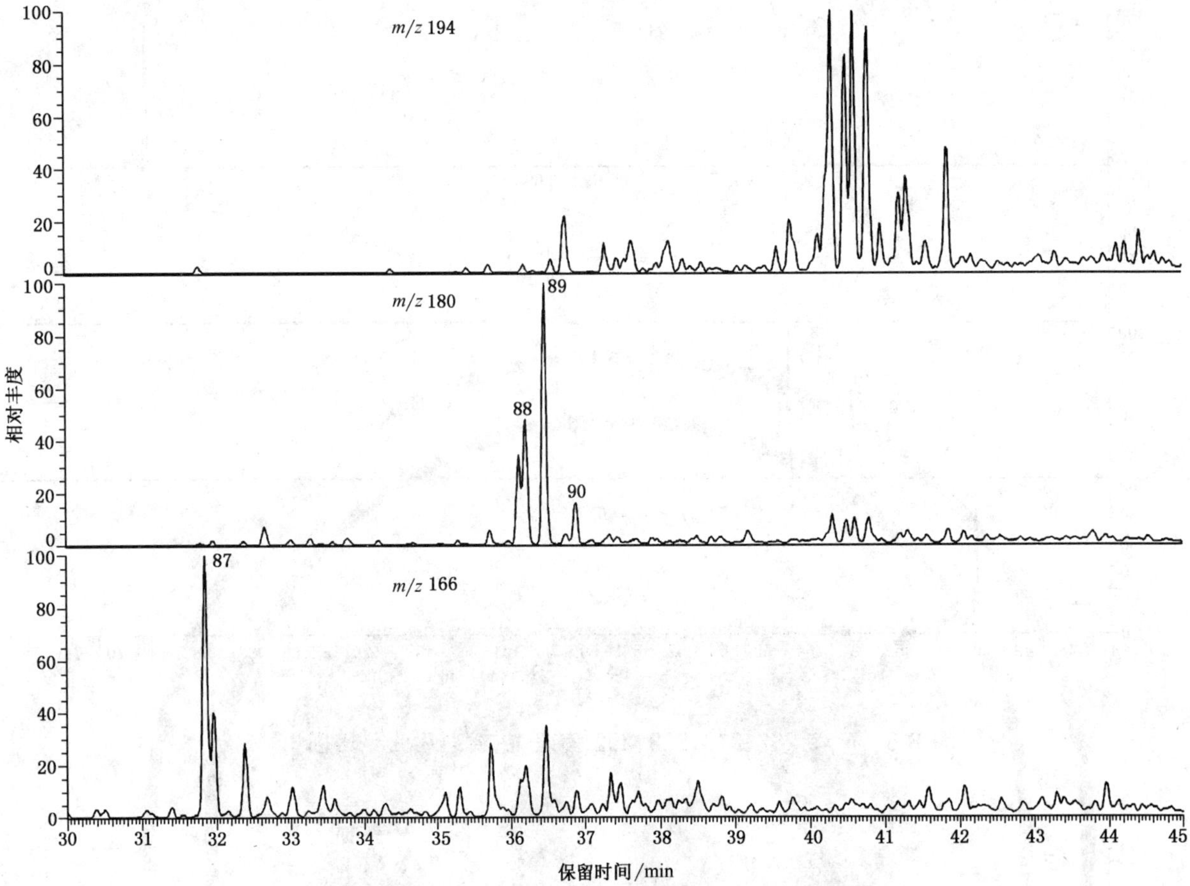

图 B.8 *m/z* 166、180、194 芴系列质量色谱图[1,7]

参 考 文 献

［1］ 苏焕华，姜乃皇，任冬苓.有机质谱在石油化学中的应用［M］.北京：化学工业出版社，2010.

［2］ Waples，D.W.，Machihara T.，Biomarkers for Geologists—a practical guide to the application of steranes and triterpanes in Petroleum Geology. Tulsa，Oklahoma，AAPG Methods in Exploration. The american association of petroleum geologists 9，91 P.1991.

［3］ Paul F.Greenwood，Simon C.George，Keith Hall.，Applications of laser micropyrolysis-gas chromatography-mass spectrometry［J］.Org.Geochem.1998，29(5-7)：1075-1089.

［4］ Simon C.George，Herbert Volk，et al.Biomarker evidence for two sources for solid bitumens in the Subu wells：Implications for the petroleum prospectivity of the East Papuan Basin［J］.Organic Geochemistry.2007，38：609-642.

［5］ Simon C.George，Mark lisk，et al.Constraining the oil charge history of the South Pepper oilfield from the analysis of oil-bearing fluid inclusions［J］.Org.Geochem.1998，29(1-3)：631-648.

［6］ Simon C.George，Manzur Ahmed，Keyu Liu，et al.The analysis of oil trapped during secondary migration［J］.Organic Geochemistry.2004，35：1489-1511.

［7］ Haiping H，Bernard F.J.，et al.The effect of biodegradation on polycyclic aromatic hydrocarbons in reservoired oils from the Liaohe basin，NE China［J］.Org.Geochem.2004，35：1619-1634.

［8］ Simon C.George，Frank W.，et al.Geochemical comparison of oil-bearing fluid inclusions and produced oil from the Toro sandstone，Papua New Guinea［J］.Org.Geochem.1997，26(3/4)：155-173.

［9］ K.E.彼得斯，C.C.沃尔特斯，J.M.莫尔多万.生物标志化合物指南(张水昌，李振西等译)［M］.石油工业出版社，2011.

ICS 75.180.10
E 92

中华人民共和国国家标准

GB/T 18607—2017
代替 GB/T 18607—2008

石油天然气工业 钻井和采油设备 往复式整筒抽油泵

Petroleum and natural gas industries—Drilling and production equipment—Reciprocating full liner pump

2017-12-29 发布 2018-07-01 实施

中华人民共和国国家质量监督检验检疫总局
中国国家标准化管理委员会 发布

前　言

本标准按照 GB/T 1.1—2009 给出的规则起草。

本标准代替 GB/T 18607—2008《抽油泵及其组件规范》，与 GB/T 18607—2008 相比，主要技术变化如下：

——修改了标准名称；

——增加了“100%检验、成批处理、校准标准器、碳氮共渗”等 19 项术语和定义(见 3.1)；

——增加了“符号和缩略语”(见 3.2 和 3.3)；

——增加了“功能要求”(见第 4 章)；

——增加了材料要求的规定(见 5.2)；

——增加了“制造厂商要求”(见第 6 章)；

——增加了“人员资质、验收准则、生产过程不合格、涂层、热处理炉仪表、超声波和磁粉无损检测(NDT)、产品标志及记录”内容(见 6.1.3、6.1.4、6.1.5、6.1.6、6.1.7、6.1.8、6.2 和 6.3)；

——在主要零件编号系统中增加了“27.0(1$\frac{1}{16}$)106 规格抽油泵”(见表 B.1)；

——增加了“有杆泵抽油系统图”(见附录 G)；

——增加了资料性附录“用于抽油泵及其零部件的公制普通螺纹尺寸”(见附录 K)；

——增加了资料性附录“本标准与 API Spec 11AX：2015(第 13 版)技术性差异及其原因”(见附录 L)。

本标准由全国石油钻采设备和工具标准化技术委员会(SAC/TC 96)提出并归口。

本标准起草单位：中国石油天然气股份有限公司玉门油田分公司机械厂、中国石油集团钻井工程技术研究院江汉机械研究所、铁岭中油机械设备制造有限公司、咸阳宝石钢管钢绳有限公司、中国石油天然气股份有限公司辽河油田分公司、中国石油集团渤海石油装备制造有限公司新世纪机械制造分公司、胜利油田高原石油装备有限责任公司。

本标准主要起草人：贾波、唐良文、郑雷、刘连伟、钟永海、王明巧、刘向南、李继云、闫秀文、严小龙、张璇、肖莉、王志明、吴清河、杨松、朱恒、郎帆、张玉树、刘洪翠、刚瑞超。

本标准所代替标准的历次版本发布情况为：

——GB/T 18607—2001、GB/T 18607—2008。

石油天然气工业 钻井和采油设备 往复式整筒抽油泵

1 范围

本标准规定了应用于石油和天然气工业的有杆抽油系统中的往复式整筒抽油泵(以下简称抽油泵)的设计要求和试验方法。

本标准适用于有杆抽油系统中通用泵径的抽油泵总成(包括杆式泵和管式泵)、零件及其组件。为确保全部零件的标准化和互换性提供了足够的尺寸要求。

注:本标准对许多零件和组件有详细的规定,因此不需要设计包。但是,有些零件需要设计包,这些零件编排在表 B.9～表 B.17,B.21,B.22,B.27,B.29,B.31,B.32,B.36,B.37,B.38,B.39,B.40,B.43,B.48,B.52,B.53,B.54,B.58 中。

本标准不适用于特种抽油泵设计,也不包括抽油泵的安装、操作和维护。有关安装、操作和维护方面的内容见 SY/T 5188。

2 规范性引用文件

下列文件对于本文件的应用是必不可少的。凡是注日期的引用文件,仅注日期的版本适用于本文件。凡是不注日期的引用文件,其最新版本(包括所有的修改单)适用于本文件。

GB/T 197 普通螺纹 公差(GB/T 197—2003,ISO 965-1:1998,MOD)

GB/T 228.1 金属材料 拉伸试验 第1部分:室温试验方法(GB/T 228.1—2010,ISO 6892-1:2009,MOD)

GB/T 230.1 金属材料 洛氏硬度试验 第1部分:试验方法(A,B,C,D,E,F,G,H,K,N,T标尺)(GB/T 230.1—2009,ISO 6508-1:2005,MOD)

GB/T 1804 一般公差 未注公差的线性和角度尺寸的公差(GB/T 1804—2000,ISO 2786-1:1989,EQV)

GB/T 2828.1 计数抽样检验程序 第1部分:按接收质量限(AQL)检索的逐批检验抽样计划(GB/T 2828.1—2012,ISO 2859-1:1999,IDT)

GB/T 4340.1 金属材料 维氏硬度试验 第1部分:试验方法(GB/T 4340.1—2009,ISO 6507-1:2005,MOD)

GB/T 9253.2 石油天然气工业 套管、油管和管线管螺纹的加工、测量和检验

GB/T 9445 无损检测 人员资格鉴定与认证(GB/T 9445—2015,ISO 9712:2012)

GB/T 18449.1 金属材料 努氏硬度试验 第1部分:试验方法(GB/T 18449.1—2009,ISO 4545-1:2005,MOD)

SY/T 5029 抽油杆

SY/T 5188 抽油泵维护与使用推荐作法

3 术语、定义、符号和缩略语

3.1 术语和定义

下列术语和定义适用于本文件。

3.1.1

100%检验　100% inspection

对批次产品逐个零件进行检验。

3.1.2

成批处理　batch lots processing

在一个设备中处理一定数量材料的过程。

3.1.3

校准标准器　calibration standards

基准的测量工具(如螺纹线规或量块),可通过类似 NIST 的国家标准组织追溯到国际标准单位制(SI 单位制)并被用于校准测量工具、检测设备、螺纹量规和平面量规。

3.1.4

碳氮共渗　carbonitrided

表面渗入碳和氮的表面硬化工艺过程。

3.1.5

渗碳　carburized

表面渗入碳的表面硬化工艺过程。

3.1.6

连续处理　continuous processing

不定量的材料连续、稳定地通过处理设备的过程。

3.1.7

设计包　design package

用于证明产品按照产品规范或标准要求设计的记录和文件。

3.1.8

不连续性　discontinuity

正常物理结构或轮廓上的中断,例如:裂纹、折叠、接缝、凹坑和起层。

3.1.9

工艺规程　documented processing instructions

标准操作程序(SOP),由有资质的人员批准,包括必要的针对特殊过程要求的作业指导书。

3.1.10

双研磨面阀座　dual lapped seat

阀座研磨后适用于 V12 和可替代的 V12A 阀球尺寸。

3.1.11

内衬硬化处理　hard lined

将硬质材料熔覆在基体材料表面的硬质合金焊接过程。

3.1.12

表面感应硬化处理　induction case hardened

通过感应加热的方法达到表面硬化的工艺过程。

3.1.13

材料试验报告　material test report

来自工厂或有资质的实验室文件资料,它至少标明了材料的类型或级别、化学性能和机械性能。另外,报告还可能标明材料硬度值。

3.1.14

碳化镍复合材料　nickel carbide composite

涂覆有碳化物悬浮颗粒的镍合金材料。

3.1.15

渗氮　nitrided

表面渗入氮的表面硬化工艺过程。

3.1.16

有资质的人员　qualified person

通过培训而获得特长或技能和/或根据一定的要求、标准或测试确定的有经验的，能够单独执行一项具体操作的人员。

3.1.17

螺纹线规　thread wires

一套借助于千分尺测量外螺纹中径的精密光滑线规。

3.1.18

全跳动(圆跳动)　total indicator runout (circular)

当圆形零件旋转360°时，量规的总读数。

3.1.19

工作量规　working gauge

直接用于产品测量的量规。

3.2　符号

3.2.1　通用符号

下列符号适用于本文件。

APL——软密封柱塞实际长度；

D_3——阀杆装配直径；

D_A——座封短节密封面端部直径；

D_{ANG}——锥面端部直径；

D_{ALT}——替代阀球直径尺寸；

D_B——标准阀球直径尺寸；

D_H——孔径；

D_{MBA}——机械底部锁紧支承总成外径；

D_{MBC}——机械底部锁紧支承总成基准长度处直径；

D_{MTA}——芯轴座封直径；

D_{od}——柱塞管直径；

D_{PD}——机械顶部锁紧直径；

D_Q——沉孔直径；

D_{RX}——座圈圆角中心直径；

L_1——打捞颈头部长度；

L_2——打捞颈长度；

L_3——阀杆装配长度；

L_4——皮碗底座长度；

L_5——皮碗凸起长度；
L_6——皮碗长度；
L_7——皮碗座圈长度；
L_B——座封长度；
L_{CB}——沉孔长度；
L_{CBT}——螺纹长度；
L_{CU}——泵筒上部接箍长度；
L_{CL}——泵筒下部接箍长度；
L_L——拔出器螺纹长度；
L_{MBB}——机械底部支承长度；
L_{MC1}——芯轴皮碗装配长度；
L_{MC2}——芯轴皮碗装配间隙；
L_{PL}——基准长度；
L_{PL1}——机械顶部锁紧支承总成基准长度；
L_q——沉孔深度；
L_{qm}——沉孔深度；
L_{R2}——座圈皮碗间隙长度；
L_{R3}——座圈皮碗基准长度；
L_{SL}——柱塞密封长度；
L_t——芯轴螺纹长度；
L_{WA}——外扳手方长度；
L_{WB}——内扳手方长度；
L_{WC}——扳手方长度；
R——皮碗座圈半径。

3.2.2 量规符号

下列量规符号适用于本文件。

DBD_4——塞规凸缘直径，B1 螺纹量规；
DBD_7——塞规基面上的螺纹大径，B1 螺纹量规；
DBD_G——塞规退刀槽直径，B1 螺纹量规；
DBD_O——泵筒端部螺纹大径，B1 螺纹量规；
DBE_7——基面中径，B1 螺纹量规；
DBK_O——泵筒端面螺纹小径，B1 螺纹量规；
LBL_2——泵筒螺纹有效长度，B1 螺纹量规；
LBL_4——螺纹总长度（至消失点），B1 螺纹量规；
LBL_7——从基面至泵筒端面长度，B1 螺纹量规；
LBL_N——内螺纹总深度（包括退刀槽，如有）B1 螺纹量规；
LBS——量规紧密距，B1 螺纹量规。

3.2.3 螺纹标识符号

下列螺纹标识符号适用于本文件。

S,S1,S2,C11,C12,C21,C22,C31,C32,A,L,B1,B2,F1,LP,F32,F42,F22,H1,H2,P1,P2。

3.2.4 螺纹尺寸符号

下列螺纹尺寸符号适用于本文件。

D_{CF}——C32 螺纹直径；

D_{CJ}——C11 螺纹卸荷槽直径；

L_{CA}——C11,C21,C31 螺纹长度；

L_{CBM}——C12 最小完整螺纹长度；

L_{CE}——C22 螺纹长度。

3.3 缩略语

下列缩略语适用于本文件。

EU　外部加厚(external upset)；

ID　内径(inside diameter)；

ksi　千磅每平方英寸(thousand pounds per square inch)；

MTR　材料试验报告(Material Test Report)；

NIST　美国标准技术学会(National Institute of Standards and Technology)；

NDT　无损检测(non-destructive testing)；

nom　公称尺寸(nominal dimension)；

OD　外径(outside diameter)；

TIR　全跳动(total indicator runout)；

UNS　美制特殊螺纹(Unified Numbering System)。

4 功能要求

为了订购符合本标准的产品,用户或买方可提出适用的油井、环境操作条件,规定技术要求和/或确定制造厂商的具体产品。规范性附录中给出了其他详细订购信息。附录 A～附录 F 中规定了具体产品要求。附录 G 用图解说明了有杆抽油系统的零部件。附录 H 至附录 K 分别给出了金属柱塞与泵筒的配合间隙、泵总成密封性能试验压力推荐值、配合间隙最大漏失量推荐值和用于抽油泵及其零部件的公制普通螺纹尺寸。可通过制造厂商零件号、数据表或其他合适的文件将订货要求传送给制造厂商。

当买方指定抽油泵总成时,功能性试验应根据双方商定的程序进行,并按要求提供指定试验的文件记录。

按制造厂商零件编号或本标准产品编号订购产品时,应详细说明如下要求:

a) 产液量；
b) 材料类型；
c) 井深,套管尺寸,油管尺寸,抽油泵尺寸或其他机械井参数；
d) 井身结构；
e) 产出流体的化学和物理成分,其中包括产出的固体物(砂,垢等),在整个开采周期过程中产品会接触到这些固体物；
f) 选定的地面驱动系统；
g) 油井底部静态温度和压力及生产温度和压力；
h) 计划的化学处理方式。

5 技术要求

5.1 设计要求

5.1.1 总则

应按照本标准的要求进行抽油泵设计和制造，按附录A规定进行组装，零件尺寸应符合附录B的要求，应按附录D进行标志，材料应符合附录E的要求，金属柱塞与泵筒的配合间隙参见附录H。

特殊过程应进行确认，特殊过程包括但不限于热处理、电镀、金属喷焊、碳氮共渗和镍碳涂层等。特殊过程的确认应包含在制造厂商的文件中并作为设计包的一部分。

5.1.2 设计文件

设计文件应至少包括图纸，适用时包括假设、公式、计算、设计要求、试验和验收准则。设计文件应清晰、易辨、可复制和可检索。设计文件应包括设计验证、确认、评审和一些必要的活动。

5.1.3 设计评审

设计应由原设计人员之外的具备资质的人员进行评审和验证，评价设计满足要求的能力。

5.1.4 设计验证

应进行设计验证，以确保每一个产品的设计都符合制造厂商的技术规范。

5.1.5 设计更改

为了符合本标准的规定而进行的设计变更和设计文件的变更应使用和原设计相同的控制过程。

5.2 材料

制造厂商应制定符合本标准附录E中产品材料要求的文件规范。

6 制造厂商要求

6.1 质量控制

6.1.1 总则

为了保证精度，用于测量、试验和检验[1]按照本标准制造的产品的设备，应按照制造厂商规范和本标准要求定期进行鉴定、控制、校准和调整。

高于或等同于本标准所列可验证精度的检验技术，经有资质的人员批准后可以应用。

6.1.2 检验、测量、试验设备的校准

6.1.2.1 校对螺纹量规不应用于直接检测按本标准定义的螺纹。制造厂商应使用塞规来验证和校准螺纹环规。

6.1.2.2 应按相关规定和本标准定期对验收时使用的检验、测量和试验设备进行鉴定、检验、校准和调整。检验、测量和试验设备仅限于在已校准的范围内使用。用于产品验收的测量和试验设备的校准或校验应能通过如NIST的国家标准技术学会追溯到国际标准单位制(SI单位制)。

6.1.2.3 检验、测量和试验设备的校准时间间隔应根据历史校准数据测量值来确定。在建立(良好的)

---

1) 指用量规检验，下同。

校准历史记录之前，校准时间间隔最长不应超过三个月。基于校准历史，校准间隔可延长或缩短，但校准间隔不能超过先前校准间隔的两倍。如果怀疑检验、测量和试验设备出现损坏或使用不当，应立即停止使用，直到通过校准验证后才可以重新使用。

6.1.2.4　用于校准检验、测量和试验设备的校准标准器应由与 NIST 有溯源关系的独立校准机构或相应的国家标准或规范的代理机构进行验证与批准，应至少每年进行一次。

6.1.2.5　压力表或传感器至少应精确到满量程的 3%，这些仪器应按照已获批准的程序，每年至少校准一次，校准时应使用一个基准测量压力计或静重压力测试仪，在满量程范围(0～100%)至少三个等距点(不包括 0 点和满量程点)上进行。

6.1.3　人员资质

直接影响材料和产品质量的所有从事质量控制活动的人员应具有制造厂商的文件所规定的资质。

6.1.4　验收标准

6.1.4.1　总则

按照本标准设计和制造的产品应满足本标准相应附录的要求。所有成品的验收记录应至少保留 5 年。本标准包括的所有产品应使用钢厂或经销商供应的新材料进行制造。铸件不应作为原材料用于零件生产。当规定要进行无损检测时，应按照制造厂商的文件规定中的验收准则进行无损检测。

材料试验报告(MTR)应被认为是材料符合附录 E 中材料要求的证明文件。

尺寸检验应由具有资质的检验人员进行，这样可以确保功能准确，满足设计标准、规范及零件的最终尺寸。

6.1.4.2　检验频次和验收

6.1.4.2.1　成批处理

除本标准中另有说明，否则生产批次的检验频次和验收检验应符合 GB/T 2828.1 中规定的正常检验一次抽样方案，验收标准的一般检验水平Ⅰ，接收质量限 4.0%。也可以采用更严格的检验方案。验收准则应以如 GB/T 2828.1 中叙述的连续监控或统计过程控制为基础。

零件尺寸检验频次应根据表 1 的随机一次抽样方案。依据 GB/T 2828.1，一般检验水平Ⅰ，接收质量限 4.0%。

6.1.4.2.2　连续处理

在连续处理过程中，应至少检验 10%的生产零件。不合格项目的处理过程应符合 6.2.5 的要求。应返回检验不合格项目出现前生产的已验收的零件，同时，应按制造厂商的规定处置不合格零件。验收准则应以如 GB/T 2828.1 中叙述的连续监控或统计方法控制为基础。

表 1　抽样程序

(1)	(2)	(3)	(4)
批量	样本量	批合格判定件数	批不合格判定件数[a]
2～8	2	0	1
9～15	2	0	1
16～25	3	0	1

表 1(续)

(1) 批量	(2) 样本量	(3) 批合格判定件数	(4) 批不合格判定件数[a]
26～50	5	0	1
51～90	5	0	1
91～150	8	1	2
151～280	13	1	2
281～500	20	2	3
501～1 200	32	3	4
1 201～3 200	50	5	6
3 201～10 000	80	7	8
10 001～35 000	125	10	11
注：摘自 GB/T 2828.1，一般检验水平Ⅰ，接收质量限＝4.0%。			
[a] 被拒收的零件应进行 100%检验。			

6.1.4.3 零件

零件尺寸的检验应符合制造厂商的图纸和书面规范的要求。制造厂商的图纸和书面规范应满足本标准的最低要求。

6.1.4.4 螺纹

所有英制螺纹连接的尺寸和公差应符合附录 F 的要求。用公制螺纹代替英制螺纹时，公制螺纹尺寸应符合 GB/T 197 的要求。附录 K 给出了常用抽油泵零件公制普通螺纹尺寸。

6.1.4.5 表面粗糙度

除另有说明，表面粗糙度 Ra 值最大应为 6.3 μm。

除另有说明，机械加工密封面的表面粗糙度 Ra 值最大应为 3.2 μm。

除另有说明，一些指定的表面粗糙度为最大值。

6.1.5 生产过程不合格

制造厂商应建立并保持成文的规定，确保防止使用和组装不符合规定要求的产品。对于不合格组件或零件的鉴定、评价、隔离和处置应进行控制。

制造厂商应规定不合格产品的评审职责和处置权限。不合格产品应：

a) 返工使之满足规定要求或其他产品的规定要求；
b) 不用修复，由制造厂商有资格和权限的人员让步接收，规定让步是在设计验收标准之内，决不是允许产品违反本标准要求；
c) 拒收或报废。

不符合性记录和其后采取的包括让步接收活动在内的记录应按制造厂商文件、记录要求予以保留。这些记录应至少保留 5 年。

6.1.6 涂层

6.1.6.1 产品涂层

应用于产品的涂层工艺(如镀铬，镍碳涂层等)应按具有资质的人员审批过的工艺操作指南(包括验收标准)进行控制。

6.1.6.2 用于产品存储和处理的涂层

在产品存储和处理过程中,用于防止大气腐蚀和机械损伤的涂层应按照工艺操作指南执行。

6.1.7 热处理炉仪表

应使用自动控制记录仪。热电偶应放置在热处理炉的工作区域。用于热处理过程的控制记录仪应具有不超过其满量程范围±1%的精度。在建立(良好的)校准历史记录文件之前,温度控制记录仪应至少每六个月进行一次校准。应根据使用的次数、程度以及校准历史记录确立校准的时间间隔。用于校准热处理炉仪表的设备应具有不超过其满量程范围±0.25%的精度。

6.1.8 超声波和磁粉无损检测(NDT)

如采用NDT,操作规程应符合本标准的要求,并在制造厂商的文件中进行详细的说明。所有的NDT操作规程应得到资质符合国际或国家标准(如GB/T 9445)的三级检验人员的批准。

假如使用不可视的NDT方法检测到不连续性缺陷,应按制造厂商的规定采用目测或测量的方法测定不连续处的尺寸加以评价。

执行NDT操作的人员应至少是符合如GB/T 9445的国家或国际标准鉴定和说明的二级资格人员。应去除、修理任何不合格的地方,并用原有的NDT检验方法重新检验。

6.2 产品标志

按照本标准制造的所有产品应按附录D里详述的要求和制造厂商的文件规定打印标志。

6.3 记录

制造厂商应按本标准的要求建立和保持成文的规定控制文件和资料。这些文件和资料应清楚、易辨认、可复制和可检索。文件和资料应保存在能防止遭受破坏、损坏或遗失的设施中。文件和资料可以是如硬拷贝或电子媒体等任何一种媒体形式,从制造日期起,应至少保留5年。

附 录 A
（规范性附录）
抽油泵总成

A.1 抽油泵代号

A.1.1 总则

抽油泵总成应按本标准规定的要求和规格进行制造和供货。

抽油泵的基本类型及其字母代号如表 A.1 所示。

表 A.1 抽油泵代号[a]

(1)	(2)	(3)	(4)	(5)
泵类型	字母代号			
	金属柱塞泵		软密封柱塞泵	
	厚壁泵筒	薄壁泵筒	厚壁泵筒	薄壁泵筒
杆式泵	—	—	—	—
定筒式，顶部固定	RHA	RWA	—	RSA[b]
定筒式，底部固定	RHB	RWB	—	RSB[b]
定筒式，底部固定	RXB	—	—	—
动筒式，底部固定	RHT[b]	RWT	—	RST
管式泵	TH	—	TP[b]	—

[a] 符号定义见图 A.1。

[b] 部分结构和设计尚未标准化，制造厂商可根据用户要求进行设计、制造。

抽油泵代号如图 A.1 所示，包括：

a) 名义油管尺寸；

b) 基本泵径；

c) 抽油泵类型，包括泵筒类型、支承总成的位置及类型；

d) 泵筒长度；

e) 柱塞长度；

f) 每个加长短节的长度（使用加长短节时）。

示例：一台泵径为 31.8 mm(1¼ in)的杆式泵，其泵筒长 3.0 m，厚壁，上部加长短节长 0.6 m，下部加长短节长 0.6 m，柱塞长 1.2 m，在 60.3 mm(2⅜ in)油管中工作，并以底部皮碗支承总成固定，该泵代号表示为：

20-125RHBC3.0-1.2-0.6-0.6

除上述抽油泵代号外，买方还应提供下列附加信息：

a) 泵筒的材料；

b) 柱塞的材料；

c) 泵筒与柱塞的配合间隙；

d) 阀的材料；

e) 配件的材料。

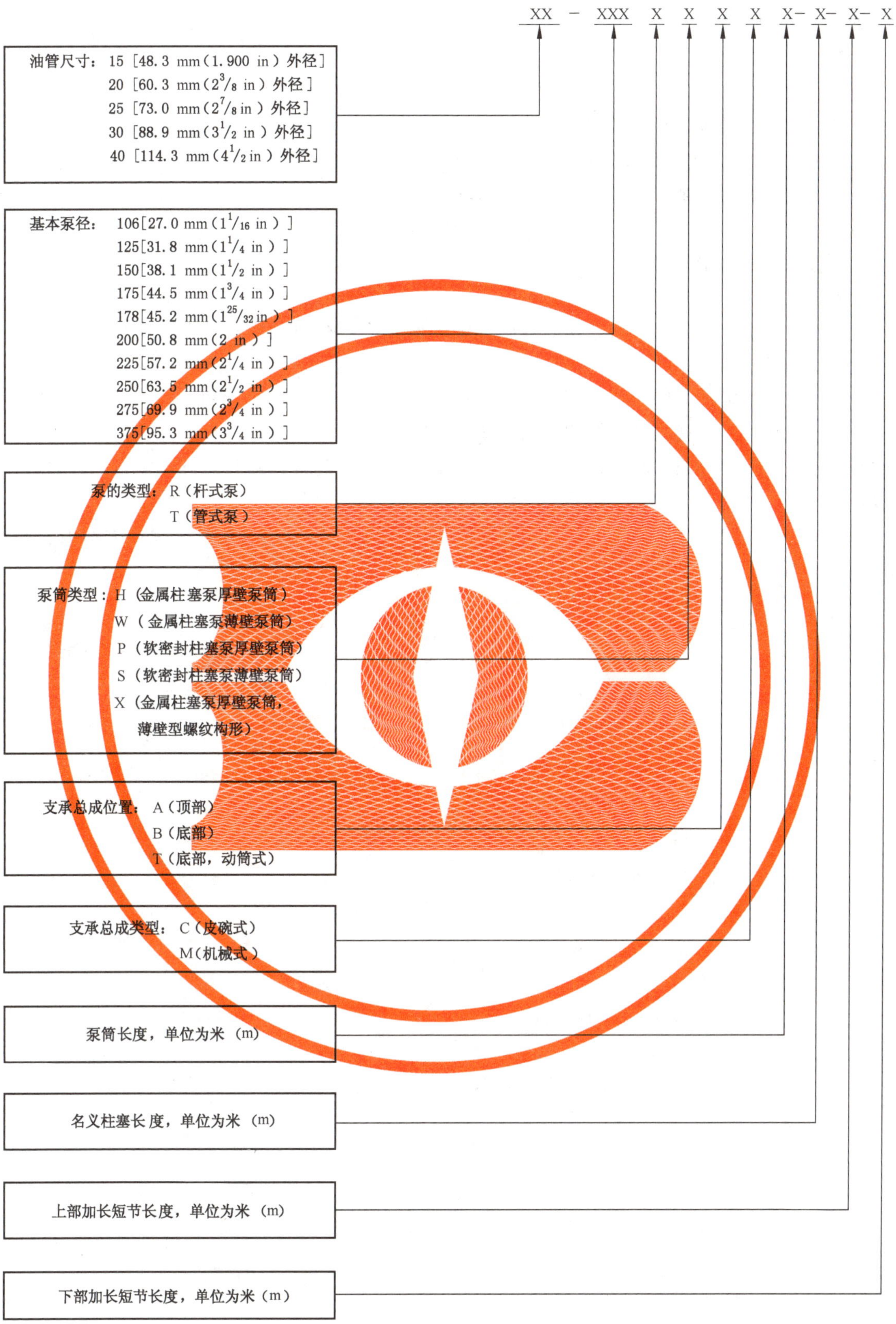
XX - XXX X X X X X- X- X- X
油管尺寸：15 [48.3 mm（1.900 in）外径]
20 [60.3 mm（$2^{3}/_{8}$ in）外径]
25 [73.0 mm（$2^{7}/_{8}$ in）外径]
30 [88.9 mm（$3^{1}/_{2}$ in）外径]
40 [114.3 mm（$4^{1}/_{2}$ in）外径]
基本泵径： 106[27.0 mm（$1^{1}/_{16}$ in）]
125[31.8 mm（$1^{1}/_{4}$ in）]
150[38.1 mm（$1^{1}/_{2}$ in）]
175[44.5 mm（$1^{3}/_{4}$ in）]
178[45.2 mm（$1^{25}/_{32}$ in）]
200[50.8 mm（2 in）]
225[57.2 mm（$2^{1}/_{4}$ in）]
250[63.5 mm（$2^{1}/_{2}$ in）]
275[69.9 mm（$2^{3}/_{4}$ in）]
375[95.3 mm（$3^{3}/_{4}$ in）]
泵的类型： R（杆式泵）
T（管式泵）
泵筒类型：H（金属柱塞泵厚壁泵筒）
W（金属柱塞泵薄壁泵筒）
P（软密封柱塞泵厚壁泵筒）
S（软密封柱塞泵薄壁泵筒）
X（金属柱塞泵厚壁泵筒，
薄壁型螺纹构形）
支承总成位置： A（顶部）
B（底部）
T（底部，动筒式）
支承总成类型： C（皮碗式）
M（机械式）
泵筒长度，单位为米（m）
名义柱塞长度，单位为米（m）
上部加长短节长度，单位为米（m）
下部加长短节长度，单位为米（m）

图 A.1 抽油泵代号

A.1.2 抽油泵总成

抽油泵总成应符合表 A.2～表 A.9 和图 A.2～图 A.9 的要求，按附录 B 规定的零件装配。

金属柱塞泵应从附录 B 中配备下列基本零件：

a) 阀杆或拉管(仅用于杆式泵)；

b) 基本直径减去间隙值的整体式或组合式金属柱塞；

c) 阀；

d) 厚壁泵筒或薄壁泵筒；

e) 支承总成；

  1) 皮碗组件总成。这些总成由可压缩密封件组成。在抽油泵代号中用字母“C”来表示，如图 A.1 所示；

  2) 若有指定时，可配备机械支承总成，此时用字母“M”代替抽油泵代号中的“C”。机械支承总成的详细规定见零件 S21 和 S22。

软密封柱塞密封件的设计和结构目前尚未标准化，可根据制造厂产品目录确定密封元件的尺寸、类型和数量。

本标准所述抽油泵总成应按附录 C 组装和功能测试。密封性能试验、配合间隙最大漏失量参见附录 I、附录 J 进行。

抽油泵总成应按附录 D 进行标志。

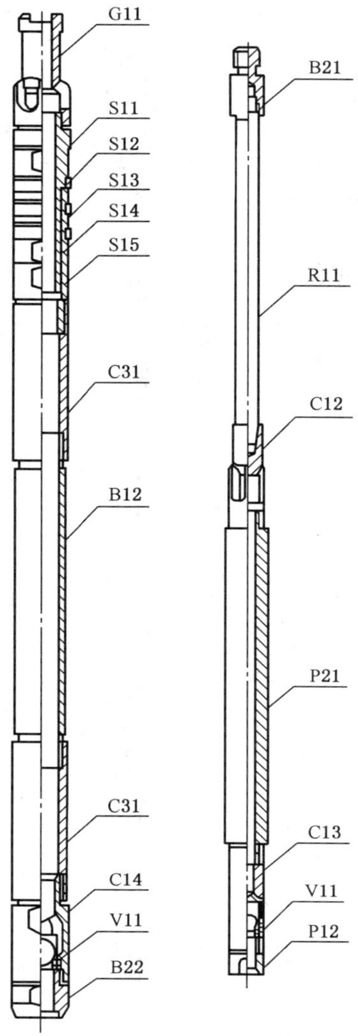

图 A.2 RHA

表 A.2 RHA 定筒式、厚壁筒、顶部固定杆式泵(见图 A.2)

(1)	(2)	(3)	(4)	(5)	(6)
符号[f]	名　　称	标准抽油泵规格			
		60.3×31.8 (2 ⅜×1 ¼)	73.0×38.1 (2 ⅞×1 ½)	73.0×44.5 (2 ⅞×1 ¾)	88.9×57.2 (3 ½×2 ¼)
		抽油泵代号			
		20—125 RHAC[a,b,c]	25—150 RHAC[a,b,c]	25—175 RHAC[a,b,c]	30—225 RHAC[a,b,c]
		零 件 号[f]			
B12	厚壁泵筒	B12—125[a]	B12—150[a]	B12—175[a]	B12—225[a]
B21	阀杆异径接头	B21—20	B21—25	B21—25	B21—30
B22	泵筒阀罩异径接头	B22—20	B22—25	B22—25	B22—30
C12	柱塞上部阀罩	C12—125	C12—150—25	C12—175	C12—225
C13	外螺纹柱塞闭式阀罩	C13—125	C13—150	C13—175	C13—225
C14	泵筒闭式阀罩	C14—20	C14—25	C14—25	C14—30
C31	加长接箍	C31—125[c]	C31—150[c]	C31—175[c]	C31—225[c]
G11	阀杆导向套	G11—20	G11—25	G11—25	G11—30
P12	阀座管塞	P12—125	P12—150	P12—175	P12—225
P21	整体式柱塞[d]	P21—125[b]	P21—150[b]	P21—175[b]	P21—225[b]
R11	阀杆	R11—20[e]	R11—25[e]	R11—25[e]	R11—30[e]
S11	密封皮碗芯轴(HR 型)	S11—20	S11—25	S11—25	S11—30
S12	密封皮碗(HR 型)	S12—20	S12—25	S12—25	S12—30
S13	密封皮碗座圈(HR 型)	S13—20	S13—25	S13—25	S13—30
S14	密封皮碗压帽(HR 型)	S14—20	S14—25	S14—25	S14—30
S15	密封皮碗异径接头	S15—20	S15—25	S15—25	S15—30
V11	阀球和阀座				
	游动阀	V11—125	V11—150	V11—175	V11—225
	固定阀	V11—175	V11—225	V11—225	V11—250

注：所有尺寸用毫米表示，括号内为相应的英寸。

[a] 规定泵筒长度，单位为米(英尺)，标准长度为：0.61 m(2 ft)～12.19 m(40 ft)，长度按 0.305 m(1 ft)递增。
[b] 规定标称柱塞长度，单位为米(英尺)，配合间隙，单位为毫米(英寸)。
[c] 规定加长接箍的总长度，单位为米(英尺)。标准长度按每 0.152 m(0.5 ft)递增。
[d] 若柱塞 P21 的外螺纹接头型式选定为 F1A 型或 F1B 型，则应在 C12 和 P21 之间加装一个阀座，参照零件 P21。
[e] 阀杆长度参照零件 R11。
[f] 抽油泵零件用符号的定义参照附录 B。

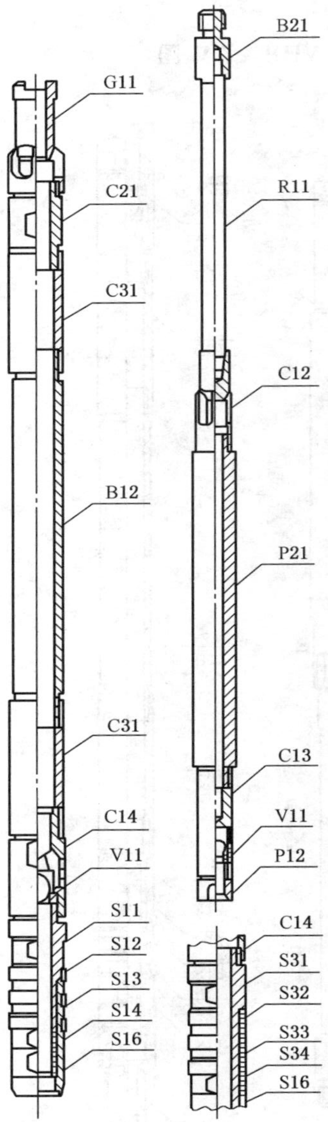

图 A.3 RHB

表 A.3 RHB 定筒式、厚壁筒、底部固定杆式泵(见图 A.3)

(1)	(2)	(3)	(4)	(5)	(6)	(7)	(8)
符号[f]	名称	标准抽油泵规格					
		48.3×27.0 (1.900×1 1/16)	60.3×27.0 (2 3/8×1 1/16)	60.3×31.8 (2 3/8×1 1/4)	73.0×38.1 (2 7/8×1 1/2)	73.0×44.5 (2 7/8×1 3/4)	88.9×57.2 (3 1/2×2 1/4)
		抽油泵代号					
		15—106RHBC[a,b,c]	20—106RHBC[a,b,c]	20—125RHBC[a,b,c]	25—150RHBC[a,b,c]	25—175RHBC[a,b,c]	30—225RHBC[a,b,c]
		零件号[f]					
B12	厚壁泵筒	B12—106[a]	B12—106[a]	B12—125[a]	B12—150[a]	B12—175[a]	B12—225[a]
B21	阀杆异径接头	B21—15	B21—20	B21—20	B21—25	B21—25	B21—30
C12	柱塞上部阀罩	C12—106	C12—106	C12—125	C12—150—25	C12—175	C12—225
C13	外螺纹柱塞闭式阀罩	C13—106	C13—106	C13—125	C13—150	C13—175	C13—225
C14	泵筒闭式阀罩	C14—15	C14—20	C14—20	C14—25	C14—25	C14—30
C21	泵筒上部接头	C21—15	C21—20	C21—20	C21—25	C21—25	C21—30
C31	加长接箍	C31—106—15[e]	C31—106[e]	C31—125[e]	C31—150[e]	C31—175[e]	C31—225[e]
G11	阀杆导向套	G11—15	G11—20	G11—20	G11—25	G11—25	G11—30
P12	阀座管塞	P12—106	P12—106	P12—125	P12—150	P12—175	P12—225
P21	整体式柱塞[d]	P21—106[b]	P21—106[b]	P21—125[b]	P21—150[b]	P21—175[b]	P21—225[b]
R11	阀杆	R11—20[e]	R11—20[e]	R11—20[e]	R11—25[e]	R11—25[e]	R11—30[e]
S11	密封皮碗芯轴(HR 型)	—	S11—20	S11—20	S11—25	S11—25	S11—30
S12	密封皮碗(HR 型)	—	S12—20	S12—20	S12—25	S12—25	S12—30
S13	密封皮碗座圈(HR 型)	—	S13—20	S13—20	S13—25	S13—25	S13—30
S14	密封皮碗压帽(HR 型)	—	S14—20	S14—20	S14—25	S14—25	S14—30
S16	密封皮碗异径接头	S16—15	S16—20	S16—20	S16—25	S16—25	S16—30
S31	密封皮碗芯轴(O 型)	S31—15	—	—	—	—	—
S32	密封皮碗(O 型)	S32—15	—	—	—	—	—
S33	密封皮碗座圈(O 型)	S33—15	—	—	—	—	—
S34	密封皮碗压帽(O 型)	S34—15	—	—	—	—	—
V11	阀球和阀座						
	游动阀	V11—106	V11—106	V11—125	V11—150	V11—175	V11—225
	固定阀	V11—150	V11—175	V11—175	V11—225	V11—225	V11—250

注:所有尺寸用毫米表示,括号内为相应的英寸。

[a] 规定泵筒长度,单位为米(英尺),标准长度为:0.61 m(2 ft)～12.19 m(40 ft),长度按 0.305 m(1 ft)递增。
[b] 规定标称柱塞长度,单位为米(英尺),配合间隙,单位为毫米(英寸)。
[c] 规定加长接箍的总长度,单位为米(英尺)。标准长度按每 0.152 m(0.5 ft)递增。
[d] 若柱塞 P21 的外螺纹接头型式选定为 F1A 型或 F1B 型,则应在 C12 和 P21 之间加装一个阀座,参照零件 P21。
[e] 阀杆长度参照零件 R11。
[f] 抽油泵零件用符号的定义参照附录 B。

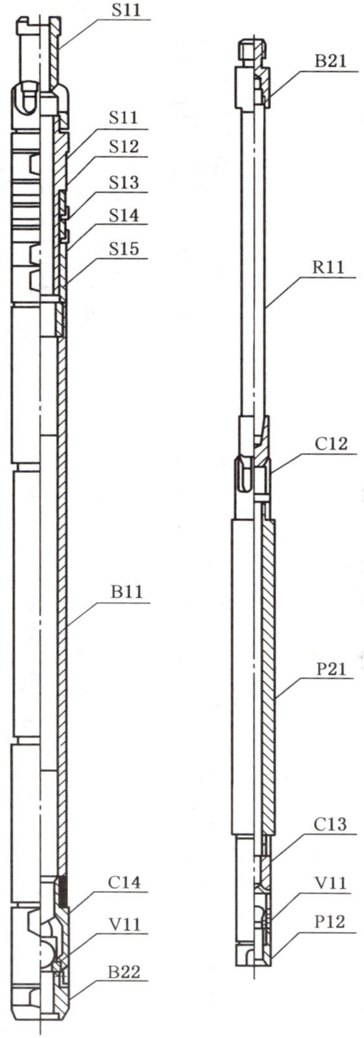

图 A.4 RWA

表 A.4 RWA 定筒式、薄壁筒、顶部固定杆式泵(见图 A.4)

(1)	(2)	(3)	(4)	(5)	(6)
符号[e]	名称	标准抽油泵规格			
		60.3×31.8 (2 ⅜×1 ¼)	60.3×38.1 (2 ⅜×1 ½)	73.0×50.8 (2 ⅞×2)	88.9×63.5 (3 ½×2 ½)
		抽油泵代号			
		20—125 RWAC[a,c]	20—150 RWAC[a,c]	25—200 RWAC[a,c]	30—250 RWAC[a,c]
		零件号[e]			
B11	薄壁泵筒	B11—125[a]	B11—150[a]	B11—200[a]	B11—250[a]
B21	阀杆异径接头	B21—20	B21—20	B21—25	B21—30
B22	泵筒阀罩异径接头	B22—20	B22—20	B22—25	B22—30
C12	柱塞上部阀罩	C12—125	C12—150—20	C12—200	C12—250
C13	外螺纹柱塞闭式阀罩	C13—125	C13—150	C13—200	C13—250
C14	泵筒闭式阀罩	C14—20—125	C14—20	C14—25	C14—30
G11	阀杆导向套	G11—20	G11—20	G11—25	G11—30
P12	阀座管塞	P12—125	P12—150	P12—200	P12—250
P21	整体式柱塞[b]	P21—125[c]	P21—150[c]	P21—200[c]	P21—250[c]
R11	阀杆	R11—20[d]	R11—20[d]	R11—25[d]	R11—30[d]
S11	密封皮碗芯轴(HR 型)	S11—20	S11—20	S11—25	S11—30
S12	密封皮碗(HR 型)	S12—20	S12—20	S12—25	S12—30
S13	密封皮碗座圈(HR 型)	S13—20	S13—20	S13—25	S13—30
S14	密封皮碗压帽(HR 型)	S14—20	S14—20	S14—25	S14—30
S15	密封皮碗异径接头	S15—20—125	S15—20	S15—25	S15—30
V11	阀球和阀座				
	游动阀	V11—125	V11—150	V11—200	V11—250
	固定阀	V11—175	V11—175	V11—225	V11—250

注:所有尺寸用毫米表示,括号内为相应的英寸。

[a] 规定泵筒长度,单位为米(英尺),标准长度为:0.61 m(2 ft)~12.19 m(40 ft),长度按 0.305 m(1 ft)递增。

[b] 若柱塞 P21 的外螺纹接头型式选定为 F1A 型或 F1B 型,则应在 C12 和 P21 之间加装一个阀座,参照零件 P21。

[c] 规定标称柱塞长度,单位为米(英尺),配合间隙,单位为毫米(英寸)。

[d] 阀杆长度参照零件 R11。

[e] 抽油泵零件用符号的定义参照附录 B。

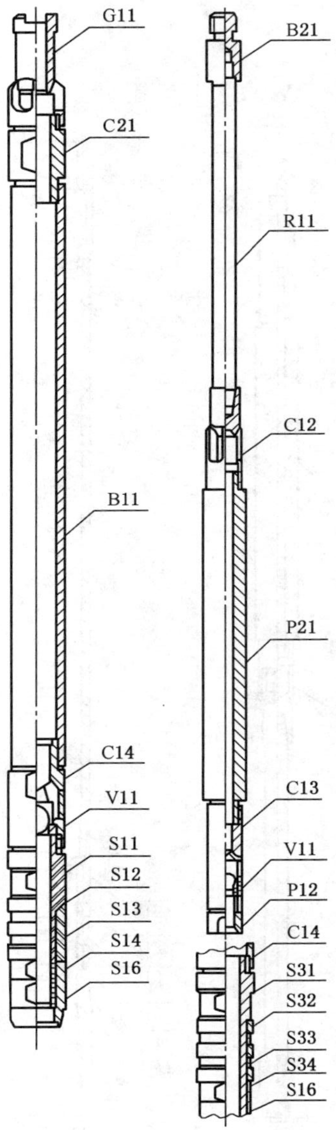

图 A.5 RWB

表 A.5 RWB 定筒式、薄壁筒、底部固定杆式泵(见图 A.5)

(1)	(2)	(3)	(4)	(5)	(6)	(7)
符号[e]	名称	标准抽油泵规格				
		48.3×31.8 (1.900×1 ¼)	60.3×31.8 (2 ⅜×1 ¼)	60.3×38.1 (2 ⅜×1 ½)	73.0×50.8 (2 ⅞×2)	88.9×63.5 (3 ½×2 ½)
		抽油泵代号				
		15—125 RWBC[a,c]	20—125 RWBC[a,c]	20—150 RWBC[a,c]	25—200 RWBC[a,c]	30—250 RWBC[a,c]
		零件号[e]				
B11	薄壁泵筒	B11—125[a]	B11—125[a]	B11—150[a]	B11—200[a]	B11—250[a]
B21	阀杆异径接头	B21—15	B21—20	B21—20	B21—25	B21—30
C12	柱塞上部阀罩	C12—125	C12—125	C12—150—20	C12—200	C12—250
C13	外螺纹柱塞闭式阀罩	C13—125	C13—125	C13—150	C13—200	C13—250
C14	泵筒闭式阀罩	C14—15	C14—20—125	C14—20	C14—25	C14—30
C21	泵筒上部接头	C21—15	C21—20—125	C21—20	C21—25	C21—30
G11	阀杆导向套	G11—15	G11—20	G11—20	G11—25	G11—30
P12	阀座管塞	P12—125	P12—125	P12—150	P12—200	P12—250
P21	整体式柱塞[b]	P21—125[c]	P21—125[c]	P21—150[c]	P21—200[c]	P21—250[c]
R11	阀杆	R11—20[d]	R11—20[d]	R11—20[d]	R11—25[d]	R11—30[d]
S11	密封皮碗芯轴(HR 型)	—	S11—20	S11—20	S11—25	S11—30
S12	密封皮碗(HR 型)	—	S12—20	S12—20	S12—25	S12—30
S13	密封皮碗座圈(HR 型)	—	S13—20	S13—20	S13—25	S13—30
S14	密封皮碗压帽(HR 型)	—	S14—20	S14—20	S14—25	S14—30
S16	密封皮碗异径接箍	S16—15	S16—20	S16—20	S16—25	S16—30
S31	密封皮碗芯轴(O 型)	S31—15	—	—	—	—
S32	密封皮碗(O 型)	S32—15	—	—	—	—
S33	密封碗座圈(O 型)	S33—15	—	—	—	—
S34	密封皮碗压帽(O 型)	S34—15	—	—	—	—
V11	阀球和阀座					
	游动阀	V11—125	V11—125	V11—150	V11—200	V11—250
	固定阀	V11—150	V11—175	V11—175	V11—225	V11—250

注:所有尺寸用毫米表示,括号内为相应的英寸。

[a] 规定泵筒长度,单位为米(英尺),标准长度为:0.61 m(2 ft)～12.19 m(40 ft),长度按 0.305 m(1 ft)递增。

[b] 若柱塞 P21 的外螺纹接头型式选定为 F1A 型或 F1B 型,则应在 C12 和 P21 之间加装一个阀座,参照零件 P21。

[c] 规定标称柱塞长度,单位为米(英尺),配合间隙,单位为毫米(英寸)。

[d] 阀杆长度参照零件 R11。

[e] 抽油泵零件用符号的定义参照附录 B。

表 A.6 RWT 动筒式、薄壁筒、底部固定杆式泵(见图 A.6)

(1)	(2)	(3)	(4)	(5)	(6)	(7)
符号[d]	名称	标准抽油泵规格				
		48.3×31.8 (1.900×1 ¼)	60.3×31.8 (2 ⅜×1 ¼)	60.3×38.1 (2 ⅜×1 ½)	73.0×50.8 (2 ⅞×2)	88.9×63.5 (3 ½×2 ½)
		抽油泵代号				
		15—125 RWT[a,c]	20—125 RWT[a,c]	20—150 RWT[a,c]	25—200 RWT[a,c]	30—250 RWT[a,c]
		零件号[d]				
B11	薄壁泵筒	B11—125[a]	B11—125[a]	B11—150[a]	B11—200[a]	B11—250[a]
C11	上部开式阀罩	C11—15	C11—20	C11—20	C11—25	C11—30
C12	柱塞上部阀罩	C12—125	C12—125	C12—150—20	C12—200	C12—250
C21	泵筒上部接头	C21—15	C21—20—125	C21—20	C21—25	C21—30
C32	拉管上部接箍	C32—125	C32—125	C32—150	C32—200	C32—250
C33	拉管下部接箍	C33—125—15	C33—125	C33—150—20	C33—200	C33—225
P11	泵管管塞	P11—125—15	P11—125—15	P11—150—20	P11—200	P11—225
P21	整体式柱塞	P21—125[b]	P21—125[b]	P21—150[b]	P21—200[b]	P21—250[b]
S11	密封皮碗芯轴(HR 型)	—	S11—20	S11—20	S11—25	S11—30
S12	密封皮碗(HR 型)	—	S12—20	S12—20	S12—25	S12—30
S13	密封皮碗座圈(HR 型)	—	S13—20	S13—20	S13—25	S13—30
S14	密封皮碗压帽(HR 型)	—	S14—20	S14—20	S14—25	S14—30
S16	密封皮碗异径接箍	S16—15	S16—20	S16—20	S16—25	S16—30
S31	密封皮碗芯轴(O 型)	S31—15	—	—	—	—
S32	密封皮碗(O 型)	S32—15	—	—	—	—
S33	密封皮碗座圈(O 型)	S33—15	—	—	—	—
S34	密封皮碗压帽(O 型)	S34—15	—	—	—	—
T11	拉管	T11—125[c]	T11—125[c]	T11—150[c]	T11—200[c]	T11—225[c]
V11	阀球和阀座					
	游动阀	V11—150	V11—175	V11—175	V11—225	V11—250
	固定阀	V11—125	V11—125	V11—150	V11—200	V11—250

注：所有尺寸用毫米表示,括号内为相应的英寸。

[a] 规定泵筒长度,单位为米(英尺),标准长度为:0.61 m(2 ft)～12.19 m(40 ft),长度按 0.305 m(1 ft)递增。

[b] 规定标称柱塞长度,单位为米(英尺),配合间隙,单位为毫米(英寸)。

[c] 拉管长度参照零件 T11。

[d] 抽油泵零件用符号的定义参照附录 B。

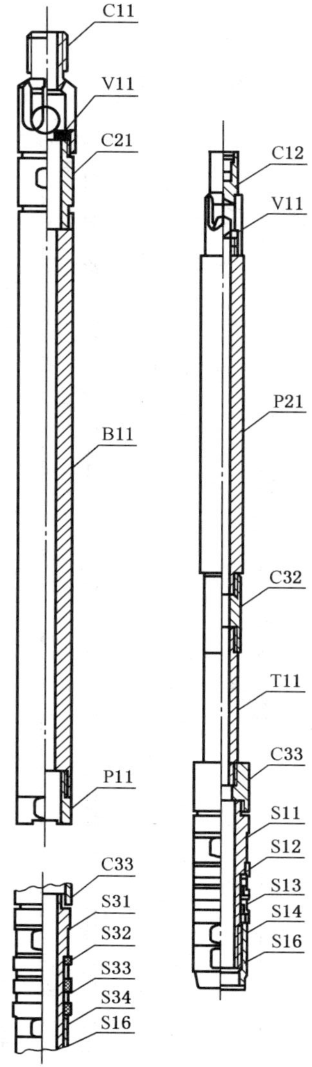

图 A.6 RWT

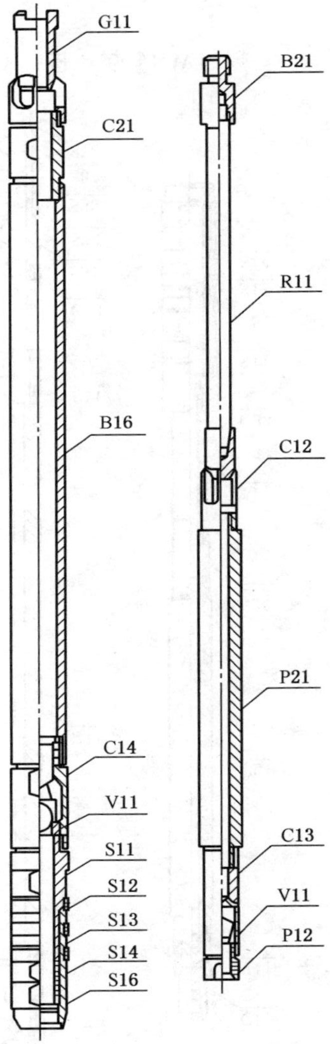

图 A.7　RXB

表 A.7　RXB 定筒式、厚壁筒、底部固定杆式泵(见图 A.7)

(1)	(2)	(3)	(4)	(5)
符号[e]	名称	标准抽油泵规格		
		60.3×31.8 (2 ⅜×1 ¼)	60.3×38.1 (2 ⅜×1 ½)	73.0×50.8 (2 ⅞×2)
		抽油泵代号		
		20—125 RXBC[a,c]	20—150 RXBC[a,c]	25—200 RXBC[a,c]
		零件号[e]		
B16	厚壁泵筒	B16—125[a]	B16—150[a]	B16—200[a]
B21	阀杆异径接头	B21—20	B21—20	B21—25
C12	柱塞上部阀罩	C12—125	C12—150—20	C12—200
C13	柱塞闭式阀罩	C13—125	C13—150	C13—200
C14	泵筒闭式阀罩	C14—20—125	C14—20	C14—25
C21	泵筒上部接头	C21—20—125	C21—20	C21—25
G11	阀杆导向套	G11—20	G11—20	G11—25
P12	阀座管塞	P12—125	P12—150	P12—200
P21	整体式柱塞[b]	P21—125[c]	P21—150[c]	P21—200[c]
R11	阀杆	R11—20[d]	R11—20[d]	R11—25[d]
S11	密封皮碗芯轴(HR)型	S11—20	S11—20	S11—25
S12	密封皮碗(HR 型)	S12—20	S12—20	S12—25
S13	密封皮碗座圈(HR 型)	S13—20	S13—20	S13—25
S14	密封皮碗压帽(HR 型)	S14—20	S14—20	S14—25
S16	密封皮碗异径接箍	S16—20	S16—20	S16—25
V11	阀球和阀座			
	游动阀	V11—125	V11—150	V11—200
	固定阀	V11—175	V11—175	V11—225

注:所有尺寸用毫米表示,括号内为相应的英寸。

[a] 规定泵筒长度,单位为米(英尺),标准长度为:0.61 m(2 ft)～12.19 m(40 ft),长度按 0.305 m(1 ft)递增。

[b] 若柱塞 P21 的外螺纹接头型式选定为 F1A 型或 F1B 型,则应在 C12 和 P21 之间加装一个阀座,参照零件 P21。

[c] 规定柱塞标称长度,单位为米(英尺),配合间隙,单位为毫米(英寸)。

[d] 阀杆长度参照零件 R11。

[e] 抽油泵零件用符号的定义参照附录 B。

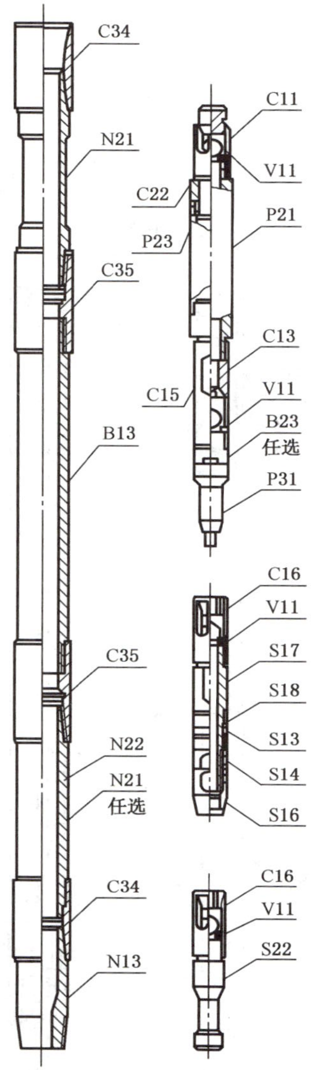

图 A.8 TH

表 A.8 TH 厚壁泵筒管式泵(见图 A.8)

(1)	(2)	(3)	(4)	(5)	(6)
符号[f]	名称	标准抽油泵规格			
		60.3×44.5 (2 ⅜×1 ¾)	73.0×57.2 (2 ⅞×2 ¼)	88.9×69.9 (3 ½×2 ¾)	114.3×95.3 (4 ½×3 ¾)
		抽油泵代号			
		20—175 THC[a,b,c]	25—225 THC[a,b,c]	30—275 THC[a,b,c]	40—375 THM[a,b,c,e]
		零件号[f]			
B23	异径接头(任选)[d]	—	—	—	B23—40
B13	厚壁泵筒	B13—175[a]	B13—225[a]	B13—275[a]	B13—375[a]
C11	柱塞上部开式阀罩	C11—20	C11—25	C11—30	C11—40
C13	柱塞闭式阀罩	C13—175	C13—225	C13—275	C13—375
C16	固定阀罩	C16—175	C16—225	C16—275	C16—375
C34	油管接箍	C34—20	C34—25	C34—30	C34—40
C35	泵筒接箍	C35—20	C35—25	C35—30	C35—40
N12	机械支承接头	N12—20[g]	N12—25[g]	N12—30[g]	N12—40
N13	支承接头	N13—20	N13—25	N13—30	—
N21	上部加长短节	N21—20[c]	N21—25[c]	N21—30[c]	N21—40[c]
N22	下部加长短节	N22—20[c]	N22—25[c]	N22—30[c]	N22—40[c]
P21	整体式柱塞	P21—175[b]	P21—225[b]	P21—275[b]	P21—375[b]
P31	固定阀拔出器	P31—175	P31—225	P31—275	P31—375[e]
S13	密封皮碗座圈(HR 型)	S13—20	S13—25	S13—30	—
S14	密封皮碗压帽(HR 型)	S14—20	S14—25	S14—30	—
S16	密封皮碗接箍	S16—20	S16—25	S16—30	—
S17	密封皮碗芯轴(HR 型)	S17—20	S17—25	S17—30	—
S18	密封皮碗(HR 型)	S18—20	S18—25	S18—30	—
V11	阀球和阀座				
	游动阀	V11—175	V11—225	V11—250	V11—375
	固定阀	V11—175	V11—225	V11—250	V11—375
S22	机械底部锁紧支承总成	S22—20[g]	S22—25[g]	S22—30[g]	S22—40
	可选择的柱塞总成				
C15	内螺纹柱塞闭式阀罩	C15—175	C15—225	C15—275	C15—375
C22	内螺纹柱塞接头	C22—175	C22—225	C22—275	C22—375
P23	内螺纹柱塞	P23—175[b]	P23—225[b]	P23—275[b]	P23—375[b]

注:所有尺寸用毫米表示,括号内为相应的英寸。

[a] 规定泵筒长度,单位为米(英尺),标准长度为:0.61 m(2 ft)~12.19 m(40 ft),长度按 0.305 m(1 ft)递增。
[b] 规定标称柱塞长度,单位为米(英尺),配合间隙,单位为毫米(英寸)。
[c] 规定加长短节的长度,单位为米(英尺)。标准长度为 0.610 m(2 ft)和 0.914m(3 ft)。
[d] 以 P31—275 拔出器代替 P31—375 拔出器仅适用于规格为 4 ½×3 ¾的抽油泵。
[e] 使用 B23—40 异径接头时,可选用 P31—275 拔出器。
[f] 抽油泵零件用符号的定义参照附录 B。
[g] 仅用于相对应的 20—175 THM、25—225 THM 及 30—275 THM 抽油泵。

表 A.9　RST 动筒式、薄壁筒、底部固定、软密封柱塞杆式泵(见图 A.9)

(1)	(2)	(3)	(4)	(5)	(6)
符号[d]	名称	标准抽油泵规格			
		60.3×31.8 (2 ⅜×1 ¼)	60.3×38.1 (2 ⅜×1 ½)	73.0×50.8 (2 ⅞×2)	88.9×63.5 (3 ½×2 ½)
		抽油泵代号			
		20—125 RSTC[a,b]	20—150 RSTC[a,b]	25—200 RSTC[a,b]	30—250 RSTC[a,b]
		零件号[d]			
B14	软密封柱塞杆式泵泵筒	B14—125[a]	B14—150[a]	B14—200[a]	B14—250[a]
C11	柱塞上部开式阀罩	C11—20	C11—20	C11—25	C11—30
C17	柱塞上部阀罩	C17—125	C17—150	C17—200	C17—250
C21	泵筒上部接头	C21—20—125	C21—20	C21—25	C21—30
C32	拉管上部接箍	C32—125	C32—150	C32—200	C32—250
C33	拉管下部接箍	C33—125	C33—150—20	C33—200	C33—225
P11	(泵管)拉管管塞	P11—125—15	P11—150—20	P11—200	P11—225
P24	软密封柱塞	P24—125[b]	P24—150[b]	P24—200[b]	P24—250[b]
S11	密封皮碗芯轴(HR 型)	S11—20	S11—20	S11—25	S11—30
S12	密封皮碗(HR 型)	S12—20	S12—20	S12—25	S12—30
S13	密封皮碗座圈(HR 型)	S13—20	S13—20	S13—25	S13—30
S14	密封皮碗压帽(HR 型)	S14—20	S14—20	S14—25	S14—30
S16	密封皮碗异径接箍	S16—20	S16—20	S16—25	S16—30
T11	拉管	T11—125[c]	T11—150[c]	T11—200[c]	T11—225[c]
V11	阀球和阀座				
	游动阀	V11—175	V11—175	V11—225	V11—250
	固定阀	V11—125	V11—150	V11—200	V11—250

注:所有尺寸用毫米表示,括号内为相应的英寸。

[a] 规定泵筒长度,单位为米(英尺),标准长度为:0.61 m(2 ft)~12.19 m(40 ft),长度按 0.305 m(1 ft)递增。

[b] 规定标称柱塞长度,单位为米(英尺),并规定密封要求。P24 使用环状皮碗或组合皮碗,可由用户挑选。

[c] 拉管长度参照零件 T11。

[d] 抽油泵零件用符号的定义参照附录 B。

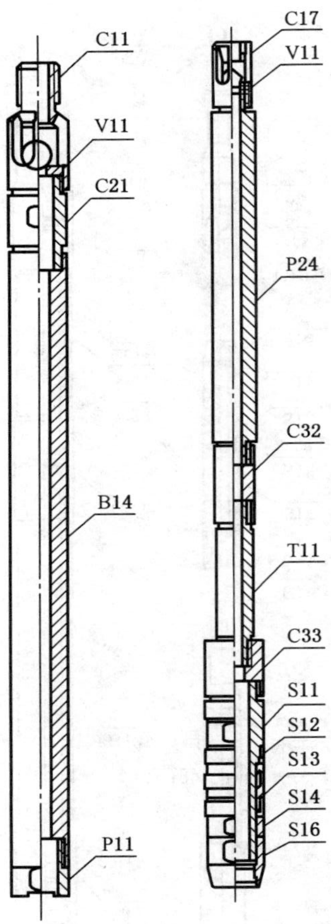

图 A.9　RST

附 录 B
（规范性附录）
抽油泵零件

表 B.1 主要零件编号系统提供了易于标识零件的系统方法，且用于订购具有互换性的零件。

抽油泵零件尺寸应符合表 B.2～表 B.62 和图 B.1～图 B.57 的要求。

抽油泵零件材料应符合附录 E 的要求。

抽油泵零件应按附录 D 进行标志。

为给零件设计提供自由，本标准仅规定了影响零件互换性的尺寸要求。零件上是否带扳手方可任选，但零件上有扳手方时，扳手的尺寸应符合附录 F 中表 F.9 的要求。

除另有规定，所有尺寸的单位均为毫米，后面括号内为英寸。

本标准中未注明公差处，按 GB/T 1804 规定标注。

表 B.1 主要零件编号系统

(1)	(2)	(3)	(4)	(5)	(6)	(7)	(8)	(9)	(10)	(11)	(12)	(13)	(14)	(15)	(16)
名 称	泵径尺寸/mm(in)										油管尺寸/mm(in)				
	27.0 ($1\frac{1}{16}$)	31.8 ($1\frac{1}{4}$)	38.1 ($1\frac{1}{2}$)	44.5 ($1\frac{3}{4}$)	45.2 ($1^{25}/_{32}$)	50.8 (2)	57.2 ($2\frac{1}{4}$)	63.5 ($2\frac{1}{2}$)	69.9 ($2\frac{3}{4}$)	95.3 ($3\frac{3}{4}$)	48.3 (1.900)	60.3 ($2\frac{3}{8}$)	73.0 ($2\frac{7}{8}$)	88.9 ($3\frac{1}{2}$)	114.3 ($4\frac{1}{2}$)
	106	125	150	175	178	200	225	250	275	375	15	20	25	30	40
B															
1.泵筒															
1) 薄壁	—	B11—125[a]	B11—150[a]	—	—	B11—200[a]	—	B11—250[a]	—	—	—	—	—	—	—
2) 厚壁,杆式泵	B12—106[a]	B12—125[a]	B12—150[a]	B12—175[a]	—	—	B12—225[a]	—	—	—	—	—	—	—	—
3)厚壁,管式泵	—	—	—	B13—175[a]	—	—	B13—225[a]	—	B13—275	B13—375	—	—	—	—	—
4)薄壁,S.P[e]	—	B14—125[a]	B14—150[a]	—	—	B14—200[a]	—	B14—250[a]	—	—	—	—	—	—	—
5)厚壁,S.P[e]	—	—	—	—	B15—178	—	B15—225	—	B15—275	—	—	—	—	—	—
6)厚壁,杆式泵[e]	—	B16—125	B16—150	—	—	B16—200	—	—	—	—	—	—	—	—	—
2.异径接头															
1)阀杆	—	—	—	—	—	—	—	—	—	—	B21—15	B21—20	B21—25	B21—30	—
											B21M15	B21M20	B21M25	B21M30	—
2)泵筒阀罩	—	—	—	—	—	—	—	—	—	—	B22—15	B22—20	B22—25	B22—30	—
3)拔出器	—	—	—	—	—	—	—	—	—	—	—	—	—	—	B23—40
C															
1.阀罩															
1)上部开式		—	—	—	—	—	—	—	—	—	C11—15	C11—20	C11—25	C11—30	C11—40
2)柱塞上部	C12—106	C12—125	C12—150—20	C12—175	—	C12—200	C12—225	C12—250	—	—	—	—	—	—	—
	—	—	C12—150—25	—	—	—	—	—	—	—	—	—	—	—	—
	C12M106	C12M125	C12M 150-20	C12M175	—	C12M200	C12M225	C12M250	—	—					
	—	—	C12M 150-25	—	—	—	—	—	—	—					
3)外螺纹柱塞闭式	C13—106	C13—125	C13—150	C13—175	—	C13—200	C13—225	C13—250	C13—275	C13—375	—	—	—	—	—
4)泵筒闭式	—	—	—	—	—	—	—	—	—	—	C14—15	C14—20	C14—25	C14—30	—

表 B.1(续)

(1)	(2)	(3)	(4)	(5)	(6)	(7)	(8)	(9)	(10)	(11)	(12)	(13)	(14)	(15)	(16)
名　称	泵径尺寸/mm(in)										油管尺寸/mm(in)				
	27.0 (1 1/16)	31.8 (1 1/4)	38.1 (1 1/2)	44.5 (1 3/4)	45.2 (1 25/32)	50.8 (2)	57.2 (2 1/4)	63.5 (2 1/2)	69.9 (2 3/4)	95.3 (3 3/4)	48.3 (1.900)	60.3 (2 3/8)	73.0 (2 7/8)	88.9 (3 1/2)	114.3 (4 1/2)
	106	125	150	175	178	200	225	250	275	375	15	20	25	30	40
	—	—	—	—	—	—	—	—	—	—	—	C14—20—125	—	—	—
5)内螺纹柱塞闭式	—	—	—	C15—175	—	—	C15—225	—	C15—275	—	—	—	—	—	—
6)固定阀	—	—	—	C16—175	—	—	C16—225	—	C16—275	C16—375	—	—	—	—	—
7)柱塞上部 S.P[e]	—	C17—125	C17—150	—	—	C17—200	—	C17—250	—	—	—	—	—	—	—
2.接头															
1)泵筒上部	—	—	—	—	—	—	—	—	—	—	C21—15	C21—20	C21—25	C21—30	—
	—	—	—	—	—	—	—	—	—	—	—	C21—20—125	—	—	—
2)内螺纹柱塞	—	—	—	C22—175	—	—	C22—225	—	C22—275	C22—375	—	—	—	—	—
3.接箍															
1)加长	C31—106—15[c]	C31—125[c]	C31—150[c]	C31—175[c]	—	—	C31—225[c]	—	—	—	—	—	—	—	—
	C31—106[c]	—	—	—	—	—	—	—	—	—	—	—	—	—	—
2)拉管上部	—	C32—125	C32—150	C32—175	—	C32—200	C32—225	C32—250	—	—	—	—	—	—	—
3)拉管下部	—	C33—125	C33—150—20	C33—175	—	C33—200	C33—225	—	—	—	—	—	—	—	—
	—	C33—125—15	C33—150—25	—	—	—	—	—	—	—	—	—	—	—	—
4)油管	—	—	—	—	—	—	—	—	—	—	C34—15	C34—20	C34—25	C34—30	C34—40
5)泵筒	—	—	—	—	—	—	—	—	—	—	—	C35—20	C35—25	C35—30	C35—40
6)泵筒下部 S.P[e]	—	—	—	—	—	—	—	—	—	—	—	C36—20	C36—25	C36—30	—
7)泵筒 S.P[e]	—	—	—	—	—	—	—	—	—	—	—	C37—20	C37—25	C37—30	—
G															
1.导向套															

表 B.1(续)

(1)	(2)	(3)	(4)	(5)	(6)	(7)	(8)	(9)	(10)	(11)	(12)	(13)	(14)	(15)	(16)
名　称	泵径尺寸/mm(in)										油管尺寸/mm(in)				
	27.0 (1 1/16)	31.8 (1 1/4)	38.1 (1 1/2)	44.5 (1 3/4)	45.2 (1 25/32)	50.8 (2)	57.2 (2 1/4)	63.5 (2 1/2)	69.9 (2 3/4)	95.3 (3 3/4)	48.3 (1.900)	60.3 (2 3/8)	73.0 (2 7/8)	88.9 (3 1/2)	114.3 (4 1/2)
	106	125	150	175	178	200	225	250	275	375	15	20	25	30	40
1)阀杆	—	—	—	—	—	—	—	—	—	—	G11—15	G11—20	G11—25	G11—30	—
N															
1.支承接头															
1)皮碗型(杆式泵)	—	—	—	—	—	—	—	—	—	—	N11—15	N11—20	N11—25	N11—30	—
2)机械底部锁紧	—	—	—	—	—	—	—	—	—	—	N12—15	N12—20	N12—25	N12—30	N12—40
3)皮碗型(管式泵)	—	—	—	—	—	—	—	—	—	—	—	N13—20	N13—25	N13—30	—
4)机械顶部锁紧	—	—	—	—	—	—	—	—	—	—	—	N14—20	N14—25	N14—30	—
2.加长短节															
1)上部	—	—	—	—	—	—	—	—	—	—	—	N21—20[c]	N21—25[c]	N21—30[c]	N21—40[c]
2)下部	—	—	—	—	—	—	—	—	—	—	—	N22—20[c]	N22—25[c]	N22—30[c]	N22—40[c]
P															
1.管塞															
1)拉管	—	P11—125	P11—150—20	P11—175	—	P11—200	P11—225	—	—	—	—	—	—	—	—
	—	P11—125—15	P11—150—25	—	—	—	—	—	—	—	—	—	—	—	—
2)阀座	P12—106	P12—125	P12—150	P12—175	—	P12—200	P12—225	P12—250	—	—	—	—	—	—	—
2.柱塞															
1)外螺纹整体式	P21—106[b]	P21—125[b]	P21—150[b]	P21—175[b]	—	P21—200[b]	P21—225[b]	P21—250[b]	P21—275[b]	P21—375[b]	—	—	—	—	—
2)外螺纹组合式	P22—106[b]	P22—125[b]	P22—150[b]	P22—175[b]	—	P22—200[b]	P22—225[b]	P22—250[b]	P22—275[b]	—	—	—	—	—	—
3)内螺纹整体式	—	—	—	P23—175[b]	—	—	P23—225[b]	—	P23—275[b]	P23—375[b]	—	—	—	—	—
4)软密封	P24—106[b]	P24—125[b]	P24—150[b]	—	P24—178[b]	P24—200[b]	P24—225[b]	P24—250[b]	P24—275[b]	—	—	—	—	—	—

表 B.1(续)

(1)	(2)	(3)	(4)	(5)	(6)	(7)	(8)	(9)	(10)	(11)	(12)	(13)	(14)	(15)	(16)
名称	泵径尺寸/mm(in)										油管尺寸/mm(in)				
	27.0 (1 1/16)	31.8 (1 1/4)	38.1 (1 1/2)	44.5 (1 3/4)	45.2 (1 25/32)	50.8 (2)	57.2 (2 1/4)	63.5 (2 1/2)	69.9 (2 3/4)	95.3 (3 3/4)	48.3 (1.900)	60.3 (2 3/8)	73.0 (2 7/8)	88.9 (3 1/2)	114.3 (4 1/2)
	106	125	150	175	178	200	225	250	275	375	15	20	25	30	40
3.拔出器															
1)固定阀	—	—	—	P31—175	—	—	P31—225	—	P31—275	P31—375	—	—	—	—	—
R															
1.杆															
1)阀杆	—	—	—	—	—	—	—	—	—		—	R11—20[d]	R11—25[d]	R11—30[d]	—
S															
1. 密封皮碗(HR)总成															
1) 芯轴,杆式泵	—	—	—	—	—	—	—	—	—	—	—	S11—20	S11—25	S11—30	—
2) 皮碗,杆式泵	—	—	—	—	—	—	—	—	—	—	—	S12—20	S12—25	S12—30	—
3) 座圈	—	—	—	—	—	—	—	—	—	—	—	S13—20	S13—25	S13—30	—
4) 压帽	—	—	—	—	—	—	—	—	—	—	—	S14—20	S14—25	S14—30	—
5) 顶部异径接头	—	—	—	—	—	—	—	—	—	—	S15—15	S15—20	S15—25	S15—30	—
	—	—	—	—	—	—	—	—	—	—	—	S15—20—125	—	—	—
6) 底部接箍	—	—	—	—	—	—	—	—	—	—	S16—15	S16—20	S16—25	S16—30	—
7) 芯轴,管式泵	—	—	—	—	—	—	—	—	—	—	—	S17—20	S17—25	S17—30	—
8) 皮碗,管式泵	—	—	—	—	—	—	—	—	—	—	—	S18—20	S18—25	S18—30	—
9) 皮碗,S.P[e]	—	—	—	—	—	—	—	—	—	—	—	—	S19—25	S19—30	—
2. 机械式支承总成															
1) 顶部锁紧	—	—	—	—	—	—	—	—	—	—	—	S21—20	S21—25	S21—30	—
	—	—	—	—	—	—	—	—	—	—	—	S21—20—125	—	—	—

表 B.1(续)

(1)	(2)	(3)	(4)	(5)	(6)	(7)	(8)	(9)	(10)	(11)	(12)	(13)	(14)	(15)	(16)
名　称	泵径尺寸/mm(in)										油管尺寸/mm(in)				
	27.0 ($1\frac{1}{16}$)	31.8 ($1\frac{1}{4}$)	38.1 ($1\frac{1}{2}$)	44.5 ($1\frac{3}{4}$)	45.2 ($1^{25}/_{32}$)	50.8 (2)	57.2 ($2\frac{1}{4}$)	63.5 ($2\frac{1}{2}$)	69.9 ($2\frac{3}{4}$)	95.3 ($3\frac{3}{4}$)	48.3 (1.900)	60.3 ($2\frac{3}{8}$)	73.0 ($2\frac{7}{8}$)	88.9 ($3\frac{1}{2}$)	114.3 ($4\frac{1}{2}$)
	106	125	150	175	178	200	225	250	275	375	15	20	25	30	40
2) 底部锁紧	—	—	—	—	—	—	—	—	—	—	S22—15	S22—20	S22—25	S22—30	S22—40
3.皮碗式(O 型)密封总成															
1) 芯轴	—	—	—	—	—	—	—	—	—	—	S31—15	—	—	—	—
2) 皮碗	—	—	—	—	—	—	—	—	—	—	S32—15	—	—	—	—
3) 座圈	—	—	—	—	—	—	—	—	—	—	S33—15	—	—	—	—
4) 压帽	—	—	—	—	—	—	—	—	—	—	S34—15	—	—	—	—
T															
1.管子															
1) 拉管	—	T11—125[d]	T11—150[d]	T11—175[d]	—	T11—200[d]	T11—225[d]	—	—	—	—	—	—	—	—
V															
1.阀															
1) 球和座	V11—106	V11—125	V11—150	V11—175	—	V11—200	V11—225	V11—250	V11—250	V11—375	—	—	—	—	—
	V11A106	V11A125	V11A150	V11A175	—	V11A200	V11A225	V11A250	V11A250	V11A375					
		V12—125	V12—150	V12—175	—	V12—200	V12—225	V12—250	V12—250	V12—375					
		V12A125	V12A150	V12A175	—	V12A200	V12A225	V12A250	V12A250	V12A375					
		V13—125	V13—150	V13—175	—	V13—200	V13—225	V13—250	V13—250	V13—375					
		V13A125	V13A150	V13A175	—	V13A200	V13A225	V13A250	V13A250	V13A375					
2) 球	V12—106	V12—125	V12—150	V12—175	—	V12—200	V12—225	V12—250	V12—250	V12—375					
	V12A106	V12A125	V12A150	V12A175	—	V12—175	V12—200	V12A250	V12A250	V12A375					
3) 座	V13—106	V13—125	V13—150	V13—175	—	V13—200	V13—225	V13—250	V13—250	V13—375					
	V13A106	V13A125	V13A150	V13A175	—	V13A200	V13A225	V13A250	V13A250	V13A375					

[a] 泵筒长度。
[b] 柱塞长度。
[c] 加长短节或接箍的长度。
[d] 阀杆或拉管的长度。
[e] S.P——软密封柱塞泵。

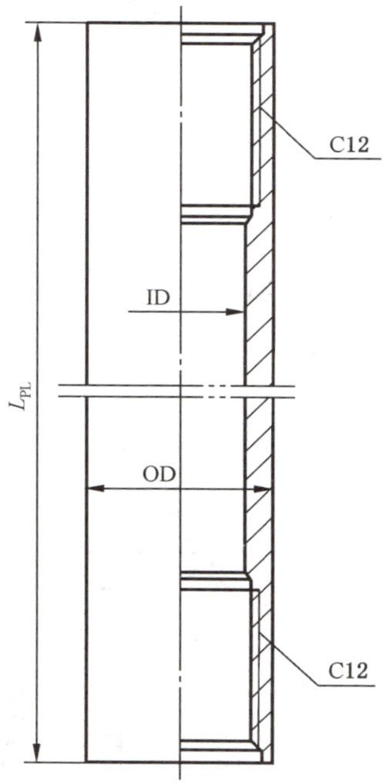

图 B.1 B11

表 B.2 B11 薄壁泵筒(见图 B.1)

(1)	(2)	(3)	(4)	(5)
尺寸符号	零件号			
	B11—125[a]	B11—150[a]	B11—200[a]	B11—250[a]
C12	33.858—16[c] (1.333 0—16)	39.954—16[c] (1.573 0—16)	53.010—16[c] (2.087 0—16)	65.354—16[c] (2.573 0—16)
ID +0.05/−0.00 (+0.002/−0.000)[b]	31.75 (1.250)	38.10 (1.500)	50.80 (2.000)	63.50 (2.500)
OD ±0.25(±0.010)	38.10 (1.500)	44.45 (1.750)	57.15 (2.250)	69.85 (2.750)
L_{PL} ±6.35[a](±0.250)				

注：所有尺寸用毫米表示，括号内为相应的英寸。

[a] 规定泵筒长度(L_{PL})，单位为米(英尺)，标准长度为：0.61 m (2 ft)～12.19 m (40 ft)，长度按每 0.305 m (1 ft)递增。

[b] 距泵筒端面(尺寸 L_{PL}) 203.2 mm (8 in)内长度上的内径公差为+0.076/−0.000 mm (+0.003/−0.000 in)。

[c] 与括号内一样，指每英寸的牙数，转化为公制时仍沿用英制表示方法(按公制应为螺距，即螺距为 25.4/牙数=25.4/16=1.588 mm)，下同。

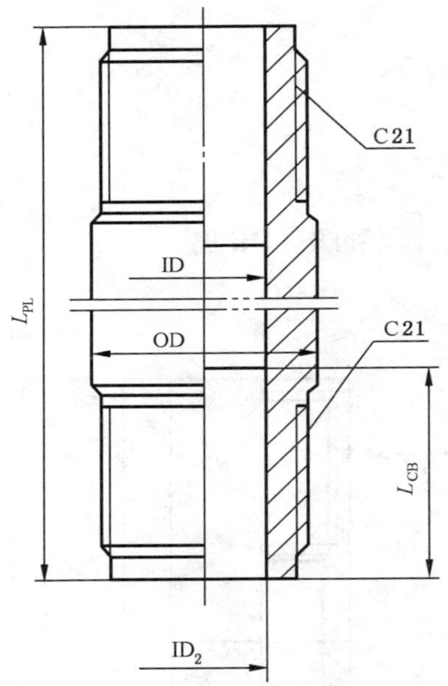

图 B.2 B12 或 B12A

表 B.3 B12 或 B12A 厚壁泵筒(杆式泵)(见图 B.2)

(1)	(2)	(3)	(4)	(5)	(6)
尺寸符号	零件号				
	B12—106[a]	B12—125[a]	B12—150[a]	B12—175[a]	B12—225[a]
C21	33.338—16 (1.312 5—16)	39.954—16 (1.573 0—16)	47.625—16 (1.875 0—16)	53.010—16 (2.087 0—16)	65.354—16 (2.573 0—16)
L_{CB} +25.4/−19.1(+1.000/−0.750)	38.10 (1.500)	38.10 (1.500)	38.10 (1.500)	38.10 (1.500)	38.10 (1.500)
ID +0.05/−0.00(+0.002/−0.000)[b]	27.00 (1.062 5)	31.75 (1.250)	38.10 (1.500)	44.45 (1.750)	57.15 (2.250)
ID_2 +1.57/−0.38(+0.062/−0.015)	27.64 (1.088)	32.39 (1.275)	38.74 (1.525)	45.09 (1.775)	57.79 (2.275)
B12 OD	33.32(1.312) +0.25/−0.05 (+0.010/−0.002)	41.28(1.625) +0.25/−0.64 (+0.010/−0.025)	47.63(1.875) +0.25/−0.25 (+0.010/−0.010)	53.98(2.125) +0.25/−0.64 (+0.010/0.025)	66.68(2.625) +0.25/−0.64 (+0.010/−0.025)
B12A OD ±0.25(±0.010)	36.53 (1.438)	44.45 (1.750)	50.80/57.15[c] (2.000/2.250)	57.15 (2.250)	69.85 (2.750)
L_{PL} ±6.35[a](±0.250)					

注:所有尺寸用毫米表示,括号内为相应的英寸。

[a] 规定泵筒长度(L_{PL}),单位为米(英尺),标准长度为:0.61 m (2 ft)～12.19 m (40 ft),长度按每 0.305 m (1 ft)递增。

[b] 距泵筒端面(尺寸 L_{PL}) 203.2 mm (8 in)内长度上的内径公差为+0.076/−0.000 mm (+0.003/−0.000 in)。

[c] 对泵筒壁厚有特殊要求时选用。

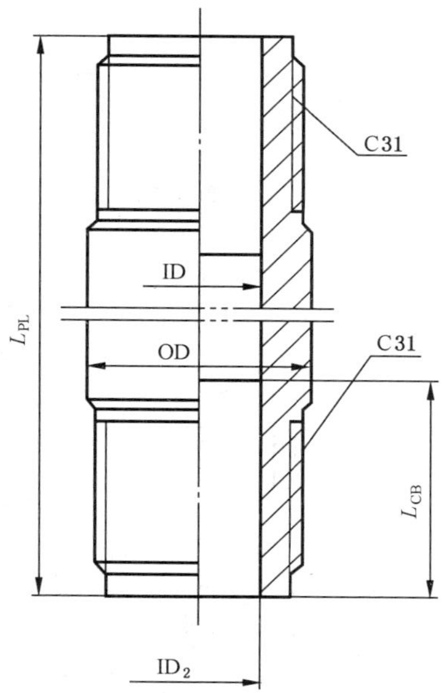

图 B.3 B13

表 B.4 B13 厚壁泵筒(管式泵)(见图 B.3)

(1)	(2)	(3)	(4)	(5)
尺寸符号	零件号			
	B13—175[a]	B13—225[a]	B13—275[a]	B13—375[a]
C31	56.845—11½ (2.238 0—11½)	69.545—11½ (2.738 0—11½)	82.245—11½ (3.238 0—11½)	107.645—11½ (4.238 0—11½)
ID +0.05/−0.00 (+0.002/−0.000)[b]	44.45 (1.750)	57.15 (2.250)	69.85 (2.750)	95.25 (3.750)
OD max/min	57.40/56.64 (2.260/2.230)	70.10/69.34 (2.760/2.730)	82.80/82.04 (3.260/3.230)	108.20/107.44 (4.260/4.230)
L_{PL} ±6.35[a](±0.250)				
L_{CB} +25.4/−19.05 (+1.000/−0.750)	38.10 (1.500)	38.10 (1.500)	38.10 (1.500)	57.15 (2.250)
ID_2 +1.57/−0.38 (+0.062/−0.015)	45.09 (1.775)	57.79 (2.275)	70.49 (2.775)	95.89 (3.775)

注:所有尺寸用毫米表示,括号内为相应的英寸。

[a] 规定泵筒长度(L_{PL}),单位为米(英尺),标准长度为:0.61 m (2 ft)～12.19 m (40 ft),长度按每 0.305 m (1 ft)递增。

[b] 距泵筒端面(尺寸 L_{PL}) 203.2 mm(8 in)内长度上的内径公差为+0.076/−0.000 mm (+0.003/−0.000 in)。

表 B.5　B14 薄壁泵筒(软密封杆式泵)(见图 B.4)

(1)	(2)	(3)	(4)	(5)
尺寸符号	零件号			
	B14—125[a]	B14—150[a]	B14—200[a]	B14—250[a]
C12	33.858—16 (1.333 0—16)	39.954—16 (1.573 0—16)	53.010—16 (2.087 0—16)	65.354—16 (2.573 0—16)
ID +0.16/−0.06 (+0.006 2/−0.002 2)	31.75 (1.250)	38.10 (1.500)	50.80 (2.000)	63.50 (2.500)
OD ±0.25 (±0.010)	38.10 (1.500)	44.45 (1.750)	57.15 (2.250)	69.85 (2.750)
L_{PL} ±6.35[a] (±0.250)				

注：所有尺寸用毫米表示，括号内为相应的英寸。

[a] 规定泵筒长度(L_{PL})，单位为米(英尺)，标准长度为:0.61 m (2 ft)～12.19 m (40 ft)，长度按每 0.305 m (1 ft)递增。

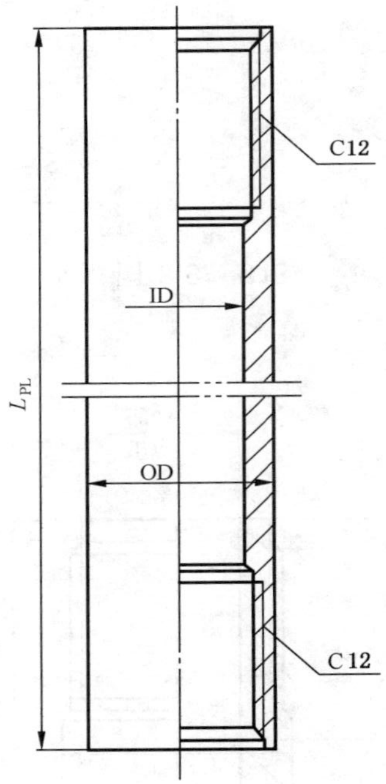

图 B.4　B14

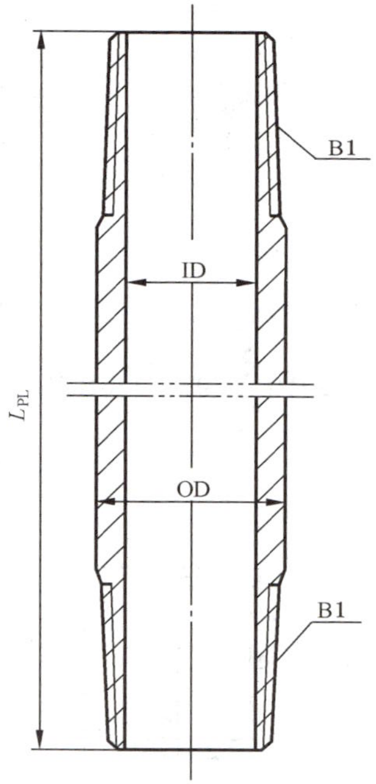

图 B.5 B15

表 B.6 B15 厚壁泵筒(软密封管式泵)(见图 B.5)

(1)	(2)	(3)	(4)
尺寸符号	零件号		
	B15—178[a]	B15—225[a]	B15—275[a]
B1	178—11½	225—11½	275—11½
ID +0.16/−0.06 (+0.006 2/−0.002 2)	45.24 (1.781)	57.15 (2.250)	69.85 (2.750)
OD ±0.51 (±0.02)	57.15 (2.250)	69.85 (2.750)	82.55 (3.250)
L_{PL} ±6.35[a] (±0.250)			

注:所有尺寸用毫米表示,括号内为相应的英寸。

[a] 规定泵筒长度(L_{PL}),单位为米(英尺),标准长度为:0.61 m (2 ft)～12.19 m (40 ft),长度按每 0.305 m (1 ft)递增。

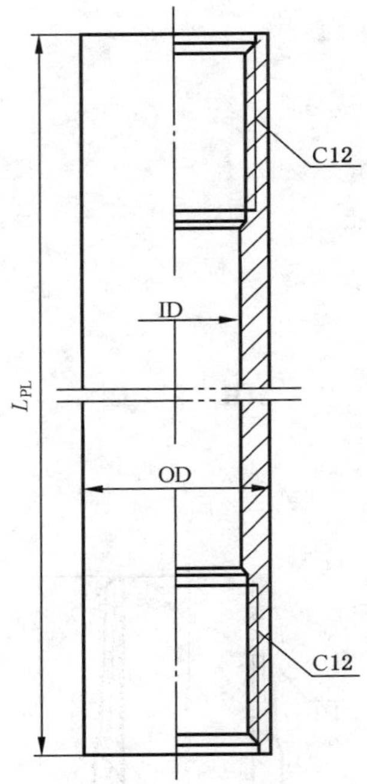

图 B.6　B16 或 B16M

表 B.7　B16 或 B16M 厚壁泵筒(杆式泵)(见图 B.6)

(1)	(2)	(3)	(4)
尺寸符号	零件号		
	B16—125[a]	B16—150[a]	B16—200[a]
C12	33.858—16 (1.333 0—16)	39.954—16 (1.573 0—16)	53.010—16 (2.087 0—16)
ID +0.05/−0.00 (+0.002/−0.000)[b]	31.75 (1.250)	38.10 (1.500)	50.80 (2.000)
B16 OD ±0.25(±0.010)	41.28 (1.625)	47.63 (1.875)	58.72 (2.312)
B16M OD ±0.25(±0.010)	44.45 (1.750)		
L_{PL} ±6.35[a](±0.250)			

注：所有尺寸用毫米表示，括号内为相应的英寸。

[a] 规定泵筒长度(L_{PL})，单位为米(英尺)，标准长度为：0.61 m (2 ft)～12.19 m (40 ft)，长度按每 0.305 m (1 ft)递增。

[b] 距泵筒端面(尺寸 L_{PL}) 203.2 mm(8 in)内长度上的内径公差为+0.076/−0.000 mm (+0.003/−0.000 in)。

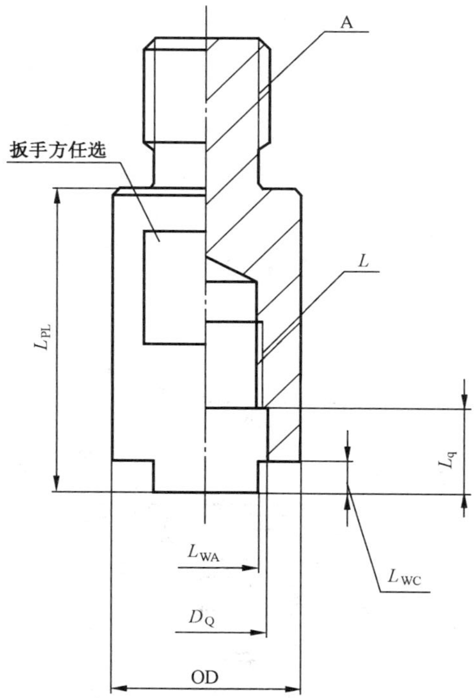

图 B.7　B21 或 B21M

表 B.8　B21 或 B21M[c] 阀杆异径接头(见图 B.7)

(1)	(2)	(3)	(4)	(5)
尺寸符号	零件号			
	B21—15	B21—20	B21—25	B21—30
A[a]	15.9(⅝)	19.1(¾)	19.1(¾)	19.1(¾)
L[b]	9.5(⅜)	9.5(⅜)	12.7(½)	19.1(¾)
D_Q +0.08/−0.00(+0.003/−0.000)	17.53(0.690)	17.53(0.690)	22.28(0.877)	27.05(1.065)
L_q ±0.79(±0.031)	19.1(0.750)	19.1(0.750)	19.1(0.750)	19.1(0.750)
L_{qm}[c] ±0.79(±0.031)	38.10(1.500)	38.10(1.500)	38.10(1.500)	38.10(1.500)
OD +0.79/−0.25(+0.031/−0.010)	31.8(1.250)	38.1(1.500)	41.3(1.625)	41.3(1.625)
L_{PL} ±25.40(±1.000)	69.85(2.750)	69.85(2.750)	69.85(2.750)	69.85(2.750)
L_{PLM}[c] ±25.40 (±1.000)	88.90(3.500)	88.90(3.500)	88.90(3.500)	88.90(3.500)
L_{WA}	14.27(0.562) +0.00/−0.79 (+0.000/−0.031)	17.48(0.688) ±0.79 (±0.031)	19.05(0.750) ±0.79 (±0.031)	22.23(0.875) ±0.79 (±0.031)
L_{WC} +1.57/−0.00(+0.062/−0.000)	6.35(0.250)	6.35(0.250)	6.35(0.250)	6.35(0.250)

注：所有尺寸用毫米表示，括号内为相应的英寸。

[a] 抽油杆螺纹代号，细节参见 SY/T 5029。也可以根据用户协议采用其他抽油杆螺纹尺寸代号。

[b] 修正了的管线管螺纹，细节见表 F.5 和表 F.6。

[c] B21M 可替代 B21，用 L_{qm} 和 L_{PLM} 尺寸代替 L_q 和 L_{PL}。

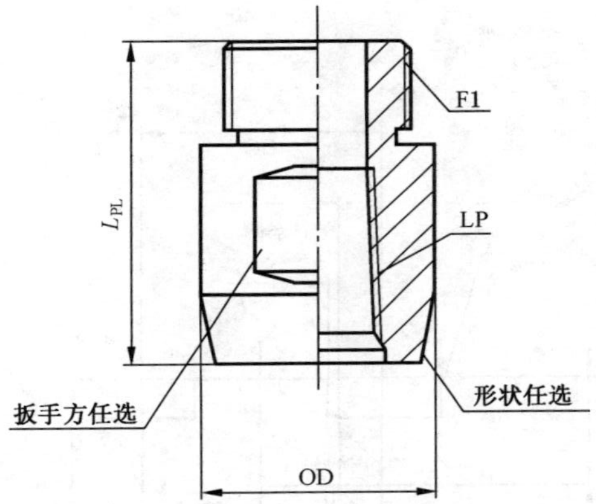

图 B.8 B22

表 B.9 B22 泵筒阀罩异径接头(见图 B.8)

(1)	(2)	(3)	(4)	(5)
尺寸符号	零件号			
	B22—15	B22—20	B22—25	B22—30
F1	31.750—14 (1.250 0—14)	37.348—14 (1.470 4—14)	45.781—14 (1.802 4—14)	53.581—11½ (2.109 5—11½)
LP[a]	19.1 ($^3/_4$ nom)	25.4 (1 nom)	31.8 (1¼ nom)	38.1 (1½ nom)
OD max/min	36.53/34.93 (1.438/1.375)	44.45/41.28 (1.750/1.625)	57.15/53.98 (2.250/2.125)	69.85/65.10 (2.750/2.563)
L_{PL} ±25.40(±1.000)	57.15 (2.250)	63.50 (2.500)	69.85 (2.750)	76.20 (3.000)

注：所有尺寸用毫米表示，括号内为相应的英寸。

[a] 管线管螺纹(LP)，细节参见 GB/T 9253.2。

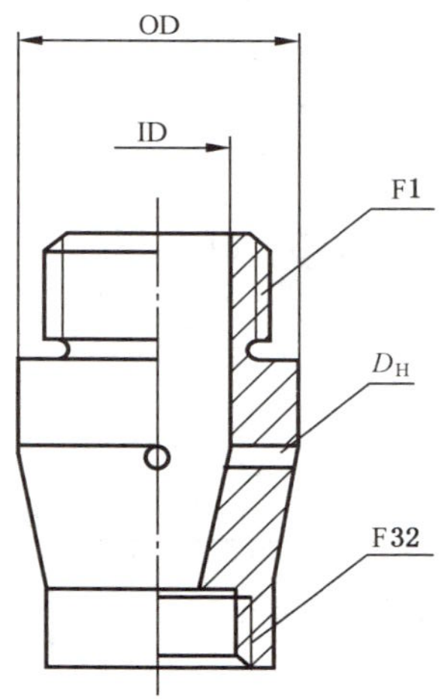

图 B.9　B23

表 B.10　B23 带拔出器的阀罩异径接头(见图 B.9)

(1)	(2)
尺寸符号	零件号
	B23—40
F1	80.556—11½ (3.171 5—11½)
F32	53.581—11½ (2.109 5—11½)
OD	92.08±0.79 (3.625±0.031)
ID	44.45±0.79 (1.750±0.031)
D_H	28.58±0.79 (1.125±0.031)
注：所有尺寸用毫米表示，括号内为相应的英寸。	

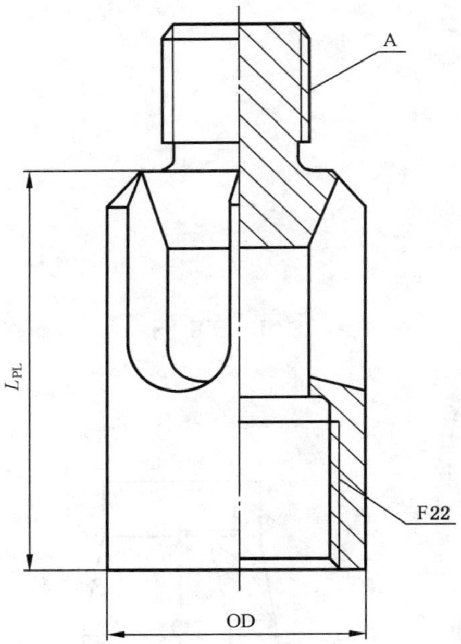

图 B.10　C11

表 B.11　C11 上部开式阀罩(见图 B.10)

(1)	(2)	(3)	(4)	(5)	(6)
尺寸符号	零件号				
	C11—15	C11—20	C11—25	C11—30	C11—40
A[a]	15.9(5/8)	19.1(3/4)	19.1(3/4)	19.1(3/4)	25.4(1)
F22	31.750—14 (1.250 0—14)	37.348—14 (1.470 4—14)	45.781—14 (1.802 4—14)	53.581—11½ (2.109 5—11½)	80.556—11½ (3.171 5—11½)
OD ±0.79(±0.031)	36.53 (1.438)	42.88 (1.688)	55.58 (2.188)	66.68 (2.625)	92.08 (3.625)
L_{PL} ±25.40(±1.000)	76.20 (3.000)	88.90 (3.500)	101.60 (4.000)	114.30 (4.500)	146.05 (5.750)

注 1：所有尺寸用毫米表示，括号内为相应的英寸。

注 2：球室的尺寸和形状宜根据制造厂商规范要求，保证阀球有足够的间隙和流体通道。

[a] 抽油杆螺纹代号，细节参见 SY/T 5029。也可以根据用户协议采用其他抽油杆螺纹尺寸代号。

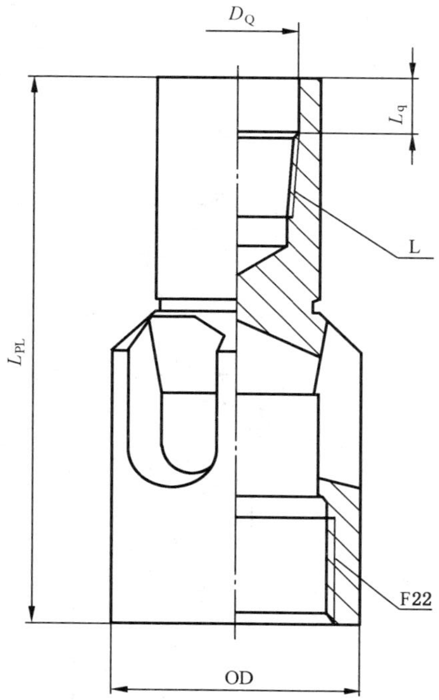

注：阀罩的顶部直径可以由制造厂商自定。但是，如果顶部减少，它的尺寸允许自由进入泵筒上部接头(C21)和顶部固定密封皮碗异径接头(S15)。

图 B.11 C12 或 C12M

表 B.12 C12 和 C12M[b] 柱塞上部阀罩(见图 B.11)

(1)	(2)	(3)	(4)	(5)	(6)	(7)	(8)	(9)
尺寸符号	零件号							
	C12—106	C12—125	C12—150—20	C12—150—25	C12—175	C12—200	C12—225	C12—250
F22	22.225—14 (0.875 0—14)	25.400—14 (1.000 0—14)	31.750—14 (1.250 0—14)	31.750—14 (1.250 0—14)	37.348—14 (1.470 4—14)	39.634—14 (1.560 4—14)	45.781—14 (1.802 4—14)	53.581—11½ (2.109 5—11½)
L nom[a]	9.5(⅜)	9.5(⅜)	9.5(⅜)	12.7(½)	12.7(½)	12.7(½)	19.1(¾)	19.1(¾)
D_Q+0.08/−0.00 (+0.003/−0.000)	17.53 (0.690)	17.53 (0.690)	17.53 (0.690)	22.28 (0.877)	22.28 (0.877)	22.28 (0.877)	27.05 (1.065)	27.05 (1.065)
L_q±0.79 (±0.031)	19.1 (0.750)	19.1 (0.750)	19.1 (0.750)	19.1 (0.750)	19.1 (0.750)	19.1 (0.750)	19.1 (0.750)	19.1 (0.750)
L_{qm}[b]±0.79 (±0.031)	38.10 (1.500)	38.10 (1.500)	38.10 (1.500)	38.10 (1.500)	38.10 (1.500)	38.10 (1.500)	38.10 (1.500)	38.10 (1.500)
L_{PL}±0.79 (±0.031)	114.3 (4.500)	114.3 (4.500)	127.0 (5.000)	127.0 (5.000)	136.5 (5.375)	136.5 (5.375)	155.6 (6.125)	161.9 (6.375)
L_{PLM}[b]±0.79 (±0.031)	133.35 (5.250)	133.35 (5.250)	146.05 (5.750)	146.05 (5.750)	155.58 (6.125)	155.58 (6.125)	174.63 (6.875)	180.98 (7.125)
OD ±0.79 (±0.031)	26.31±0.127 (1.036±0.005)	30.48 (1.200)	36.83 (1.450)	36.83 (1.450)	43.18 (1.700)	49.53 (1.950)	55.88 (2.200)	62.23 (2.450)

注 1：所有尺寸用毫米表示，括号内为相应的英寸。

注 2：球室的尺寸和形状宜根据制造厂商规范要求保证阀球具有足够的间隙和流体通道。

[a] 修正了的管线管螺纹见表 F.5 和表 F.6。

[b] C12M 可替代 C12，用 L_{qm} 尺寸代替 L_q 尺寸，L_{PLM} 尺寸代替 L_{PL} 尺寸。

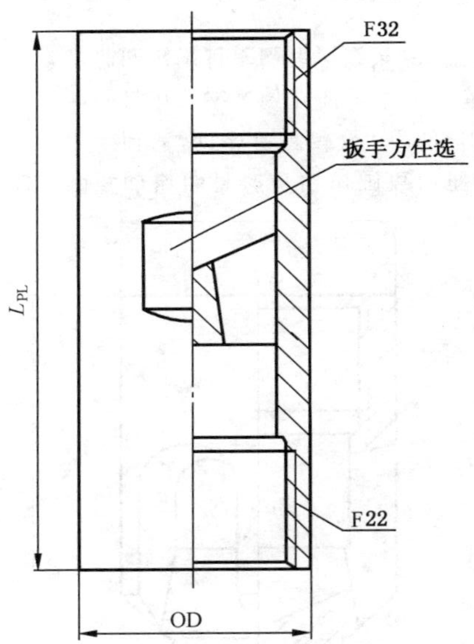

图 B.12　C13

表 B.13　C13 外螺纹柱塞闭式阀罩(见图 B.12)

(1)	(2)	(3)	(4)	(5)	(6)	(7)	(8)	(9)	(10)
尺寸符号	零件号								
	C13—106	C13—125	C13—150	C13—175	C13—200	C13—225	C13—250	C13—275	C13—375
F22	22.225—14 (0.875 0 —14)	25.400—14 (1.000 0 —14)	31.750—14 (1.250 0 —14)	37.348—14 (1.470 4 —14)	39.634—14 (1.560 4 —14)	45.781—14 (1.802 4 —14)	53.581—11½ (2.109 5—11½)	53.581—11½ (2.109 5—11½)	80.556—11½ (3.171 5—11½)
F32	22.225—14 (0.875 0 —14)	25.400—14 (1.000 0 —14)	31.750—14 (1.250 0 —14)	37.348—14 (1.470 4 —14)	39.634—14 (1.560 4 —14)	45.781—14 (1.802 4 —14)	53.581—11½ (2.109 5—11½)	53.581—11½ (2.109 5—11½)	80.556—11½ (3.171 5 —11½)
L_{PL} ±1.57 (±0.062)	88.9 (3.500)	88.9 (3.500)	104.8 (4.125)	120.7 (4.750)	127.0 (5.000)	133.4 (5.250)	139.7 (5.500)	139.7 (5.500)	203.2 (8.000)
OD ±0.79 (±0.031)	26.31±0.127 (1.036±0.005)	30.48 (1.200)	36.83 (1.450)	43.18 (1.700)	49.53 (1.950)	55.88 (2.200)	62.23 (2.450)	67.31 (2.650)	92.71 (3.650)

注 1：所有尺寸用毫米表示，括号内为相应的英寸。

注 2：球室的尺寸和形状宜根据制造厂商规范要求保证阀球具有足够的间隙和流体通道。

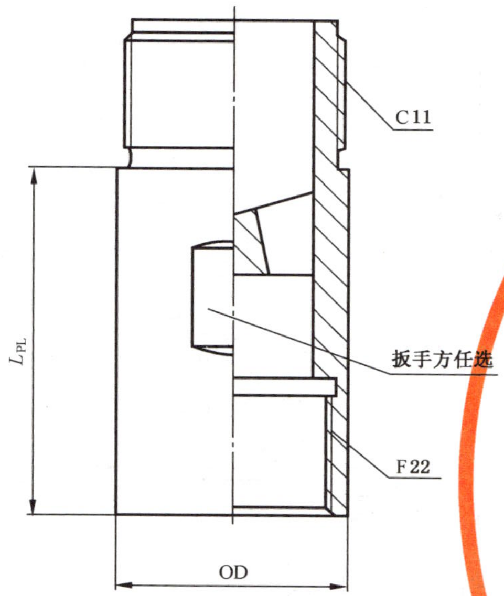

图 B.13　C14

表 B.14　C14 泵筒闭式阀罩(见图 B.13)

(1)	(2)	(3)	(4)	(5)	(6)
尺寸符号	零件号				
	C14—15	C14—20—125	C14—20	C14—25	C14—30
C11	33.858—16 (1.333 0—16)	33.858—16 (1.333 0—16)	39.954—16 (1.573 0—16)	53.010—16 (2.087 0—16)	65.354—16 (2.573 0—16)
F22	31.750—14 (1.250 0—14)	37.348—14 (1.470 4—14)	37.348—14 (1.470 4 —14)	45.781—14 (1.802 4—14)	53.581—11½ (2.109 5—11½)
OD ±0.254(±0.010)	36.58 (1.440)	44.45 (1.750)	44.45 (1.750)	57.15 (2.250)	69.85 (2.750)
L_{PL} ±25.4(±1.000)	95.25 (3.750)	95.25 (3.750)	95.25 (3.750)	101.60 (4.000)	114.30 (4.500)

注 1：所有尺寸用毫米表示，括号内为相应的英寸。

注 2：球室的尺寸和形状宜根据制造厂商规范要求保证阀球具有足够的间隙和流体通道。

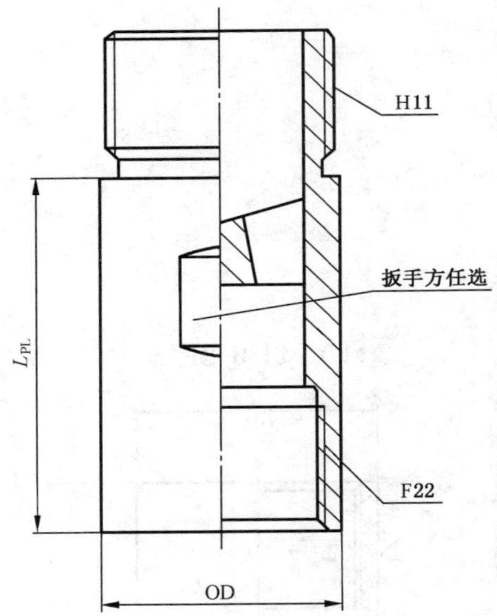

图 B.14 C15

表 B.15 C15 内螺纹柱塞闭式阀罩(见图 B.14)

(1)	(2)	(3)	(4)	(5)
尺寸符号	零件号			
	C15—175	C15—225	C15—275	C15—375
H1	38.313—14 (1.508 4—14)	50.455—14 (1.986 4—14)	60.338—11½ (2.375 5—11½)	85.916—11½ (3.382 5—11½)
F22	37.348—14 (1.470 4—14)	45.781—14 (1.802 4—14)	53.581—11½ (2.109 5—11½)	80.556—11½ (3.171 5—11½)
OD ±0.79(±0.031)	43.18 (1.700)	55.88 (2.200)	67.31 (2.650)	92.71 (3.650)
L_{PL} ±25.4(±1.000)	120.65 (4.750)	133.35 (5.250)	133.35 (5.250)	158.75 (6.250)

注 1:所有尺寸用毫米表示,括号内为相应的英寸。

注 2:球室的尺寸和形状宜根据制造厂商规范要求保证阀球具有足够的间隙和流体通道。

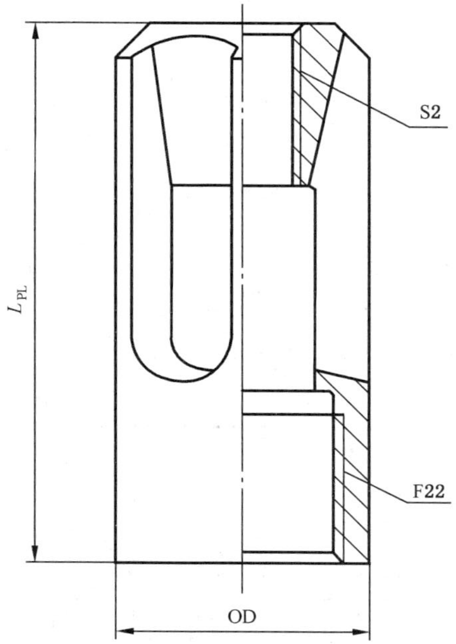

图 B.15　C16

表 B.16　C16 固定阀罩(见图 B.15)

(1)	(2)	(3)	(4)	(5)
尺寸符号	零件号			
	C16—175	C16—225	C16—275	C16—375
F22	37.348—14 (1.470 4—14)	45.781—14 (1.802 4—14)	53.581—11½ (2.109 5—11½)	80.556—11½ (3.171 5—11½)
S2	19.050—10 (0.750—10)	19.050—10 (0.750—10)	19.050—10 (0.750—10)	19.050—10 (0.750—10)
OD +0.25/−0.76 (+0.010/−0.030)	42.62 (1.678)	55.32 (2.178)	66.68 (2.625)	92.08 (3.625)
L_{PL} ±25.4 (±1.000)	95.25 (3.750)	101.60 (4.000)	114.30 (4.500)	158.75 (6.250)

注 1：所有尺寸用毫米表示，括号内为相应的英寸。

注 2：球室的尺寸和形状宜根据制造厂商规范要求保证阀球具有足够的间隙和流体通道。

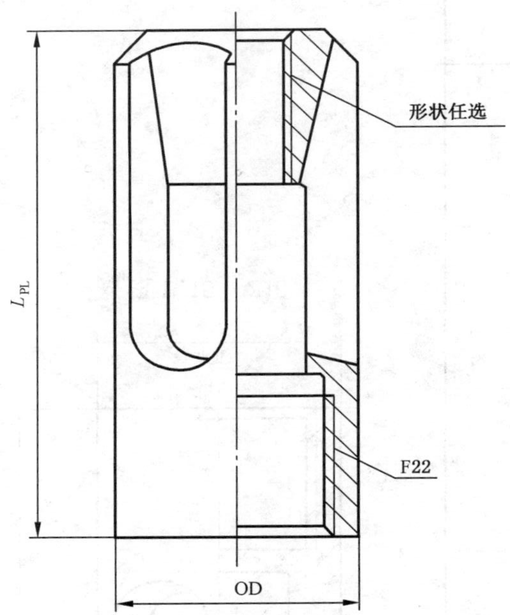

图 B.16　C17

表 B.17　C17 柱塞上部阀罩(见图 B.16)

(1)	(2)	(3)	(4)	(5)
尺寸符号	零件号			
	C17—125	C17—150	C17—200	C17—250
F22	25.400—14 (1.000 0—14)	31.750—14 (1.250 0—14)	39.634—14 (1.560 4—14)	53.581—11½ (2.109 5—11½)
OD ±0.79 (±0.031)	30.48 (1.200)	36.83 (1.450)	49.53 (1.950)	62.23 (2.450)
L_{PL} ±0.79 (±0.031)	66.7 (2.625)	69.9 (2.750)	85.7 (3.375)	108.0 (4.250)

注 1：所有尺寸用毫米表示，括号内为相应的英寸。

注 2：球室的尺寸和形状宜根据制造厂商规范要求保证阀球具有足够的间隙和流体通道。

注 3：顶部形状和螺纹要求可以按制造厂商的规范任选。

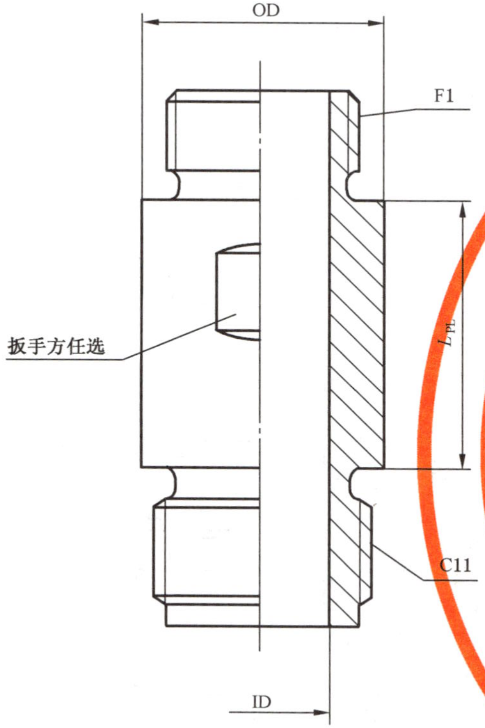

图 B.17 C21

表 B.18 C21 泵筒上部接头(见图 B.17)

(1)	(2)	(3)	(4)	(5)	(6)
尺寸符号	零件号				
	C21—15	C21—20—125	C21—20	C21—25	C21—30
C11	33.858—16 (1.333 0—16)	33.858—16 (1.333 0—16)	39.954—16 (1.573 0—16)	53.010—16 (2.087 0—16)	65.354—16 (2.573 0—16)
F1	31.750—14 (1.250 0—14)	37.348—14 (1.470 4—14)	37.348—14 (1.470 4—14)	45.781—14 (1.802 4—14)	53.581—11½ (2.109 5—11½)
ID	23.83±0.38 (0.938±0.015)	25.40±1.57 (1.000±0.062)	25.40±1.57 (1.000±0.062)	31.75±1.57 (1.250±0.062)	38.10±1.57 (1.500±0.062)
OD ±0.25 (±0.010)	36.58 (1.440)	44.45 (1.750)	44.45 (1.750)	57.15 (2.250)	69.85 (2.750)
L_{PL} ±0.79 (±0.031)	63.5 (2.500)	63.5 (2.500)	63.5 (2.500)	76.2 (3.000)	76.2 (3.000)

注：所有尺寸用毫米表示，括号内为相应的英寸。

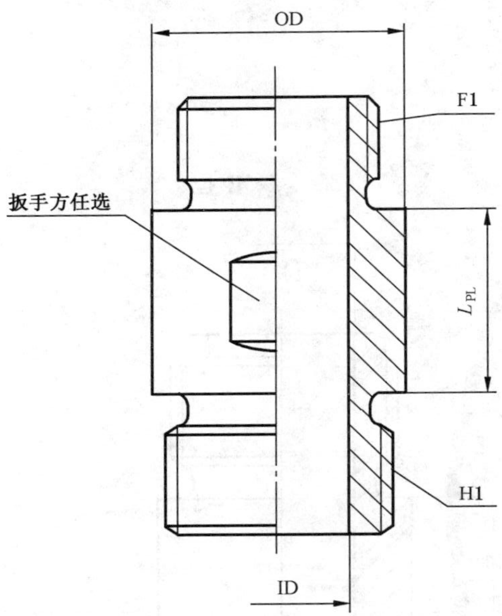

图 B.18 C22

表 B.19 C22 内螺纹柱塞接头(见图 B.18)

(1)	(2)	(3)	(4)	(5)
尺寸符号	零件号			
	C22—175	C22—225	C22—275	C22—375
F1	37.348—14 (1.470 4—14)	45.781—14 (1.802 4—14)	53.581—11½ (2.109 5—11½)	80.556—11½ (3.171 5—11½)
H1	38.313—14 (1.508 4—14)	50.455—14 (1.986 4—14)	60.338—11½ (2.375 5—11½)	85.916—11½ (3.382 5—11½)
ID	25.40±1.57 (1.000±0.062)	31.75±1.57 (1.250±0.062)	38.10±1.57 (1.500±0.062)	58.72±6.35 (2.312±0.250)
OD ±0.79 (±0.031)	43.18 (1.700)	55.88 (2.200)	67.31 (2.650)	92.71 (3.650)
L_{PL} ±12.70 (±0.500)	38.10 (1.500)	38.10 (1.500)	38.10 (1.500)	44.45 (1.750)
注：所有尺寸用毫米表示，括号内为相应的英寸。				

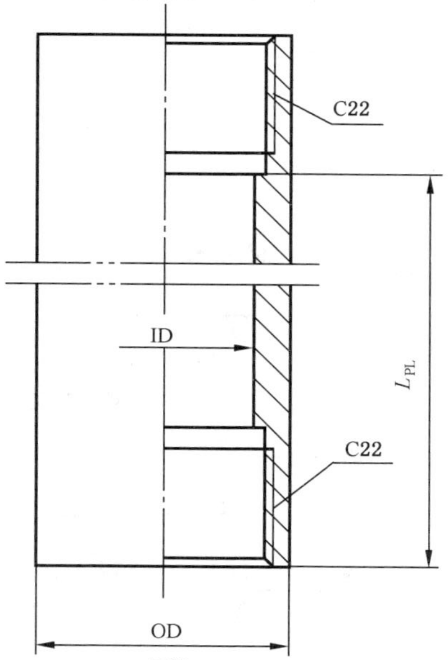

图 B.19 C31

表 B.20 C31 加长接箍(见图 B.19)

(1)	(2)	(3)	(4)	(5)	(6)	(7)
尺寸符号	零件号					
	C31—106—15[a]	C31—106[a]	C31—125[a]	C31—150[a]	C31—175[a]	C31—225[a]
C22[b]	33.338—16 (1.312 5—16)	33.338—16 (1.312 5—16)	39.954—16 (1.573 0—16)	47.625—16 (1.875 0—16)	53.010—16 (2.087 0—16)	65.354—16 (2.573 0—16)
C22[c]	33.858—16 (1.333 0—16)	39.954—16 (1.573 0—16)	39.954—16 (1.573 0—16)	53.010—16 (2.087 0—16)	53.010—16 (2.087 0—16)	65.354—16 (2.573 0—16)
ID ±0.79 (±0.031)	27.76 min (1.093) min	27.76 min (1.093) min	33.32 (1.312)	40.46 (1.593)	46.02 (1.812)	58.72 (2.312)
OD +0.25/−0.76 (+0.010/−0.03)	36.83 max (1.450) max	44.70 max (1.760) max	44.45 (1.750)	57.15 (2.250)	57.15 (2.250)	69.85 (2.750)
L_{PL} ±6.35[a] (±0.250)	规定长度(L_{PL}),毫米(英寸)。					

注:所有尺寸用毫米表示,括号内为相应的英寸。

[a] 标准接箍长度为:152.4 mm,304.8 mm,457.2 mm,609.6 mm,914.4 mm 等(6 in,12 in,18 in,24 in,36 in 等)。

[b] 泵筒端。

[c] 尾端。

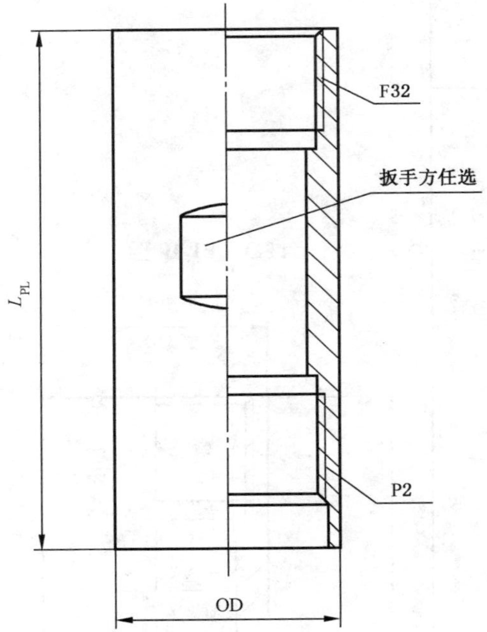

图 B.20　C32

表 B.21　C32 拉管上部接箍(见图 B.20)

(1)	(2)	(3)	(4)	(5)	(6)	(7)
尺寸符号	零件号					
	C32—125	C32—150	C32—175	C32—200	C32—225	C32—250
F32	25.400—14 (1.000 0—14)	31.750—14 (1.250 0—14)	37.348—14 (1.470 4—14)	39.634—14 (1.560 4—14)	45.781—14 (1.802 4—14)	53.581—111/2 (2.109 5—11½)
P2	23.813—16 (0.937 5—16)	28.575—16 (1.125 0—16)	33.338—16 (1.312 5—16)	38.100—16 (1.500 0—16)	47.625—16 (1.875 0—16)	47.625—16 (1.875 0—16)
OD ±0.79 (±0.031)	30.48 (1.200)	36.83 (1.450)	43.18 (1.700)	49.53 (1.950)	55.88 (2.200)	62.23 (2.450)
L_{PL} ±0.79 (±0.031)	101.6 (4.000)	101.6 (4.000)	106.4 (4.188)	111.1 (4.375)	136.5 (5.375)	136.5 (5.375)

注:所有尺寸用毫米表示,括号内为相应的英寸。

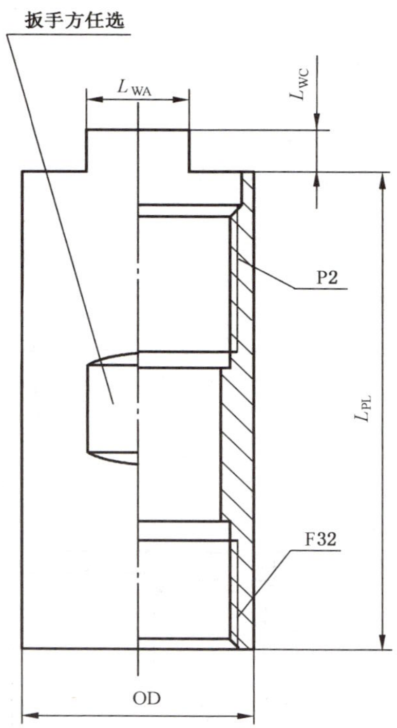

图 B.21　C33

表 B.22　C33 拉管下部接箍(见图 B.21)

(1)	(2)	(3)	(4)	(5)	(6)	(7)	(8)
尺寸符号	零件号						
	C33—125—15	C33—125	C33—150—20	C33—150—25	C33—175	C33—200	C33—225[a]
F32	31.750—14 (1.250 0—14)	37.348—14 (1.470 4—14)	37.348—14 (1.470 4—14)	45.781—14 (1.802 4—14)	45.781—14 (1.802 4—14)	45.781—14 (1.802 4—14)	53.581—11½ (2.109 5—11½)
P2	23.813—16 (0.937 5—16)	23.813—16 (0.937 5—16)	28.575—16 (1.125 0—16)	28.575—16 (1.125 0—16)	33.338—16 (1.312 5—16)	38.100—16 (1.500 0—16)	47.625—16 (1.875 0—16)
L_{WA} ±0.79 (±0.031)	17.48 (0.688)	17.48 (0.688)	17.48 (0.688)	19.05 (0.750)	19.05 (0.750)	19.05 (0.750)	22.23 (0.875)
L_{WC} +1.57/−0.00 (+0.062/−0.000)	6.35 (0.250)	6.35 (0.250)	6.35 (0.250)	6.35 (0.250)	6.35 (0.250)	6.35 (0.250)	6.35 (0.250)
OD	36.58±0.25 (1.440±0.010)	44.45±1.57 (1.750±0.062)	44.45±1.57 (1.750±0.062)	55.88±1.57 (2.200±0.062)	55.88±1.57 (2.200±0.062)	55.88±3.18 (2.200±0.125)	68.58±3.18 (2.700±0.125)
L_{PL} ±12.70 (±0.500)	73.03 (2.875)	73.03 (2.875)	76.20 (3.000)	79.38 (3.125)	82.55 (3.250)	82.55 (3.250)	88.90 (3.500)

注：所有尺寸用毫米表示，括号内为相应的英寸。

[a] 用于泵径 57.2 mm(2¼ in)和 63.5 mm(2½ in)的泵上。

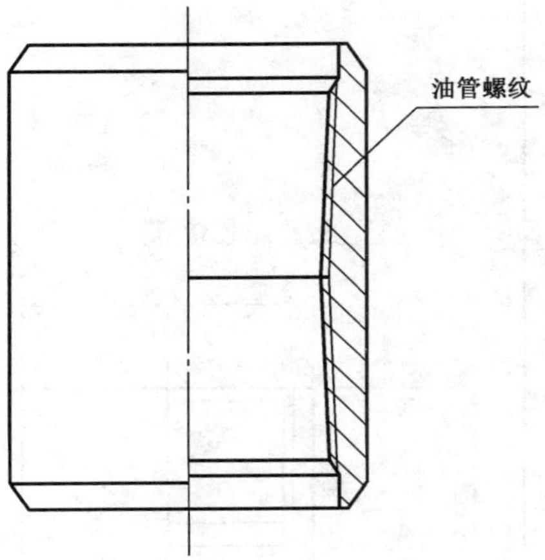

图 B.22　C34

表 B.23　C34 油管接箍(见图 B.22)

(1)	(2)	(3)	(4)	(5)	(6)
尺寸符号	零件号				
	C34—15[b]	C34—20	C34—25	C34—30	C34—40
油管螺纹[a]	1.900 UP TBG (1.900—10 IJ)	$2\frac{3}{8}$ UP TBG ($2\frac{3}{8}$—8 EU)	$2\frac{7}{8}$ UP TBG ($2\frac{7}{8}$—8 EU)	$3\frac{1}{2}$ UP TBG ($3\frac{1}{2}$—8 EU)	$4\frac{1}{2}$ UP TBG ($4\frac{1}{2}$—8 EU)

注 1：所有尺寸用毫米表示，括号内为相应的英寸。

注 2：油管尺寸参见 GB/T 9253.2。

注 3：C34 接箍仅用于抽油泵，不能用作油管接箍。

[a] 油管螺纹参见 GB/T 9253.2。

[b] C34—15 油管接箍的外径(OD)应为 53.6 mm(2.110 in)。

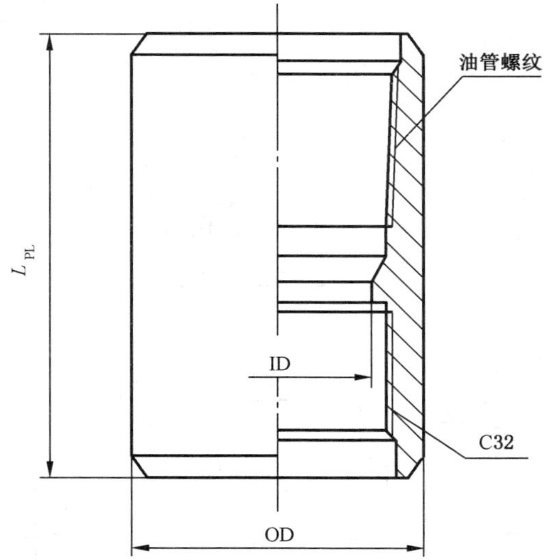

图 B.23 C35

表 B.24 C35 泵筒接箍(见图 B.23)

(1)	(2)	(3)	(4)	(5)
尺寸符号	零件号			
	C35—20	C35—25	C35—30	C35—40
油管螺纹[a]	2⅜ UP TBG (2⅜—8 EU)	2⅞ UP TBG (2⅞—8 EU)	3½ UP TBG (3½—8 EU)	4½ UP TBG (4½—8 EU)
C32	56.845—11½ (2.238 0—11½)	69.545—11½ (2.738 0—11½)	82.245—11½ (3.238 0—11½)	107.645—11½ (4.238 0—11½)
ID ±0.79 (±0.031)	46.81 (1.843)	59.51 (2.343)	72.21 (2.843)	97.61 (3.843)
OD ±1.57 (±0.062)	76.2 (3.000)	92.1 (3.625)	114.3 (4.500)	141.30 (5.563)
L_{PL} ±25.40 (±1.000)	127.00 (5.000)	133.35 (5.250)	139.70 (5.500)	165.10 (6.500)

注：所有尺寸用毫米表示，括号内为相应的英寸。

[a] 油管螺纹参见 GB/T 9253.2。

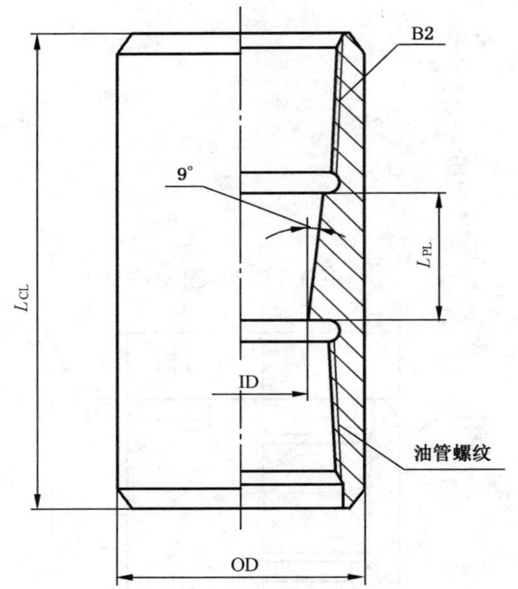

图 B.24 C36

表 B.25 C36 泵筒下部接箍(软密封管式泵)(见图 B.24)

(1)	(2)	(3)	(4)
尺寸符号	零件号		
	C36—20	C36—25	C36—30
油管螺纹[a]	2⅜ UP TBG (2⅜—8 EU)	2⅞ UP TBG (2⅞—8 EU)	3½ UP TBG (3½—8 EU)
B2	178—11½	225—11½	275—11½
ID ±0.51 (±0.020)	35.33 (1.391)	47.04 (1.852)	58.72 (2.312)
OD ±0.79 (±0.031)	76.2 (3.000)	92.1 (3.625)	114.3 (4.500)
L_{PL} ±1.57 (±0.062)	25.4 (1.000)	28.6 (1.125)	31.8 (1.250)
L_{CL} ±1.57 (±0.062)	155.58 (6.125)	165.10 (6.500)	177.80 (7.000)

注：所有尺寸用毫米表示，括号内为相应的英寸。

[a] 油管螺纹参见 GB/T 9253.2。

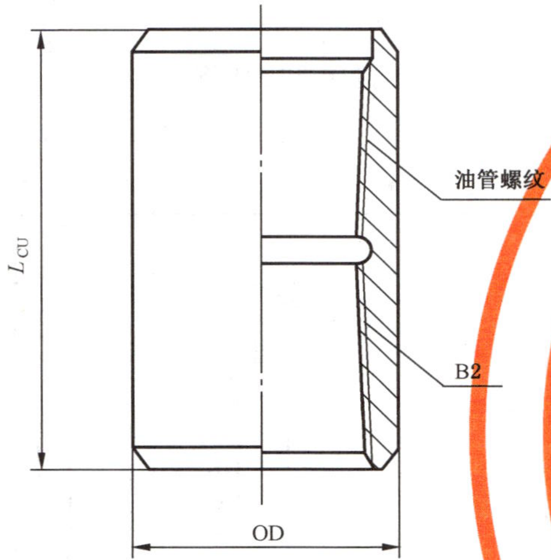

图 B.25 C37

表 B.26 C37 泵筒接箍(软密封管式泵)(见图 B.25)

(1)	(2)	(3)	(4)
尺寸符号	零件号		
	C37—20	C37—25	C37—30
油管螺纹[a]	2⅜ UP TBG (2⅜—8 EU)	2⅞ UP TBG (2⅞—8 EU)	3½ UP TBG (3½—8 EU)
B2	178—11½	225—11½	275—11½
OD ±1.57 (±0.062)	76.2 (3.000)	92.1 (3.625)	114.3 (4.500)
L_{CU} ±1.57 (±0.062)	111.13 (4.375)	114.30 (4.500)	123.83 (4.875)

注:所有尺寸用毫米表示,括号内为相应的英寸。

[a] 油管螺纹参见 GB/T 9253.2。

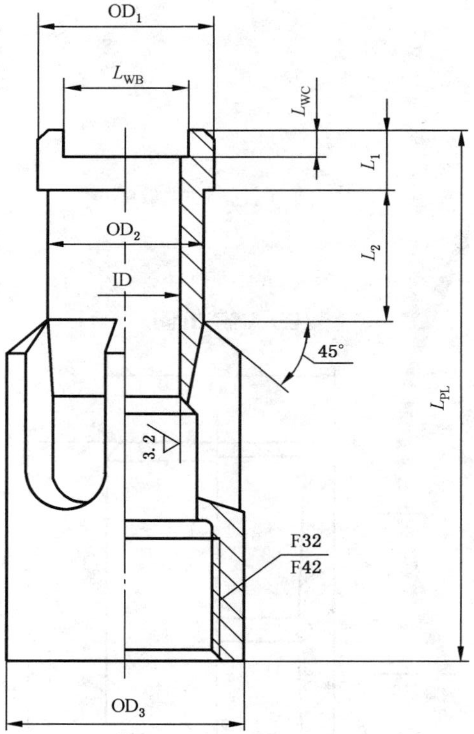

图 B.26　G11

表 B.27　G11 阀杆导向套(见图 B.26)

(1)	(2)	(3)	(4)	(5)
尺寸符号	零件号			
	G11—15	G11—20	G11—25	G11—30
F32,F42	31.750—14 (1.250 0—14)	37.348—14 (1.470 4—14)	45.781—14 (1.802 4—14)	53.581—11½ (2.109 5—11½)
ID ±1.57(±0.062)	19.46(0.766)	19.46(0.766)	24.21(0.953)	28.98(1.141)
L_1 ±0.79(±0.031)	19.1(0.75)	19.1(0.75)	19.1(0.75)	19.1(0.75)
L_2 +1.57/−0.00 (+0.062/−0.000)	54.0(2.125)	54.0(2.125)	60.3(2.375)	63.5(2.500)
OD_1 ±0.13(±0.005)	31.75(1.250)	38.10(1.500)	41.28(1.625)	41.28(1.625)
OD_2 +0.00/−0.79 (+0.000/−0.031)	28.6(1.125)	34.9(1.375)	38.10(1.500)	38.10(1.500)
OD_3 ±0.79 (±0.031)	38.10(1.500)	44.45(1.750)	57.15(2.250)	69.85(2.750)
L_{WB} +1.57/−0.00 (+0.062/−0.000)	15.88(0.625)	20.62(0.812)	25.40(1.000)	25.40(1.000)
L_{WC} +1.57/−0.00 (+0.062/−0.000)	6.35(0.250)	6.35(0.250)	6.35(0.250)	6.35(0.250)
L_{PL} ±0.79 (±0.031)	139.7(5.500)	139.7(5.500)	152.4(6.000)	158.8(6.250)

注：所有尺寸用毫米表示,括号内为相应的英寸。

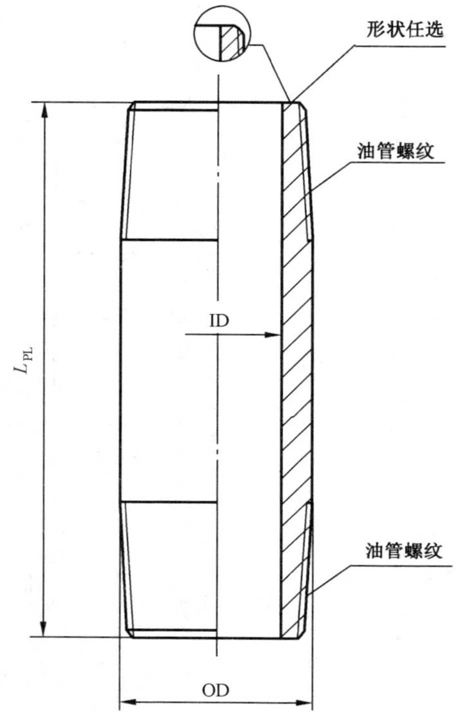

图 B.27　N11

表 B.28　N11 皮碗支承接头(杆式泵)(见图 B.27)

(1)	(2)	(3)	(4)	(5)
尺寸符号	零件号			
	N11—15	N11—20	N11—25	N11—30
油管螺纹[a]	1.900 UP TBG (1.900—10 IJ)[b]	2⅜ UP TBG (2⅜—8 EU)	2⅞ UP TBG (2⅞—8 EU)	3½ UP TBG (3½—8 EU)
ID +0.25/−0.00 (+0.010/−0.000)	37.08 (1.460)	45.21 (1.780)	57.91 (2.280)	70.61 (2.780)
L_{PL} min[c] ±3.18 (±0.125)	152.4 (6.000)	152.4 (6.000)	152.4 (6.000)	152.4 (6.000)
OD +1.57/−0.38 (+0.062/−0.015)	53.19 (2.094)[d]	65.89 (2.594)	78.59 (3.094)	95.25 (3.750)

注：所有尺寸用毫米表示，括号内为相应的英寸。

[a] 油管螺纹参见 GB/T 9253.2。

[b] 上部连接可以是 48.3—10IJ(1.900-10 IJ)内螺纹，这样就无需用 C34—15 接箍。

[c] 规定接头长度(L_{PL})，标准长度为：152.4 mm (6 in)～609.6 mm (24 in)，长度按每 152.4 mm (6 in)递增。

[d] 螺纹大径应扩展至 C34 接箍沉孔允许间隙。

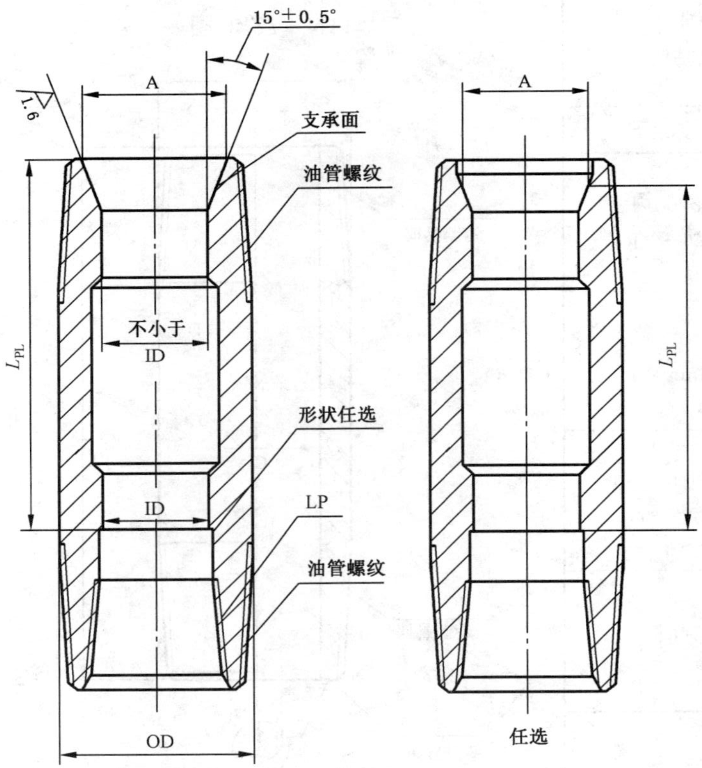

图 B.28 N12

表 B.29 N12 机械底部锁紧支承接头(见图 B.28)

(1)	(2)	(3)	(4)	(5)	(6)
尺寸符号	零件号				
	N12—15	N12—20	N12—25	N12—30	N12—40
油管螺纹[a]	1.900 UP TBG (1.900—10 IJ)[c]	2⅜UP TBG (2⅜—8 EU)	2⅞UP TBG (2⅞—8 EU)	3½UP TBG (3½—8 EU)	4½UP TBG (4½—8 EU)
A ±0.13(±0.005)	37.47 (1.475)	42.88 (1.688)	55.58 (2.188)	68.28 (2.688)	93.68 (3.688)
ID ±0.13(±0.005)	28.58 (1.125)	34.93 (1.375)	44.45 (1.750)	57.15 (2.250)	76.20 (3.000)
L_{PL} +0.00/−0.41 (+0.000/−0.016)	92.86 (3.656)	110.54 (4.352)	129.59 (5.102)	156.57 (6.164)	157.18 (6.188)
LP nom[b]	31.8 (1¼)	38.1 (1½)	50.8 (2)	63.5 (2½)	76.2 (3)
OD +1.57/−0.38 (+0.062/−0.015)	53.19 (2.094)[d]	65.89 (2.594)	78.59 (3.094)	95.25 (3.750)	120.65 (4.750)

注：所有尺寸用毫米表示，括号内为相应的英寸。

[a] 油管螺纹参见 GB/T 9253.2。

[b] 管线管螺纹参见 GB/T 9253.2。

[c] 上部连接可以是 48.3—10IJ(1.900-10IJ)内螺纹，这样就无需用 C34—15 接箍。

[d] 螺纹大径应扩展至 C34 接箍沉孔允许间隙。

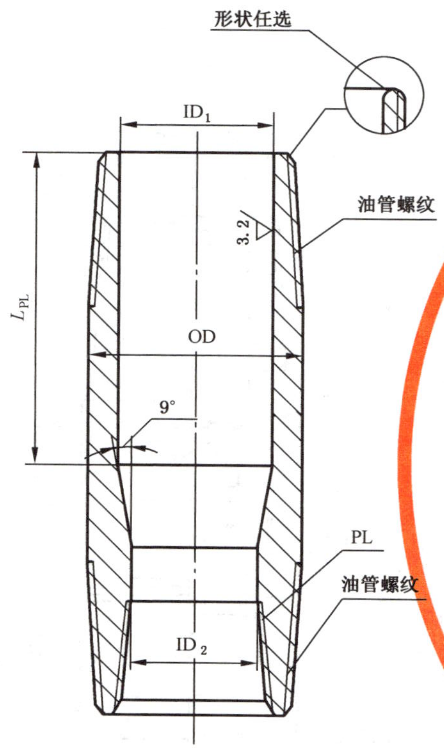

图 B.29　N13

表 B.30　N13 双皮碗支承接头(管式泵)(见图 B.29)

(1)	(2)	(3)	(4)
尺寸符号	零件号		
	N13—20	N13—25	N13—30
油管螺纹[a]	$2\frac{3}{8}$ UP TBG ($2\frac{3}{8}$—8 EU)	$2\frac{7}{8}$ UP TBG ($2\frac{7}{8}$—8 EU)	$3\frac{1}{2}$ UP TBG ($3\frac{1}{2}$—8 EU)
ID_1 +0.25/−0.00 (+0.010/−0.000)	43.43(1.710)	56.13(2.210)	68.83(2.710)
ID_2 +1.02/−0.00 (+0.040/−0.000)	34.82(1.371)	46.53(1.832)	54.76(2.156)
L_{PL} ±9.5(±$\frac{3}{8}$)	133.4(5.250)	146.1(5.750)	152.4(6.000)
OD+1.57/−0.38 (+0.062/−0.015)	65.89(2.594)	78.59(3.094)	95.25(3.750)
LP nom[b]	38.1($1\frac{1}{2}$)	50.8(2)	50.8(2)

注：所有尺寸用毫米表示，括号内为相应的英寸。

[a] 油管螺纹参见 GB/T 9253.2。

[b] 管线管螺纹参见 GB/T 9253.2。

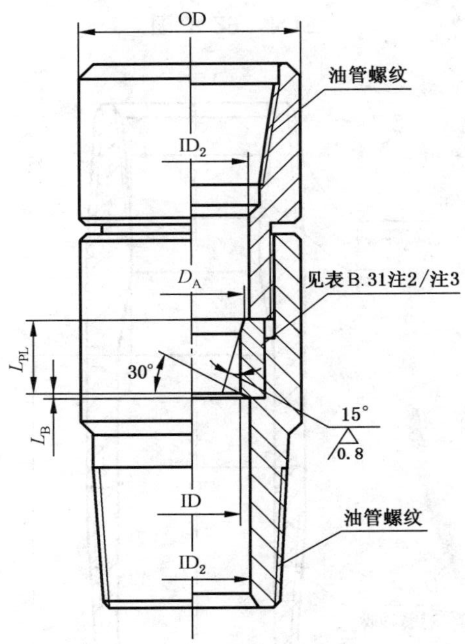

图 B.30 N14

表 B.31 N14 机械顶部锁紧支承接头(见图 B.30)

(1)	(2)	(3)	(4)
尺寸符号	零件号		
	N14—20	N14—25	N14—30
油管螺纹[a]	2⅜UP TBG (2⅜—8 EU)	2⅞UP TBG (2⅞—8 EU)	3½UP TBG (3½—8 EU)
D_A ±0.05(±0.002)	47.63 (1.875)	59.54 (2.344)	72.24 (2.844)
L_B ±0.13(±0.005)	0.76 (0.030)	0.76 (0.030)	0.76 (0.030)
ID +0.25/−0.00 (+0.010/−0.000)	45.21 (1.780)	57.91 (2.280)	70.61 (2.780)
ID$_2$ +4.19/−0.00 (+0.165/−0.000)	48.31 (1.902)	59.69 (2.350)	72.82 (2.867)
L_{PL} +0.00/−0.13 (+0.000/−0.005)	24.71 (0.973)	23.32 (0.918)	23.32 (0.918)
OD ±1.57(±0.062)	76.2 (3.000)	92.1 (3.625)	114.3 (4.500)

注 1:所有尺寸用毫米表示,括号内为相应的英寸。

注 2:中心环件的硬度范围为 40 HRC-58 HRC。

注 3:这三个零件在制造厂商之间不能互换,只有总成可以互换,注意在更换内环时保证合适的配合。

[a] 油管螺纹参见 GB/T 9253.2。

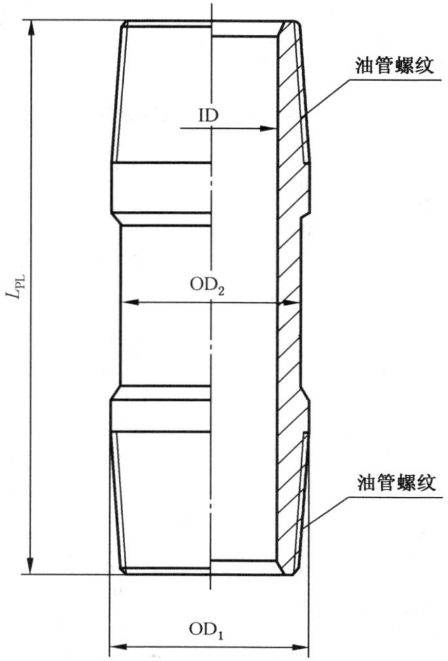

图 B.31 N21

表 B.32 N21 上部加长短节(见图 B.31)

(1)	(2)	(3)	(4)	(5)
尺寸符号	零件号			
	N21—20	N21—25	N21—30	N21—40
油管螺纹[a]	2⅜UP TBG (2⅜—8 EU)	2⅞UP TBG (2⅞—8 EU)	3½UP TBG (3½—8 EU)	4½UP TBG (4½—8 EU)
ID +4.19/−0.00 (+0.165/−0.000)	48.31 (1.902)	59.69 (2.350)	72.82 (2.867)	97.41 (3.835)
OD_1 +1.57/−0.38 (+0.062/−0.015)	65.89 (2.594)	78.59 (3.094)	95.25 (3.750)	120.65 (4.750)
OD_2 ±0.79 (±0.031)	60.3 (2.375)	73.0 (2.875)	88.9 (3.500)	114.30 (4.500)
L_{PL} ±12.70 (±0.500)	609.6,914.4 (24,36)	609.6,914.4 (24,36)	609.6,914.4 (24,36)	609.6,914.4 (24,36)
注：所有尺寸用毫米表示,括号内为相应的英寸。				
[a] 油管螺纹参见 GB/T 9253.2。				

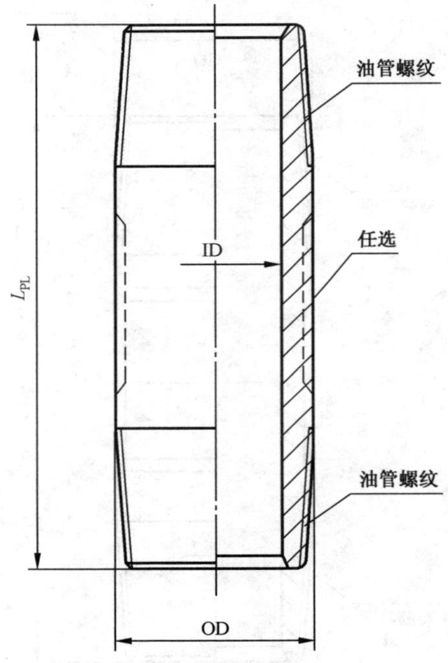

图 B.32 N22

表 B.33 N22 下部加长短节(见图 B.32)

(1)	(2)	(3)	(4)	(5)
尺寸符号	零件号			
	N22—20	N22—25	N22—30	N22—40
油管螺纹[a]	2⅜UP TBG (2⅜—8 EU)	2⅞UP TBG (2⅞—8 EU)	3½UP TBG (3½—8 EU)	4½UP TBG (4½—8 EU)
ID +4.19/−0.00 (+0.165/−0.000)	48.31 (1.902)	59.69 (2.350)	72.82 (2.867)	97.41 (3.835)
OD +1.57/−0.38 (+0.062/−0.015)	65.89 (2.594)	78.59 (3.094)	95.25 (3.750)	120.65 (4.750)
L_{PL} ±12.70 (±0.500)	609.6,914.4 (24,36)	609.6,914.4 (24,36)	609.6,914.4 (24,36)	609.6,914.4 (24,36)

注：所有尺寸用毫米表示,括号内为相应的英寸。

[a] 油管螺纹参见 GB/T 9253.2。

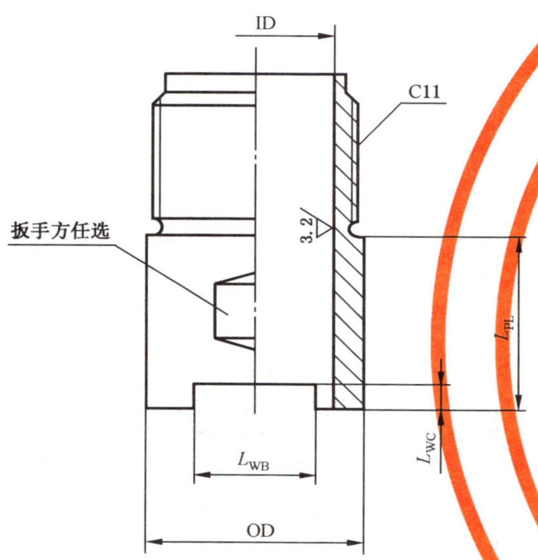

图 B.33　P11

表 B.34　P11 泵管管塞(见图 B.33)

(1)	(2)	(3)	(4)	(5)	(6)	(7)	(8)
尺寸符号	零件号						
	P11—125—15	P11—125	P11—150—20	P11—150—25	P11—175	P11—200	P11—225[a]
C11	33.858—16 (1.333 0—16)	39.954—16 (1.573 0—16)	39.954—16 (1.573 0—16)	53.010—16 (2.087 0—16)	53.010—16 (2.087 0—16)	53.010—16 (2.087 0—16)	65.354—16 (2.573 0—16)
ID +0.79/−0.00 (+0.031/ −0.000)	25.40 (1.000)	25.40 (1.000)	30.18 (1.188)	30.18 (1.188)	34.93 (1.375)	39.67 (1.562)	49.20 (1.937)
OD ±0.79 (±0.031)	38.10 (1.500)	44.45 (1.750)	44.45 (1.750)	57.15 (2.250)	57.15 (2.250)	57.15 (2.250)	69.85 (2.750)
L_{PL} ±0.79 (±0.031)	34.9 (1.375)	34.9 (1.375)	34.9 (1.375)	34.9 (1.375)	34.9 (1.375)	34.9 (1.375)	34.9 (1.375)
L_{WB} +1.57/ −0.00 (+0.062/ −0.000)	20.62 (0.812)	20.62 (0.812)	20.62 (0.812)	25.40 (1.000)	25.40 (1.000)	25.40 (1.000)	25.40 (1.000)
L_{WC} +0.79/ −0.00 (+0.031/ −0.000)	6.35 (0.250)	6.35 (0.250)	6.35 (0.250)	6.35 (0.250)	6.35 (0.250)	6.35 (0.250)	6.35 (0.250)

注：所有尺寸用毫米表示，括号内为相应的英寸。

[a] 用于泵径 57.2 mm(2¼ in)和 63.5 mm(2½ in)。

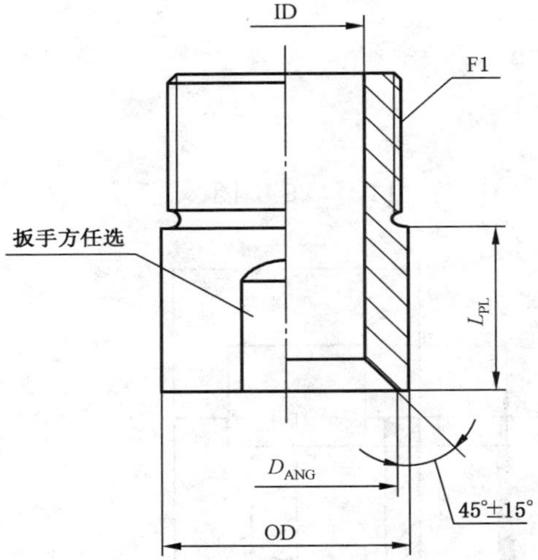

图 B.34 P12

表 B.35 P12 阀座管塞(见图 B.34)

(1)	(2)	(3)	(4)	(5)	(6)	(7)	(8)
尺寸符号	零件号						
	P12—106	P12—125	P12—150	P12—175	P12—200	P12—225	P12—250
F1	22.225—14 (0.875 0—14)	25.400—14 (1.000 0—14)	31.750—14 (1.250 0—14)	37.348—14 (1.470 4—14)	39.634—14 (1.560 4—14)	45.781—14 (1.802 4—14)	53.581—11½ (2.109 5—11½)
OD ±0.79 (±0.031)	25.4 (1.000)	30.2 (1.188)	36.5 (1.438)	42.9 (1.688)	49.2 (1.938)	55.6 (2.188)	61.9 (2.438)
ID ±1.57 (±0.062)	14.27 (0.562)	15.88 (0.625)	22.23 (0.875)	25.40 (1.000)	25.40+2.36/ −1.57 (1.000+0.093/ −0.062)	31.75 +2.36/ −1.57 (1.250 + 0.093/ −0.062)	38.10 (1.500)
D_{ANG} +0.79/ −1.57 (+0.031/ −0.062)	21.44 (0.844)	23.83 (0.938)	28.58 (1.125)	34.93 (1.375)	38.10 (1.500)	44.45 (1.750)	50.80 (2.000)
L_{PL} ±0.79 (±0.031)	25.4 (1.000)	25.4 (1.000)	25.4 (1.000)	25.4 (1.000)	25.4 (1.000)	25.4 (1.000)	25.4 (1.000)

注：所有尺寸用毫米表示，括号内为相应的英寸。

表 B.36　P21 外螺纹整体式柱塞(见图 B.35)

(1)	(2)	(3)	(4)	(5)	(6)	(7)	(8)	(9)	(10)
尺寸符号	零件号								
	P21—106	P21—125	P21—150	P21—175	P21—200	P21—225	P21—250	P21—275	P21—375
F1,F1A 或 F1B[c]	22.225—14 (0.875 0—14)	25.400—14 (1.000 0—14)	31.750—14 (1.250 0—14)	37.348—14 (1.470 4—14)	39.634—14 (1.560 4—14)	45.781—14 (1.802 4—14)	53.581—11½ (2.109 5—11½)	53.581—11½ (2.109 5—11½)	80.556—11½ (3.171 5—11½)
OD[a b]	27.0 (1.062 5)	31.75 (1.250 0)	38.10 (1.500 0)	44.45 (1.750 0)	50.80 (2.000)	57.15 (2.250 0)	63.50 (2.500 0)	69.85 (2.750 0)	95.25 (3.750 0)
L_{SL}	规定密封长度(L_{SL}),按整英尺数增加,最短为 0.610 m(2 ft)。L_{SL}处于 L_{PL}中心。								
L_{PL}	密封长度加 76.2 mm(3 in)。								
L_{OA}	L_{PL}加两倍的 F1 螺纹长度。								

注 1：所有尺寸用毫米表示,括号内为相应的英寸。

注 2：在密封长度上测量柱塞直线度为每 305 mm TIR 不大于 0.03 mm(0.001 in),在 2.134 m(7 ft)或更长的柱塞上 TIR 最大值为 0.18 mm(0.007 in)。

注 3：如在 P21 柱塞上选用 F1A 或 F1B 外螺纹,可在 C12 和 P21 之间加装一个阀座。

[a] 外径应为基本尺寸减去规定的配合间隙,其公差为+0.000/−0.013 mm(+0.000/−0.000 5 in)。

[b] 外径上选用的环形槽的深度和递增量允许由制造厂商决定。

[c] 由制造厂商和/或用户选用。

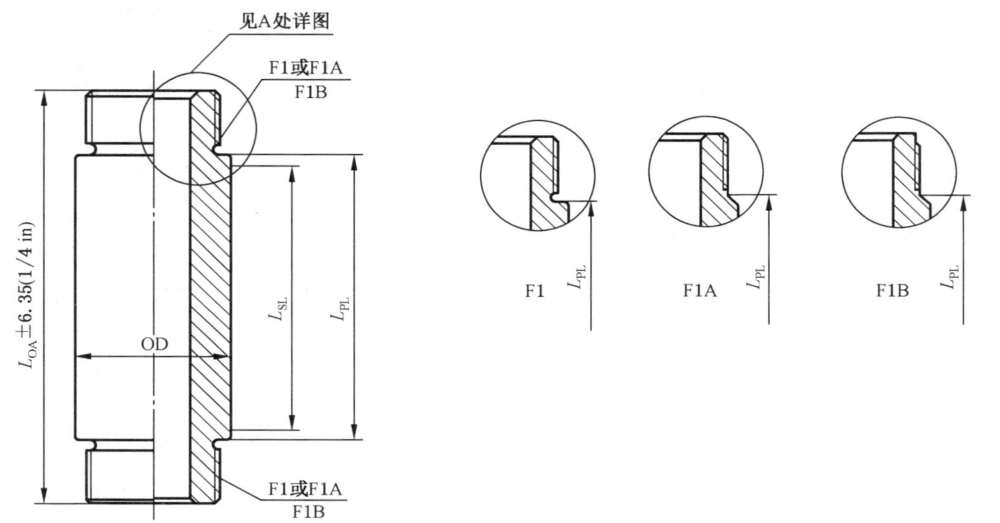

图 B.35　P21

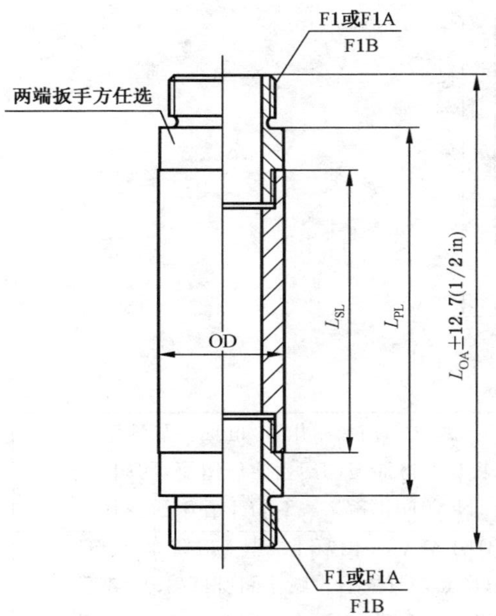

图 B.36 P22

表 B.37 P22 组合式柱塞(见图 B.36)

(1)	(2)	(3)	(4)	(5)	(6)	(7)	(8)
尺寸符号	零件号						
	P22—125	P22—150	P22—175	P22—200	P22—225	P22—250	P22—275
F1,F1A 或 F1B[c]	25.400—14 (1.000 0—14)	31.750—14 (1.250 0—14)	37.348—14 (1.470 4—14)	39.634—14 (1.560 4—14)	45.781—14 (1.802 4—14)	53.581—11½ (2.109 5—11½)	53.581—11½ (2.109 5—11½)
OD[a b]	31.75 (1.250 0)	38.10 (1.500 0)	44.45 (1.750 0)	50.80 (2.000)	57.15 (2.250 0)	63.50 (2.500 0)	69.85 (2.750 0)
L_{SL}	规定密封长度,按整英尺数增加						
L_{PL}	密封长度加 76.2 mm(3 in)						
L_{OA}	L_{PL}加两倍的 F1 螺纹长度						

注 1:所有尺寸用毫米表示,括号内为相应的英寸。

注 2:柱塞组装结构由制造厂商自定,但宜是金属制品,并能与整体式柱塞同样使用。

注 3:在密封长度上测量柱塞直线度为每 305 mm TIR 不大于 0.03 mm(0.001 in),在 2.134 m(7 ft)或更长的柱塞上 TIR 最大值为 0.18 mm(0.007 in)。

[a] 外径应为基本尺寸减去规定的配合间隙,其公差为+0.000/−0.013 mm (+0.000 0/−0.000 5 in)。

[b] 外径上选用的环形槽的深度和递增量允许由制造厂商决定。

[c] 由制造厂商和/或用户选用。

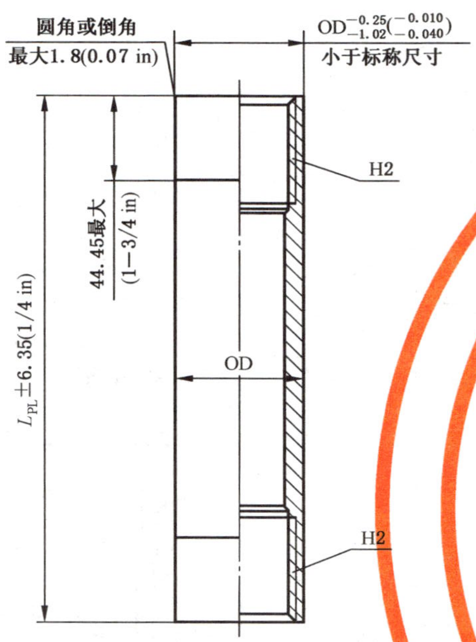

图 B.37 P23

表 B.38 P23 内螺纹柱塞(管式泵)(见图 B.37)

(1)	(2)	(3)	(4)	(5)
尺寸符号	零件号			
	P23—175	P23—225	P23—275	P23—375
H2	38.313—14 (1.508 4—14)	50.455—14 (1.986 4—14)	60.338—11½ (2.375 5—11½)	85.916—11½ (3.382 5—11½)
OD[a,b]	44.45 (1.750 0)	57.15 (2.250 0)	69.85 (2.750 0)	95.25 (3.750 0)
L_{PL}	规定标称长度,以米(英尺)计			

注 1:所有尺寸用毫米表示,括号内为相应的英寸。

注 2:在密封长度上测量柱塞直线度为每 305 mm TIR 不大于 0.03 mm(0.001 in),在 2.134 m(7 ft)或更长的柱塞上 TIR 最大值为 0.18 mm(0.007 in)。

注 3:端部间隙任选,使用时符合表中给出的尺寸。

[a] 外径应为基本尺寸减去规定的配合间隙,其公差为+0.000/−0.013 mm(+0.000 0/−0.000 5 in)。对于两端间隙的外径应为基本尺寸减去−0.25/−1.02 mm (−0.010 in/−0.040 in)。

[b] 外径上选用的环形槽的深度和递增量允许由制造厂商决定。

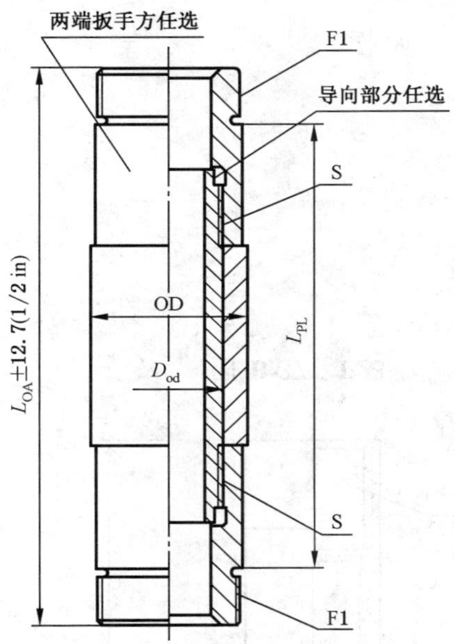

图 B.38 P24

表 B.39 P24 软密封柱塞(见图 B.38)

(1)	(2)	(3)	(4)	(5)	(6)	(7)	(8)
尺寸符号	零件号						
	P24—125	P24—150	P24—178	P24—200	P24—225	P24—250	P24—275
F1	25.400—14 (1.000 0—14)	31.750—14 (1.250 0—14)	37.348—14 (1.470 4—14)	39.634—14 (1.560 4—14)	45.781—14 (1.802 4—14)	53.581—11½ (2.109 5—11½)	53.581—11½ (2.109 5—11½)
OD(nom)	31.8 (1.250)	38.1 (1.500)	45.2 (1.781)	50.8 (2.000)	57.2 (2.250)	63.5 (2.500)	69.9 (2.750)
S	19.050—16 (0.750 0—16)	22.225—14 (0.875 0—14)	30.211—14 (1.189 4—14)	34.925—14 (1.375 0—14)	39.634—14 (1.560 4—14)	44.450—14 (1.750 0—14)	50.889—11½ (2.003 5—11½)
D_{od}+0.00/−0.13 (+0.000/−0.005)	19.05 (0.750)	22.23 (0.875)	30.15 (1.187)	34.93 (1.375)	39.67 (1.562)	44.45 (1.750)	50.80 (2.000)
L_{PL}	规定柱塞标称长度，按米(英尺)计。						
	实际柱塞长度(L_{OA})应为标称长度(L_{PL})加 76.2 mm (3 in)。						
实际柱塞长度							
标称长度 (L_{PL}) 米(英尺)	0.610(2.000)	0.914(3.000)	1.219(4.000)	等			
总长度 (L_{OA}) 毫米(英寸)	685.8(27.00)	990.6(39.00)	1 295.4(51.00)	等			

注 1：所有尺寸用毫米表示，括号内为相应的英寸。

注 2：软密封柱塞密封的结构和设计还没有标准化。可根据制造厂商的样本确定密封件的尺寸、形式及数量。

表 B.40 P31 固定阀拔出器(见图 B.39)

(1)	(2)	(3)	(4)	(5)
尺寸符号	零件号			
	P31—175	P31—225	P31—275	P31—375
F1	37.384—14 (1.470 4—14)	45.781—14 (1.802 4—14)	53.581—11½ (2.109 5—11½)	80.556—11½ (3.171 5—11½)
S1	19.05—10 (0.750—10)	19.05—10 (0.750—10)	19.05—10 (0.750—10)	19.05—10 (0.750—10)
L_{PL} ±50.80 (±2.000)	139.70 (5.500)	152.40 (6.000)	177.80 (7.000)	228.60 (9.000)
L_{L} max/min	23.83/15.88 (0.938/0.625)	23.83/15.88 (0.938/0.625)	23.83/15.88 (0.938/0.625)	23.83/15.88 (0.938/0.625)
OD ±0.79 (±0.031)	42.88 (1.688)	55.58 (2.188)	66.68 (2.625)	92.08 (3.625)

注 1:所有尺寸用毫米表示,括号内为相应的英寸。
注 2:未注明尺寸可以任选,也可按制造厂商的图纸和/或规范规定。

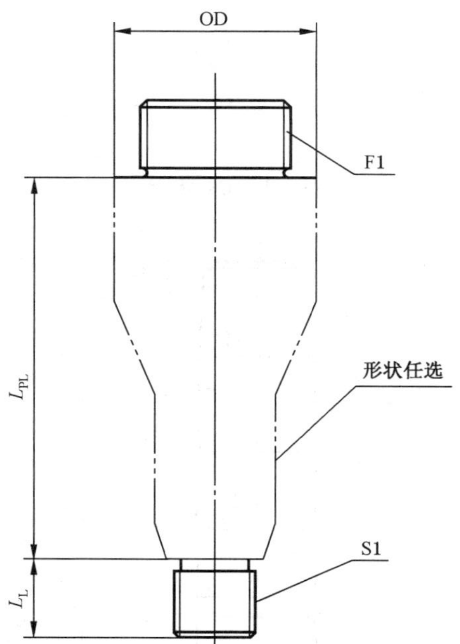

图 B.39 P31

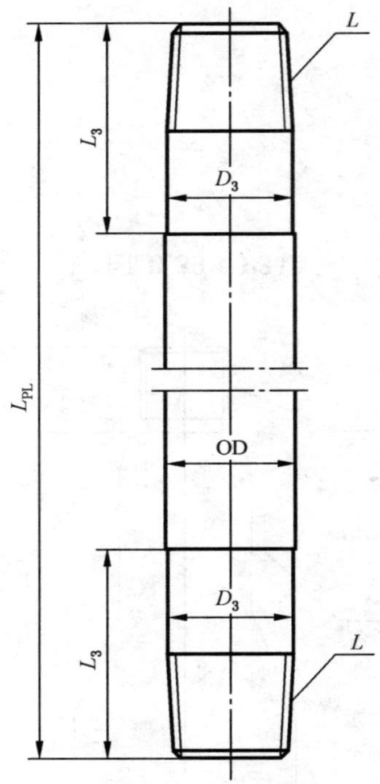

图 B.40　R11

表 B.41　R11 阀杆(见图 B.40)

(1)	(2)	(3)	(4)
尺寸符号	零件号		
	R11—20	R11—25	R11—30
L nom[a]	9.5(⅜)	12.7(½)	19.1(¾)
L_3 +38.1/−1.57 (+1.500/−0.062)	44.5 (1.75)	50.8 (2.00)	50.8 (2.00)
D_3 +0.00/−0.13 (+0.000/−0.005)	17.48 (0.688)	22.23 (0.875)	27.00 (1.063)
OD +0.18/−0.13 (+0.007/−0.005)	17.48 (0.688)	22.23 (0.875)	27.00 (1.063)
L_{PL} ±3.18(±0.125)	规定长度(L_{PL}),米(英寸),见表 B.42		

注:所有尺寸用毫米表示,括号内为相应的英寸。

[a] 修正的管线管螺纹见表 F.5 和表 F.6。

表 B.42 L_{PL} 阀杆长度

(1)	(2)	(3)	(4)	(5)
标称泵筒长度[a] 减标称柱塞长度 m(ft)	用在外径为 48.3 mm,60.3 mm 和 73.0 mm (1.900 in,2⅜ in 和 2⅞ in)油管内		用在外径为 88.9 mm(3½ in)油管内	
	顶部固定	底部固定	顶部固定	底部固定
	m(in)	m(in)	m(in)	m(in)
0.305(1)	0.330(13)	0.178(7)	0.305(12)	0.152(6)
0.610(2)	0.635(25)	0.483(19)	0.610(24)	0.457(18)
0.914(3)	0.940(37)	0.787(31)	0.914(36)	0.762(30)
1.219(4)	1.245(49)	1.092(43)	1.219(48)	1.067(42)
1.524(5)	1.549(61)	1.397(55)	1.524(60)	1.372(54)
1.829(6)	1.854(73)	1.702(67)	1.829(72)	1.676(66)
2.134(7)	2.159(85)	2.007(79)	2.134(84)	1.981(78)
2.438(8)	2.464(97)	2.311(91)	2.438(96)	2.286(90)
2.743(9)	2.769(109)	2.616(103)	2.743(108)	2.591(102)
3.048(10)	3.073(121)	2.921(115)	3.048(120)	2.896(114)
3.353(11)	3.378(133)	3.226(127)	3.353(132)	3.200(126)
3.658(12)	3.683(145)	3.531(139)	3.658(144)	3.505(138)
3.962(13)	3.988(157)	3.835(151)	3.962(156)	3.810(150)
4.267(14)	4.293(169)	4.140(163)	4.267(168)	4.115(162)
4.572(15)	4.597(181)	4.445(175)	4.572(180)	4.420(174)
4.877(16)	4.902(193)	4.750(187)	4.877(192)	4.724(186)
5.182(17)	5.207(205)	5.055(199)	5.182(204)	5.029(198)
5.486(18)	5.512(217)	5.359(211)	5.486(216)	5.334(210)
5.791(19)	5.817(229)	5.664(223)	5.791(228)	5.639(222)
6.096(20)	6.121(241)	5.969(235)	6.096(240)	5.944(234)
6.401(21)	6.426(253)	6.274(247)	6.401(252)	6.248(246)
6.706(22)	6.731(265)	6.579(259)	6.706(264)	6.553(258)
7.010(23)	7.036(277)	6.883(271)	7.010(276)	6.858(270)
7.315(24)	7.341(289)	7.188(283)	7.315(288)	7.163(282)
7.620(25)	7.645(301)	7.493(295)	7.620(300)	7.468(294)
7.925(26)	7.950(313)	7.798(307)	7.925(312)	7.772(306)
8.230(27)	8.255(325)	8.103(319)	8.230(324)	8.077(318)
8.534(28)	8.560(337)	8.407(331)	8.534(336)	8.382(330)
8.839(29)	8.865(349)	8.712(343)	8.839(348)	8.687(342)
9.144(30)	9.169(361)	9.017(355)	9.144(360)	8.992(354)

[a] 包括在厚壁筒上的加长短节。

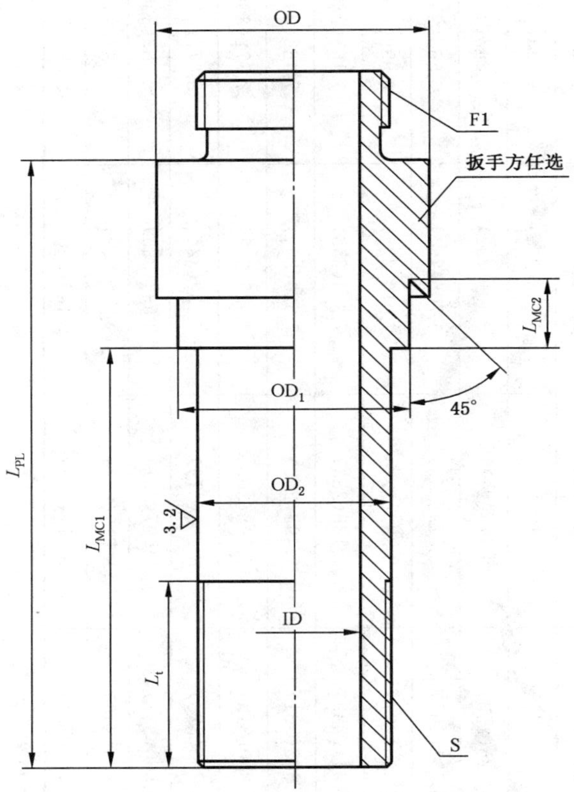

图 B.41 S11

表 B.43 S11 密封皮碗芯轴(HR 型)(杆式泵及组件)(见图 B.41)

(1)	(2)	(3)	(4)
尺寸符号	零件号		
	S11—20	S11—25	S11—30
F1	37.348—14 (1.470 4—14)	45.781—14 (1.802 4—14)	53.581—11½ (2.109 5—11½)
S	30.211—14 (1.189 4—14)	39.634—14 (1.560 4—14)	50.889—11½ (2.003 5—11½)
L_{PL} ±1.57(±0.062)	193.7 (7.625)	206.4 (8.125)	206.4 (8.125)
ID min	22.2 (0.875)	30.2 (1.188)	36.5 (1.438)
OD max	48.29 (1.901)	59.54 (2.344)	72.24 (2.844)
OD min	46.74 (1.840)	59.18 (2.330)	71.88 (2.830)
OD_1 +0.00/−0.41 (+0.000/−0.016)	35.71 (1.406)	46.84 (1.844)	59.54 (2.344)
OD_2 +0.00/−0.25 (+0.000/−0.010)	30.15 (1.187)	39.67 (1.562)	50.80 (2.000)
L_{MC1} ±1.57(±0.062)	111.1 (4.375)	123.8 (4.875)	127.0 (5.000)
L_{MC2} +0.41/−0.00 (+0.016/−0.000)	17.07 (0.672)	17.86 (0.703)	17.86 (0.703)
L_t min	57.2 (2.250)	60.3 (2.375)	60.3 (2.375)

注 1：所有尺寸用毫米表示，括号内为相应的英寸。

注 2：未注明尺寸可以任选，也可按制造厂商的图纸和/或规范规定。

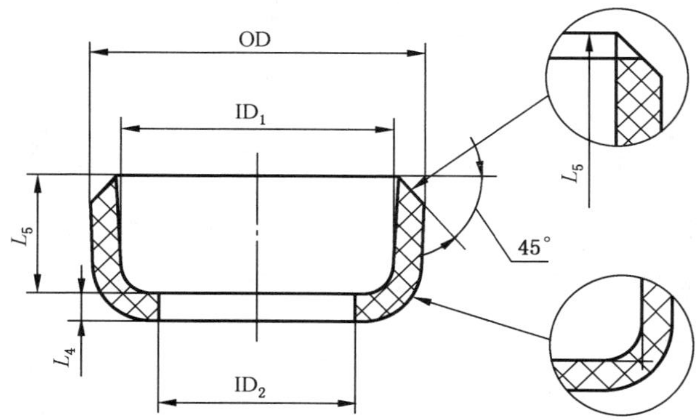

图 B.42 S12

表 B.44 S12 密封皮碗(HR 型)(杆式泵)(见图 B.42)

(1)	(2)	(3)	(4)
尺寸符号	零件号		
	S12—20	S12—25	S12—30
ID_1 +0.41/−0.00 (+0.016/−0.000)	35.84 (1.411)	46.99 (1.850)	59.69 (2.350)
ID_2 +0.13/−0.00 (+0.005/−0.000)	30.15 (1.187)	39.67 (1.562)	50.80 (2.000)
OD[a] ±0.13 (±0.005)	45.72 (1.800)	58.67 (2.310)	71.37 (2.810)
行业代号	1.781+30	2.250+70	2.750+70
L_4 +0.76/−0.38 (+0.030/−0.015)	4.19 (0.165)	4.70 (0.185)	4.70 (0.185)
L_5 +0.00/−0.41 (+0.000/−0.016)	16.66 (0.656)	17.48 (0.688)	17.48 (0.688)
支承接头参考信息	N11—20	N11—25	N11—30

注 1：所有尺寸用毫米表示，括号内为相应的英寸。

注 2：未标注尺寸由制造厂商任选。

[a] 制造厂商模具在外径上的拔模角度单边不应超过 8°。

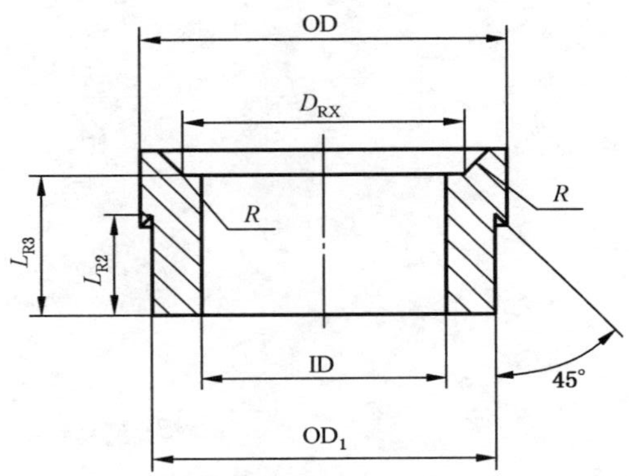

图 B.43 S13

表 B.45 S13 密封皮碗座圈(HR 型)(见图 B.43)

(1)	(2)	(3)	(4)
尺寸符号	零件号		
	S13—20	S13—25	S13—30
ID +0.15/−0.00 (+0.006/−0.000)	30.28 (1.192)	39.80 (1.567)	50.93 (2.005)
OD_1 +0.00/−0.41 (+0.000/−0.016)	35.71 (1.406)	46.84 (1.844)	59.54 (2.344)
L_{R2} +0.41/−0.00 (+0.016/−0.000)	17.07 (0.672)	17.86 (0.703)	17.86 (0.703)
L_{R3} +0.41/−0.00 (+0.016/−0.000)	23.83 (0.938)	28.17 (1.109)	29.36 (1.156)
R ±0.25 (±0.010)	6.35 (0.250)	7.14 (0.281)	7.14 (0.281)
D_{RX} ±0.25 (±0.010)	31.75 (1.250)	42.88 (1.688)	55.58 (2.188)
OD +0.25/−0.79 (+0.010/−0.031)	42.88 (1.688)	55.58 (2.188)	66.68 (2.625)
注：所有尺寸用毫米表示，括号内为相应的英寸。			

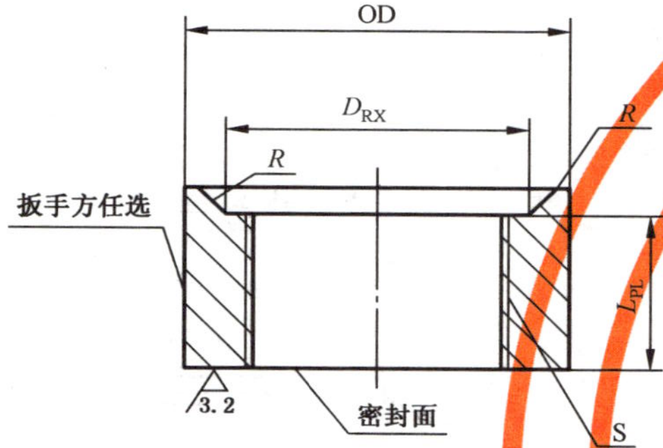

图 B.44 S14

表 B.46 S14 密封皮碗压帽(HR 型)(见图 B.44)

(1)	(2)	(3)	(4)
尺寸符号	零件号		
	S14—20	S14—25	S14—30
S	30.211—14 (1.189 4—14)	39.634—14 (1.560 4—14)	50.889—11½ (2.003 5—11½)
L_{PL} ±0.79 (±0.031)	25.4 (1.000)	28.6 (1.125)	31.8 (1.250)
R ±0.25 (±0.010)	6.35 (0.250)	7.14 (0.281)	7.14 (0.281)
D_{RX} ±0.25 (±0.010)	31.75 (1.250)	42.88 (1.688)	55.58 (2.188)
OD +0.25/−0.79 (+0.010/−0.031)	42.88 (1.688)	55.58 (2.188)	66.68 (2.625)

注：所有尺寸用毫米表示，括号内为相应的英寸。

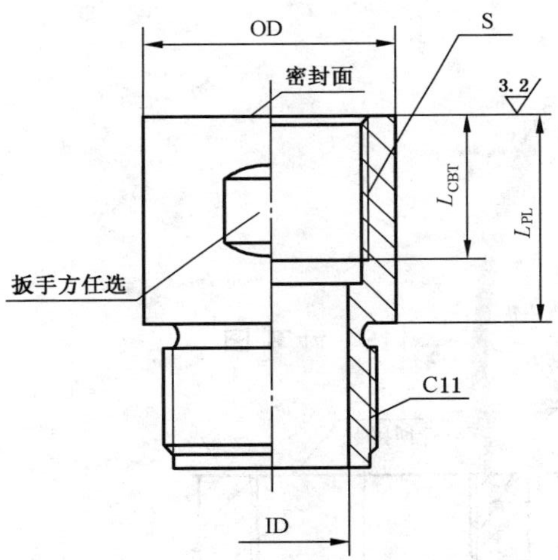

图 B.45 S15

表 B.47 S15 顶部固定密封皮碗异径接头(见图 B.45)

(1)	(2)	(3)	(4)	(5)
尺寸符号	零件号			
	S15—20—125	S15—20	S15—25	S15—30
C11	33.858—16 (1.333 0—16)	39.954—16 (1.573 0—16)	53.010—16 (2.087 0—16)	65.354—16 (2.573 0—16)
S	30.211—14 (1.189 4—14)	30.211—14 (1.189 4—14)	39.634—14 (1.560 4—14)	50.889—11½ (2.003 5—11½)
L_{CBT} min	28.6 (1.125)	28.6 (1.125)	31.8 (1.250)	31.8 (1.250)
ID ±1.59 (±0.0625)	25.40 (1.000)	25.40 (1.000)	31.75 (1.250)	38.10 (1.500)
OD ±0.25 (±0.010)	44.45 (1.750)	44.45 (1.750)	57.15 (2.250)	69.85 (2.750)
L_{PL} ±0.79 (±0.031)	47.6 (1.875)	47.6 (1.875)	50.8 (2.000)	50.8 (2.000)
注：所有尺寸用毫米表示，括号内为相应的英寸。				

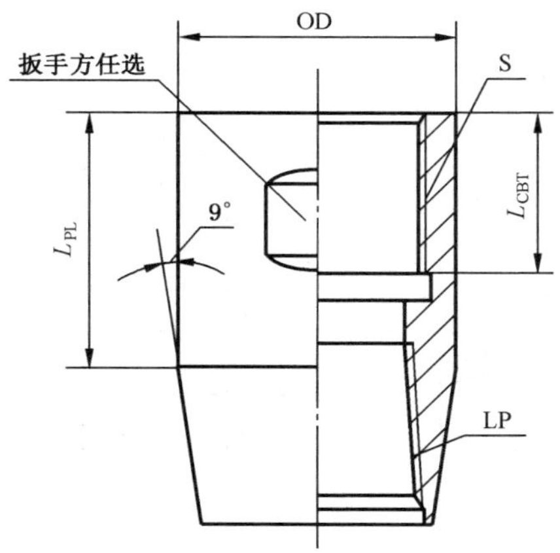

图 B.46 S16

表 B.48 S16 底部固定密封皮碗异径接箍(见图 B.46)

(1)	(2)	(3)	(4)	(5)
尺寸符号	零件号			
	S16—15	S16—20	S16—25	S16—30
S	30.211—14 (1.189 4—14)	30.211—14 (1.189 4—14)	39.634—14 (1.560 4—14)	50.889—11½ (2.003 5—11½)
LP nom	¾	1	1¼	1½
L_{CBT} min	28.6 (1.125)	28.6 (1.125)	31.8 (1.250)	31.8 (1.250)
OD +0.25/−0.79 (+0.010/−0.031)	36.53 (1.438)	42.88 (1.688)	55.58 (2.188)	66.68 (2.625)
L_{PL} ±0.79 (±0.031)	44.45 (1.750)	55.58 (2.188)	57.15 (2.250)	49.23 (1.938)

注 1：所有尺寸用毫米表示，括号内为相应的英寸。

注 2：管线管螺纹参见 GB/T 9253.2。

表 B.49 S17 密封皮碗芯轴（HR 型）（管式泵）（见图 B.47）

(1)	(2)	(3)	(4)
尺寸符号	零件号		
	S17—20	S17—25	S17—30
F1	37.384—14 (1.470 4—14)	45.781—14 (1.802 4—14)	53.581—11½ (2.109 5—11½)
S	30.211—14 (1.189 4—14)	39.634—14 (1.560 4—14)	50.889—11½ (2.003 5—11½)
$L_{PL}\pm1.57$ (±0.062)	165.1 (6.50)	173.1 (6.813)	173.1 (6.813)
ID min	22.2 (0.875)	30.2 (1.188)	36.5 (1.438)
OD max	42.9 (1.688)	55.6 (2.188)	68.3 (2.688)
$OD_1+0.00/-0.41$ ($+0.000/-0.016$)	35.71 (1.406)	46.84 (1.844)	59.54 (2.344)
$OD_2+0.00/-0.25$ ($+0.000/-0.010$)	30.15 (1.187)	39.67 (1.562)	50.80 (2.000)
$L_{MC1}\pm0.79$ (±0.031)	84.2 (3.313)	88.9 (3.500)	92.1 (3.625)
$L_{MC2}+0.41/-0.00$ ($+0.016/-0.000$)	17.07 (0.672)	17.86 (0.703)	17.86 (0.703)
L_t min	57.2 (2.250)	60.3 (2.375)	60.3 (2.375)

注 1：所有尺寸用毫米表示，括号内为相应的英寸。

注 2：未注明尺寸可以任选，也可按制造厂商的图纸和/或规范规定。

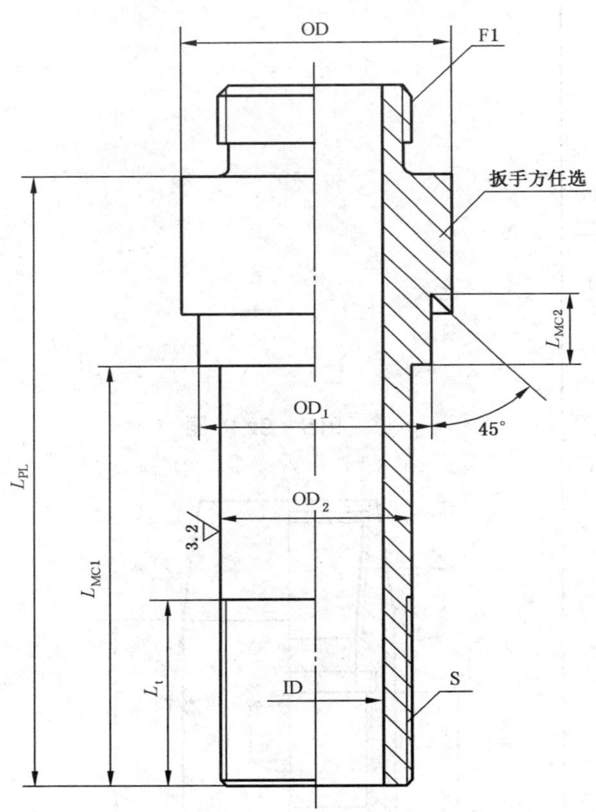

图 B.47 S17

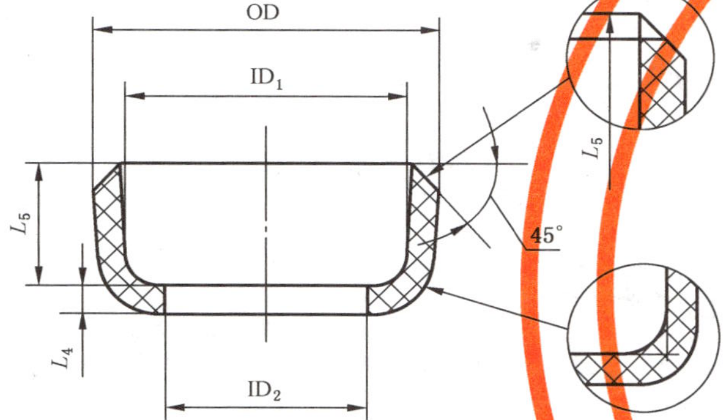

图 B.48 S18

表 B.50 S18 密封皮碗(HR 型)(管式泵)(见图 B.48)

(1)	(2)	(3)	(4)
尺寸符号	零件号		
	S18—20	S18—25	S18—30
ID_1 +0.41/−0.00 (+0.016/−0.000)	35.84 (1.411)	46.99 (1.850)	59.69 (2.350)
ID_2 +0.13/−0.00 (+0.005/−0.000)	30.15 (1.187)	39.67 (1.562)	50.80 (2.000)
OD[a,b] ±0.13 (±0.005)	43.94 (1.730)	56.64 (2.230)	69.34 (2.730)
L_4 +0.76/−0.38 (+0.030/−0.015)	4.19 (0.165)	4.70 (0.185)	4.70 (0.185)
L_5 +0.00/−0.41 (+0.000/−0.016)	16.66 (0.656)	17.48 (0.688)	17.48 (0.688)
支承接头参考信息	N13—20	N13—25	N13—30

注 1：所有尺寸用毫米表示，括号内为相应的英寸。

注 2：未标注尺寸由制造厂商任选。

[a] 除另有规定，按本标准供给皮碗外径公差为+0.76 mm(+0.030 in)。

[b] 制造厂商模具在外径上的拔模角度单边不应超过 8°。

表 B.51　S19 密封皮碗(HR 型)(软密封管式泵)(见图 B.49)

(1)	(2)	(3)
尺寸符号	零件号	
	S19—25	S19—30
ID_1 +0.41/−0.00 (+0.016/−0.000)	46.99 (1.850)	59.69 (2.350)
ID_2 +0.13/−0.00 (+0.005/−0.000)	39.67 (1.562)	50.80 (2.000)
OD[a c] ±0.13 (±0.005)	57.66 (2.270)	70.36 (2.770)
L_4 +0.76/−0.38 (+0.030/−0.015)	4.70 (0.185)	4.70 (0.185)
L_5 +0.00/−0.41 (+0.000/−0.016)	17.48 (0.688)	17.48 (0.688)
泵筒参考信息[b]	B15—225	B15—275

注 1：所有尺寸用毫米表示，括号内为相应的英寸。

注 2：未标注尺寸由制造厂商任选。

[a] 除另有规定，按本标准供给皮碗外径公差为+0.76 mm(+0.030 in)。

[b] 这系列的密封皮碗安装在泵筒或与泵筒尺寸相同的支承接头中。

[c] 制造厂商模具在外径上的拔模角度单边不应超过 8°。

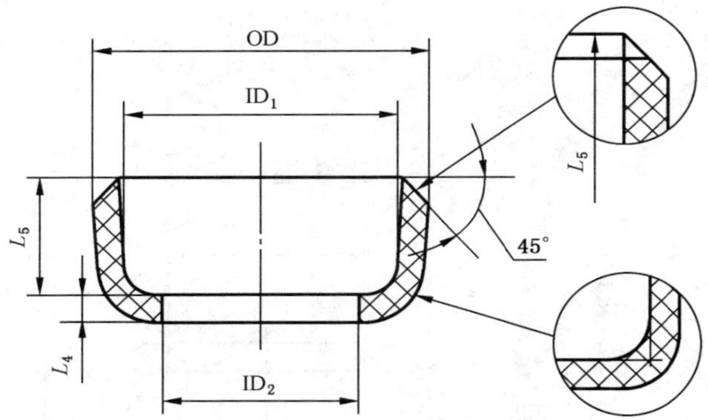

图 B.49　S19

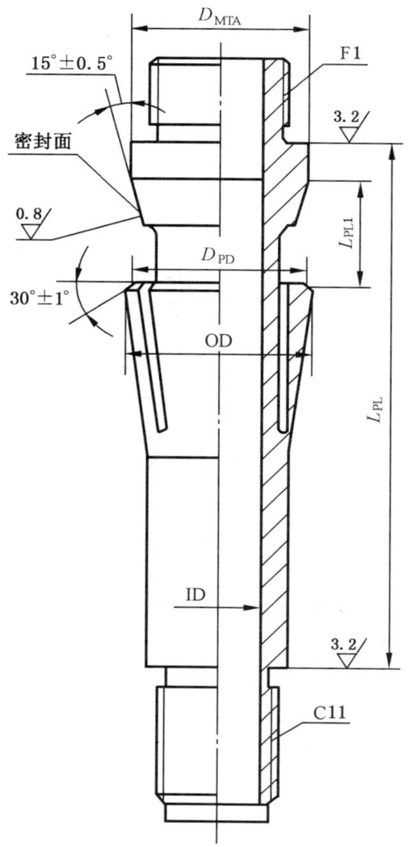

图 B.50 S21

表 B.52 S21 机械顶部锁紧支承总成(见图 B.50)

(1)	(2)	(3)	(4)	(5)
尺寸符号	零件号			
	S21—20—125	S21—20	S21—25	S21—30
C11	33.858—16 (1.333 0—16)	39.954—16 (1.573 0—16)	53.010—16 (2.087 0—16)	65.354—16 (2.573 0—16)
F1	37.348—14 (1.470 4—14)	37.348—14 (1.470 4—14)	45.781—14 (1.802 4—14)	53.581—11½ (2.109 5—11½)
D_{MTA} +0.00/−0.13 (+0.000/−0.005)	47.63 (1.875)	47.63 (1.875)	59.54 (2.344)	72.24 (2.844)
ID ±1.6 (±0.063)	25.40 (1.000)	25.40 (1.000)	31.75 (1.250)	38.10 (1.500)
L_{PL1} +0.51/−0.00 (+0.020/−0.000)	23.65 (0.931)	23.65 (0.931)	22.53 (0.887)	22.53 (0.887)
L_{PL} ±1.57 (±0.062)	215.9 (8.50)	215.9 (8.50)	228.6 (9.00)	228.6 (9.00)
D_{PD} ±0.79 (±0.031)	45.21 (1.780)	45.21 (1.780)	57.91 (2.280)	70.61 (2.780)
OD min	49.86 (1.963)	49.86 (1.963)	61.47 (2.420)	74.30 (2.925)

注 1：所有尺寸用毫米表示，括号内为相应的英寸。

注 2：这些零件在制造厂商之间不能互换，只有总成可以互换。

注 3：未注明尺寸可以任选，也可按制造厂商的图纸和/或规范规定。

表 B.53 S22 机械底部锁紧支承总成(见图 B.51)

(1)	(2)	(3)	(4)	(5)	(6)
尺寸符号	零件号				
	S22—15	S22—20	S22—25	S22—30	S22—40
F1	31.750—14 (1.250 0—14)	37.348—14 (1.470 4—14)	45.781—14 (1.802 4—14)	53.581—11½ (2.109 5—11½)	80.556—11½ (3.171 5—11½)
D_{MBA} +0.00/−0.25 (+0.000/−0.010)	37.47 (1.475)	42.88 (1.688)	55.58 (2.188)	68.28 (2.688)	92.86 (3.656)
L_{MBB} ±6.35 (±0.250)	25.40 (1.000)	25.40 (1.000)	28.58 (1.125)	31.75 (1.250)	31.75 (1.250)
L_{PL} +0.00/−0.41 (+0.000/−0.016)	92.86 (3.656)	110.54 (4.352)	129.59 (5.102)	156.57 (6.164)	157.18 (6.188)
D_{MBC} ±0.79 (±0.031)	28.58 (1.125)	34.93 (1.375)	44.45 (1.750)	57.15 (2.250)	76.20 (3.000)

注 1：所有尺寸用毫米表示，括号内为相应的英寸。

注 2：这些零件在制造厂商之间不能互换，只有总成可以互换。

注 3：未注明尺寸可以任选，也可按制造厂商的图纸和/或规范规定。

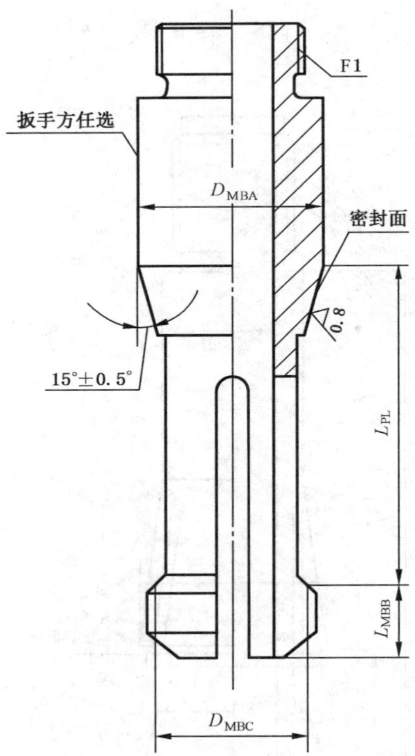

图 B.51 S22

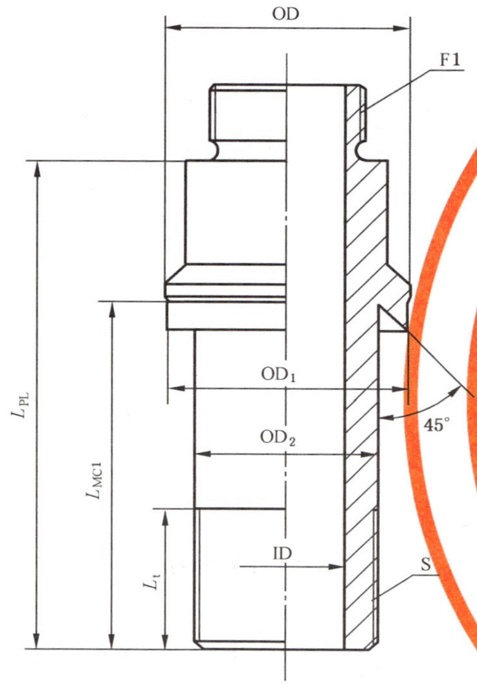

图 B.52　S31

表 B.54　S31 皮碗密封芯轴(O 型)(见图 B.52)

(1)	(2)
尺寸符号	零件号
	S31—15
F1	31.750—14 (1.250 0—14)
S	30.211—14 (1.189 4—14)
L_{PL} ±1.57 (±0.062)	193.68 (7.625)
ID min	22.23 (0.875)
OD	38.51/38.23 (1.516/1.505)
OD_1 +0/−0.254 (+0.000/−0.010)	36.53 (1.438)
OD_2 +0/−0.254 (+0.000/−0.010)	30.15 (1.187)
L_{MC1} ±0.79 (±0.031)	107.95 (4.250)
L_t min	57.15 (2.250)

注 1：所有尺寸用毫米表示，括号内为相应的英寸。

注 2：未注明尺寸可以任选，也可按制造厂商的图纸和/或规范规定。

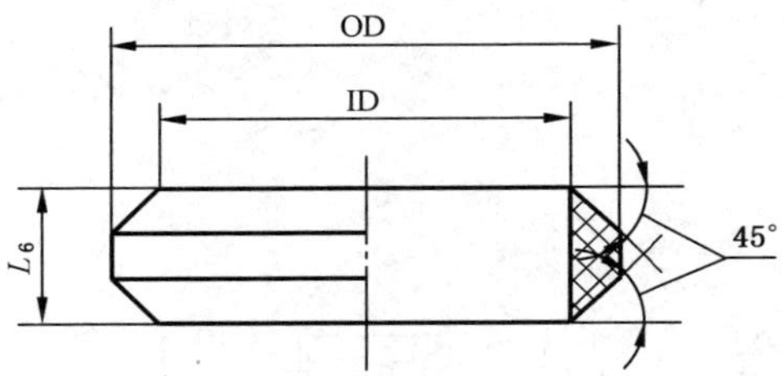

图 B.53 S32

表 B.55 S32 密封皮碗(O 型)(见图 B.53)

(1)	(2)
尺寸符号	零件号
	S32—15
ID +0.254/−0 (+0.010/−0.000)	30.18 (1.188)
OD ±0.13 (±0.005)	37.85 (1.490)
L_6 ±0.79 (±0.031)	15.88 (0.625)
支承接头参考信息	N11—25

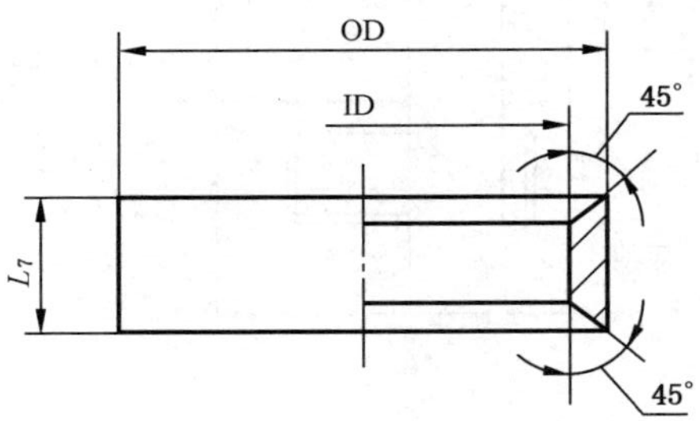

图 B.54 S33

表 B.56 S33 密封皮碗座圈(O 型)(见图 B.54)

(1)	(2)
尺寸符号	零件号
	S33—15
ID ±0.254 (±0.010)	30.48 (1.200)
OD +0/−0.254 (+0.000/−0.010)	36.53 (1.438)
L_7 ±0.79 (±0.031)	9.53 (0.375)

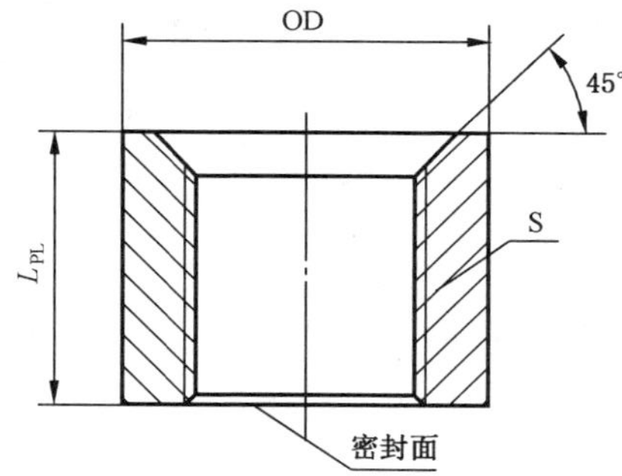

图 B.55 S34

表 B.57 S34 密封皮碗压帽(O 型)(见图 B.55)

尺寸符号	零件号
	S34—15
S	30.211—14 (1.189 4—14)
OD +0/−0.13 (+0.000/−0.005)	36.53 (1.438)
L_{PL} ±0.79 (±0.031)	25.4 (1.00)

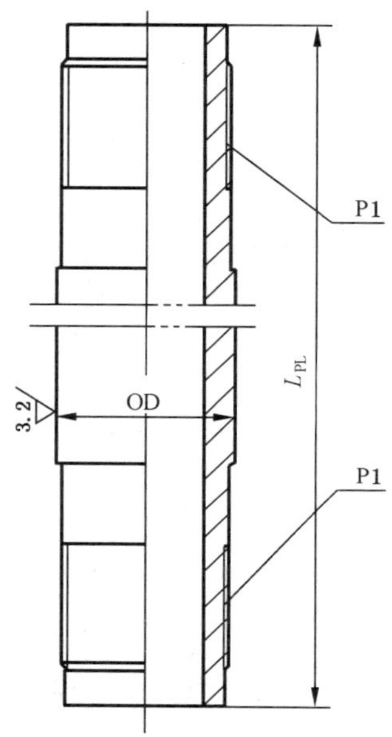

图 B.56 T11

表 B.58 T11 拉管(见图 B.56)

(1)	(2)	(3)	(4)	(5)	(6)
尺寸符号	零件号				
	T11—125	T11—150	T11—175	T11—200	T11—225[a]
P1	23.813—16 (0.937 5—16)	28.575—16 (1.125 0—16)	33.338—16 (1.312 5—16)	38.100—16 (1.500 0—16)	47.625—16 (1.875 0—16)
OD +0.25/−0.23 (+0.010/−0.009)	23.8 (0.938)	28.6 (1.125)	33.4 (1.313)	38.1 (1.500)	47.6 (1.875)
L_{PL} ±3.18 (±0.125)	规定长度(L_{PL})作为实际长度米(英寸),见表 B.59。				
注:所有尺寸用毫米表示,括号内为相应的英寸。					
注:内径应符合制造厂商的规范。 [a] 用于泵径 57.2 mm(2¼ in)和 63.5 mm(2½ in)的泵。					

表 B.59 L_{PL}拉管长度

(1)	(2)	(3)	(4)
标称泵筒长度[a] 减去标称柱塞长度 m(ft)	实际长度		
	用于泵径为 31.8 mm (1¼ in)的泵 m(in)	用于泵径为 38.1 mm,44.5 mm 和 50.8 mm(1½ in,1¾ in 和 2 in)的泵 m(in)	用于泵径为 57.2 mm 和 63.5 mm(2¼ in 和 2½ in)的泵 m(in)
0.305(1)	—	—	—
0.610(2)	0.381(15)	0.356(14)	0.305(12)
0.914(3)	0.686(27)	0.660(26)	0.610(24)
1.219(4)	0.991(39)	0.965(38)	0.914(36)
1.524(5)	1.295(51)	1.270(50)	1.219(48)
1.829(6)	1.600(63)	1.575(62)	1.524(60)
2.134(7)	1.905(75)	1.880(74)	1.829(72)
2.438(8)	2.210(87)	2.184(86)	2.134(84)
2.743(9)	2.515(99)	2.489(98)	2.438(96)
3.048(10)	2.819(111)	2.794(110)	2.743(108)
3.353(11)	3.124(123)	3.099(122)	3.048(120)
3.658(12)	3.429(135)	3.404(134)	3.353(132)
3.962(13)	3.734(147)	3.708(146)	3.658(144)
4.267(14)	4.039(159)	4.013(158)	3.962(156)
4.572(15)	4.343(171)	4.318(170)	4.267(168)
4.877(16)	4.648(183)	4.623(182)	4.572(180)
5.182(17)	4.953(195)	4.928(194)	4.877(192)
5.486(18)	5.258(207)	5.232(206)	5.182(204)
5.791(19)	5.563(219)	5.537(218)	5.486(216)
6.096(20)	5.867(231)	5.842(230)	5.791(228)
6.401(21)	6.172(243)	6.147(242)	6.096(240)
6.706(22)	6.477(255)	6.452(254)	6.401(252)
7.010(23)	6.782(267)	6.756(266)	6.706(264)
7.315(24)	7.087(279)	7.061(278)	7.010(276)
7.620(25)	7.391(291)	7.366(290)	7.315(288)
7.925(26)	7.696(303)	7.671(302)	7.620(300)
8.230(27)	8.001(315)	7.976(314)	7.925(312)
8.534(28)	8.306(327)	8.280(326)	8.230(324)
8.839(29)	8.611(339)	8.585(338)	8.534(336)
9.144(30)	8.915(351)	8.890(350)	8.839(348)

[a] 包括在厚壁筒上的加长短节。

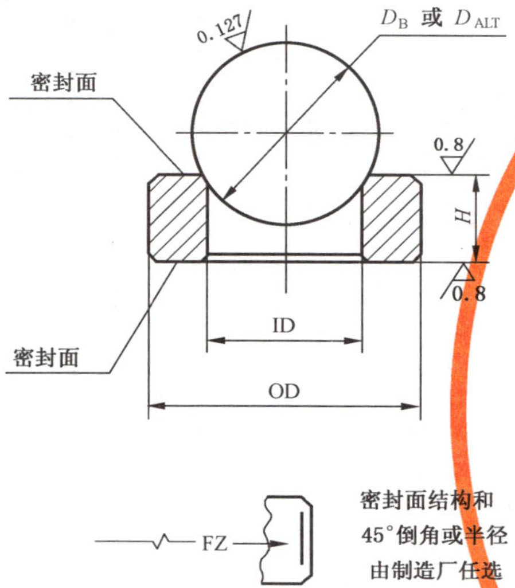

图 B.57 V11

表 B.60 V11 阀球和阀座(见图 B.57)

(1)	(2)	(3)	(4)	(5)	(6)	(7)	(8)	(9)
尺寸符号	零件号							
标准总成编号	V11—106	V11—125	V11—150	V11—175	V11—200	V11—225	V11—250	V11—375
标准阀球编号[b]	V12—106	V12—125	V12—150	V12—175[a]	V12—200[a]	V12—225	V12—250	V12—375
标准阀座编号[b]	V13—106	V13—125	V13—150	V13—175	V13—200	V13—225	V13—250	V13—375
替代总成编号	V11A106	V11A125	V11A150	V11A175	V11A200	V11A225	V11A250	V11A375
替代阀球编号[b]	V12A106	V12A125	V12A150	V12A175	V12—175[a]	V12—200[a]	V12A250	V12A375
替代阀座编号[b]	V13A106	V13A125	V13A150	V13A175	V13A200	V13A225	V13A250	V13A375

注 1：所有尺寸用毫米表示，括号内为相应的英寸。

注 2：阀球和阀座用在 F22 的内螺纹中。

注 3：每个总成由上述的一个阀球和一个阀座组成。

注 4：由于增加了阀球与阀球导向槽之间的间隙，替代阀球(小尺寸)的使用可能破坏标准阀罩。替代阀球的使用要求具有相应替代座封接触面的阀座。标准阀球的使用要求具有相应标准座封接触面的阀座。

[a] V12-175 和 V12-200 既用作标准也用作替换总成，如上所示。

[b] 阀球尺寸见表 B.61，阀座尺寸见表 B.62。

表 B.61 V12 阀球

(1)	(2)	(3)	(4)	(5)	(6)	(7)	(8)	(9)
尺寸符号	零件号							
标准阀球编号	V12—106	V12—125	V12—150	V12—175	V12—200	V12—225	V12—250	V12—375
D_B	15.88 (0.625)	19.05 (0.750)	23.83 (0.938)	28.58 (1.125)	31.75 (1.250)	34.93 (1.375)	42.88 (1.688)	57.15 (2.250)
替用阀球编号	V12A106	V12A125	V12A150	V12A175	V12—175	V12—200	V12A250	V12A375
D_{ALT}	14.29 (0.562 5)	17.46 (0.687 5)	22.23 (0.875)	25.40 (1.000)	28.58 (1.125)	31.75 (1.250)	38.10 (1.500)	50.80 (2.000)

注 1：所有尺寸用毫米表示，括号内为相应的英寸。

注 2：阀球和阀座用在 F22 的内螺纹中。

注 3：对阀球的附加要求：圆度最大误差 0.003 mm(0.000 1 in)，表面粗糙度最大为 *Ra*0.127 μm(*Ra*5 μin)，阀球的外径公差：对于所有直径小于 50.80 mm(2 in)的阀球的外径公差为±0.025 mm(0.001 in)，对于所有直径大于或等于 50.80 mm(2 in)的阀球的外径公差为±0.051 mm(0.002 in)。

表 B.62 V13 阀座

(1)	(2)	(3)	(4)	(5)	(6)	(7)	(8)	(9)
尺寸符号	零件号							
标准阀座编号[b c]	V13—106	V13—125	V13—150	V13—175	V13—200	V13—225	V13—250	V13—375
替用阀座编号[b c]	V13A106	V13A125	V13A150	V13A175	V13A200	V13A225	V13A250	V13A375
H +0.51/−0.25 (+0.020/−0.010)	12.70 (0.500)	12.70 (0.500)	12.70 (0.500)	12.70 (0.500)	12.70 (0.500)	12.70 (0.500)	12.70 (0.500)	19.05 (0.750)
FZ +0.00/−0.79 (+0.000/−0.031)	19.48 (0.767)	22.66 (0.892)	28.22 (1.111)	33.81 (1.331)	36.09 (1.421)	41.43 (1.631)	48.79 (1.921)	74.93 (2.950)
OD +0.00/−0.13 (+0.000/−0.005)	20.14 (0.793)	23.32 (0.918)	29.67 (1.168)	35.26 (1.388)	37.54 (1.478)	43.69 (1.720)	51.05 (2.010)	78.03 (3.072)
ID ±1.27 (±0.050)	11.68 (0.460)	13.97 (0.550)	17.02 (0.670)	20.96 (0.825)	24.38 (0.960)	26.92 (1.060)	33.27 (1.310)	45.47±2.29[a] (1.790±0.090)

注 1：所有尺寸用毫米表示，括号内为相应的英寸。

注 2：阀球和阀座用在 F22 的内螺纹中。

[a] V13-375 ID 的公差是±2.29 mm(±0.090 in)，如表所示。

[b] 阀球标准阀座只能使用标准尺寸阀球，替用阀座只能使用替用尺寸阀球。阀球尺寸参见表 B.61。

[c] 可采用双研磨面阀座，含有两个座封接触面，可以与任一阀球尺寸相配，但这不是本标准的内容。使用前征求制造厂商的建议。

附　录　C
（规范性附录）
测量、试验和检验

C.1　总则

除了按 6.2.4 要求之外，还应按下述的测量、试验和校准要求执行。

C.2　零部件

C.2.1　总则

为确保符合制造厂商图纸和书面规范，应对零部件进行尺寸检验。制造厂商图纸和书面规范应满足或者高于本标准的要求。

抽油泵零件用金属材料的力学性能试验应按 GB/T 228.1 进行。抽油泵零件的洛式硬度试验应按 GB/T 230.1 进行，维氏硬度试验应按 GB/T 4340.1 进行，努氏硬度试验应按 GB/T 18449.1 进行。

C.2.2　泵筒

泵筒应根据下述要求另行 100％进行检验：

泵筒内表面粗糙度应按制造厂商的规范全部进行目测检验。泵筒内径密封面应使用适宜的仪器进行检验，以确保在整个泵筒长度内保持给定的公差。适宜的仪器应为气动量仪或三点式机械测微仪。

泵筒应进行通径试验。通径柱塞长度大于或等于 1.219 m(4 ft)。通径柱塞的外径应比标称泵筒内径小 0.025 mm～0.038 mm(0.001 0 in～0.001 5 in)。通径试验是一种功能检测，用于验证泵筒的直线度和功能。试验时，泵筒两端 914 mm(3 ft)内进行支撑，沿泵筒长度方向 2 438 mm(8 ft)增加支撑。软密封泵筒不需做通径试验。

C.2.3　柱塞

柱塞应根据下述要求另行 100％进行检验：

柱塞外表面粗糙度应按制造厂商的规范进行目测检验。柱塞外径密封面应使用适宜的仪器进行检验，以确保在整个柱塞长度内保持给定的公差。测量仪器的最小分度值应达到 0.01 mm(0.000 5 in)。

C.2.4　阀球和阀座总成

阀球和阀座总成应按下述要求另行 100％进行检验：

所有阀球和阀座总成应在干燥密封面处进行真空试验，在最小真空度[2] 64.32 kPa(19 in Hg)，在真空源隔离后，至少 3s 无泄漏。在试验期间，阀球应在阀座上任意旋转。

C.3　抽油泵总成

抽油泵总成应按制造厂商的工艺规程进行组装和功能检测。

2）　指标准大气压下的实测值。

附 录 D
（规范性附录）
标 志

D.1 标志

D.1.1 产品标志

符合本标准要求的零件和组件至少应标志如下：

a) 制造厂商名称或商标；

b) 标准代号；

c) 制造厂商的零件号；

d) 符合附录 E 要求的材料识别代号；

e) 生产日期(月/年)：

——制造的月份：制造的月份应采用数字 01～12 表示，按时间顺序，用数字 01 代表 1 月；

——制造的年份：制造年份应采用年份的最后两位数字表示。

示例：一根内径为 31.75 mm(1¼in)的薄壁泵筒(B11-125)，铜基表面镀铬，2011 年 4 月制造。

制造厂商名称或标识商标	标准代号	制造厂商的零件号	材料识别代号	生产日期
××××	GB/T 18607	×××××××	A5	0411

D.1.2 总成标志

抽油泵总成至少应标志如下：

a) 制造厂商名称或商标；

b) 标准代号；

c) 符合附录 A 的抽油泵代号；

d) 装配日期(月/年)：

——制造的月份：制造的月份应采用数字 01～12 表示，按时间顺序，用数字 01 代表 1 月；

——制造的年份：制造年份应采用年份的最后两位数字表示。

示例：一台 60.3×31.75 mm(2⅜×1¼in)定筒式薄壁泵筒，底部皮碗固定杆式泵，泵筒长 6.0 m，柱塞长 1.2 m，2010 年 5 月装配。

制造厂商名称或商标	标准代号	抽油泵代号	装配日期
××××	GB/T 18607	20-125RWBC6.0-1.2	0510

D.2 标志方法

应通过锤击、蚀刻或模板印刷的方法，将完整的标志永久性地刻制在每个产品上。阀(V11，V12，V13)，密封皮碗(S12，S18，S19，S32)和密封皮碗座圈(S33)应用贴标签、挂标签或其他易看清字迹的方法作标志，这些标志应附着在发运产品上。

附 录 E
（规范性附录）
材 料

按照本标准制造的零件材料规定如下，制造厂商应在其产品设计文件中保留能提供符合性的文件记录。可采用等效的国际材料系列牌号。表 E.1～表 E.9 给出了抽油泵零件的材料要求。

表 E.1 电镀泵筒材料

标识代号	名 称	内表面要求	基体心部硬度	基体材料	基体材料最小屈服强度 MPa(ksi)
A1	钢上镀铬	最小厚度，0.076 mm(0.003 in) 900 HV_{100}～1 160 HV_{100}	90 HRB～23 HRC	碳钢(UNS G10XX0) 锰钢(UNS G15XX0)	413(60)
A2	低合金钢上镀铬	最小厚度，0.076 mm(0.003 in) 900 HV_{100}～1 160 HV_{100}	90 HRB～23 HRC	低合金钢 (UNS G4XXX0)	345(50)
A3	4/6 铬钢上镀铬	最小厚度，0.076 mm(0.003 in) 900 HV_{100}～1 160 HV_{100}	90 HRB～23 HRC	4%～6%铬钢 (UNS S50100)	483(70)
A4	镍铜合金上镀铬	最小厚度，0.076 mm(0.003 in) 900 HV_{100}～1 160 HV_{100}	90 HRB～23 HRC	镍铜合金 (UNS N0440X)	379(55)
A5	铜上镀铬	最小厚度，0.076 mm(0.003 in) 900 HV_{100}～1 160 HV_{100}	80HRB～100HRB	抗腐蚀海军黄铜 (UNS C443XX)	345(50)
A6	奥氏体不锈钢上镀铬	最小厚度，0.076 mm(0.003 in) 900 HV_{100}～1 160 HV_{100}	90 HRB～23 HRC	06Cr19Ni10 (UNS S30408)	241(35)
B1	钢上镀厚铬	最小厚度，0.152 mm(0.006 in) 900 HV_{100}～1 160 HV_{100}	90 HRB～23 HRC	碳钢(UNS G10XX0) 锰钢(UNS G15XX0)	413(60)
B2	低合金钢上镀厚铬	最小厚度，0.152 mm(0.006 in) 900 HV_{100}～1 160 HV_{100}	90 HRB～23 HRC	低合金钢 (UNS G4XXX0)	345(50)
B3	4/6 铬钢上镀厚铬	最小厚度，0.152 mm(0.006 in) 900 HV_{100}～1 160 HV_{100}	90 HRB～23 HRC	4%～6%铬钢 (UNS S50100)	483(70)
B4	镍铜合金上镀铬	最小厚度，0.152 mm(0.006 in) 900 HV_{100}～1 160 HV_{100}	90 HRB～23 HRC	镍铜合金 (UNS N0440X)	379(55)
B5	铜上镀厚铬	最小厚度，0.152 mm(0.006 in) 900 HV_{100}～1 160 HV_{100}	80HRB～100HRB	抗腐蚀海军黄铜 (UNS C443XX)	345(50)
B6	奥氏体不锈钢上镀厚铬	最小厚度，0.152 mm(0.006 in) 900 HV_{100}～1 160 HV_{100}	90 HRB～23 HRC	06Cr19Ni10 (UNS S30408)	241(35)
C1	钢上镀镍碳化合物	最小厚度 0.033 mm(0.001 3 in)	90 HRB～23 HRC	碳钢(UNS G10XX0) 锰钢(UNS G15XX0)	413(60)
C2	低合金上镀镍碳化合物	最小厚度 0.033 mm(0.001 3 in)	90 HRB～23 HRC	低合金钢 (UNS G4XXX0)	345(50)
C3	4/6 铬上镀镍碳化合物	最小厚度 0.033 mm(0.001 3 in)	90 HRB～23 HRC	4%～6%铬钢 (UNS S50100)	483(70)

表 E.1（续）

标识代号	名　称	内表面要求	基体心部硬度	基体材料	基体材料最小屈服强度 MPa(ksi)
C5	铜上镀镍碳化合物	最小厚度 0.033 mm(0.001 3 in)	80 HRB～100 HRB	抗腐蚀海军黄铜(UNS C443XX)	345(50)
D1	钢上镀镍碳化合物	最小厚度 0.076 mm(0.003 in)	90 HRB～23 HRC	碳钢(UNS G10XX0) 锰钢(UNS G15XX0)	413(60)
D2	低合金上镀镍碳化合物	最小厚度 0.076 mm(0.003 in)	90 HRB～23 HRC	低合金钢(UNS G4XXX0)	345(50)
D3	4/6 铬上镀镍碳化合物	最小厚度 0.076 mm(0.003 in)	90 HRB～23 HRC	4%～6%铬钢(UNS S50100)	483(70)
D5	铜上镀镍碳化合物	最小厚度 0.076 mm(0.003 in)	80 HRB～100 HRB	抗腐蚀海军黄铜(UNS C443XX)	345(50)
注：本表中的厚度是指单边厚度。					

表 E.2　表面硬化泵筒材料

标识代号	名　称	内表面要求	基体心部硬度	基体材料	基体材料最小屈服强度 MPa(ksi)
G1	钢上碳氮共渗	单边距表面 0.127 mm(0.005 in)最小硬度 690 HK；距表面 0.254 mm(0.010 in)最小硬度 466 HK	最大值 23 HRC	碳钢(UNS G10XX0)	413(60)
G3	4/6 铬钢上碳氮共渗	单边距表面 0.127 mm(0.005 in)最小硬度 690 HK；距表面 0.254 mm(0.010 in)最小硬度 466 HK	最大值 23 HRC	4%～6%铬钢(UNS S50100)	483(70)
H1	钢上碳氮共渗	单边距表面 0.127 mm(0.005 in)最小硬度 510 HK；距表面 0.254 mm(0.010 in)最小硬度 351 HK	最大值 23 HRC	碳钢(UNS G10XX0)	413(60)
J1	钢上渗碳	单边距表面 0.127 mm(0.005 in)最小硬度 690 HK；距表面 0.254 mm(0.010 in)最小硬度 466 HK	最大值 23 HRC	碳钢(UNS G10XX0)	413(60)
K1	表面感应淬火	单边距表面 0.127 mm(0.005 in)最小硬度 690 HK；距表面 0.254 mm(0.010 in)最小硬度 466 HK	最大值 23 HRC	碳钢(UNS G10XX0)	413(60)
L2	低合金钢氮化	表面最小硬度 690 HK，单边距表面 0.127 mm(0.005 in)处最小硬度 466 HK	最大值 23 HRC	低合金钢(UNS G4XXX0)	345(50)
注：努普硬度(HK)试验推荐载荷是 500 g。					

表 E.3 非硬化的泵筒、拉管和加长接箍材料

标识代号	名　称	内表面要求	基体心部 硬度	基体材料	基体材料 最小屈服强度 MPa(ksi)
N1	非硬化钢	90 HRB～23 HRC	90 HRB～23 HRC	碳钢(UNS G10XX0) 锰钢(UNS G15XX0)	413(60)
N2	非硬化低合金钢	90 HRB～23 HRC	90 HRB～23 HRC	低合金钢 (UNS G4XXX0)	345(50)
N4	镍铜合金	90 HRB～23 HRC	90 HRB～23 HRC	镍铜合金 (UNS N0440X)	379(55)
N5	黄铜	80 HRB～100HRB	80 HRB～100 HRB	抗腐蚀海军黄铜 (UNS C443XX)	345(50)
N6	奥氏体不锈钢	90 HRB～23 HRC	90 HRB～23 HRC	06Cr19Ni10 (UNS S30408)	241(35)

表 E.4 抽油泵阀球和阀座材料

标识代号	名　称	硬　度	材　料
A1 B1 C1 D1	不锈钢	球：58 HRC～65 HRC 座：52 HRC～56 HRC	UNS S41XX0 UNS S42XX0 UNS S43XX0 UNS S44XX0
A2	钴合金铸件	球：56 HRC～63 HRC 座：50 HRC～56 HRC	钴、铬和钨合金
A3	钴合金粉末金属	球：53 HRC～60 HRC 座：51 HRC～57 HRC	钴、铬和钨合金
A4	碳化钨	球：88 HRA～89 HRA 座：88 HRA～89.5 HRA	以钴作粘合剂的钨
A5	碳化镍	球：89 HRA～90.5 HRA 座：87.5 HRA～89 HRA	以镍作粘合剂的钨
A6	碳化钛	球：89 HRA～90.5 HRA 座：89 HRA～90.5 HRA	以钴作粘合剂的碳化钨和碳化钛

表 E.5 抽油泵硬质阀罩[a] 材料、表面硬化加固

标识 代号	名　称	硬　度	材　料	基体材料 最小屈服强度 MPa(ksi)
A1 B1 C1 D1	钢	90 HRB～23 HRC	碳钢(UNS G10XX0)[b] 加硫碳钢(UNS G11XX0)[b] 加铅磷硫碳钢(UNS G12XX0)[b] 高锰碳钢(UNS G15XX0)[b]	345(50)

表 E.5（续）

<table>
<tr><th>标识代号</th><th>名　称</th><th>硬　度</th><th>材　料</th><th>基体材料
最小屈服强度
MPa(ksi)</th></tr>
<tr><td>A2
B2
C2</td><td>低合金钢</td><td>90 HRB～23 HRC</td><td>铬钼钢(UNS G41XX0)
铬镍钼钢(UNS G43XX0)
铬钢(UNS G51XX0)</td><td>345(50)</td></tr>
<tr><td>A3</td><td>低合金钢</td><td>90 HRB～23 HRC</td><td>铬镍钼钢(UNS G86XX0)[b]</td><td>345(50)</td></tr>
<tr><td>A4
B4</td><td>镍铜合金,400 系列
镍铜合金,500 系列</td><td>83 HRB～23 HRC</td><td>镍铜合金(UNS N04400)[b]
镍铜合金(UNS N05500)</td><td>345(50)</td></tr>
<tr><td>A6
B6
C6
D6</td><td>不锈钢</td><td>79 HRB～23 HRC</td><td>12Cr18Ni9(UNS S30210)[c]
Y12Cr18Ni9(UNS S30317)[c]
06Cr19Ni10(UNS S30408)[c]
022Cr17Ni12Mo2(UNS S31603)[c]</td><td>241(35)</td></tr>
<tr><td colspan="5">[a] 内表面喷焊硬化用于阀球导向,37 HRC～45 HRC,单边厚度 1.27 mm～3.175 mm(0.050 in～0.125 in)。
[b] 对于 A1、B1、C1、D1(UNS G1XXX4)、A3(UNS G86XX4) 和 A4(UNS N04405),易切削材料可以采用。
[c] 对于 A6、B6、C6(UNS S30XXX)和 D6(UNS S31603)含碳量低的材料可以采用。</td></tr>
</table>

表 E.6　抽油泵阀罩、阀杆和配件材料

<table>
<tr><th>标识代号</th><th>名　称</th><th>硬　度</th><th>材　料</th><th>基体材料
最小屈服强度
MPa(ksi)</th></tr>
<tr><td>A1
B1
C1
D1</td><td>钢</td><td>90 HRB～23 HRC</td><td>碳钢(UNS G10XX0)[a]
加硫碳钢(UNS G11XX0)[a]
加铅磷硫碳钢(UNS G12XX0)[a]
高锰碳钢(UNS G15XX0)[a]</td><td>345(50)</td></tr>
<tr><td>A2
B2
C2</td><td>低合金钢</td><td>90 HRB～23 HRC</td><td>铬钼钢(UNS G41XX0)
铬镍钼钢(UNS G43XX0)
铬钢(UNS G51XX0)</td><td>345(50)</td></tr>
<tr><td>A3</td><td>低合金钢</td><td>90 HRB～23 HRC</td><td>铬镍钼钢(UNS G86XX0)[a]</td><td>345(50)</td></tr>
<tr><td>A4
B4</td><td>镍铜合金,400 系列
镍铜合金,500 系列</td><td>83 HRB～23 HRC</td><td>镍铜合金(UNS N04400)[a]
镍铜合金(UNS N05500)</td><td>345(50)</td></tr>
<tr><td>A5
B5
C5</td><td>黄铜</td><td>60 HRB～90 HRB</td><td>铅黄铜(UNS C36000)
锡黄铜(UNS C44300)
海军黄铜(UNS C46400)</td><td>276(40)</td></tr>
<tr><td>A6
B6
C6
D6</td><td>不锈钢</td><td>79 HRB～23 HRC</td><td>12Cr18Ni9(UNS S30210)[b]
Y12Cr18Ni9(UNS S30317)[b]
06Cr19Ni10(UNS S30408)[b]
022Cr17Ni12Mo2(UNS S31603)[b]</td><td>241(35)</td></tr>
<tr><td colspan="5">[a] 对于 A1、B1、C1、D1(UNS G1XXX4)、A3(UNS G86XX4) 和 A4(UNS N04405) ,易切削材料可以采用。
[b] 对于 A6、B6、C6(UNS S30XXX)和 D6(UNS S31603)含碳量低的材料可以采用。</td></tr>
</table>

表 E.7　抽油泵密封皮碗材料

代　　号	名　　称	硬　　度	材　　料
A1	密封皮碗	邵氏硬度 D65/92	塑料
A2	密封皮碗	依照制造厂商的要求	合成材料如尼龙,橡胶等

表 E.8　抽油泵喷焊柱塞材料

标示代号	名 称	外表面要求	基体心部硬度	基体材料	基体材料最小屈服强[a] MPa(ksi)
B1 B2 B3	喷焊金属	最小厚度 0.203 mm (0.008 in),最小硬度 HV_{200} 484	70 HRB～23 HRC	碳钢(UNS G10XX0) 低铬钼合金钢 (UNS G4XXX0) 低铬镍钼合金钢(UNS G86XX0)	345(50)
C1 C2 C3	喷焊金属	最小厚度 0.203 mm (0.008 in),最小硬度 HV_{200} 595	70 HRB～23 HRC	碳钢(UNS G10XX0) 低铬钼合金钢 (UNS G4XXX0) 低铬镍钼合金钢(UNS G86XX0)	345(50)
D1 D2 D3	带镍铜合金接头的喷焊金属	最小厚度 0.203 mm (0.008 in),最小硬度 HV_{200} 595	70 HRB～23 HRC	碳钢(UNS G10XX0) 低铬钼合金钢 (UNS G4XXX0) 低铬镍钼合金钢(UNS G86XX0)	345(50)
E1 E2 E3	外螺纹与内径全长上镀镍的喷焊金属	最小厚度 0.203 mm (0.008 in),最小硬度 484 HV_{200},外螺纹与内径上镀镍最小厚度 0.033 mm (0.001 3 in)	70 HRB～23 HRC	(UNS G10XX0)碳钢 低铬钼合金钢 (UNS G4XXX0) 低铬镍钼合金钢(UNS G86XX0)	345(50)
F1 F2 F3	外螺纹与内径全长上镀镍的喷焊金属	最小厚度 0.203 mm (0.008 in),最小硬度 595 HV_{200},外螺纹与内径上镀镍最小厚度 0.033 mm (0.001 3 in)	70 HRB～23 HRC	碳钢(UNS G10XX0) 低铬钼合金钢 (UNS G4XXX0) 低铬镍钼合金钢(UNS G86XX0)	345(50)

注：本表中的厚度是指单边厚度。

[a] 基体材料屈服强度是指喷焊金属前强度。

表 E.9 抽油泵镀铬柱塞材料

标示代号	名 称	外表面要求	基体心部硬度	基体材料	基体材料 最小屈服强度 MPa(ksi)
A1 A2 A3	镀铬	最小厚度 0.152 mm(0.006 in),硬度 832 HV_{100}～1 160 HV_{100}	90 HRB～23 HRC	碳钢(UNS G10XX0) 低铬钼合金钢 (UNS G4XXX0) 低铬镍钼合金钢 (UNS G8XXX0)	345(50)
B1 B2 B3	双倍镀铬	最小厚度 0.305 mm(0.012 in),硬度 832 HV_{100}～1 160 HV_{100}	90 HRB～23 HRC	碳钢 (UNS G10XX0) 低铬钼合金钢 (UNS G4XXX0) 低铬镍钼合金钢 (UNS G8XXX0)	345(50)
注:本表中的厚度是指单边厚度。					

附 录 F
（规范性附录）
螺纹连接

抽油泵零件使用的英制螺纹连接尺寸应符合表 F.1～表 F.9 的要求，螺纹结构连接应符合图 F.1～图 F.7 的要求。

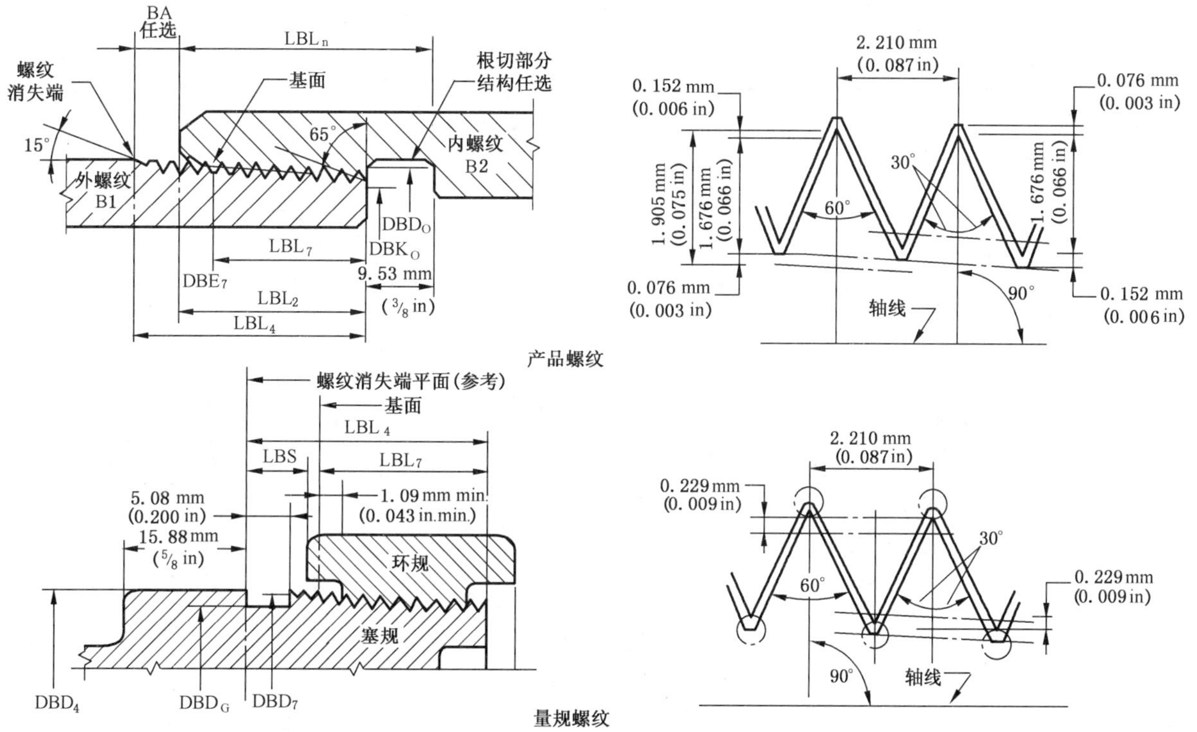

图 F.1　产品和量规 B 螺纹连接

表 F.1　产品和量规 B 螺纹连接

(1)	(2)	(3)	(4)	(5)
尺寸代号	定　　义	螺纹尺寸		
		178—11½	225—11½	275—11½
DBD_G	螺纹塞规退刀槽直径	52.07(2.050)	64.77(2.550)	77.47(3.050)
DBD_O	泵筒端面的螺纹大径	56.228(2.213 7)	67.785(2.668 7)	80.48(3.168 7)
DBD_4	螺纹塞规凸缘直径	57.15(2.250)	69.85(2.750)	82.55(3.250)
DBD_7	测量点的塞规大经	56.854(2.238 35)	69.554(2.738 35)	82.254(3.238 35)
DBE_7	基面中径	55.383(2.180 43)	68.083(2.680 43)	80.783(3.180 43)
DBK_O	泵筒端面螺纹小径	52.87(2.081 5)	64.43(2.536 5)	77.13(3.036 5)
LBL_N	内螺纹的总长度	47.63(1.875)	47.63(1.875)	47.63(1.875)
LBL_2	螺纹的有效长度(在泵筒上)	28.61(1.126 2)	35.27(1.388 5)	35.27(1.388 5)
LBL_4	螺纹的总长(到消失端)	34.93(1.375)	41.28(1.625)	41.28(1.625)
LBL_7	从基面到泵筒端面长度	23.88(0.940 2)	30.23(1.190 2)	30.23(1.190 2)
LBS	量规的紧密距	7.620(0.300)	7.620(0.300)	7.620(0.300)
包括螺纹锥体锥度/[mm/m(in/ft)]		31.3(0.375)	62.5(0.750)	62.5(0.750)

注 1：所有尺寸用毫米表示，括号内为相应的英寸。

注 2：公差与 API 管线管螺纹及量规相同，具体参见 GB/T 9253.2。

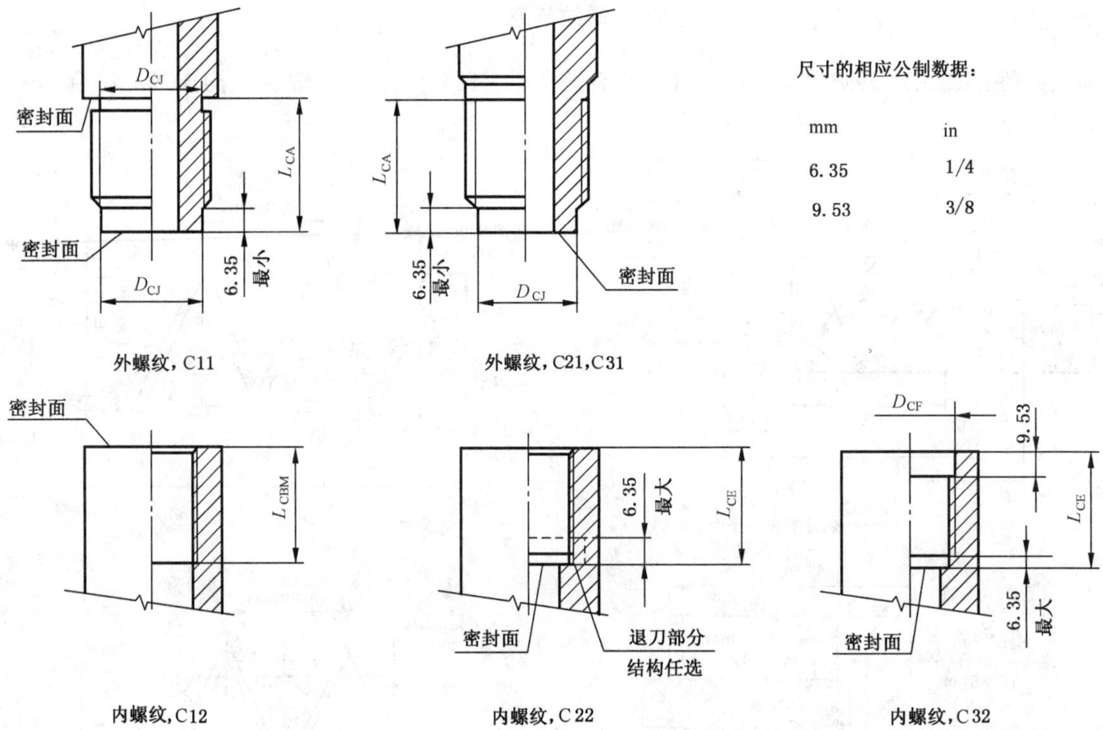

尺寸的相应公制数据：

mm	in
6.35	1/4
9.53	3/8

图 F.2 C 螺纹连接

表 F.2 C 螺纹连接

(1)	(2)	(3)	(4)	(5)	(6)	(7)	(8)	(9)	(10)
尺寸代号	螺纹尺寸[a]								
	33.858—16 (1.333 0—16)	39.954—16 (1.573 0—16)	47.625—16 (1.875 0—16)	53.010—16 (2.087 0—16)	56.845—11½ (2.238 0—11½)	65.354—16 (2.573 0—16)	69.545—11½ (2.738 0—11½)	82.245—11½ (3.238 0—11½)	107.645—11½ (4.238 0—11½)
L_{CA} min	31.8 (1.25)	38.1 (1.50)	38.1 (1.50)	38.1 (1.50)	38.1 (1.50)	38.1 (1.50)	38.1 (1.50)	38.1 (1.50)	38.1 (1.50)
L_{CBM} min	25.4 (1.00)	31.8 (1.25)	31.8 (1.25)	31.8 (1.25)	31.8 (1.25)	31.8 (1.25)	31.8 (1.25)	31.8 (1.25)	—
$L_{CE}\pm0.79$ (±0.031)	30.2 (1.188)	36.5 (1.438)	36.5 (1.438)	36.5 (1.438)	47.6 (1.875)	36.5 (1.438)	47.6 (1.875)	47.6 (1.875)	47.6 (1.875)
$D_{CF}+0.25/-0.00$ ($+0.010/-0.000$)	34.19 (1.346)	40.36 (1.589)	48.03 (1.891)	53.19 (2.094)	57.35 (2.258)	65.81 (2.591)	70.05 (2.758)	82.75 (3.258)	108.15 (4.258)
$D_{CJ}+0.00/-0.25$ ($+0.000/-0.010$)	31.67 (1.247)	37.72 (1.485)	45.39 (1.787)	50.77 (1.999)	53.80 (2.118)	63.07 (2.483)	66.50 (2.618)	79.20 (3.118)	104.60 (4.118)
注： 所有尺寸用毫米表示，括号内为相应的英寸。									
[a] 螺纹尺寸见表 F.8。									

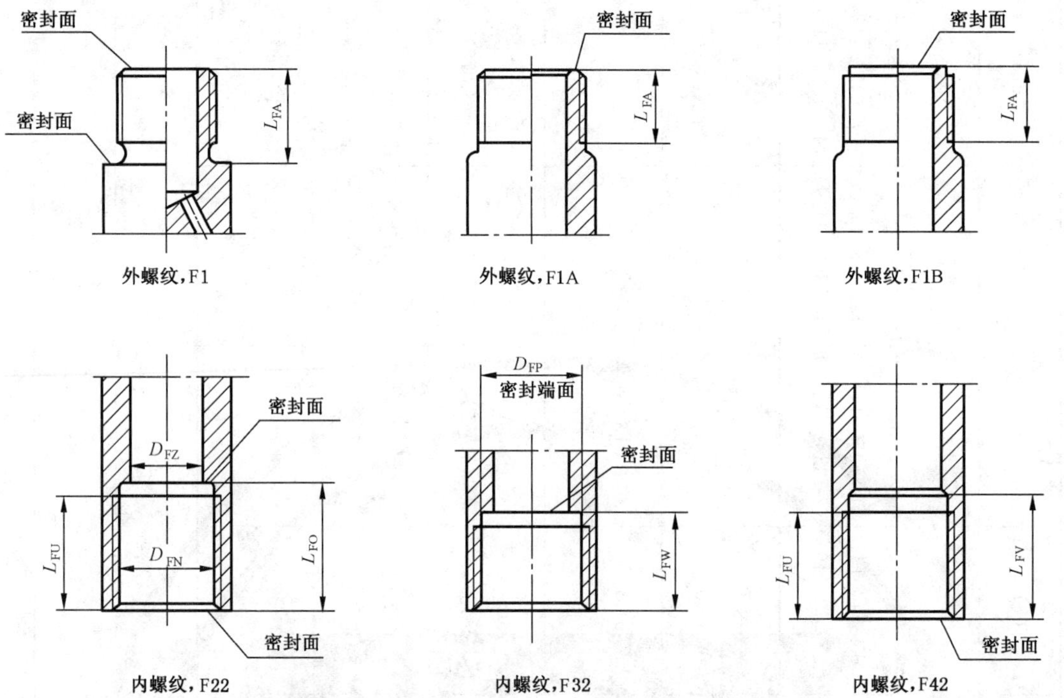
密封面
密封面
L_{FA}
外螺纹,F1
密封面
L_{FA}
外螺纹,F1A
密封面
L_{FA}
外螺纹,F1B
密封面
D_{FZ}
D_{FN}
L_{FU}
L_{FO}
密封面
内螺纹,F22
D_{FP}
密封端面
密封面
L_{FW}
内螺纹,F32
L_{FU}
L_{FV}
密封面
内螺纹,F42

图 F.3　F螺纹连接

表 F.3　F 螺纹连接

尺寸代号		(1)	(2)	(3)	(4)	(5)	(6)	(7)	(8)
		螺纹尺寸[a]							
		22.225—14 (0.875 0—14)	25.400—14 (1.000 0—14)	31.750—14 (1.250 0—14)	37.384—14 (1.470 4—14)	39.634—14 (1.560 4—14)	45.781—14 (1.802 4—14)	53.581—11½ (2.109 5—11½)	80.556—11½ (3.171 5—11½)
L_{FA}		19.05(0.750) ±0.41(±0.016)	19.05(0.750) ±0.41(±0.016)	19.05(0.750) ±0.41(±0.016)	20.62(0.812) ±0.41(±0.016)	22.23(0.875) ±0.41(±0.016)	22.23(0.875) ±0.41(±0.016)	23.83(0.938) ±0.41(±0.016)	28.58(1.125) ±0.41(±0.016)
D_{FN}		20.262(0.797 7) +0.216(+0.008 5) −0.000(−0.000 0)	23.437(0.922 7) +0.216(+0.008 5) −0.000(−0.000 0)	29.787(1.172 7) +0.196(+0.007 7) −0.000(−0.000 0)	35.385(1.393 1) +0.196(+0.007 7) −0.000(−0.000 0)	37.671(1.483 1) +0.196(+0.007 7) −0.000(−0.000 0)	43.818(1.725 1) +0.196(+0.007 7) −0.000(−0.000 0)	51.191(2.015 4) +0.239(+0.009 4) −0.000(−0.000 0)	78.156(3.077 0) +0.239(+0.009 4) −0.000(−0.000 0)
L_{FO}		28.58(1.125) ±0.41(±0.016)	28.58(1.125) ±0.41(±0.016)	28.58(1.125) ±0.41(±0.016)	30.18(1.188) ±0.41(±0.016)	31.75(1.250) ±0.41(±0.016)	31.75(1.250) ±0.41(±0.016)	33.32(1.312) ±0.41(±0.016)	44.45(1.750) ±0.41(±0.016)
L_{FU}	min	19.46(0.766)	19.46(0.766)	19.46(0.766)	21.03(0.828)	22.61(0.890)	22.61(0.890)	24.21(0.953)	30.18(1.188)
	max	22.23(0.875)	22.23(0.875)	22.23(0.875)	23.83(0.938)	25.40(1.000)	25.40(1.000)	26.97(1.062)	33.32(1.312)
L_{FV}	min	23.83(0.938)	23.83(0.938)	23.83(0.938)	25.40(1.000)	26.97(1.062)	26.97(1.062)	28.58(1.125)	34.93(1.375)
	max	25.40(1.000)	25.40(1.000)	25.40(1.000)	28.58(1.125)	30.18(1.188)	30.18(1.188)	31.75(1.250)	41.28(1.625)
L_{FW}	min	15.88(0.625)	15.88(0.625)	15.88(0.625)	17.48(0.688)	19.05(0.750)	19.05(0.750)	20.62(0.812)	25.40(1.000)
	max	17.48(0.688)	17.48(0.688)	17.48(0.688)	19.05(0.750)	20.62(0.812)	20.62(0.812)	22.23(0.875)	26.97(1.062)
D_{FZ}	min	19.51(0.768)	22.66(0.892)	28.22(1.111)	33.81(1.331)	36.09(1.421)	41.43(1.631)	48.79(1.921)	74.93(2.950)
	max	20.50(0.807)	23.42(0.922)	29.77(1.172)	35.38(1.393)	37.67(1.483)	43.82(1.725)	51.18(2.015)	78.16(3.077)
D_{FP}	min	19.69(0.775)	22.86(0.900)	29.21(1.150)	34.80(1.370)	37.08(1.460)	43.18(1.700)	50.29(1.980)	77.47(3.050)
	max	22.61(0.890)	25.91(1.020)	32.26(1.270)	37.72(1.485)	40.13(1.580)	46.23(1.820)	54.10(2.130)	81.15(3.195)

注：所有尺寸用毫米表示，括号内为相应的英寸。

[a] 螺纹尺寸见表 F.8。

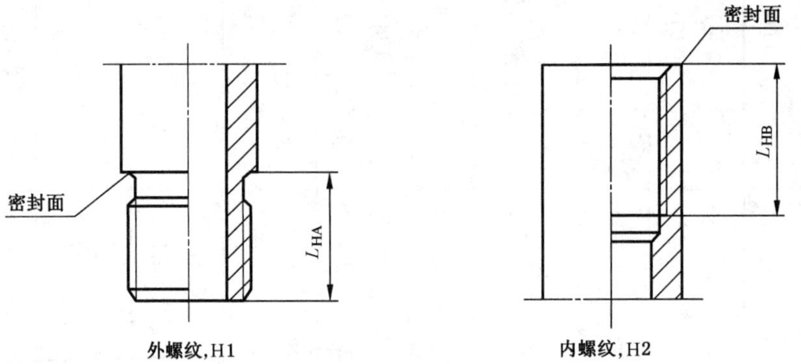

图 F.4　H 螺纹连接

表 F.4　H 螺纹连接

(1)	(2)	(3)	(4)	(5)
尺寸代号	螺纹尺寸[a]			
	38.313—14 (1.508 4—14)	50.455—14 (1.986 4—14)	60.338—11 1/2 (2.375 5—11½)	85.916—11½ (3.382 5—11½)
L_{HA}	22.23±0.79 (0.875±0.031)	23.83±0.79 (0.938±0.031)	25.40±0.79 (1.000±0.031)	31.75±0.79 (1.250±0.031)
L_{HB}	23.83 min (0.938 min)	25.40 min (1.000 min)	26.97 min (1.062 min)	33.32 min (1.312 min)
注：所有尺寸用毫米表示，括号内为相应的英寸。				
[a] 螺纹尺寸见表 F.8。				

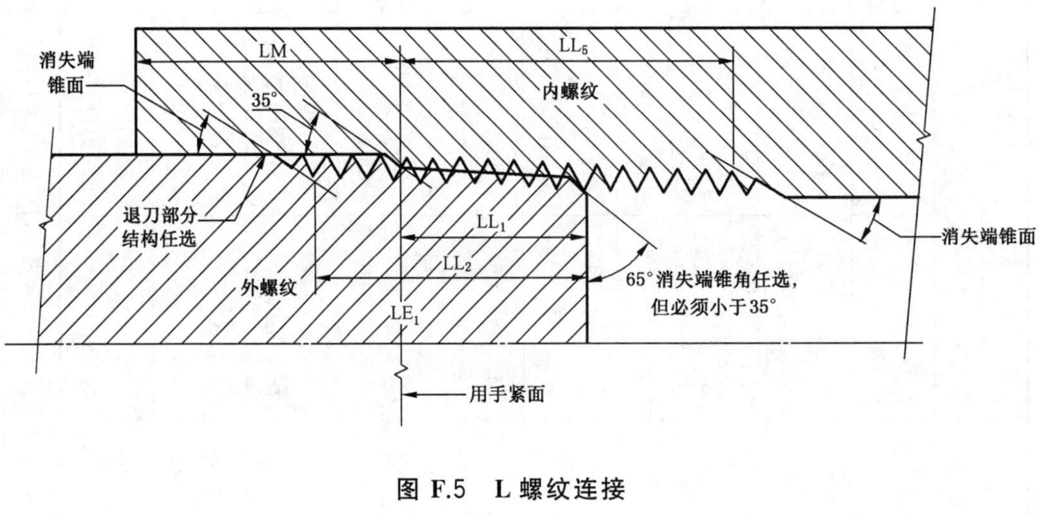

图 F.5　L 螺纹连接

表 F.5　L 螺纹连接(修正了的 API 管线管螺纹)

(1)	(2)	(3)	(4)	(5)
尺寸代号	定义	螺纹尺寸[a]		
		3/8	1/2	3/4
LE_1	手上紧面的中径	15.926(0.627 01)	19.772(0.778 43)	25.117(0.988 87)
LL_1	杆端面到手上紧面的长度	10.34(0.407)	13.56(0.534)	14.05(0.553)
LL_2	外螺纹的有效长度	14.595(0.574 6)	18.997(0.747 9)	19.301(0.759 9)
LL_5	内螺纹的最小有效长度	17.419(0.685 8)	22.624(0.890 7)	22.929(0.902 7)
LM	端面到手上紧面的长度	20.147(0.793 2)	20.803(0.819 0)	20.803(0.819 0)
TPI	每英寸牙数	18	14	14

注 1：所有尺寸用毫米表示，括号内为相应的英寸。

注 2：所有规格尺寸的锥度均为 62.5 mm/m，即 0.062 5 in/ft。

注 3：和标准的 API 管线管螺纹相比，这种连接在内、外螺纹件的小端均加了三牙，所以这种连接是一种修正了的 API 管线管螺纹牙型。

[a] 公差和其他参见 GB/T 9253.2。

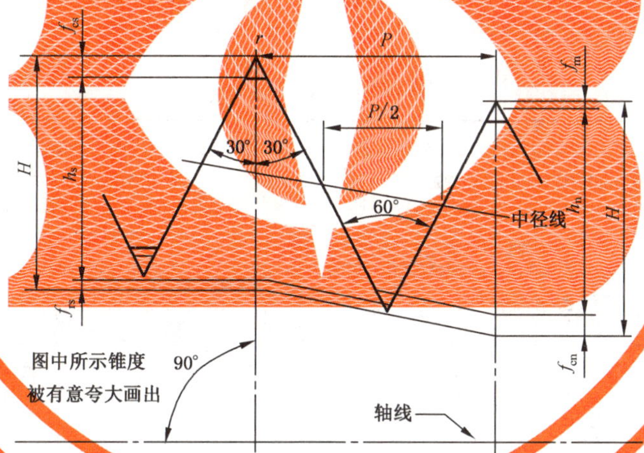

图 F.6　螺纹牙型

表 F.6　螺纹牙型 高度尺寸(修正了的 API 管线管螺纹)

(1)	(2)	(3)
螺纹参数	每英寸 18 牙 p=1.412(0.055 6)	每英寸 14 牙 p=1.814(0.071 4)
$H=0.866\ p$	1.222(0.048 1)	1.572(0.061 9)
h_s=hn=0.760 p	1.072(0.042 2)	1.379(0.054 3)
f_{rs}=frn=0.033 p	0.046(0.001 8)	0.061(0.002 4)
f_{cs}=fcn=0.073 p	0.104(0.004 1)	0.132(0.005 2)

注：所有尺寸用毫米表示，括号内为相应的英寸。

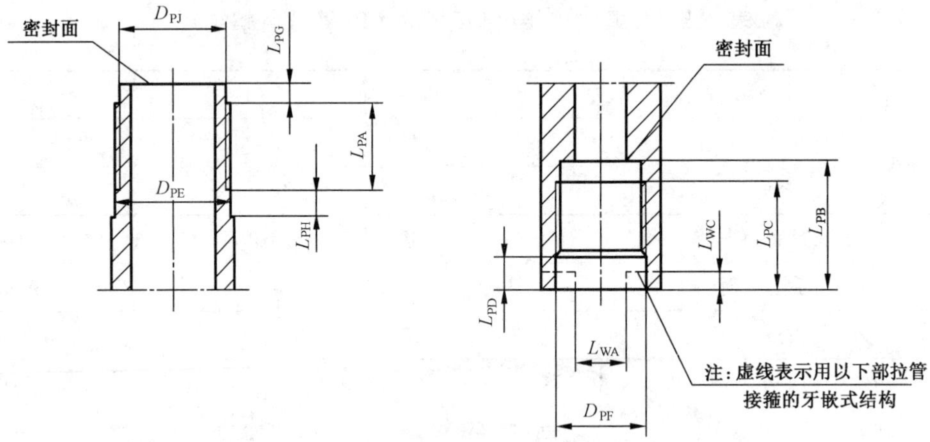

外螺纹，P1　　　　内螺纹，P2

图 F.7　P 螺纹连接

表 F.7　P 螺纹连接

(1)	(2)	(3)	(4)	(5)	(6)
尺寸代号	螺纹尺寸[a]				
	23.813—16 (0.937 5—16)	28.575—16 (1.125 0—16)	33.338—16 (1.312 5—16)	38.100—16 (1.500 0—16)	47.625—16 (1.875 0—16)
L_{PA} min	25.40(1.000)	28.58(1.125)	31.75(1.250)	34.93(1.375)	41.28(1.625)
L_{PB} max	42.88(1.688)	46.02(1.812)	49.23(1.938)	52.37(2.062)	58.72(2.312)
L_{PC} min	38.10(1.500)	41.28(1.625)	44.45(1.750)	47.63(1.875)	53.98(2.125)
L_{PD} min	19.05(0.750)	19.05(0.750)	19.05(0.750)	19.05(0.750)	19.05(0.750)
D_{PE} +0.00/−0.13 (+0.000/−0.005)	23.85(0.939)	28.63(1.127)	33.38(1.314)	38.15(1.502)	47.68(1.877)
D_{PF} +0.13/−0.00 (+0.005/−0.000)	23.85(0.939)	28.63(1.127)	33.38(1.314)	38.15(1.502)	47.68(1.877)
L_{PG} min	6.35(0.250)	6.35(0.250)	6.35(0.250)	6.35(0.250)	6.35(0.250)
L_{PH} min	19.05(0.750)	19.05(0.750)	19.05(0.750)	19.05(0.750)	19.05(0.750)
D_{PJ}[b]					
L_{WA} max	17.48(0.688)	17.48(0.688)	19.05(0.750)	19.05(0.750)	22.23(0.875)
L_{WC} min	6.35(0.250)	6.35(0.250)	6.35(0.250)	6.35(0.250)	6.35(0.250)
注：所有尺寸用毫米表示，括号内为相应的英寸。					
[a] 螺纹尺寸见表 F.8。 [b] 外螺纹退刀槽尺寸参见表 F.8。					

表 F.8　S 用于抽油泵及其零配件的所有圆柱螺纹的详细尺寸(美国国家专用螺纹,三级配合精度,特别注释的除外)

(1)	(2)	(3)	(4)	(5)	(6)	(7)	(8)	(9)	(10)
基本大径	每英寸牙数	外螺纹尺寸			内螺纹尺寸			退刀槽直径[e]	
		大径	中径	小径[a] max	小径	中径	大径[a] min	外螺纹 max	内螺纹 min
0.750 0[b]	10	19.050(0.750 0) +0.000(+0.000 0) −0.325(−0.012 8)	17.399(0.685 0) +0.000(+0.000 0) −0.114(−0.004 5)	15.933 (0.627 3)	16.299(0.641 7) +0.345(+0.013 6) −0.000(−0.000 0)	17.399(0.685 0) +0.114(+0.004 5) −0.000(−0.000 0)	19.050 (0.750 0)	15.62 (0.615)	19.53 (0.769)
0.750 0[c]	16	19.050(0.750 0) +0.000(+0.000 0) −0.229(−0.009 0)	18.019(0.709 4) +0.000(+0.000 0) −0.081(−0.003 2)	17.102 (0.673 3)	17.330(0.682 3) +0.203(+0.008 0) −0.000(−0.000 0)	18.019(0.709 4) +0.081(+0.003 2) −0.000(−0.000 0)	19.050 (0.750 0)	16.89 (0.665)	19.38 (0.763)
0.875 0[c]	14	22.225(0.875 0) +0.000(+0.000 0) −0.249(−0.009 8)	21.046(0.828 6) +0.000(+0.000 0) −0.091(−0.003 6)	20.000 (0.787 4)	20.262(0.797 7) +0.216(+0.008 5) −0.000(−0.000 0)	21.046(0.828 6) +0.091(+0.003 6) −0.000(−0.000 0)	22.225 (0.875 0)	19.76 (0.778)	22.58 (0.889)
0.937 5	16	23.813(0.937 5) +0.000(+0.000 0) −0.229(−0.009 0)	22.781(0.896 9) +0.000(+0.000 0) −0.091(−0.003 6)	21.864 (0.860 8)	22.093(0.869 8) +0.173(+0.006 8) −0.000(−0.000 0)	22.781(0.896 9) +0.091(+0.003 6) −0.000(−0.000 0)	23.813 (0.937 5)	21.64 (0.852)	24.16 (0.951)
1.000 0	14	25.400(1.000 0) +0.000(+0.000 0) −0.249(−0.009 8)	24.221(0.953 6) +0.000(+0.000 0) −0.091(−0.003 6)	23.175 (0.912 4)	23.437(0.922 7) +0.216(+0.008 5) −0.000(−0.000 0)	24.221(0.953 6) +0.091(+0.003 6) −0.000(−0.000 0)	25.400 (1.000 0)	22.94 (0.903)	25.76 (1.014)
1.125 0	16	28.575(1.125 0) +0.000(+0.000 0) −0.229(−0.009 0)	27.544(1.084 4) +0.000(+0.000 0) −0.102(−0.004 0)	26.627 (1.048 3)	26.855(1.057 3) +0.173(+0.006 8) −0.000(−0.000 0)	27.544(1.084 4) +0.102(+0.004 0) −0.000(−0.000 0)	28.575 (1.125 0)	26.39 (1.039)	28.91 (1.138)
1.189 4	14	30.150(1.187 0) +0.000(+0.000 0) −0.254(−0.010 0)	29.032(1.143 0) +0.000(+0.000 0) −0.102(−0.004 0)	27.986 (1.101 8)	28.247(1.112 1) +0.196(+0.007 7) −0.000(−0.000 0)	29.032(1.143 0) +0.102(+0.004 0) −0.000(−0.000 0)	30.211 (1.189 4)	27.74 (1.092)	30.58 (1.204)
1.250 0	14	31.750(1.250 0) +0.000(+0.000 0) −0.249(−0.009 8)	30.571(1.203 6) +0.000(+0.000 0) −0.102(−0.004 0)	29.525 (1.162 4)	29.787(1.172 7) +0.196(+0.007 7) −0.000(−0.000 0)	30.571(1.203 6) +0.102(+0.004 0) −0.000(−0.000 0)	31.750 (1.250 0)	29.29 (1.153)	32.13 (1.265)

表 F.8（续）

(1)	(2)	(3)	(4)	(5)	(6)	(7)	(8)	(9)	(10)
基本大径	每英寸牙数	外螺纹尺寸			内螺纹尺寸			退刀槽直径[c]	
		大径	中径	小径[a] max	小径	中径	大径[a] min	外螺纹 max	内螺纹 min
1.312 5	16	33.338(1.312 5) +0.000(+0.000 0) −0.229(−0.009 0)	32.306(1.271 9) +0.000(+0.000 0) −0.102(−0.004 0)	31.389 (1.235 8)	31.618(1.244 8) +0.173(+0.006 8) −0.000(−0.000 0)	32.306(1.271 9) +0.102(+0.004 0) −0.000(−0.000 0)	33.338 (1.312 5)	31.17 (1.227)	33.68 (1.326)
1.333 0	16	33.858(1.333 0) +0.000(+0.000 0) −0.229(−0.009 0)	32.827(1.292 4) +0.000(+0.000 0) −0.102(−0.004 0)	31.910 (1.256 3)	32.139(1.265 3) +0.173(+0.006 8) −0.000(−0.000 0)	32.827(1.292 4) +0.102(+0.004 0) −0.000(−0.000 0)	33.858 (1.333 0)	31.67 (1.247)	34.19 (1.346)
1.375 0	14	34.925(1.375 0) +0.000(+0.000 0) −0.249(−0.009 8)	33.746(1.328 6) +0.000(+0.000 0) −0.102(−0.004 0)	32.700 (1.287 4)	32.962(1.297 7) +0.196(+0.007 7) −0.000(−0.000 0)	33.746(1.328 6) +0.102(+0.004 0) −0.000(−0.000 0)	34.925 (1.375 0)	32.46 (1.278)	35.31 (1.390)
1.470 4	14	37.348(1.470 4) +0.000(+0.000 0) −0.249(−0.009 8)	36.170(1.424 0) +0.000(+0.000 0) −0.102(−0.004 0)	35.123 (1.382 8)	35.385(1.393 1) +0.196(+0.007 7) −0.000(−0.000 0)	36.170(1.424 0) +0.102(+0.004 0) −0.000(−0.000 0)	37.348 (1.470 4)	34.87 (1.373)	37.69 (1.484)
1.500 0	16	38.100(1.500 0) +0.000(+0.000 0) −0.229(−0.009 0)	37.069(1.459 4) +0.000(+0.000 0) −0.102(−0.004 0)	36.152 (1.423 3)	36.380(1.432 3) +0.173(+0.006 8) −0.000(−0.000 0)	37.069(1.459 4) +0.102(+0.004 0) −0.000(−0.000 0)	38.100 (1.500 0)	35.92 (1.414)	38.43 (1.513)
1.508 4	14	38.313(1.508 4) +0.000(+0.000 0) −0.249(−0.009 8)	37.135(1.462 0) +0.000(+0.000 0) −0.157(−0.006 2)	36.088 (1.420 8)	36.350(1.431 1) +0.196(+0.007 7) −0.000(−0.000 0)	37.135(1.462 0) +0.157(+0.006 2) −0.000(−0.000 0)	38.313 (1.508 4)	35.79 (1.409)	38.74 (1.525)
1.560 4	14	39.634(1.560 4) +0.000(+0.000 0) −0.249(−0.009 8)	38.456(1.514 0) +0.000(+0.000 0) −0.157(−0.006 2)	37.409 (1.472 8)	37.671(1.483 1) +0.196(+0.007 7) −0.000(−0.000 0)	38.456(1.514 0) +0.157(+0.006 2) −0.000(−0.000 0)	39.634 (1.560 4)	37.11 (1.461)	40.06 (1.577)
1.573 0	16	39.954(1.573 0) +0.000(+0.000 0) −0.229(−0.009 0)	38.923(1.532 4) +0.000(+0.000 0) −0.155(−0.006 1)	38.006 (1.496 3)	38.235(1.505 3) +0.173(+0.006 8) −0.000(−0.000 0)	38.923(1.532 4) +0.155(+0.006 1) −0.000(−0.000 0)	39.954 (1.573 0)	37.72 (1.485)	40.36 (1.589)

表 F.8（续）

(1)	(2)	(3)	(4)	(5)	(6)	(7)	(8)	(9)	(10)
基本大径	每英寸牙数	外螺纹尺寸			内螺纹尺寸			退刀槽直径[e]	
		大径	中径	小径[a] max	小径	中径	大径[a] min	外螺纹 max	内螺纹 min
1.750 0	14	44.450(1.750 0) +0.000(+0.000 0) −0.249(−0.009 8)	43.271(1.703 6) +0.000(+0.000 0) −0.157(−0.006 2)	42.225 (1.662 4)	42.487(1.672 7) +0.196(+0.007 7) −0.000(−0.000 0)	43.271(1.703 6) +0.157(+0.006 2) −0.000(−0.000 0)	44.450 (1.750 0)	41.94 (1.651)	44.88 (1.767)
1.802 4	14	45.781(1.802 4) +0.000(+0.000 0) −0.249(−0.009 8)	44.602(1.756 0) +0.000(+0.000 0) −0.157(−0.006 2)	43.556 (1.714 8)	43.818(1.725 1) +0.196(+0.007 7) −0.000(−0.000 0)	44.602(1.756 0) +0.157(+0.006 2) −0.000(−0.000 0)	45.781 (1.802 4)	43.26 (1.703)	46.20 (1.819)
1.875 0	16	47.625(1.875 0) +0.000(+0.000 0) −0.229(−0.009 0)	46.594(1.834 4) +0.000(+0.000 0) −0.155(−0.006 1)	45.677 (1.798 3)	45.905(1.807 3) +0.173(+0.006 8) −0.000(−0.000 0)	46.594(1.834 4) +0.155(+0.006 1) −0.000(−0.000 0)	47.625 (1.875 0)	45.39 (1.787)	48.03 (1.891)
1.986 4	14	50.455(1.986 4) +0.000(+0.000 0) −0.249(−0.009 8)	49.276(1.940 0) +0.000(+0.000 0) −0.157(−0.006 2)	48.230 (1.898 8)	48.491(1.909 1) +0.196(+0.007 7) −0.000(−0.000 0)	49.276(1.940 0) +0.157(+0.006 2) −0.000(−0.000 0)	50.455 (1.986 4)	47.93 (1.887)	50.88 (2.003)
2.003 5	11½	[d] 50.800(2.000 0) +0.000(+0.000 0) −0.292(−0.011 5)	49.454(1.947 0) +0.000(+0.000 0) −0.234(−0.009 2)	48.179 (1.896 8)	48.499(1.909 4) +0.239(+0.009 4) −0.000(−0.000 0)	49.454(1.947 0) +0.234(+0.009 2) −0.000(−0.000 0)	50.889 (2.003 5)	47.78 (1.881)	51.46 (2.026)
2.087 0	16	53.010(2.087 0) +0.000(+0.000 0) −0.229(−0.009 0)	51.979(2.046 4) +0.000(+0.000 0) −0.170(−0.006 7)	51.062 (2.010 3)	51.290(2.019 3) +0.173(+0.006 8) −0.000(−0.000 0)	51.979(2.046 4) +0.170(+0.006 7) −0.000(−0.000 0)	53.010 (2.087 0)	50.77 (1.999)	53.19 (2.094)
2.109 5	11½	53.581(2.109 5) +0.000(+0.000 0) −0.292(−0.011 5)	52.146(2.053 0) +0.000(+0.000 0) −0.175(−0.006 9)	50.871 (2.002 8)	51.191(2.015 4) +0.239(+0.009 4) −0.000(−0.000 0)	52.146(2.053 0) +0.175(+0.006 9) −0.000(−0.000 0)	53.581 (2.109 5)	50.52 (1.989)	54.08 (2.129)
2.238 0	11½	56.845(2.238 0) +0.000(+0.000 0) −0.292(−0.011 5)	55.410(2.181 5) +0.000(+0.000 0) −0.175(−0.006 9)	54.135 (2.131 3)	54.455(2.143 9) +0.239(+0.009 4) −0.000(−0.000 0)	55.410(2.181 5) +0.175(+0.006 9) −0.000(−0.000 0)	56.845 (2.238 0)	53.80 (2.118)	57.35 (2.258)

表 F.8（续）

(1)	(2)	(3)	(4)	(5)	(6)	(7)	(8)	(9)	(10)
基本大径	每英寸牙数	外螺纹尺寸			内螺纹尺寸			退刀槽直径[e]	
		大径	中径	小径[a] max	小径	中径	大径[a] min	外螺纹 max	内螺纹 min
2.375 5	11½	60.338(2.375 5) +0.000(+0.000 0) −0.292(−0.011 5)	58.903(2.319 0) +0.000(+0.000 0) −0.175(−0.006 9)	57.628 (2.268 8)	57.948(2.281 4) +0.239(+0.009 4) −0.000(−0.000 0)	58.903(2.319 0) +0.175(+0.006 9) −0.000(−0.000 0)	60.338 (2.375 5)	57.28 (2.255)	60.83 (2.395)
2.562 5	11½	65.088(2.562 5) +0.000(+0.000 0) −0.292(−0.011 5)	63.652(2.506 0) +0.000(+0.000 0) −0.234(−0.009 2)	62.377 (2.455 8)	62.697(2.468 4) +0.239(+0.009 4) −0.000(−0.000 0)	63.652(2.506 0) +0.234(+0.009 2) −0.000(−0.000 0)	65.088 (2.562 5)	61.98 (2.440)	65.66 (2.585)
2.573 0	16	65.354(2.573 0) +0.000(+0.000 0) −0.229(−0.009 0)	64.323(2.532 4) +0.000(+0.000 0) −0.229(−0.009 0)	63.406 (2.496 3)	63.635(2.505 3) +0.173(+0.006 8) −0.000(−0.000 0)	64.323(2.532 4) +0.229(+0.009 0) −0.000(−0.000 0)	65.354 (2.573 0)	63.07 (2.483)	65.81 (2.591)
2.738 0	11½	69.545(2.738 0) +0.000(+0.000 0) −0.292(−0.011 5)	68.110(2.681 5) +0.000(+0.000 0) −0.175(−0.006 9)	66.835 (2.631 3)	67.155(2.643 9) +0.239(+0.009 4) −0.000(−0.000 0)	68.110(2.681 5) +0.175(+0.006 9) −0.000(−0.000 0)	69.545 (2.738 0)	66.50 (2.618)	70.05 (2.758)
3.171 5	11½	80.556(3.171 5) +0.000(+0.000 0) −0.292(−0.011 5)	79.121(3.115 0) +0.000(+0.000 0) −0.251(−0.009 9)	77.846 (3.064 8)	78.166(3.077 4) +0.239(+0.009 4) −0.000(−0.000 0)	79.121(3.115 0) +0.251(+0.009 9) −0.000(−0.000 0)	80.556 (3.171 5)	77.52 (3.052)	81.08 (3.192)
3.187 5	11½	80.963(3.187 5) +0.000(+0.000 0) −0.292(−0.011 5)	79.527(3.131 0) +0.000(+0.000 0) −0.251(−0.009 9)	78.252 (3.080 8)	78.572(3.093 4) +0.239(+0.009 4) −0.000(−0.000 0)	79.527(3.131 0) +0.251(+0.009 9) −0.000(−0.000 0)	80.963 (3.187 5)	77.83 (3.064)	81.53 (3.210)
3.238 0	11½	82.245(3.238 0) +0.000(+0.000 0) −0.292(−0.011 5)	80.810(3.181 5) +0.000(+0.000 0) −0.175(−0.006 9)	79.535 (3.131 3)	79.855(3.143 9) +0.239(+0.009 4) −0.000(−0.000 0)	80.810(3.181 5) +0.175(+0.006 9) −0.000(−0.000 0)	82.245 (3.238 0)	79.20 (3.118)	82.75 (3.258)
3.382 5	11½	85.916(3.382 5) +0.000(+0.000 0) −0.292(−0.011 5)	84.480(3.326 0) +0.000(+0.000 0) −0.251(−0.009 9)	83.205 (3.275 8)	83.525(3.288 4) +0.239(+0.009 4) −0.000(−0.000 0)	84.480(3.326 0) +0.251(+0.009 9) −0.000(−0.000 0)	85.916 (3.382 5)	82.88 (3.263)	86.44 (3.403)
3.687 5	11½	93.663(3.687 5) +0.000(+0.000 0) −0.292(−0.011 5)	92.227(3.631 0) +0.000(+0.000 0) −0.251(−0.009 9)	90.952 (3.580 8)	91.272(3.593 4) +0.239(+0.009 4) −0.000(−0.000 0)	92.227(3.631 0) +0.251(+0.009 9) −0.000(−0.000 0)	93.663 (3.687 5)	90.53 (3.564)	94.23 (3.710)

表 F.8（续）

(1)	(2)	(3)	(4)	(5)	(6)	(7)	(8)	(9)	(10)
基本大径	每英寸牙数	外螺纹尺寸			内螺纹尺寸			退刀槽直径[e]	
		大径	中径	小径[a] max	小径	中径	大径[a] min	外螺纹 max	内螺纹 min
4.238 0	11½	107.645(4.238 0) +0.000(+0.000 0) −0.292(−0.011 5)	106.210(4.181 5) +0.000(+0.000 0) −0.251(−0.009 9)	104.935 (4.131 3)	105.255(4.143 9) +0.239(+0.009 4) −0.000(−0.000 0)	106.210(4.181 5) +0.251(+0.009 9) −0.000(−0.000 0)	107.645 (4.238 0)	104.60 (4.118)	108.15 (4.258)

注 1：所有尺寸用毫米表示，括号内为相应的英寸。

注 2：采用与美国标准局手册 H28 一致的统一标准螺纹是可以接受的，而且不会影响产品的互换性或强度。

[a] 因为这些尺寸不测量，不会影响互换性，所以未给出公差。

[b] 出自美国国家粗牙螺纹系列，三级配合精度。

[c] 出自美国国家细牙螺纹系列，三级配合精度。

[d] 为了适应支承芯轴的尺寸 OD_2，外螺纹大径可与标准不一致。

[e] 除在本标准其他地方另有说明外，推荐采用所列退刀槽直径。退刀槽的最大和最小直径是在未考虑制造方法或螺纹与退刀槽的同心度的情况下给出的，制造厂商应调整并应用符合良好实践、且与设备和方法相一致的公差值。

表 F.9　X 扳手方尺寸

(1)	(2)	(3)	(4)	(5)	(6)	(7)	(8)	(9)
尺寸	尺寸标记							
	125	150	175[b]	200	225[b]	250	275[b]	375[b]
平面之间的距离	26.97(1.062) +0.00(+0.000) −0.41(−0.016)	33.32(1.312) +0.00(+0.000) −0.64(−0.025)	38.10(1.500) +0.00(+0.000) −0.64(−0.025)	42.88(1.688) +0.00(+0.000) −0.64(−0.025)	50.80(2.000) +0.00(+0.000) −0.64(−0.025)	55.58(2.188) +0.00(+0.000) −0.79(−0.031)	60.33(2.375) +0.00(+0.000) −0.79(−0.031)	85.73(3.375) +0.00(+0.000) −0.79(−0.031)
平面的最小长度[a]	17.48(0.688)	20.62(0.812)	23.83(0.938)	23.83(0.938)	28.58(1.125)	28.58(1.125)	30.18(1.188)	31.75(1.250)

注：所有尺寸用毫米，括号内为相应的英寸。

[a] 这里规定的扳手平面的最小长度指的是不包括任何圆角或倒角在内的平面实际长度，在不可能加工出扳手方平面全长的情况下，平面至少有一端应延长到零件的端面，即允许标准厚度的扳手钳住。制造商可选择扳手方端部形状。

[b] 泵径规格代号为 175、225、275 和 375 的扳手方尺寸，可应用于油管尺寸代号为 20、25、30 和 40 的油管上。

附 录 G
（资料性附录）
有杆泵抽油系统图

有杆泵抽油系统图如图 G.1 所示。

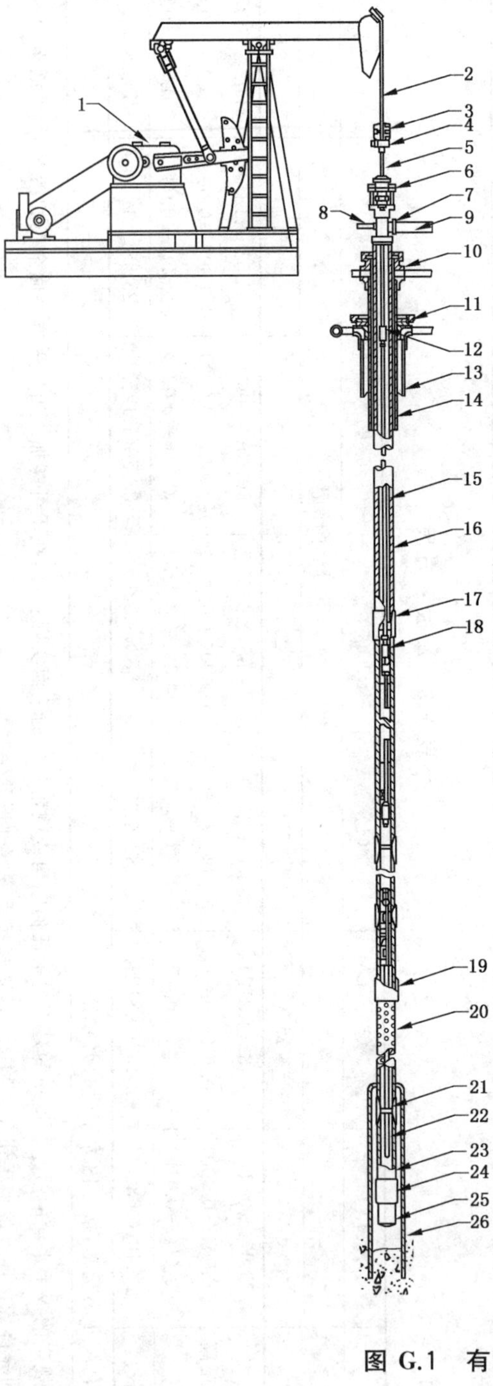

说明：

1 ——抽油机；
2 ——钢丝绳；
3 ——光杆卡子；
4 ——悬绳器；
5 ——光杆；
6 ——密封盒；
7 ——抽油三通；
8 ——泄油阀；
9 ——出油管线；
10——油管头；
11——套管头；
12——光杆异径接箍；
13——表层套管；
14——油层套管；
15——抽油杆；
16——油管；
17——泵筒接箍；
18——抽油杆接箍；
19——油管接箍；
20——带孔短节；
21——油管接箍；
22——气锚；
23——砂锚；
24——油管接箍；
25——管堵；
26——油层套管底端。

图 G.1 有杆泵抽油系统图

附　录　H
（资料性附录）
金属柱塞与泵筒的配合间隙

金属柱塞与泵筒的配合间隙参见表 H.1。

表 H.1　金属柱塞与泵筒的配合间隙

单位为毫米

间隙代号	泵筒内径及其极限偏差	金属柱塞			泵筒与金属柱塞配合间隙范围
		直　径	尺寸分档	极限偏差	
1	$D^{+0.050}_{0}$	$d-0.025$	1	$d^{0}_{-0.013}$	0.025～0.088
2		$d-0.050$	2		0.050～0.113
3		$d-0.075$	3		0.075～0.138
4		$d-0.100$	4		0.100～0.163
5		$d-0.125$	5		0.125～0.188
注：D、d 指泵筒与金属柱塞的标称直径。					

附　录　I
（资料性附录）
泵总成密封性能试验压力推荐值

经组装后的抽油泵泵筒上端接试压接头，另一端接被检抽油泵的固定阀，在不低于表I.1中规定的压力下保压3 min，压力降不得超过0.5 MPa。

表I.1　泵总成密封性能试验压力推荐值

<table>
<tr><td colspan="3">标称直径/mm</td><td>27</td><td>31.8</td><td>38.1</td><td>44.5</td><td>45.2</td><td>50.8</td><td>57.2</td><td>63.5</td><td>69.9</td><td>82.6</td><td>95.3</td></tr>
<tr><td rowspan="2">抽油泵型式</td><td>杆式泵</td><td rowspan="2">试验压力
MPa</td><td>32</td><td>30</td><td>28</td><td>23</td><td>—</td><td>20</td><td>18</td><td>16</td><td>—</td><td>—</td><td>—</td></tr>
<tr><td>管式泵</td><td>32</td><td>30</td><td>28</td><td>23</td><td>23</td><td>—</td><td>18</td><td>—</td><td>16</td><td>16</td><td>16</td></tr>
<tr><td colspan="14">注：密封性能试验介质均选用O号或-10号柴油，在20 ℃时运动黏度3 mm^2/s～8 mm^2/s。</td></tr>
</table>

附　录　J
（资料性附录）
配合间隙最大漏失量推荐值

经密封性能试验合格的抽油泵，泵筒内放入选配好的柱塞，一端接试压接头，另一端旋入专用接头，置泵于水平位置，在不低于 10 MPa 的压力下测漏失量，其漏失量值参见表 J.1。

表 J.1　配合间隙最大漏失量推荐值

标称直径 mm	试验压力 MPa	间隙代号				
		1	2	3	4	5
		最大漏失量/(mL/min)				
27.0	10	170	350	645	1 060	1 620
31.8		200	415	760	1 245	1 910
38.1		235	500	910	1 495	2 290
44.5		275	580	1 060	1 745	2 670
45.2		280	590	1 075	1 770	2 715
50.8		315	665	1 210	1 990	3 050
57.2		355	745	1 360	2 240	3 435
63.5		390	830	1 510	2 490	3 810
69.9		550	1 170	2 140	3 530	5 410
82.6		650	1 380	2 530	4 170	6 390
95.3		750	1 600	2 920	4 810	7 380

注 1：漏失量试验介质均选用 O 号或－10 号柴油，在 20 ℃时运动黏度 3 mm^2/s～8 mm^2/s，柱塞密封面长度为 1.2 m。

注 2：配合间隙最大漏失量不能作为判定泵配合间隙的最终依据。

附 录 K
（资料性附录）
用于抽油泵及其零部件的公制普通螺纹尺寸

用于抽油泵及其零部件的公制普通螺纹尺寸见表K.1。普通螺纹应按GB/T 197中的6级精度制造，螺纹表面粗糙度 Ra 值不大于3.2 μm。

表 K.1 用于抽油泵及其零部件的所有公制普通螺纹尺寸

单位为毫米

螺纹代号	配合间隙	外螺纹			内螺纹			退刀槽直径	
		大径/公差	中径/公差	小径(max)	大径(min)	中径/公差	小径/公差	外螺纹(max)	内螺纹(min)
M16×1.5	6H/6h	$16_{-0.236}^{0}$	$15.026_{-0.140}^{0}$	14.376	16	$15.026_{0}^{+0.190}$	$14.376_{0}^{+0.300}$	13.7	16.5
M18×1.5	6H/6h	$18_{-0.236}^{0}$	$17.026_{-0.140}^{0}$	16.376	18	$17.026_{0}^{+0.190}$	$16.376_{0}^{+0.300}$	15.7	18.5
M20×1.5	6H/6h	$20_{-0.236}^{0}$	$19.026_{-0.140}^{0}$	18.376	20	$19.026_{0}^{+0.190}$	$18.376_{0}^{+0.300}$	17.7	20.5
M22×1.5	6H/6h	$22_{-0.236}^{0}$	$21.026_{-0.140}^{0}$	20.376	22	$21.026_{0}^{+0.190}$	$20.376_{0}^{+0.300}$	19.7	22.5
M24×1.5	6H/6h	$24_{-0.236}^{0}$	$23.026_{-0.150}^{0}$	22.376	24	$23.026_{0}^{+0.200}$	$22.376_{0}^{+0.300}$	21.7	24.5
M26×1.5	6H/6h	$26_{-0.236}^{0}$	$25.026_{-0.150}^{0}$	24.376	26	$25.026_{0}^{+0.200}$	$24.376_{0}^{+0.300}$	23.7	26.5
M30×1.5	6H/6h	$30_{-0.236}^{0}$	$23.026_{-0.150}^{0}$	28.376	30	$29.026_{0}^{+0.200}$	$28.376_{0}^{+0.300}$	27.7	30.5
M32×1.5	6H/6h	$32_{-0.236}^{0}$	$31.026_{-0.150}^{0}$	30.376	32	$31.026_{0}^{+0.200}$	$30.376_{0}^{+0.300}$	29.7	32.5
M36×1.5	6H/6h	$36_{-0.236}^{0}$	$35.026_{-0.150}^{0}$	34.376	36	$35.026_{0}^{+0.200}$	$34.376_{0}^{+0.300}$	33.7	36.5
M38×1.5	6H/6h	$38_{-0.236}^{0}$	$37.026_{-0.150}^{0}$	36.376	38	$37.026_{0}^{+0.200}$	$36.376_{0}^{+0.300}$	35.7	38.5
M46×1.5	6H/6h	$46_{-0.236}^{0}$	$45.026_{-0.160}^{0}$	44.376	46	$45.026_{0}^{+0.212}$	$44.376_{0}^{+0.300}$	43.7	46.5
M48×1.5	6H/6h	$48_{-0.236}^{0}$	$47.026_{-0.160}^{0}$	46.376	48	$47.026_{0}^{+0.212}$	$46.376_{0}^{+0.300}$	45.7	48.5
M42×2	6H/6h	$42_{-0.280}^{0}$	$40.701_{-0.170}^{0}$	39.835	42	$40.701_{0}^{+0.224}$	$39835_{0}^{+0.375}$	39	42.5
M45×2	6H/6h	$45_{-0.280}^{0}$	$43.701_{-0.170}^{0}$	42.835	45	$43.701_{0}^{+0.224}$	$42.835_{0}^{+0.375}$	42	45.5
M46×2	6H/6h	$46_{-0.280}^{0}$	$44.701_{-0.180}^{0}$	43.835	46	$44.701_{0}^{+0.236}$	$43.835_{0}^{+0.375}$	43	46.5
M48×2	6H/6h	$48_{-0.280}^{0}$	$46.701_{-0.180}^{0}$	45.835	48	$46.701_{0}^{+0.236}$	$45.835_{0}^{+0.375}$	45	48.5
M50×2	6H/6h	$50_{-0.280}^{0}$	$48.701_{-0.180}^{0}$	47.835	50	$48.701_{0}^{+0.236}$	$47.835_{0}^{+0.375}$	47	50.5
M56×2	6H/6h	$56_{-0.280}^{0}$	$54.701_{-0.180}^{0}$	53.835	56	$54.701_{0}^{+0.236}$	$53.835_{0}^{+0.375}$	53	56.5
M60×2	6H/6h	$60_{-0.280}^{0}$	$58.701_{-0.180}^{0}$	57.835	60	$58.701_{0}^{+0.236}$	$57.835_{0}^{+0.375}$	57	60.5
M72×2	6H/6h	$72_{-0.280}^{0}$	$70.701_{-0.180}^{0}$	69.835	72	$70.701_{0}^{+0.236}$	$69.835_{0}^{+0.375}$	69	72.5
M80×2	6H/6h	$80_{-0.280}^{0}$	$78.701_{-0.180}^{0}$	77.835	80	$78.701_{0}^{+0.236}$	$77.835_{0}^{+0.375}$	77	80.5
M85×2	6H/6h	$85_{-0.280}^{0}$	$83.701_{-0.180}^{0}$	82.835	85	$83.701_{0}^{+0.236}$	$82.835_{0}^{+0.375}$	82	85.5
M92×2	6H/6h	$92_{-0.280}^{0}$	$90.701_{-0.190}^{0}$	89.835	92	$90.701_{0}^{+0.250}$	$89.835_{0}^{+0.375}$	89	92.5
M95×2	6H/6h	$95_{-0.280}^{0}$	$93.701_{-0.190}^{0}$	92.835	95	$93.701_{0}^{+0.250}$	$92.835_{0}^{+0.375}$	92	95.5
M105×2	6H/6h	$105_{-0.280}^{0}$	$103.701_{-0.190}^{0}$	102.835	105	$103.701_{0}^{+0.250}$	$102.835_{0}^{+0.375}$	102	105.5
M108×2	6H/6h	$108_{-0.280}^{0}$	$106.701_{-0.190}^{0}$	105.835	108	$106.701_{0}^{+0.250}$	$105.835_{0}^{+0.375}$	105	108.5

附　录　L
（资料性附录）
本标准与 API Spec 11AX:2015(第 13 版)技术性差异及其原因

本标准与 API Spec 11AX:2015(第 13 版)技术性差异及其原因见表 L.1。

表 L.1　本标准与 API Spec 11AX:2015(第 13 版)技术性差异及原因

本标准的章条编号		技术性差异	原　因
第 1 章		删除“特别说明”、“引言”和“参考文献” 将规定和适用范围单独说明	符合 GB/T 1.1 的规定，确保技术内容的确定和文本结构的协调统一
第 2 章		采用 11 项我国标准代替美国标准	提高了标准的实用性，并为抽油泵的测量和试验提供了依据
第 3 章		删除“本规范中使用的和质量体系有关的术语没有在下面定义，见 API Q1”	符合 GB/T 1.1 的编排要求，便于很好地理解标准内容
—		删除“API Spec 11AX:2015(第 13 版)资料性附录 A 持证者对 API 会标的使用”	采用国家标准，增强标准的适用性
附录 A	表 A.8	在表 A.8 N12 行中增加“N12-20、N12-25、N12-30”；S22 行中增加“S22-20、S22-25、S22-30”结构，并对增加的内容做了说明	符合表 B.1
附录 B	—	删除“表 B.1 未注公差尺寸的极限偏差”	按 GB/T 1804 规定执行
	表 B.1	将“26.7($1\frac{1}{16}$)”改为“27.0($1\frac{1}{16}$)”	校核、修正后的数值
	表 B.7	将 OD“41.27(1.625)”改为“41.28(1.625)” “47.62(1.875)”改为“47.63(1.875)”	计算有误，校对时更改
	表 B.9	将 L_{PL}“57.15(2.500)”改为“63.50(2.500)”	计算有误，校对时更改
	表 B.12	将 OD“1.036±0.005”改为“26.31±0.127(1.036±0.005)”	校对时更改
	表 B.13	将 OD“1.036±0.005”改为“26.31±0.127(1.036±0.005)” 将 L_{pL}“±1.58(±0.062)”改为“±1.57(±0.062)”	校对时更改
	表 B.18	将 ID“25.4±1.58(1.000±0.062)”改为“25.4±1.57(1.000±0.062)”	校对时更改
	表 B.19	将 ID“25.4±1.58(1.000±0.062)”改为“25.4±1.57(1.000±0.062)”	校对时更改
	表 B.22	将 OD“44.45±1.58(1.750±0.062)”改为“44.45±1.57(1.750±0.062)”	校对时更改
	表 B.25	将 L_{CL}“155.50(6.125)”改为“155.58(6.125)”	计算有误，校对时更改
	表 B.26	将 L_{CU}“111.12(4.375)”改为“111.13(4.375)” “123.82(4.875)”改为“123.83(4.875)”	计算有误，校对时更改
	表 B.28	表的脚注 C “15.2 cm(6 in)”改为“152.4 mm(6 in)” “61.0 cm(24 in)”改为“609.6 mm(24 in)”	保持数据准确性

表 L.1（续）

<table>
<tr><th colspan="2">本标准的
章条编号</th><th>技术性差异</th><th>原　　因</th></tr>
<tr><td rowspan="12">附录 B</td><td>表 B.29</td><td>将 LP“25.4(1)”改为“31.8(1¼)”</td><td>保持结构尺寸的一致性</td></tr>
<tr><td>表 B.31</td><td>将 ID_2“48.29(1.902)”改为“48.31(1.902)”</td><td>计算有误，校对时更改</td></tr>
<tr><td>表 B.35</td><td>将 D_{ANG}(+0.031/−0.0(+0.79/−1.57)”改为
“ +0.031/−0.062(+0.79/−1.57)”
“21.43(0.844)”改为“21.44(0.844)”
“23.83(0.938)”改为“23.84(0.938)”
“28.57(1.125)”改为“28.58(1.125)”
“34.92(1.375)”改为“34.93(1.375)”</td><td>计算有误，校对时更改</td></tr>
<tr><td>表 B.36</td><td>将 OD“26.99(1.0625)”改为“27.0(1.0625)”</td><td>与表 B.1、表 I.1 中数据一致</td></tr>
<tr><td>表 B.42</td><td>将“7.800(307)”改为“7.798(307)”</td><td>计算有误，校对时更改</td></tr>
<tr><td>表 B.45</td><td>将 OD“+0.25/−0.33(+0.010/−0.031)”
改为“+0.25/−0.79(+0.010/−0.031)”
“66.67(2.625)”改为“66.68(2.625)”</td><td>计算有误，校对时更改</td></tr>
<tr><td>表 B.46</td><td>将 OD“+0.25/−0.33(+0.010/−0.031)”
改为“+0.25/−0.79(+0.010/−0.031)”
“66.67(2.625)”改为“66.68(2.625)”</td><td>计算有误，校对时更改</td></tr>
<tr><td>表 B.48</td><td>将 OD“+0.25/−0.33(+0.010/−0.031)”
改为“+0.25/−0.79(+0.010/−0.031)”
“66.67(2.625)”改为“66.68(2.625)”</td><td>计算有误，校对时更改</td></tr>
<tr><td>表 B.54</td><td>将 L_{MC1}“±0.78(±0.031)”改为“±0.79(±0.031)”</td><td rowspan="4">计算有误，保持本标准公差尺寸一致性</td></tr>
<tr><td>表 B.55</td><td>将 L_6“±0.78(±0.031)”改为“±0.79(±0.031)”</td></tr>
<tr><td>表 B.56</td><td>将 L_7“±0.78(±0.031)”改为“±0.79(±0.031)”</td></tr>
<tr><td>表 B.58</td><td>将 L_{PL}“±0.78(±0.031)”改为“±0.79(±0.031)”</td></tr>
<tr><td rowspan="2">附录 F</td><td>表 F.3</td><td>将 D_{FN}“20.260(0.7977)”改为“20.262(0.797 7)”
将 L_{FV}“31.73(1.250)”改为“31.75(1.250)”</td><td>计算有误，校对时更改</td></tr>
<tr><td>表 F.6</td><td>将 H“1.571(0.061 9)”改为“1.572(0.061 9)”
f_{rs}“0.047(0.001 8)”改为“0.046(0.001 8)”
“0.060(0.002 4)”改为“0.061(0.002 4)”
f_{cs}“0.103(0.004 1)”改为“0.104(0.004 1)”</td><td>计算有误，校对时更改</td></tr>
<tr><td colspan="2">附录 H</td><td>增加了资料性附录“金属柱塞与泵筒配合间隙”</td><td rowspan="3">考虑到在《抽油设备产品生产许可证实施细则》中，提出了抽油泵金属柱塞与泵筒的配合间隙、泵总成密封性能试验压力推荐值和配合间隙最大漏失量检验方法和要求</td></tr>
<tr><td colspan="2">附录 I</td><td>增加了资料性附录“泵总成密封性能试验压力推荐值”</td></tr>
<tr><td colspan="2">附录 J</td><td>增加了资料性附录“配合间隙最大漏失量推荐值”</td></tr>
</table>

表 L.1（续）

本标准的章条编号	技术性差异	原因
附录 K	增加了资料性附录“用于抽油泵及其零部件的公制普通螺纹尺寸”	方便制造厂商制定企业标准或设计更改
附录 L	增加了资料性附录“本标准与 API Spec 11AX:2015(第 13 版)技术性差异及原因”	便于理解标准

ICS 11.220
B 41

中华人民共和国国家标准

GB/T 18636—2017
代替 GB/T 18636—2002

蓝舌病诊断技术

Diagnostic techniques for bluetongue

2017-11-01 发布　　2018-05-01 实施

中华人民共和国国家质量监督检验检疫总局
中国国家标准化管理委员会　发布

前　言

本标准按照 GB/T 1.1—2009 给出的规则起草。

本标准代替 GB/T 18636—2002《蓝舌病诊断技术》，与 GB/T 18636—2002 相比，除编辑性修改外，主要技术变化如下：

——增加了临床诊断；

——增加了反转录聚合酶链式反应(RT-PCR)检测方法；

——增加了荧光 RT-PCR 检测方法。

本标准由中华人民共和国农业部提出。

本标准由全国动物卫生标准化技术委员会(SAC/TC 181)归口。

本标准起草单位：云南省畜牧兽医科学院、中华人民共和国深圳出入境检验检验局。

本标准主要起草人：李华春、朱建波、花群义、肖雷、宋建领、李乐、高林、苗海生。

本标准历次版本发布情况为：

——GB/T 18636—2002。

蓝舌病诊断技术

1 范围

本标准规定了蓝舌病(Bluetongue, BT)诊断的技术方法和试验程序。

本标准适用于反刍动物蓝舌病的诊断、流行病学调查及检疫。所述方法包括临床诊断、病原分离和鉴定、病原核酸检测以及血清学检测,其中:

——病毒分离适用于从动物的血液、脏器和精液中分离蓝舌病病毒(Bluetongue Virus, BTV);

——免疫酶染色和抗原捕获酶联免疫吸附试验(Antigen Capture Enzyme-Linked Immunosorbent Assay, AC-ELISA)适用于对分离到的病毒进行血清群的鉴定;

——定型微量中和试验和蚀斑及蚀斑抑制定型试验适用于对分离到的BTV进行血清型的鉴定;

——反转录聚合酶链式反应(Reverse-Transcription Polymerase Chain Reaction, RT-PCR)和荧光RT-PCR检测适用于动物的血液、脏器和精液中BTV核酸的检测,也适用于对分离到的病毒进行血清群鉴定;

——琼脂免疫扩散试验(Agar Gel Immunodiffusion, AGID)和竞争酶联免疫吸附试验(Competition Enzyme-Linked Immunosorbent Assay, C-ELISA)适用于血清样品中BTV抗体的检测。

2 规范性引用文件

下列文件中对于本文件的应用是必不可少的。凡是注日期的引用文件,仅注日期的版本适用于本文件。凡是不注日期的引用文件,其最新版本(包括所有的修改单)适用于本文件。

GB/T 6682 分析实验室用水规格和试验方法

GB 19489 实验室 生物安全通用要求

SN/T 1193 基因检验实验室技术要求

3 临床诊断

3.1 流行病学

3.1.1 蓝舌病是由呼肠孤病毒科环状病毒属的蓝舌病病毒引起,由库蠓通过叮咬传播,感染反刍动物致其发病的非接触性传播的虫媒病毒病。

3.1.2 BTV主要引起绵羊发病和死亡,牛和山羊常为隐性感染,偶有发病和死亡。

3.1.3 蓝舌病的发生和分布与库蠓有密切关系,主要爆发于库蠓大量活动的夏秋季节,特别以池塘、河流多的低洼地区多见。

3.1.4 易感动物对口腔途径感染有很强的抵抗力,发病动物的分泌物和排泄物内病毒含量极低,不会引起蓝舌病的传播。

3.2 临床症状

3.2.1 潜伏期3天~9天。病初羊体温为40.5 ℃~42 ℃,呈稽留热型,一般持续2天~3天。

3.2.2 病羊双唇水肿及充血,出现流涎和流鼻涕等现象。口腔充血,后呈青紫或蓝紫色,很快口腔黏膜发生溃疡和坏死，鼻腔有脓性分泌物，干后呈痂，引起呼吸困难。鼻腔和口腔病变一般在 5 天～7 天愈合。

3.2.3 舌头充血、点状出血、肿大，严重的病例舌头发绀，表现出蓝舌病的特征症状。

3.2.4 角基部和蹄冠周围有红圈。蹄冠和蹄叶发生炎症，甚至有些动物蹄壳脱落，出现跛行，行动僵直。

3.2.5 有时腹泻、粪便带血，孕羊流产。

3.2.6 全身皮肤呈弥散性发红，皮肤上有针尖大小出血点或出血斑，被毛易折断和脱落。

3.2.7 致死多由于并发肺炎和胃肠炎所致。动物的死亡率与许多因素有关，一般为 2%～30%，如果感染发生在阴冷、湿润的深秋季节，死亡率更高。

3.2.8 一般情况，牛感染 BTV 后几乎不表现临床症状，但可长时间保持病毒血症。欧洲 BTV-8 型感染牛后能出现流涎、流鼻涕和口腔充血等临床症状。

3.3 病理变化

3.3.1 鼻液稀薄，并有水样或黏液性出血。

3.3.2 脾脏肿大。肾充血和水肿，皮质部可见界限清楚的淤血斑。

3.3.3 肺表现为肺泡充血，局部水肿，支气管充满泡沫，胸腔可能积有数升浆液样液体。

3.3.4 心包积水，有点状出血，左心室与肺动脉基部常有明显的心内膜出血。

3.4 结果判定

反刍动物出现上述临床症状和病理变化，且符合蓝舌病流行病学特点，可判定为疑似蓝舌病。

确诊采集发热期病畜的血液，也可采集死后不久尸体上淋巴结、脾脏、肝脏等进行实验室诊断。

4 病毒分离

4.1 器材

4.1.1 鸡胚孵化器(35 ℃)，恒温培养箱(30 ℃)及二氧化碳培养箱(37 ℃)。

4.1.2 冰箱(4 ℃、-20 ℃和-80 ℃)。

4.1.3 微型雕刻电钻、照蛋器、组织捣碎器、超声波粉碎器、低速离心机及倒置显微镜。

4.1.4 平皿，眼科剪刀，眼科镊子。

4.1.5 96 孔组织培养板(平底，简称 96 孔板)，单道微量加样器(0.5 μL～10 μL、5 μL～10 μL、40 μL～200 μL、200 μL～1 000 μL)及滴头，多道加样器及滴头。

4.2 试剂

4.2.1 细胞：蚊子细胞(C6/36)，仓鼠肾细胞(BHK-21)或非洲绿猴肾细胞(Vero)。

4.2.2 细胞培养液(配制方法见附录 A)。

4.2.3 10 日龄～11 日龄鸡胚。

4.3 试验程序

4.3.1 样品采集和保存

无菌采集动物的肝素抗凝血、脏器(脾、肝、肾、淋巴结)或精液。用于病毒分离的样品应置冷藏容器中保存，在 24 h 内送到实验室，并立即进行处理。

4.3.2 样品处理

4.3.2.1 生物安全措施

样品处理的生物安全措施按照 GB 19489 进行。

4.3.2.2 血液样品处理

取肝素抗凝血 200 μL，加入 1 mL PBS(磷酸盐缓冲液)，1 000 r/min 离心 10 min；细胞沉淀再用 1 mL PBS 洗涤 2 次，离心弃上清液；细胞沉淀加入 900 μL 灭菌双蒸水，混匀，确保红细胞充分裂解。经处理的样品当天使用，使用前置 4 ℃保存，剩余样品置－80 ℃保存备用。

4.3.2.3 组织样品处理

取动物脾、淋巴结、肝、肾各 2 g，剪碎后加入 10 mL PBS(含青霉素 2 000 IU/mL、链霉素 2 000 μg/mL)，置乳钵中研磨，4 ℃冰箱中浸提 4 h。取上清液 2 mL 用超声波裂解处理(100 μA、1 min～2 min)，3 000 r/min 离心 20 min，取上清液 1 mL，加入 4 mL 灭菌双蒸水，混匀。经处理的样品当天使用，使用前置 4 ℃保存，剩余样品置－80 ℃保存备用。

4.3.2.4 精液样品处理

取精液样品 0.2 mL，用 PBS 作 1∶10 稀释，经处理的样品当天使用，使用前置 4 ℃保存，剩余样品置－80 ℃保存备用。

4.3.3 鸡胚接种

4.3.3.1 选择 10 日龄～11 日龄发育良好的鸡胚，在照蛋灯下，用铅笔在鸡胚上标记静脉位置和开孔区，涂抹碘酊消毒，用微型雕刻电钻开窗备用。

4.3.3.2 在生物安全柜内，用标注好样品编号的 1 mL 注射器，吸取制备好的样品准备接种鸡胚。

4.3.3.3 在照蛋灯下，每个鸡胚静脉接种 0.1 mL 样品，每份样品接种 5 个鸡胚，接种后用擦镜纸封口，置 35 ℃孵化箱培养。

4.3.3.4 每日观察一次并记录，24 h 内死亡的鸡胚为非特异性死亡，废弃。

4.3.3.5 分别收集接种后 24 h～120 h 死亡的鸡胚和 120 h 后存活的鸡胚肝脏，将其按质量体积比 1∶10 加入 PBS 捣碎，2 000 r/min 离心 10 min。取上清液备用。

4.3.4 细胞接种

4.3.4.1 将 4.3.3.5 制备的上清液用第 6 章(AC-ELISA)或第 9 章(RT-PCR)或第 10 章(荧光 RT-PCR)的技术方法进行检测。用检测结果为阳性的样品接种两个长满单层 C6/36 细胞的培养管或 25 cm^2 培养瓶，每管(瓶)接种 0.2 mL，置于 30 ℃恒温培养箱培养 7 天，移至 4 ℃保存。

4.3.4.2 将接种后 7 天的两管(瓶)C6/36 细胞吹打后合并，接种两管(瓶)BHK-21 细胞，每管(瓶)0.2 mL，加入维持液，置于 37 ℃二氧化碳培养箱培养，每天在显微镜下观察 1 次，将出现细胞变圆或脱落等细胞病变效应(CPE)的管(瓶)或接种后 7 天未出现 CPE 的管(瓶)移至 4 ℃保存。出现 CPE 者收获，无 CPE 者在 BHK-21 细胞盲传三代，仍无 CPE 者弃之。

4.3.5 病毒保存及工作液的制备

4.3.5.1 将出现 CPE 的 BHK-21 细胞收获，2 000 r/min 离心 20 min，病毒悬液用 1 mL 无菌小管分装，置－80 ℃保存作为原始毒。

4.3.5.2 取 1 管原始毒于 BHK-21 细胞上传代 1 次，分装，－80 ℃保存，记为“原始毒＋1”。

4.3.5.3 “原始毒＋1”按 4.3.5.2 方法增殖，分装，部分－80 ℃保存，作为贮存毒液，部分 4 ℃保存，作为工作毒液，用于病毒鉴定。

4.4 病毒鉴定

对 4.3.5.3 中分离到的病毒，选用第 5 章(免疫酶染色试验)或第 6 章(AC-ELISA)或第 9 章(RT-PCR)或第 10 章(荧光 RT-PCR)检测方法进行血清群鉴定。也可选用第 7 章(定型微量中和试验)或第 8 章(蚀斑及蚀斑抑制定型试验)进行血清型鉴定。

4.5 结果判定

上述血清群或血清型鉴定中的任何一项阳性者，可判定为病毒分离阳性。

5 免疫酶染色

5.1 器材

5.1.1 恒温箱(37 ℃)、二氧化碳培养箱(37 ℃)。

5.1.2 冰箱(4 ℃和−20 ℃)、倒置显微镜。

5.1.3 96 孔组织培养板(平底)、滴头、三角烧瓶(50 mL)、吸水纸。

5.1.4 多道加样器、单道加样器(0.5 μL～10 μL、5 μL～40 μL、40 μL～200 μL、200 μL～1 000 μL)。

5.2 试剂

5.2.1 4.3.3.5 或 4.3.5.3 获得的病毒未知毒株。

5.2.2 蓝舌病病毒悬液，流行性出血病病毒悬液。

5.2.3 BHK-21 细胞，使用浓度 2.5×10^5 个细胞/mL～3.3×10^5 个细胞/mL。

5.2.4 细胞培养液(配制方法见附录 A)。

5.2.5 小鼠抗蓝舌病病毒 VP7 单克隆抗体(BTV-Mab)，4 ℃保存。

5.2.6 山羊抗鼠免疫球蛋白 G(IgG)辣根过氧化物酶联结合物，−20 ℃保存，使用前解冻，置 4 ℃备用。

5.2.7 细胞固定液(8%的福尔马林)，0.05%吐温 20 的 PBS(PBST)，1%明胶 PBST。

5.2.8 底物：3-氨基-9-乙基咔唑(AEC)液(配制方法见附录 B)。

5.3 试验程序

5.3.1 96 孔组织培养板中加待检病毒，每个样品 4 孔，每孔加入 20 μL。

5.3.2 设细胞对照 4 孔，每孔加入细胞生长液 20 μL；阳性对照 4 孔，每孔加入已知蓝舌病病毒悬液 20 μL；阴性对照 4 孔，每孔加入加其他环状病毒群成员如流行性出血病病毒 20 μL。

5.3.3 每孔加入 BHK-21 细胞悬液 180 μL，置 37 ℃ 5%二氧化碳培养箱培养，逐日观察。当样品孔出现细胞病变时，每孔加入细胞固定液 200 μL，室温静置 10 min，移弃细胞固定液和培养液。

5.3.4 PBST 洗涤 5 次。

5.3.5 用含 1%明胶的 PBST 将 BTV-Mab 稀释至体积分数为 20%的工作液，每孔加入 50 μL，置湿盒中，37 ℃孵育 90 min。

5.3.6 PBST 洗涤 5 次。

5.3.7 用含 1%明胶的 PBST 按 1∶1 000 稀释酶结合物，每孔加入 50 μL，置湿盒中，37 ℃孵育 90 min。

5.3.8 PBST 洗涤 5 次，在吸水纸上拍干。

5.3.9 每孔加底物 100 μL，室温静置 30 min。

5.3.10 PBST 洗涤 2 次，在吸水纸上拍干。

5.4 试验成立条件

用倒置显微镜观察判定。当阴性对照和细胞对照孔细胞不着色，而阳性对照孔中的感染细胞被染成红棕色时，试验成立。

5.5 结果判定

样品中有红棕色细胞，则判为阳性，否则判为阴性。

6 抗原捕获酶联免疫吸附试验(AC-ELISA)

6.1 器材

6.1.1 恒温箱(37 ℃)、冰箱(4 ℃和−20 ℃)。

6.1.2 微量振荡器、混合仪、酶标洗板仪及酶标读板仪。

6.1.3 96孔高吸附性酶标板、单道加样器(0.5 μL～10 μL、5 μL～40 μL、40 μL～200 μL、200 μL～1 000 μL)及滴头、多道加样器及滴头、50 mL三角烧瓶、吸水纸。

6.2 试剂

6.2.1 捕获抗体：牛(或羊)抗BTV抗血清，−20 ℃保存。

6.2.2 检测抗体：兔抗BTV核衣壳抗血清，−20 ℃保存。

6.2.3 酶结合物：山羊抗兔IgG辣根过氧化物酶结合物，−20 ℃保存，使用前解冻，置4 ℃备用。

6.2.4 阳性对照：BTV细胞毒或感染的鸡胚组织悬液。

6.2.5 阴性对照：正常细胞培养物或鸡胚组织悬液。

6.2.6 缓冲液：碳酸盐缓冲液(pH9.4)、乙酸-柠檬酸盐缓冲液(pH6.0)、磷酸盐缓冲液(pH7.4)、含5%脱脂奶的PBST(PBST-SM)。配制方法见附录C。

6.2.7 底物：四甲基联苯胺储存液(室温避光保存)、30%过氧化氢(H_2O_2)，配制方法见附录C。

6.3 样品

6.3.1 4.3.3.5的上清液。

6.3.2 4.3.4.2的出现细胞病变的细胞培养物，使用前用PBST倍比稀释。

6.3.3 临床样品，处理方法见4.3.2。

6.4 试验设计

每个样品两孔，两个不同BTV血清型作阳性对照各2孔，细胞或鸡胚组织悬液作阴性对照2孔。

6.5 试验程序

6.5.1 用碳酸盐缓冲液将捕获抗体作1∶1 000倍稀释，每孔加入50 μL至酶标板，置密闭温盒中，4 ℃过夜。

6.5.2 PBST洗涤5次。

6.5.3 按每个样品两孔，每孔50 μL分别加入待检样品和对照样品，室温静置60 min，再置37 ℃振荡30 min。

6.5.4 PBST洗涤5次。

6.5.5 用 PBST-SM 按 1∶2 000 稀释检测抗体，每孔加 50 μL，37 ℃振荡 30 min。

6.5.6 PBST 洗涤 5 次。

6.5.7 用 PBST-SM 按 1∶3 000 稀释酶结合物，每孔加 50 μL，37 ℃振荡 30 min。

6.5.8 PBST 洗涤 5 次，在吸水纸上拍干。

6.5.9 将底物按比例稀释(取 9.7 mL 乙酸-柠檬酸缓冲液，分别加入 300 μL 四甲基联苯胺储存液和 5 μL 30%过氧化氢)，每孔加 50 μL，置 37 ℃避光反应 10 min～15 min，每孔加入 50 μL 2 mol/L 硫酸终止反应。

6.5.10 在酶标读板仪读取 450 nm 波长的光度吸收值(OD_{450})。

6.6 试验成立的条件

阳性对照的 OD_{450} 大于 0.8，阴性对照的 OD_{450} 小于阳性对照 OD_{450} 的 15%时，试验成立。

6.7 结果判定

样品孔 OD_{450} 大于或等于阴性对照孔 OD_{450} 的两倍时判为阳性，否则判为阴性。

7 定型微量中和试验

7.1 器材

7.1.1 二氧化碳培养箱(37 ℃)、冰箱(4 ℃和－80 ℃)。

7.1.2 倒置显微镜、微型振荡器、磁力搅拌器。

7.1.3 96 孔平底细胞培养板，单道微量加样器(0.5 μL～10 μL、5 μL～10 μL、40 μL～200 μL、200 μL～1 000 μL)及滴头，多道加样器及滴头。

7.2 试剂

7.2.1 病毒

待检病毒选用第 5 章(免疫酶染色试验)或第 6 章(AC-ELISA)或第 9 章(RT-PCR)或第 10 章(荧光 RT-PCR)检测方法进行血清群鉴定，经鉴定为 BTV 的毒株，通过细胞空斑克隆纯化 3 次后－80 ℃保存备用。

对照病毒应为国际标准毒株。

7.2.2 阳性血清

BTV 24 个血清型国际标准阳性血清(中和抗体效价，筛检试验不低于 1∶20，确认试验不低于 1∶320)。

7.2.3 阴性血清

无 BTV 抗体和细胞毒性的牛血清。

7.2.4 细胞

Vero 细胞，使用浓度 1.5×10^5 个细胞/mL。

7.2.5 细胞培养液及维持液

配制方法见附录 A。

7.2.6 0.1%萘黑蓝染色液

配制方法见附录 C。

7.3 试验准备

7.3.1 病毒繁殖

7.3.1.1 将 Vero 细胞应用转管或静止培养方法培养，当细胞形成单层后，换为维持液培养。

7.3.1.2 接入待检病毒，37 ℃培养，连续观察 7 天，记录 CPE。

7.3.1.3 细胞出现 CPE 后，用吸管吹打管壁，取病毒悬液用同样的方法接种 Vero 细胞连续传 3 代～5 代。

7.3.1.4 将最后一代的病毒液分装于 1 mL 病毒管作为待检病毒贮存液－80 ℃保存。

7.3.1.5 将待检病毒贮存液接种于单层 Vero 细胞上，37 ℃培养，逐日观察，待 CPE 达到 75%以上时收毒，分别置于－80 ℃和 4 ℃冻融 3 次，置无菌离心管 2 000 r/min 离心 20 min，取上清液分装于 1 mL 小管，4 ℃保存备用。

7.3.2 毒价滴定

7.3.2.1 将待检病毒和对照病毒用细胞生长液作 10^{-1}～10^{-6}稀释。

7.3.2.2 按每孔 50 μL，每个稀释度 8 孔将稀释后的病毒加进 96 孔平底细胞培养板。设细胞对照孔 8 孔，每孔各加入细胞生长液 50 μL。

7.3.2.3 上述各孔再补加入细胞生长液 50 μL，随后加入细胞悬液 100 μL。

7.3.2.4 置 37 ℃含 5%的二氧化碳培养箱内培养，连续观察 10 天，每天记录结果。

7.3.2.5 当细胞无污染，且细胞对照孔中的细胞层完整的前提下，计算细胞半数感染量 $TCID_{50}$（参见附录 D）。

7.4 筛检试验程序

7.4.1 试验设计及记录表见表 1。

表 1 各型 BTV 血清和对照排列

序号	1	2	3	4	5	6	7	8	9	10	11	12
A	1			9			17			$V10^{-3}$	S-	C.C.
B	2			10			18			$V10^{-3}$	S-	C.C.
C	3			11			19			$V10^{-3}$	S-	C.C.
D	4			12			20			$V10^{-3}$	S-	C.C.
E	5			13			21			$V10^{0}$	$V10^{-1}$	$V10^{-2}$
F	6			14			22			$V10^{0}$	$V10^{-1}$	$V10^{-2}$
G	7			15			23			$V10^{0}$	$V10^{-1}$	$V10^{-2}$
H	8			16			24			$V10^{0}$	$V10^{-1}$	$V10^{-2}$

注 1：表中粗黑框表示细胞培养板内各孔的布位。1～9 为检测区，10～12 为对照区。

注 2：黑框内数字表示不同型标准血清的型号，每型血清各加入 3 孔。

注 3：V 表示病毒对照，$V10^{0}$～$V10^{-3}$ 4 个稀释度，每个稀释度占用 4 孔。

注 4：C.C.表示细胞对照。

注 5：S 为阴性血清对照。

注 6：本表如不填写上述数字，即可作记录表用。

7.4.2 阳性血清经 56 ℃ 30 min 处理后，作 1∶20 稀释。

7.4.3 将待检病毒用细胞生长液稀释为每 50 μL 含 100 个 $TCID_{50}$，作为病毒工作液。

7.4.4 将 50 μL 阳性血清、50 μL 待检病毒液分别加入对应的孔，振荡后置 37 ℃中和 1 h，然后加入 100 μL 细胞悬液。

7.4.5 按下列步骤设置病毒对照、细胞对照和阴性对照：

病毒对照：取病毒工作液，用细胞生长液作稀释 10^0、10^{-1}、10^{-2}、10^{-3} 四个稀释度，每个稀释度 4 孔，每孔 50 μL，加 100 μL 细胞悬液，补生长液 50 μL 达到总量 200 μL。

细胞对照：设 4 孔，每孔加细胞悬液 100 μL，补生长液 100 μL 达到总量 200 μL。

阴性对照：设 4 孔，每孔加入 1∶20 稀释的阴性血清 50 μL，蓝舌病病毒工作液 50 μL，细胞悬液 100 μL。

7.4.6 置 37 ℃含 5%二氧化碳培养箱培养，连续观察 10 天，每天记录结果。

7.4.7 培养 10 天后，每孔加入 0.1%萘黑蓝染色液 50 μL～100 μL，室温静置 2 h～3 h，用水漂洗，晾干。

7.5 试验成立的条件

7.5.1 细胞对照组应不出现细胞病变。

7.5.2 病毒对照，应保证在 100 个 $TCID_{50}$ 的病毒液 10^0 和 10^{-1} 稀释度的各孔均出现 CPE，10^{-2} 有 1～2 个孔出现细胞病变，10^{-3} 和 10^{-4} 孔全无细胞病变。

7.5.3 阴性对照应全部出现细胞病变。

7.6 结果判定

7.6.1 符合 7.5 的条件，出现细胞病变记为 CPE+，不出现细胞病变为 CPE－。若某一型抗体组均无细胞病变，其他型的抗体组均有细胞病变，则可初步认为是该血清型病毒，再按 7.6.2 进一步确认；若两个或两个以上的血清型抗体组无细胞病变，则认为可能是其中的某个型，按 7.6.3 作进一步鉴定；若所有抗体组均出现细胞病变，按 7.6.4 进行。

7.6.2 病毒仅被某型标准阳性血清中和，将待定型病毒与初定型的同型标准毒分别作 10^{-1}～10^{-6} 稀释，每个稀释度加 8 孔，每孔 50 μL，其中前四孔每孔加 1∶20 稀释的初定型标准阳性血清 50 μL，后四孔每孔加 1∶20 稀释的阴性犊牛血清 50 μL，振荡混匀，37 ℃ 5%二氧化碳培养箱中培养 10 天，判定结果。当标准阳性血清中和滴度较其阴性血清孔高两个或两个以上，而待检病毒也出现类似情况，则可判定为该型病毒。

7.6.3 有细胞病变的两型的阳性血清(已知滴度)，分别作 1∶10、1∶20、1∶40、1∶80、1∶160、1∶320 等倍比稀释，每稀释度均为 4 孔，每孔各加 100 $TCID_{50}$ 被测病毒，各种试剂的加样量和顺序按 7.4.4 进行。以四孔完全抑制细胞病变的最高稀释度作为判定终点，若某型抗体中和滴度比其他型高出两个或两个以上并与标准毒试验结果基本一致，则可定为该型。

7.6.4 均不被 24 个血清型抗体中和的病毒，可能为多型混合感染或新的血清型，则需进行克隆化，克隆化的病毒再按上述方法做血清型特异鉴定，若仍然不被 24 个血清型抗体中和，则需要进一步鉴定。

8 蚀斑及蚀斑抑制定型试验

8.1 器材

8.1.1 二氧化碳培养箱(37 ℃)、冰箱(4 ℃和－80 ℃)。

8.1.2 倒置显微镜、微型摇床、磁力搅拌器。

8.1.3 6 孔细胞培养板、单道微量加样器(0.5 μL～10 μL、5 μL～10 μL、40 μL～200 μL、200 μL～1 000 μL)及滴头、10 mL 吸管。

8.2 试剂

8.2.1 细胞：Vero 细胞。

8.2.2 参考阳性血清：以 1～24 型蓝舌病病毒制备的无菌高效价、型特异性血清，琼扩效价在 1∶2 以上，−20 ℃保存。

8.2.3 病毒：将保存病毒在敏感细胞上繁殖数代，反复冻融 3 次，离心取上清液，−80 ℃保存。

8.2.4 滤纸圆片，0.5%中性红，4%低熔点琼脂糖(配制方法见附录 E)。

8.3 蚀斑试验程序

8.3.1 将 Vero 细胞(0.5×10^{6} 个细胞/mL)加入 6 孔细胞培养板，每孔 2 mL，放入湿盒内置 37 ℃ 5%二氧化碳培养箱培养 48 h～72 h 直至长成致密单层。

8.3.2 用吸管将长满单层的 6 孔细胞培养板中的培养液吸出。

8.3.3 将待测病毒用无血清细胞培养液从 10^{-1}～10^{-7} 递次稀释，将 0.2 mL 10^{-3}～10^{-7} 的病毒稀释液分别加入细胞培养板 1 孔～5 孔，第 6 孔加 0.2 mL 细胞培养液作为细胞对照。将细胞培养板置微型摇床轻轻摇动，37 ℃感作 60 min。

8.3.4 用加样器依次从细胞对照孔、10^{-7}～10^{-3} 将病毒液移弃。

8.3.5 将 1%低熔点琼脂糖(50 ℃ 3.5 mL 4%低熔点琼脂糖与 25 ℃ 10.5 mL 细胞培养液混匀)迅速加入细胞培养板，每孔 2 mL，室温静置 15 min，放入湿盒内置 37 ℃二氧化碳培养箱培养。

8.3.6 24 h 后，逐日显微镜下观察蚀斑出现情况至 96 h。

8.3.7 将 14 mL 1%低熔点琼脂糖加入 300 μL 0.5%中性红，混匀后迅速加入细胞培养板，每孔 1 mL。室温静置 15 min，放入湿盒内置 37 ℃二氧化碳培养箱培养 24 h。

8.3.8 结果判读：蓝舌病病毒在 Vero 细胞上形成直径约 1 mm 近圆形白色蚀斑，健康细胞层颜色为深红色，计数各稀释度蚀斑数并作记录，计算每毫升蚀斑形成单位(PFU/mL)。

8.4 蚀斑抑制试验程序

8.4.1 按照 8.3.1 方法培养细胞。

8.4.2 用吸管将长满单层的 6 孔细胞培养板中的培养液吸出。

8.4.3 将待检病毒稀释至 10^{6} PFU/mL，每孔加入 0.2 mL，37 ℃感染 60 min，吸出病毒液。

8.4.4 将 1%低熔点琼脂糖(50 ℃ 3.5 mL 4%低熔点琼脂糖、25 ℃ 10.5 mL 细胞培养液和 300 μL 0.5% 中性红混匀)迅速加入细胞培养板，每孔 2 mL，室温静置 15 min。

8.4.5 将 24 个型参考阳性血清按一定顺序，用滤纸片浸入血清后，轻轻置于琼脂上静置 15 min 后，记清型号，将细胞培养板放入湿盒内置 37 ℃二氧化碳培养箱培养。

8.4.6 48 h 后逐日观察结果，测量抑制圈直径。并作好记录，拍照。

8.5 结果判定

相应型血清的抑制圈为围绕血清滤纸片的边缘较整齐的深红色的环形带，直径在 1.2 cm～2.0 cm 之间，可判定某病毒为该血清型；个别情况下，另一型也同时出现一定的抑制圈，但抑制圈的直径一般不超过 0.6 cm，边缘较不整齐，颜色较淡，此为交叉反应所致。

9 反转录聚合酶链式反应(RT-PCR)

9.1 器材

9.1.1 PCR 检测仪、高速台式冷冻离心机、台式离心机、混匀器、冰箱(4 ℃、−20 ℃和−80 ℃)。

9.1.2 微量可调移液器(10 μL、100 μL、1 000 μL)及配套带滤芯吸头、离心管(2 mL)、PCR 反应管。所有实验容器均用 DEPC 水处理后高压灭菌分装。

9.2 试剂

若无特殊说明,所有化学试剂均为常规分析纯级试剂。

9.2.1 琼脂糖、溴化乙锭、去离子甲酰胺、异丙醇。1XTAE 电泳缓冲液,配制方法见附录 F。实验用水应符合 GB/T 6682 的要求。

9.2.2 市售核酸提取试剂盒和核酸扩增试剂盒均按说明书使用。

9.2.3 引物:引物的序列和配制见附录 F。本标准中的蓝舌病病毒反转录聚合酶链式反应检测方法中所采用的引物与 OIE《陆生动物诊断试验和疫苗手册》(2014)中的引物序列一致。

9.2.4 阳性对照:BTV 细胞培养物(浓度为 100 $TCID_{50}$,用细胞培养液或 BTV 阴性健康牛 EDTA 抗凝血稀释)。

9.2.5 阴性对照:细胞培养液或 BTV 阴性健康牛 EDTA 抗凝血。

9.3 试验程序

本方法的实验室生物安全管理见 GB 19489,实验室设置与管理见 SN/T 1193。

9.3.1 病毒 RNA 提取

9.3.1.1 取 n 个灭菌的 1.5 mL 离心管,其中 n 为被检样品、阳性样品与阴性样品的总数,在离心管上做好标记。

9.3.1.2 将组织病料匀浆,加 PBS 液制成 1∶8 至 1∶12 悬液,2 000 r/min 离心 10 min,取上清备用;血液 1 000 r/min 离心 10 min,细胞沉淀加等体积的无 RNase 的水混合备用。阴、阳性对照无需前处理。

9.3.1.3 用市售核酸提取试剂盒提取病毒 RNA。提取的 RNA 液冰上保存备用,若需长期保存应放置于−80 ℃冰箱。

9.3.2 病毒双链 RNA 变性

在 PCR 反应管中加入所提取的核酸样品 2 μL,甲酰胺 1 μL,95 ℃ 5 min,速取出置冰上。

9.3.3 RT-PCR 扩增反应

9.3.3.1 RT-PCR 反应体系配制

9.3.2 的反应产物管内,按下列方法配制 25 μL RT-PCR 扩增反应体系:

10× 一步法 RNA PCR 缓冲液	2.5 μL
25 mmol/L $MgCl_2$	5 μL
10 mmol/L dNTP 混合物	2.5 μL
40 U/μL Rnase 抑制剂	0.5 μL
5 U/μL AMV RTase XL 反转录酶	0.5 μL
5 U/μL AMV-Optimized *Taq* 酶	0.5 μL
引物 BTV M6-A 和 M6-B 混合液	0.5 μL
无 RNase 水	10 μL

9.3.3.2 RT-PCR 反应参数设置

将 9.3.3.1 的 PCR 反应管放入 PCR 检测仪,按下列参数进行反应:

第一阶段，48 ℃ 30 min，95 ℃ 3 min，1 个循环；
第二阶段，94 ℃ 30 s，55 ℃ 30 s，72 ℃ 30 s，40 个循环；
第三阶段，72 ℃ 10 min，4 ℃保存。

9.3.4 nested-PCR 扩增反应

9.3.4.1 nested-PCR 反应体系配制

在新的 PCR 管内，按下列方法配制 25 μL nested-PCR 扩增反应体系：

10×*Taq* 缓冲液	2.5 μL
5 U/μL *Taq* 酶	0.12 μL
2.5 mmol/L dNTP 混合物	2 μL
引物 BTV M6-C 和 M6-D 混合液	1 μL
9.3.3.2 的 RT-PCR 扩增产物	1 μL
双蒸水	18.5 μL

9.3.4.2 nested-PCR 反应参数设置

将 PCR 反应管放入 PCR 检测仪，按下列参数进行反应：
第一阶段，94 ℃ 2 min，1 个循环；
第二阶段，94 ℃ 30 s，51 ℃ 30 s，72 ℃ 20 s，30 个循环；
第三阶段，72 ℃ 10 min，4 ℃保存。

9.3.5 琼脂糖凝胶电泳检测扩增产物

9.3.5.1 取 10 μL nested-PCR 扩增产物在 2% 琼脂糖凝胶中进行电泳。
9.3.5.2 5 V/cm 恒压电泳 20 min。
9.3.5.3 凝胶成像仪下观察电泳结果，拍照记录。

9.4 试验成立的条件

阳性对照样品出现 100 bp 扩增条带，同时阴性对照样品无扩增目标条带。

9.5 结果判定

符合 9.4 的条件，被检样品扩增产物电泳出现 100 bp 目标条带，判断为 RT-PCR 扩增阳性，表明样品中存在蓝舌病病毒核酸。被检样品无扩增条带，判断为 RT-PCR 扩增阴性，表明样品中无蓝舌病病毒核酸。

10 荧光 RT-PCR 检测

10.1 器材

10.1.1 荧光 PCR 检测仪、高速台式冷冻离心机、台式离心机、混匀器。
10.1.2 冰箱(4 ℃、−20 ℃和−80 ℃)。
10.1.3 微量可调移液器(10 μL、100 μL、1 000 μL)及配套带滤芯吸头、离心管(2 mL)、PCR 反应板或 PCR 反应管、荧光 PCR 反应板或荧光 PCR 反应管。

10.2 试剂

除特别说明以外，本标准所用试剂均为分析纯。

10.2.1 市售核酸提取试剂盒和荧光核酸扩增试剂盒均按说明书使用。

10.2.2 引物和探针:引物和探针的合成和配制见附录 G。

10.2.3 阳性对照:BTV 细胞培养物(浓度为 100 $TCID_{50}$,用细胞培养液或 BTV 阴性健康牛 EDTA 抗凝血稀释)。

10.2.4 阴性对照:细胞培养液或 BTV 阴性健康牛 EDTA 抗凝血。

10.3 试验程序

本方法的实验室生物安全管理见 GB 19489,实验室设置与管理见 SN/T 1193。

10.3.1 RNA 提取

参照 9.3.1 进行。

10.3.2 荧光 RT-PCR 扩增

10.3.2.1 扩增试剂准备

取 n 个灭菌的 1.5 mL 离心管,其中 n 为被检样品、阳性样品与阴性样品的和。从试剂盒中取出相应的荧光 RT-PCR 反应液、RT-PCR 酶混合液,在室温下融化后,2 000 r/min 离心 5 s。按表 2 计算试剂用量,吸取到一个离心管中,充分混合均匀。

表 2 荧光 RT-PCR 反应体系配制表

体系组分	每个反应的用量/μL	n 个反应的用量/μL
2× RT-PCR 混合物	12.5	12.5×(n+1)
25× RT-PCR 酶混合物	1	n+1
混合引物(各 20 μmol/L)	1	n+1
混合探针(各 3 μmol/L)	1	n+1
总量	15.5	15.5×(n+1)
注:n 为被检样品、阳性样品与阴性样品的和。		

10.3.2.2 试剂分装

标记荧光 PCR 反应板(管),将混合好的反应液分装到 PCR 板(管)中,每孔(管)15.5 μL。

10.3.2.3 病毒双链 RNA 变性

标记 PCR 变性板(管),将提取的核酸样品加入 PCR 变性板(管)中,每个核酸样品 12 μL。95 ℃ 5 min 变性,速取出置冰上。

10.3.2.4 加变性 RNA 于反应液

将 9.5 μL 变性后的 RNA 移加至对应的含有反应混合液的荧光 PCR 反应板(管)中,封板(或盖紧管盖),2 000 r/min 离心 30 s。

10.3.2.5 荧光 RT-PCR 反应

将荧光 PCR 反应板(管)放入荧光 PCR 检测仪,按下列参数进行反应:

第一阶段,42 ℃ 10 min,1 个循环;

第二阶段，95 ℃ 3 min，1 个循环；

第三阶段，95 ℃ 5 s，60 ℃ 40 s，40 个循环。

在第三阶段每个循环的退火延伸时收集荧光。

10.4 阈值设定

试验检测结束后，根据收集的荧光曲线和 Ct 值判定结果。直接读取检测结果。阈值设定原则根据仪器噪声情况进行调整，以阈值线刚好超过正常阴性样品扩增曲线的最高点为准。

10.5 试验成立的条件

10.5.1 阴性对照无 Ct 值并且无扩增曲线。

10.5.2 阳性对照的 Ct 值应＜28，并出现典型的扩增曲线。否则，此次试验视为无效。

10.6 结果判定

10.6.1 阴性

无 Ct 值并且无典型扩增曲线，表明样品中无蓝舌病病毒核酸。

10.6.2 阳性

Ct 值≤35，且出现典型的扩增曲线，表明样品中存在蓝舌病病毒核酸。

10.6.3 可疑

如 35＜Ct 值≤40，判为可疑。此时重复扩增检测，如果出现典型的扩增曲线 Ct 值≤40 判为样本阳性，表明蓝舌病病毒核酸阳性；否则，判为样品阴性。

11 琼脂免疫扩散试验(AGID)

11.1 器材

11.1.1 4 ℃冰箱，直径 9 cm 塑料培养平皿，7 孔金属打孔器(孔径为 5 mm，孔间中心距离为 7 mm，各孔排列如图 1 所示)，保鲜盒。

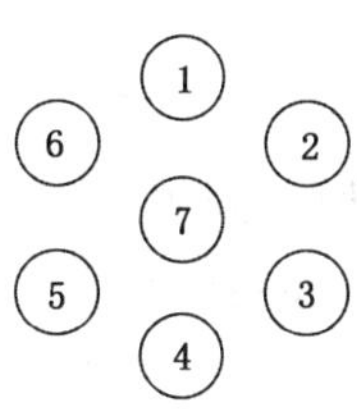

图 1 排列示意图

11.1.2 单道微量加样器(40 μL～200 μL)及滴头，10 mL 吸管。

11.2 试剂

11.2.1 BTV 抗原：将保存病毒在敏感细胞上繁殖数代，反复冻融 3 次，离心取上清液，灭活，浓缩 50 倍～100 倍，4 ℃保存。

11.2.2 阳性血清：BTV 抗体阳性的牛血清或羊血清，中和抗体效价不低于 1∶320。

11.2.3 阴性血清：无 BTV 抗体的的牛血清或羊血清。

11.2.4 待检血清：血清应无污染，3 个月内在 4 ℃保存，常温保存 15 天内，可用于检测。

11.3 试验程序

11.3.1 琼脂平皿的制作

11.3.1.1 琼脂糖基配制(配制方法见附录 H)。

11.3.1.2 琼脂平皿制备：融化的琼脂待冷至 45 ℃～50 ℃时，以无菌操作倒入直径 9 cm 平皿中，每平皿约 15 mL。厚度约为 4 mm，待凝固后置 4 ℃保存备用。

11.3.1.3 打孔：用打孔器按图 2 布局在已凝固的琼脂糖凝胶平皿打孔，每个平皿打 6 组，用弯钩挑出孔内琼脂块。

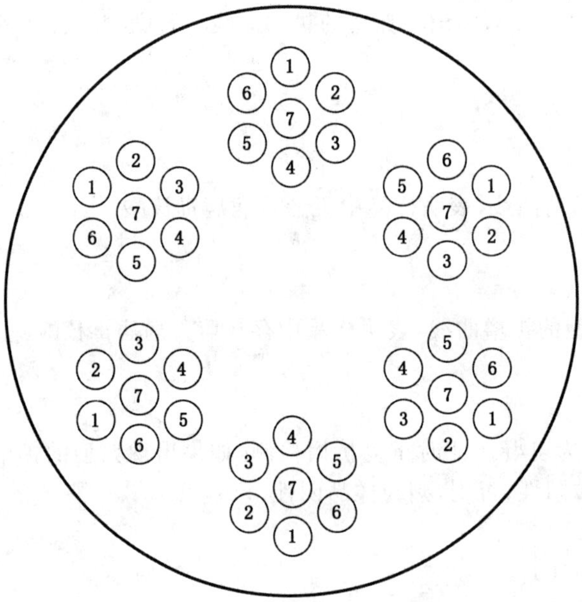

图 2 布局示意图

11.3.1.4 按顺时针方向从 1～6 标记 6 组，每组各孔从顺时针方向确定为 1、2、3、4、5、6 号孔，中心孔为 7 号孔。1 号孔靠近平皿边缘，4 号孔靠向平皿中心。

11.3.2 加样

用微量加样器将 50 μL 待检血清分别加入到 1、3、5 号孔，将 50 μL 标准阳性血清分别加入 2、4、6 号孔，将 50 μL 标准抗原加入 7 号孔，放入湿盒内，置室温(15 ℃～25 ℃)进行反应。分别在 24 h、48 h、72 h 观察并记录结果。

11.4 结果判定

将琼脂平皿置暗背景在侧光照射下观察。结果判定标准如下：

a) 标准阳性血清与抗原孔之间出现一条清晰的白色沉淀线，试验成立。标准阳性血清与抗原孔之间无沉淀线或沉淀线不明显，试验不成立；

b) 阳性：待检血清孔与抗原孔之间出现明显清晰白色沉淀线，并与标准阳性血清孔的沉淀线相融合(见图 3)；

c) 阴性：待检血清孔与抗原孔之间无沉淀，标准阳性血清孔的沉淀线直伸孔边，判为阴性(见图 4)；

d) 弱阳性：标准阳性血清孔沉淀线在被检孔处向抗原孔侧弯曲，但不形成完整的线，则待检血清判为弱阳性，应反复试验，若重复仍为弱阳性反应时判阳性(见图 5)；

e) 非特异性反应：在抗原孔与待检血清之间的沉淀线粗而混浊，或与标准阳性血清孔沉淀线交叉并直伸孔边时则认为非特异性反应(见图6)；
f) 试验后24 h、48 h、72 h判定为凡出现沉淀线均应记录，并判为阳性，凡72 h仍未见沉淀反应者判为阴性。

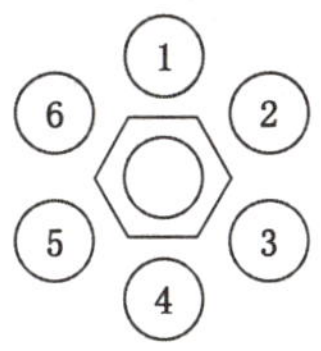

图3 阳性(1,3,5)

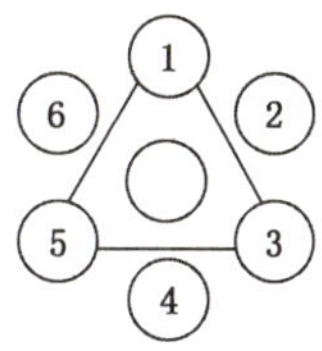

图4 阴性(1,3,5)

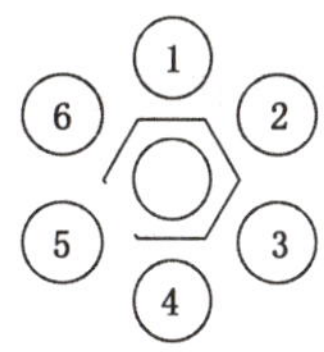

图5 弱阳性(5)

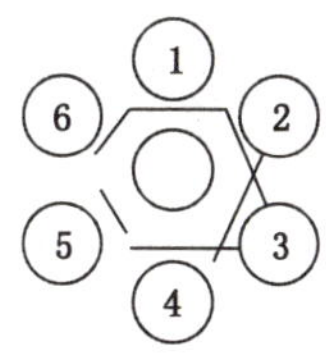

图6 非特异性(3,5)

12 竞争酶联免疫吸附试验(C-ELISA)

12.1 器材

12.1.1 普通恒温箱(37 ℃)、水浴箱(37 ℃)。
12.1.2 冰箱(4 ℃和−20 ℃)、微量振荡器、混合仪、酶标洗板仪及酶标读板仪。
12.1.3 96孔中度吸附性酶标板、单道加样器(0.5 μL～10 μL、5 μL～40 μL、40 μL～200 μL、200 μL～1 000 μL)及滴头、多道加样器及滴头、50 mL三角烧瓶。

12.2 试剂

12.2.1 阳性对照血清：BTV抗体阳性的牛血清或羊血清，中和抗体效价1∶640。用1∶10、1∶80倍稀释作为强、弱阳性对照血清。
12.2.2 阴性对照血清：蓝舌病抗体阴性的牛血清或羊血清，试验中以1∶10稀释。
12.2.3 单克隆抗体(单抗)：鼠抗蓝舌病病毒VP7单克隆抗体(BTV-Mab)。
12.2.4 酶结合物：山羊抗鼠免疫球蛋白G(IgG)辣根过氧化物酶结合物，−20 ℃保存，使用前解冻，置4 ℃备用。
12.2.5 0.05 mol/L碳酸盐缓冲液(pH 9.6)、乙酸-柠檬酸盐缓冲液(pH 6.0)、磷酸盐缓冲液(PBST)、四甲基联苯胺储存液、30%过氧化氢(H_2O_2)、含1%脱脂奶的PBST(PBST-SM)、1 mol/L硫酸。配制方法见附录C。

12.3 试验程序

12.3.1 包被抗原

用碳酸盐缓冲液将抗原稀释到指定的工作浓度，加入96孔中度吸附性酶标板，每孔50 μL，4 ℃过夜。用PBST洗板5次，铝箔袋抽真空密封4 ℃保存。

12.3.2 加样

12.3.2.1 待检样品：将待检血清用PBST-SM作1∶10稀释，每份样品2孔，每孔50 μL加入酶标板。
12.3.2.2 对照样品：将强阳性血清、弱阳性血清和阴性血清分别用PBST-SM作1∶10稀释，每个对照样品设2孔，每孔加50 μL。空白对照两孔，每孔加PBST-SM 50 μL。

12.3.3 反应

置37 ℃温箱振荡1 h。

12.3.4 加 BTV-Mab

用 PBST-SM 将 BTV-Mab 稀释到指定的工作浓度，每孔加 50 μL。37 ℃温箱振荡 30 min。

12.3.5 加酶结合物

用 PBST-SM 将酶结合物稀释到指定的工作浓度，每孔加 50 μL。37 ℃振荡 30 min。

12.3.6 洗板

用 PBST 洗板 5 次，在吸水纸上拍干。

12.3.7 加底物和终止液

将底物按比例稀释（取 9.7 mL 乙酸-柠檬酸缓冲液，分别加入 300 μL 四甲基联苯胺储存液和 5 μL 30％过氧化氢），每孔加 100 μL，置 37 ℃避光反应 10 min～15 min，每孔加入 100 μL 2 mol/L 硫酸终止反应。

12.4 读数和抑制率计算

12.4.1 在酶标读板仪读取 450 nm 波长的光度吸收值（OD_{450}）。

12.4.2 抑制率（％）（I）按式(1)计算：

$$I=\left(1-\frac{A_s}{A_n}\right)\times 100 \qquad (1)$$

式中：

A_s ——样品光度吸收值；

A_n ——标准阴性光度吸收值。

12.5 试验成立的条件

阴性对照 OD_{450}应在范围 0.8～1.4 内；强阳性抑制率应大于 85％；弱阳性抑制率应在 35％～50％之间。如果实际值与此值偏离较大，则不具备判定条件。

12.6 结果判定

样品的抑制率（I）大于 60％判为蓝舌病病毒抗体阳性；小于 40％判为阴性；40％～60％判为弱阳性，应重复，如仍为此值可定为弱阳性。

13 诊断结果判定

13.1 疑似病例

符合 3.4 者。

13.2 确诊病例

疑似病例和 4.5 或 9.5 或 10.6 中任何一项阳性者。

13.3 隐性感染

符合 4.5 或 9.5 或 10.6 或 11.4 或 12.6 中任何一项阳性者，但不符合 3.2 者。

第 11 章（AGID）的方法存在特异性差和结果判读主观的缺点，建议对 11.4 检测阳性动物用第 12 章（C-ELISA）的方法进行验证。

附 录 A
（规范性附录）
细胞培养液的制备

A.1 MEM 营养液的配制

MEM 干粉	9.6 g
去离子水	1 000 mL

充分溶解后经 0.22 μm 孔径微孔滤膜滤过除菌。

细胞培养生长液是在滤过除菌营养液的基础上，按 10%加入灭活犊牛血清和 100 IU/mL 青霉素和链霉素，然后用 7.5% $NaHCO_3$ 溶液调整 pH 值至 7.2。

细胞培养维持液是在滤过除菌营养液的基础上，按 2%加入灭活犊牛血清和 100 IU/mL 青霉素和链霉素，然后用 7.5% $NaHCO_3$ 溶液调整 pH 值至 7.2。

A.2 M199 营养液的配制

M199 干粉	9.6 g
去离子水	1 000 mL

充分溶解后经 0.22 μm 孔径微孔滤膜滤过除菌。

细胞培养生长液是在滤过除菌营养液的基础上，按 10%加入灭活犊牛血清和 100 IU/mL 青霉素和链霉素，然后用 7.5% $NaHCO_3$ 溶液调整 pH 值至 7.2。

细胞培养维持液是在滤过除菌营养液的基础上，按 2%加入灭活犊牛血清和 100 IU/mL 青霉素和链霉素，然后用 7.5% $NaHCO_3$ 溶液调整 pH 值至 7.2。

A.3 胰酶消化液配制

氯化钠(NaCl)	8 g
氯化钾(KCl)	0.4 g
磷酸二氢钾(KH_2PO_4)	0.4 g
磷酸氢二钠($Na_2HPO_4 \cdot 12HO_2$)	0.08 g
碳酸氢钠($NaHCO_3$)	0.35 g
$EDTANa_2$	0.2 g
Trypsin	2.5 g

用去离子水定容至 1 000 mL，静置 4 h，用 0.22 μm 孔径微孔滤膜滤过除菌。分装－20 ℃保存。

附 录 B
(规范性附录)
免疫酶染色试验用溶液的配制

B.1 PBST

氯化钾(KCl)	0.20 g
磷酸氢二钠(Na_2HPO_4)	2.29 g
磷酸二氢钾(KH_2PO_4)	0.20 g
加水至	1 000 mL
吐温-20	0.50 mL

B.2 1%明胶 PBST

称取明胶 1 g,加 PBST 100 mL 溶解,4 ℃保存备用。

B.3 3-氨基-9-乙基咔唑(AEC)液

3-氨基-9-乙基咔唑(AEC)	20 mg
二甲基亚砜(DMSO)	3 mL

将 AEC 用 DMSO 溶解后,加至 50 mL 乙酸盐缓冲液(pH 6.0)中,再加 30%过氧化氢 30 μL 充分混匀备用(该溶液不适宜保存,现用现配)。

附　录　C
（规范性附录）
酶联免疫试验和定型微量中和试验用溶液的配制

C.1　0.05 mol/L 碳酸盐缓冲液（pH 9.6 包被用）

碳酸钠（Na_2CO_3）	1.59 g
碳酸氢钠（$NaHCO_3$）	2.93 g
硫柳汞	0.10 g
加蒸馏水至	1 000 mL

4 ℃保存备用。

C.2　乙酸-柠檬酸缓冲液

甲液：	
乙酸钠	8.2 g
双蒸馏水	1 000 mL
乙液：	
柠檬酸	2.10 g
双蒸馏水	100 mL

用乙液调整甲液至 pH 9.6，高压灭菌 4 ℃保存。

C.3　四甲基联苯胺（TMB）储存液

称取 3,3′,5,5′-四甲基联苯胺 30 mg 于 100 mL 甲醇中，室温搅拌数小时至完全溶解，用棕色瓶避光保存。

C.4　10×PBST

氯花钠（NaCl）	80 g
氯化钾（KCl）	2 g
磷酸氢二钠（Na_2HPO_4）	22.9 g
磷酸二氢钾（KH_2PO_4）	2 g
吐温-20	5 mL
加蒸馏水至	1 000 mL

磁力搅拌器搅拌充分溶解，室温放置备用。

C.5　PBST 使用液

10 倍 PBST	100 mL
蒸馏水	900 mL

C.6 PBST-SM

PBST	100 mL
脱脂奶粉	1 g

C.7 2 mol/L 硫酸

双蒸馏水	160 mL
浓硫酸	20 mL

C.8 0.1%萘黑蓝染色液配制

萘黑(naphthalene black)	1.0 g
乙酸	60.0 mL
乙酸钠(无水)	13.6 g
加蒸馏水至	100 mL

附 录 D
（资料性附录）
Karber 方法

Karber 法的计算见式(D.1)用常用对数(lg)计算：

$$\lg TCID_{50}(或 LD_{50}、EID_{50}) = L + d(s - 0.5) \quad \cdots\cdots (D.1)$$

式中：

L ——病毒的最低稀释度的对数(lg)；

d ——稀释系数，即组距；

s ——细胞病变比值的和。

以下例(见表 D.1)说明：

表 D.1 病毒 $TCID_{50}$ 滴定

病毒稀释度	病毒稀释度对数(lg)	细胞病变比值
10^{-2}	−2	4/4
10^{-3}	−3	4/4
10^{-4}	−4	4/4
10^{-5}	−5	3/4
10^{-6}	−6	2/4
10^{-7}	−7	0/4

本例 $L=-2$，$d=-1$，$s=4/4+4/4+4/4+3/4+2/4+0/4=4.25$

代入公式：$\lg TCID_{50} = -2+(-1)\times(4.25-0.5)$

$= -5.75$

$TCID_{50} = 10^{-5.75}$

查反对数表可得 $TCID_{50}=1/560\ 000$

如各稀释度均为 0.1 mL，那么 1 mL 中含 5 600 000 个 $TCID_{50}$ 或 $10^{6.75}$ 个 $TCID_{50}$。

病毒毒价通常以每毫升含多少 $TCID_{50}$(或 LD_{50}、ELD_{50})表示，本例病毒毒价为每毫升含 5 600 000 个。

附 录 E
（规范性附录）
蚀斑及蚀斑抑制定型试验

E.1 滤纸圆片制备

直径为0.2 cm定量分析滤纸片，置小容器内103.4 kPa 30 min高压灭菌，烘箱内烘干备用。

E.2 0.1%中性红

0.1 g中性红溶解于双蒸无离子水，103.4 kPa高压灭菌30 min，4 ℃冰箱保存备用。

E.3 4%低熔点琼脂糖

低熔点琼脂糖4 g溶解于100 mL蒸馏水，103.4 kPa高压灭菌30 min，4 ℃保存。

附 录 F
（规范性附录）
RT-PCR 试验用溶液和引物的配制

F.1 50×TAE 电泳缓冲液

Tris	242 g
$Na_2EDTA \cdot 2H_2O$	37.2 g
醋酸	57.1 mL
去离子水	1 000 mL

F.2 1×TAE

50×TAE	20 mL
去离子水	1 000 mL

F.3 琼脂糖凝胶

琼脂糖粉末	2 g
1×TAE 电泳缓冲液	100 mL

微波炉中溶解后，冷却至 60 ℃左右，加入溴化乙锭贮液使其最终浓度为 0.5 μg/mL，并充分混匀。

F.4 RT-PCR 引物序列、合成及配制

表 F.1 RT-PCR 引物序列、合成及配置

引物名称	序列(5′-3′)	用途及检测靶基因位置
BTV M6-A	GTTCTCTAGTTGGCAACCACC	用于 RT-PCR 扩增 BTV RNA 6 片段的第 11～284 位核苷酸
BTV M6-B	AAGCCAGACTGTTTCCCGAT	用于 RT-PCR 扩增 BTV RNA 6 片段的第 11～284 位核苷酸
BTV M6-C	GCAGCATTTTGAGAGAGCGA	用于 Nested-PCR 扩增 BTV RNA 6 片段的第 170～270 位核苷酸
BTV M6-D	CCCGATCATACATTGCTTCCT	用于 Nested-PCR 扩增 BTV RNA 6 片段的第 170～270 位核苷酸
注 1：引物可由生物公司合成，纯度为 HPLC 级。 注 2：用 DEPC 水溶解、稀释引物。将 RT-PCR 扩增用引物 BTV M6-A 和 BTV M6-B 混合，终浓度为各 20 μmol/L；将 Nested-PCR 扩增用引物 BTV M6-C 和 BTV M6-D 混合，终浓度为各 20 μmol/L。−20 ℃保存备用。		

附 录 G
（规范性附录）
荧光 RT-PCR 引物和探针的合成与配制

引物和探针的序列、合成与配制见表 G.1。

表 G.1 引物和探针的序列、合成与配制

引物或探针名称	序列(5′-3′)	靶基因中的位置
BTVrsa291F	GCGTTCGAAGTTTACATCAAT	291-311
BTVrsa387R	CAGTCATCTCTCTAGACACTCTATAATTACG	387-357
BTVuni291F	GCTTTTGAGGTGTACGTGAAC	291-311
BTVuni381R	TCTCCCTTGAAACTCTATAATTACG	381-357
BTV-S1-RSA341-320	FAM-CGGATCAAGTTCACTCCACGGT-BHQ1	341-320
BTV-S1-346-323	FAM-TCCTCCGGATCAAGTTCACTCCAC-BHQ1	346-323

注 1：引物 BTVrsa291F 和 BTVrsa387R 主要用于扩增东方型 BTV 毒株的 RNA 1 目标片段，探针 BTV-S1-RSA341-320 主要用于检测东方型 BTV 毒株的 RNA 1 的扩增片段。

注 2：引物 BTVuni291F 和 BTVuni381R 主要用于扩增西方型 BTV 毒株的 RNA 1 目标片段，探针 BTV-S1-RSA341-320 主要用于检测西方型 BTV 毒株的 RNA 1 的扩增片段。

注 3：引物和探针可由生物公司合成，纯度为 HPLC 级。

注 4：合成好的 4 条引物用无 RNase 的水溶解，稀释并混合，浓度为各 20 μmol/L，−20 ℃保存备用。

注 5：合成好的 2 条探针用无 RNase 的水溶解，稀释并混合，浓度为各 3 μmol/L，−20 ℃保存备用。

附　录　H
（规范性附录）
琼脂平板的制备

琼脂糖	0.9 g
生理盐水	100 mL

按 1∶10 000 比例加入叠氮钠或硫柳汞，调整 pH 值至 7.4～7.6 之间，103.4 kPa 高压消毒 20 min，融化的琼脂待冷至 45 ℃～50 ℃时，倒入直径 9 cm 平皿中，每平皿约 15 mL，厚度约为 4 mm，待琼脂凝固后置 4 ℃保存备用。

ICS 11.220
B 41

中华人民共和国国家标准

GB/T 18640—2017
代替 GB/T 18640—2002

家畜日本血吸虫病诊断技术

Diagnostic techniques for domestic animal schistosomiasis

2017-11-01 发布　　2018-05-01 实施

中华人民共和国国家质量监督检验检疫总局
中国国家标准化管理委员会
发布

前　言

本标准按照 GB/T 1.1—2009 给出的规则起草。

本标准代替 GB/T 18640—2002《家畜日本血吸虫病诊断技术》。本标准与 GB/T 18640—2002 相比主要变化如下：

——增加了日本血吸虫病、中间宿主、疫水等 8 条术语的定义。

——增加了 IHA 和 SEA 两条缩略语的注解。

——增加了家畜日本血吸虫病的临床诊断、剖检检查以及诊断结果的综合判定等内容。

——修订了 GB/T 18640—2002 中粪便毛蚴孵化法，补充了不同种类动物粪样的处理方法，增加了尼龙筛兜直接淘洗法，将孵化温度由 20 ℃～25 ℃修订为 20 ℃～30 ℃，孵化方法上增加了顶管孵化法。

——修订了 GB/T 18640—2002 中间接血凝试验（IHA）方法，规定了诊断液和标准血清的基本性质，增加了血样采集方法，规范了操作方法，对判定标注进行了量化。

——改变了 GB/T 18640—2002 的编写格式，将各单项技术所需材料、试剂、仪器合并介绍，同时将各单项技术的结果判定合并到诊断结果项下进行综合判定。

本标准由中华人民共和国农业部提出。

本标准由全国动物卫生标准化技术委员会（SAC/TC 181）归口。

本标准起草单位：中国农业科学院上海兽医研究所。

本标准起草人：刘金明、林矫矫、石耀军、李浩。

本标准所代替标准的历次版本发布情况为：

——GB/T 18640—2002。

家畜日本血吸虫病诊断技术

1 范围

本标准规定了家畜(牛、羊、猪、犬和马属动物)日本血吸虫病临床诊断、间接血凝试验(IHA)、病原学诊断的方法和程序。

本标准适用于家畜(牛、羊、猪、犬和马属动物)日本血吸虫病的诊断、检疫、流行病学调查和防治效果评价。

2 术语和定义

下列术语和定义适用于本文件。

2.1

日本血吸虫病 schistosomiasis japonica

由日本血吸虫感染人和动物所引起的疾病。

2.2

中间宿主 intermediate host

寄生虫在无性繁殖阶段所寄生的动物。

2.3

疫水 infected water

被细菌、病毒等微生物以及寄生虫所污染的,具有传染性的水源。

注:本标准中专指含有日本血吸虫尾蚴的水。

2.4

成虫 adult worm

性发育成熟的虫体。

2.5

虫卵 egg

雌虫和雄虫交配后产的卵。

2.6

毛蚴 myracidium

从吸虫虫卵中孵化出的幼虫。

2.7

毛蚴孵化 miracidium hatching

虫卵转变成毛蚴的过程。

2.8

虫卵可溶性抗原 soluble egg antigen

虫卵裂解后释放的溶解于生理盐水的抗原分子。

2.9

间接血凝试验 indirect hemagglutination

以红细胞作为载体的间接凝集试验。

3 缩略语

下列缩略语适用于本文件。

IHA:间接血凝试验(indirect hemagglutination)

SEA:日本血吸虫虫卵可溶性抗原(soluble egg antigen)

4 材料与试剂

4.1 材料

竹筷、40目～80目的铜筛滤杯、260目的尼龙筛兜、500 mL量杯、粪桶、放大镜、显微镜、吸管、载玻片、盖玻片、取暖炉、水温计、盆、水缸、水桶、剪刀、闹钟、天平、脱脂棉、300 mL～500 mL长颈平底烧瓶或带顶管的塑料杯(500 mL～1 000 mL)或500 mL盐水瓶及与瓶口相配的10 mL试管、家畜解剖刀具、手术剪、止血钳、内径5 mm～10 mm的铜管或玻璃管以及与此相匹配的橡皮管、96孔V型微孔血凝板(孔底角90°)、移液器及吸头、定性滤纸等。

4.2 孵化用水

自来水、河水、池水、井水等,pH值6.8～7.2。处理方法如下:自来水,在盛器中存放8 h以上;河水、池水、井水等,加温至60 ℃以上,冷却;混浊的水,每50 L水加明矾3 g～5 g,充分搅拌,澄清。

4.3 试剂

日本血吸虫病IHA诊断液为日本血吸虫虫卵可溶性抗原SEA致敏绵羊红细胞或人“O”型红细胞,效价≥64。标准阴性血清,IHA效价≤4,标准阳性血清,IHA效价≥1 280。生理盐水。市售或由指定单位提供。

5 仪器

5.1 组织捣碎机(或高速分散均质机)。

5.2 显微镜。

5.3 解剖镜。

6 临床诊断

6.1.1 诊断原则

根据血吸虫病流行病学特点和临床症状进行诊断。

6.1.2 流行特点

容易感染日本血吸虫的家畜主要有牛、羊、猪、犬以及马属动物。中间宿主为钉螺。流行区主要分布于有钉螺孳生的长江以南十二个省(市、自治区);家畜因接触疫水而感染,大多数疫区的感染季节为3月～11月。

6.1.3 临床症状

6.1.3.1 黄牛和奶牛主要临床症状

黄牛和奶牛主要临床症状如下:

——急性型症状：多见于重度感染小牛，偶见于成年黄牛。典型症状为体温升高达 40 ℃以上，消瘦，被毛粗乱，拉稀，便血，生长停滞，黄牛使役力下降，奶牛产奶量下降，母畜不孕或流产。特别严重者肛门括约肌松弛，直肠外翻、疼痛，食欲不振，步态摇摆、久卧不起，呼吸缓慢，最后衰竭而死亡。

——慢性型症状：消瘦，畏寒，被毛粗乱，拉稀，偶有便血，精神不振。轻度感染者可无症状。

6.1.3.2 绵羊和山羊主要临床症状

食欲减退，消瘦，腹泻，下痢，贫血，精神不振。严重者至衰竭而死亡。

6.1.3.3 水牛、马属动物、猪和犬主要临床症状

一般没有明显临床症状。重度感染者有腹泻，下痢，贫血，消瘦，被毛粗乱等症状。

7 间接血凝试验(IHA)

7.1 血样采集

7.1.1 血清：颈静脉或耳缘静脉采血 1 mL～2 mL，静置自然析出血清或待血液凝固后 3 000 r/min～5 000 r/min 离心 10 min，分离血清，4 ℃保存。

7.1.2 血纸：在耳缘静脉采血 5 滴～10 滴，滴于定性滤纸，于阴凉处晾干，放在干净白纸中，2 d 内检测。也可保存于 4 ℃冰箱 1 个月内检测。

7.2 操作方法

7.2.1 剪下 1 cm×1.2 cm 血纸，加 200 μL 生理盐水，浸泡 10 min，为血纸浸泡液。取 100 μL 用生理盐水作 1∶2 稀释。

7.2.2 血清稀释：用生理盐水将血清作 1∶10 和 1∶20 稀释。

7.2.3 加样：取 1∶10 和 1∶20 稀释的血清或血纸浸泡液及 1∶2 稀释的血纸浸泡液样品各 25 μL，加入 96 孔 V 型微孔血凝板样品孔，每个稀释度样品加 2 孔。每块血凝板需设标准阳性血清、标准阴性血清和生理盐水对照。

7.2.4 加诊断液：每孔加 25 μL 诊断液，震荡混匀。

7.2.5 孵育：室温孵育 1 h～2 h，然后观察并判定结果。

7.3 判定

7.3.1 判定方法

判定方法如下：

——红细胞完全不凝集，即全部下沉到孔底中央，形成周缘整齐、紧密红色圆点，为阴性(—)；

——红细胞 25%以下凝集，即 75%以上沉于孔底中央，形成较阴性小的红色圆点，周围有少量凝集红细胞，为弱阳性(+)；

——红细胞约 50%凝集，即约半数沉于孔底中央，形成更小红色圆点，周围有一层淡红色凝集红细胞，为阳性(++)；

——红细胞全部凝集，均匀地分散于孔底，形成淡红色薄层，为强阳性(+++)。

7.3.2 判定标准

7.3.2.1 试验成立条件：当阳性对照血清全部为“++”以上阳性、阴性对照血清及生理盐水各孔均为

"—"时,试验成立,否则试验不成立,需检查原因,重新试验。

7.3.2.2 在4个试验孔中有一孔出现"+"以上阳性时,被检血清判为阳性。

8 病原学诊断

8.1 剖检检查

8.1.1 虫体收集与观察

8.1.1.1 家畜剖杀后,从速剥皮,仰卧,剖开胸腔和腹腔,去胸骨。分开左右肺,结扎下腔静脉。

8.1.1.2 找出胸主动脉,沿血管平行方向开口,从离心方向插入带橡皮管的玻璃接管或铜管,并用棉线扎紧固定。橡皮管的另一端接自来水龙头。

8.1.1.3 分离肾脏,将进出肾脏的动、静脉结扎;同时将左右两侧的髂动脉和髂静脉结扎。

8.1.1.4 分离肝门静脉,向肝一端用棉线扎紧,离肝一端沿血管平行方向开口,插入带橡皮管的玻璃接管并固定。橡皮管的另一端接40目铜筛。

8.1.1.5 开启自来水并逐步加大水压。同时翻动肠和肠系膜以利于血管内水的流动。当橡皮管的另一端出水无血色时,关闭龙头。

8.1.1.6 检查铜筛内是否有虫体。如无虫体,应仔细检查肠系膜静脉和直肠痔静脉是否有虫体。

8.1.1.7 将收集到的虫体置于解剖镜下观察。成虫形态特征为:雌雄异体,一般呈合抱状态;口、腹吸盘位于虫体前端;雄虫大小为(10 mm～22 mm)×(0.50 mm～0.55 mm),乳白色,腹吸盘以下虫体由两侧向腹面卷曲,呈圆柱形;雌虫圆柱形,前细后粗,大小为(15 mm～26 mm)×(0.14 mm～0.28 mm),肠管内含较多的红细胞消化后残留的物质而呈灰褐色。

8.1.2 肝脏组织压片检查

8.1.2.1 取出肝脏,肉眼观察。如发现肝脏表面白色结节,用眼科剪剪取结节,置载玻片上。每片可置4个～5个结节。

8.1.2.2 取另一载玻片置结节之上,压紧,用胶布或橡皮筋固定。

8.1.2.3 将压好的载玻片置于低倍显微镜(10倍或40倍物镜)下检查。虫卵形态特征为淡黄色,椭圆形,卵壳均匀,无小卵盖,卵壳一侧有一小棘,大小为(74 μm～106 μm)×(55 μm～80 μm)。

8.1.3 肝脏虫卵毛蚴孵化检查

8.1.3.1 取肝组织10 g～20 g,剪碎,加入20 mL孵化用水,用组织捣碎机(或高速分散均质机)5 000 r/min～10 000 r/min粉碎1 min～2 min。

8.1.3.2 加入100 mL孵化用水,混匀,均匀分成4份,分别进行毛蚴孵化。

8.1.3.3 孵化条件及毛蚴观察同8.2.3和8.2.4。

8.2 粪便毛蚴孵化法

8.2.1 粪样采集

8.2.1.1 采集新排出的粪便或直接从直肠中采取。

8.2.1.2 采粪量:牛、马属动物200 g,猪100 g,羊和犬粪40 g,每份粪样需附上填好的送粪卡,送粪卡记录内容包括:采集地点、饲养员或畜主姓名、畜别、畜名或畜号、性别、年龄、妊娠状况和采粪日期。

8.2.1.3 于采粪当天送到检验室。

8.2.2 粪样处理

8.2.2.1 将每头家畜的粪样分3份，进行平行检测。每份检测粪量为：牛和马属动物50 g，猪20 g，羊、犬10 g。

8.2.2.2 牛、猪和马属动物粪样，根据实际情况选用下列方法中的一种处理：

——将粪样装入尼龙筛兜中，用自来水在搅拌条件下(用竹筷)淘洗至滤液清澈，沥干。

——将粪样倒入铜筛中，铜筛置量杯上部，加孵化用水，淹没粪样，用竹筷搅拌至稀浆状，捞出铜筛，沥干后再次浸入，搅拌，如此3次。将量杯中细渣及粪水一并倒入尼龙兜中，用水冲淘洗至滤液清澈。

——将粪样倒入铜筛中，铜筛置塑料杯(带顶管塑料杯去盖和顶管)上部，加孵化用水淹没粪样，用竹筷搅拌至稀浆状，捞出铜筛，沥干后再次浸入，搅拌，如此3次。将塑料杯中粪样沉淀15 mim左右，倒去上层清夜的三分之二。

——将粪样置于量杯或带顶管塑料杯中，加少量孵化用水搅匀，再加满孵化用水，沉淀15 mim左右，倒去上层清液的三分之一至二分之一。

8.2.2.3 羊粪：无需处理。

8.2.2.4 犬粪：将粪样置于铜筛滤杯，铜筛滤杯置于尼龙筛兜之上，用自来水冲淋并用竹筷搅拌至滤液清澈。

8.2.3 孵化

选用下列方法之一进行孵化，孵化条件为20 ℃～30 ℃、光照(日光或灯光)：

——长颈平底烧瓶孵化法：将上述处理后粪样装入长颈平底烧瓶，加25 ℃左右孵化用水至瓶口下4 cm～5 cm处，在水面加1 cm～2 cm厚的松软脱脂棉，补加孵化用水至高出脱脂棉约3 cm。

——塑料杯顶管孵化法：将上述处理后粪样装入专用塑料杯，加孵化用水至杯口。盖上中间有孔的塑料盖，加满孵化用水。将顶管注孵化用水至管口1 cm～2 cm，管口蒙一层薄薄的脱脂棉，倒插入塑料盖孔中。

——顶管孵化法：将上述处理后粪样装入500 mL盐水瓶，加满25 ℃左右孵化用水，将试管开口端外围缠绕一定胶布(能插入盐水瓶瓶口且不漏水)，试管内加孵化用水至管口1 cm～2 cm，管口蒙一层薄薄的脱脂棉，迅速倒插入盐水瓶瓶口。

8.2.4 毛蚴观察

8.2.4.1 分别在孵育1 h、3 h和5 h，进行观察。观察时，将孵化杯(瓶)向着光源并衬以黑色背景。每个样品每次连续观察2 min以上。如有怀疑，可用滴管将毛蚴吸出，置显微镜进一步观察。

8.2.4.2 血吸虫毛蚴肉眼观察特征：为针尖大小、灰白色、梭形、折光性强，在近水面作水平或斜向直线折返运动。

8.2.4.3 血吸虫毛蚴显微观察特征：前部宽，中间有个顶突，两侧对称，后渐窄，周身有纤毛。

9 诊断结果

9.1 疑似

有流行病学接触史的动物，出现6.1.2所述临床症状或间接血凝试验(IHA)呈阳性。

9.2 确诊

活畜：粪便毛蚴孵化发现8.2.4.2和8.2.4.3所述特征的毛蚴。依据观察到的毛蚴数判定感染强度，

1 个～5 个毛蚴为＋，6 个～10 个毛蚴为＋＋，11 个～20 个毛蚴为＋＋＋，21 个以上毛蚴为＋＋＋＋。

剖检：发现 8.1.1.7 所述特征的虫体，或肝组织压片发现 8.1.2.3 所述特征的虫卵，或肝脏虫卵毛蚴孵化发现 8.2.4.2 和 8.2.4.3 所述特征的毛蚴。

9.3 阴性

活畜：粪便毛蚴孵化未发现 8.2.4.2 和 8.2.4.3 所述特征的毛蚴。

剖检：未发现 8.1.1.7 所述特征的虫体，肝组织压片未发现 8.1.2.3 所述特征的虫卵，肝脏虫卵毛蚴孵化未发现 8.2.4.2 和 8.2.4.3 所述特征的毛蚴。

参 考 文 献

[1] 冯静兰,徐百万,等.动物血吸虫病防治手册[M].北京:中国农业科技出版社,1998.

[2] 徐百万,林娇娇,等.农业综合治理防控血吸虫病技术导则[M].北京:中国农业科技出版社,2007.

[3] 韩明毅.环卵沉淀反应血纸法诊断耕牛日本血吸虫病的试验[J].中国兽医杂志,1989,15(03):29-31.

ICS 71.100.70
Y 42

中华人民共和国国家标准

GB/T 18670—2017
代替 GB/T 18670—2002

化 妆 品 分 类

Cosmetic classification

2017-11-01 发布　　2018-05-01 实施

中华人民共和国国家质量监督检验检疫总局
中国国家标准化管理委员会　发布

前　言

本标准按照 GB/T 1.1—2009 给出的规则起草。

本标准代替 GB/T 18670—2002《化妆品分类》，与 GB/T 18670—2002 相比，主要技术变化如下：

——修改了规范性引用文件；

——修改了术语和定义；

——增加了常用化妆品归类举例。

本标准由中国轻工业联合会提出。

本标准由全国香料香精化妆品标准化技术委员会(SAC/TC 257)归口。

本标准起草单位：上海市日用化学工业研究所、联合利华(中国)有限公司、上海家化联合股份有限公司、珀莱雅化妆品股份有限公司、无限极(中国)有限公司。

本标准主要起草人：沈敏、陈秀芸、王寒洲、孙淑蓉、雷爱秋、康晓仪、赵秀婷。

本标准所代替标准的历次版本发布情况为：

——GB/T 18670—2002。

化 妆 品 分 类

1 范围

本标准规定了化妆品分类原则和化妆品类别。

本标准适用于化妆品的分类。

2 术语和定义

下列术语和定义适用于本文件。

2.1

化妆品　cosmetics

以涂抹、洒、喷或其他类似方式，施于人体表面任何部位(皮肤、毛发、指甲、口唇等)，以达到清洁、芳香、改变外观、修正人体气味、保养、保持良好状态目的的产品。

[GB 5296.3—2008，定义 3.1]

2.2

清洁类化妆品　cleanser

以涂抹、洒、喷或其他类似方法，施于人体表面(如皮肤、毛发、指/趾甲、口唇等)，达到清洁和修正人体气味、保持良好状态目的的化妆品。

2.3

护理类化妆品　care cosmetics

以涂抹、喷、洒或其他类似方法，施于人体表面(如皮肤、毛发、指/趾甲、口唇等)，起到保养、修饰、保持良好状态目的的化妆品。

2.4

美容/修饰类化妆品　makeup

以涂抹、喷、洒或其他类似方法，施于人体表面(如皮肤、毛发、指/趾甲、口唇等)，起到美化、修饰、芳香、改变外观、呈现良好状态目的的化妆品。

3 化妆品分类原则

3.1 化妆品分类主要是按产品功能、使用部位来分类。

3.2 对于多功能、多使用部位的化妆品是以产品主要功能和主要使用部位来划分类别。

4 化妆品类别

按照化妆品的功能分类原则，化妆品可分为：清洁类化妆品、护理类化妆品及美容/修饰类化妆品。

按照化妆品的使用部位分类原则，化妆品可分为：皮肤用化妆品、毛发用化妆品、指(趾)甲用化妆品和口唇用化妆品。

常用化妆品归类举例参见附录 A 的表 A.1。

附 录 A
（资料性附录）
常用化妆品归类举例

表 A.1

部位	功能		
	清洁类化妆品	护理类化妆品	美容/修饰类化妆品
皮肤	洗面奶(膏) 卸妆油(液、乳) 卸妆露 清洁霜(蜜) 面膜 浴液 洗手液 洁肤啫喱 花露水 洁颜粉 洁面粉	护肤膏(霜) 护肤乳液 化妆水 面膜 护肤啫喱 润肤油 按摩精油 按摩基础油 花露水 痱子粉 爽身粉	粉饼 胭脂 眼影(膏) 眼线笔(液) 眉笔(粉) 香水 古龙水 香粉(蜜粉) 遮瑕棒(膏) 粉底液(霜) 粉条 粉棒 腮红 粉霜
毛发	洗发液 洗发露 洗发膏 剃须膏	护发素 发乳 发油/发蜡 焗油膏 发膜 睫毛基底液 护发喷雾	定型摩丝/发胶 染发剂 烫发剂 睫毛液(膏) 生(育)发剂 脱毛剂 发蜡 发用啫喱水 发用漂浅剂 定型啫喱膏
指(趾)甲	洗甲液	护甲水(霜) 指甲硬化剂 指甲护理油	指甲油 水性指甲油
口唇	唇部卸妆液	润唇膏 润唇啫喱 护唇液(油)	唇膏 唇彩 唇线笔 唇油 唇釉 染唇液
注：本附录产品名称只是举例，难以穷尽目前市场上所有产品。			

参 考 文 献

[1] GB 5296.3—2008 消费品使用说明 化妆品通用标签

ICS 21.040.01
J 04

中华人民共和国国家标准

GB/T 18685—2017
代替 GB/T 18685—2002

普通螺纹搓制和滚制前的毛坯直径

The blank diameters for rolling general purpose metric screw threads

2017-09-29 发布 2018-04-01 实施

中华人民共和国国家质量监督检验检疫总局
中国国家标准化管理委员会 发布

前　言

本标准按照 GB/T 1.1—2009 给出的规则起草。

本标准代替 GB/T 18685—2002《搓、滚制普通螺纹前的毛坯直径》。与 GB/T 18685—2002 相比，除编辑性修改外，主要技术变化如下：

——本标准增加 22 个螺纹规格（M8×0.75、M10×0.75、M18×1、M20×1、M22×1、M24×1、M27×1、M30×1、M39×4、M42×4、M45×4、M45×3、M45×2、M45×1.5、M48×4、M48×3、M48×2、M48×1.5、M52×4、M52×3、M52×2、M52×1.5）（见表 1）；

——采用车削工艺加工毛坯时，本标准用"表面粗糙度轮廓算术平均偏差值的两倍（$2Ra$）"修正毛坯直径；2002 版标准用"表面粗糙度轮廓最大高度值（Rz）"修正毛坯直径（见 7.1，2002 年版的第 7 章第 1 段）；

——本标准推荐毛坯直径公差与螺纹中径公差之比不小于 0.20，对不满足此条件 11 个规格的 4 级螺纹毛坯最大直径进行了调整（计算时不考虑螺纹通端环规中径的内缩因素 f_{T}）（M18×2.5、M20×2.5、M22×2.5、M30×3.5、M33×3.5、M36×4、M39×4、M42×4、M45×4、M48×4、M52×4）；2002 版标准给出毛坯直径公差的条件是其不小于 0.01 mm，它没有调整过毛坯的最大直径（见第 7 章和表 1，2002 版的 A.3 和表 1）；

——本标准确定螺纹通端环规螺纹长度（B）的方法与 2002 版标准不同（见 A.1，2002 版的 A.1）。

本标准由全国螺纹标准化技术委员会（SAC/TC 108）提出并归口。

本标准起草单位：绍兴山耐高压紧固件有限公司、中机生产力促进中心、中航第一飞机研究院、中国航空综合技术研究所。

本标准主要起草人：宋伟栋、李晓滨、赵慧婷、徐阿玲、凌云霞。

本标准所替代标准的历次版本发布情况为：

——GB/T 18685—2002。

普通螺纹搓制和滚制前的毛坯直径

1 范围

本标准规定了普通螺纹搓制和滚制前的毛坯直径尺寸。普通螺纹公称直径范围为 1 mm～52 mm（第 1、2 系列直径；最大螺距为 4 mm）；螺纹公差带有 4h、6h、6g、6f 和 6e 五种。

本标准适用于全牙型挤压工艺加工碳素钢和合金钢材料的普通螺纹。

注：“全牙型挤压工艺”是指在螺纹挤压成形时，螺纹材料完全充满刀具牙底空间的加工方法。

2 规范性引用文件

下列文件对于本文件的应用是必不可少的。凡是注日期的引用文件，仅注日期的版本适用于本文件。凡是不注日期的引用文件，其最新版本（包括所有的修改单）适用于本文件。

GB/T 971—2008 滚丝轮

GB/T 972—2008 搓丝板

GB/T 3934—2003 普通螺纹量规 技术条件

GB/T 14791 螺纹 术语

3 术语和定义

GB/T 14791 界定的术语和定义适用于本文件。

4 毛坯直径计算式

搓制和滚制螺纹毛坯直径计算式应符合附录 A 的规定。

5 毛坯直径极限尺寸

普通螺纹搓制和滚制前的毛坯直径极限尺寸应符合表 1 的规定。

6 螺纹刀具精度等级

搓丝板或滚丝轮的精度等级应按表 2 规定的螺纹公差等级与刀具精度等级对应关系进行选择。

普通螺纹搓丝板和滚丝轮尺寸应分别符合 GB/T 972—2008 和 GB/T 971—2008 的规定。

7 毛坯直径调整

7.1 推荐采用拉丝或磨削工艺加工毛坯直径。当采用车削工艺加工毛坯时，其毛坯直径应在表 1 规定基础上再加上其表面粗糙度轮廓算术平均偏差值的两倍（$2Ra$）。

7.2 采用非全牙型挤压工艺加工螺纹时，其毛坯最小直径可采用比表 1 规定更小的数值。

7.3 当公式计算出的毛坯直径公差过小时(毛坯直径公差与相应螺纹中径公差之比小于0.20),推荐采用下列方法增大毛坯最大直径:

a) 提高刀具的螺距和牙侧角精度,按所用刀具的实际螺距和牙侧角误差值重新计算毛坯最大直径;

b) 忽略新螺纹环规通端中径的内缩量(删除公式内的 f_T 项)后重新计算毛坯最大直径。

7.4 当采用其他标准所规定的搓丝板、滚丝轮和螺纹量规时,应按照相应标准的参数精度重新计算毛坯直径。

表 1 普通螺纹搓制和滚制前的毛坯直径

单位为毫米

公称直径 d	螺距 P	毛坯直径 d_0									
		4h		6h		6g		6f		6e	
		max	min	max	min	max	min	max	min	max	min
1	0.25	0.833	0.817	0.830	0.798	0.813	0.780	—	—	—	—
	0.2	0.864	0.849	0.864	0.831	0.847	0.814	—	—	—	—
1.1	0.25	0.933	0.916	0.930	0.897	0.912	0.879	—	—	—	—
	0.2	0.963	0.948	0.963	0.931	0.946	0.914	—	—	—	—
1.2	0.25	1.032	1.015	1.029	0.996	1.011	0.978	—	—	—	—
	0.2	1.063	1.048	1.063	1.030	1.046	1.013	—	—	—	—
1.4	0.3	1.199	1.182	1.196	1.162	1.178	1.144	—	—	—	—
	0.2	1.262	1.247	1.262	1.229	1.245	1.212	—	—	—	—
1.6	0.35	1.366	1.348	1.363	1.325	1.345	1.307	1.330	1.292	—	—
	0.2	1.462	1.445	1.462	1.427	1.445	1.410	—	—	—	—
1.8	0.35	1.565	1.547	1.562	1.524	1.543	1.505	1.528	1.490	—	—
	0.2	1.661	1.645	1.661	1.627	1.645	1.610	—	—	—	—
2	0.4	1.733	1.714	1.730	1.689	1.711	1.670	1.696	1.655	—	—
	0.25	1.829	1.810	1.826	1.790	1.808	1.772	—	—	—	—
2.2	0.45	1.901	1.881	1.898	1.855	1.878	1.835	1.863	1.820	—	—
	0.25	2.029	2.010	2.026	1.990	2.008	1.972	—	—	—	—
2.5	0.45	2.199	2.179	2.196	2.154	2.177	2.134	2.162	2.119	—	—
	0.35	2.263	2.245	2.260	2.222	2.241	2.203	2.226	2.188	—	—
3	0.5	2.665	2.644	2.662	2.617	2.642	2.597	2.626	2.581	2.612	2.567
	0.35	2.762	2.742	2.759	2.717	2.740	2.698	2.725	2.683	—	—
3.5	0.6	3.098	3.078	3.092	3.046	3.071	3.025	3.056	3.010	3.040	2.993
	0.35	3.260	3.241	3.257	3.216	3.238	3.197	3.223	3.182	—	—
4	0.7	3.539	3.513	3.528	3.479	3.507	3.457	3.491	3.441	3.473	3.423
	0.5	3.666	3.642	3.658	3.615	3.638	3.595	3.622	3.579	3.608	3.565
4.5	0.75	4.006	3.981	3.996	3.948	3.974	3.926	3.958	3.910	3.940	3.892
	0.5	4.165	4.141	4.157	4.114	4.137	4.094	4.121	4.078	4.107	4.064

表 1（续）

单位为毫米

公称直径 d	螺距 P	毛坯直径 d_0									
		4h		6h		6g		6f		6e	
		max	min	max	min	max	min	max	min	max	min
5	0.8	4.472	4.445	4.461	4.410	4.437	4.387	4.423	4.373	4.401	4.351
	0.5	4.664	4.640	4.657	4.613	4.637	4.593	4.621	4.577	4.607	4.563
6	1	5.344	5.312	5.328	5.271	5.303	5.245	5.289	5.231	5.269	5.211
	0.75	5.501	5.471	5.490	5.434	5.468	5.412	5.452	5.396	5.434	5.378
7	1	6.341	6.309	6.325	6.268	6.300	6.242	6.286	6.228	6.266	6.208
	0.75	6.499	6.469	6.488	6.432	6.466	6.410	6.450	6.394	6.432	6.376
8	1.25	7.184	7.152	7.166	7.109	7.138	7.081	7.124	7.067	7.103	7.046
	1	7.338	7.307	7.323	7.266	7.297	7.240	7.283	7.226	7.263	7.206
	0.75	7.498	7.468	7.487	7.431	7.465	7.409	7.449	7.393	7.431	7.375
10	1.5	9.016	8.986	8.994	8.939	8.962	8.907	8.949	8.894	8.927	8.872
	1.25	9.179	9.147	9.161	9.104	9.133	9.076	9.120	9.062	9.099	9.041
	1	9.335	9.304	9.320	9.263	9.294	9.237	9.280	9.223	9.260	9.203
	0.75	9.497	9.466	9.485	9.429	9.463	9.407	9.447	9.391	9.429	9.373
12	1.75	10.846	10.818	10.822	10.764	10.789	10.730	10.775	10.716	10.752	10.693
	1.5	11.011	10.976	10.990	10.926	10.958	10.894	10.945	10.881	10.923	10.859
	1.25	11.170	11.134	11.150	11.087	11.122	11.059	11.108	11.045	11.087	11.024
	1	11.333	11.298	11.318	11.255	11.292	11.229	11.278	11.215	11.258	11.195
14	2	12.689	12.659	12.663	12.599	12.625	12.561	12.611	12.547	12.592	12.528
	1.5	13.008	12.973	12.986	12.923	12.954	12.891	12.941	12.878	12.920	12.856
	1	13.332	13.297	13.317	13.254	13.291	13.228	13.277	13.214	13.257	13.194
16	2	14.685	14.655	14.658	14.595	14.620	14.557	14.606	14.543	14.587	14.524
	1.5	15.006	14.970	14.984	14.920	14.952	14.889	14.939	14.876	14.917	14.854
	1	15.331	15.296	15.316	15.253	15.290	15.227	15.276	15.213	15.256	15.193
18	2.5	16.364[a]	16.339	16.324	16.276	16.282	16.234	16.266	16.218	16.244	16.196
	2	16.681	16.651	16.655	16.591	16.617	16.553	16.603	16.539	16.584	16.520
	1.5	17.004	16.969	16.982	16.919	16.950	16.887	16.937	16.874	16.915	16.852
	1	17.330	17.295	17.315	17.252	17.289	17.226	17.275	17.212	17.255	17.192
20	2.5	18.359[a]	18.335	18.320	18.271	18.278	18.229	18.262	18.213	18.240	18.192
	2	18.679	18.649	18.652	18.589	18.614	18.551	18.600	18.537	18.581	18.518
	1.5	19.003	18.967	18.981	18.917	18.949	18.885	18.936	18.872	18.914	18.850
	1	19.330	19.294	19.315	19.251	19.289	19.225	19.275	19.211	19.255	19.191

表 1（续）

单位为毫米

公称直径 d	螺距 P	毛坯直径 d_0									
		4h		6h		6g		6f		6e	
		max	min	max	min	max	min	max	min	max	min
22	2.5	20.356[a]	20.332	20.316	20.268	20.274	20.226	20.258	20.210	20.236	20.188
	2	20.677	20.647	20.650	20.587	20.612	20.549	20.598	20.535	20.579	20.516
	1.5	20.997	20.966	20.974	20.916	20.942	20.884	20.929	20.871	20.907	20.849
	1	21.329	21.294	21.314	21.251	21.288	21.225	21.274	21.211	21.254	21.191
24	3	22.030	22.003	21.995	21.928	21.947	21.881	21.932	21.866	21.910	21.844
	2	22.675	22.639	22.649	22.575	22.611	22.537	22.597	22.523	22.578	22.504
	1.5	22.996	22.960	22.973	22.905	22.941	22.873	22.928	22.860	22.906	22.838
	1	23.329	23.288	23.314	23.243	23.288	23.217	23.274	23.203	23.254	23.183
27	3	25.025	24.998	24.990	24.924	24.942	24.876	24.927	24.861	24.905	24.839
	2	25.673	25.637	25.647	25.573	25.609	25.535	25.595	25.521	25.576	25.502
	1.5	25.995	25.959	25.971	25.904	25.939	25.872	25.926	25.859	25.904	25.837
	1	26.328	26.288	26.313	26.243	26.287	26.217	26.273	26.203	26.253	26.183
30	3.5	27.711[a]	27.681	27.656	27.601	27.603	27.548	27.586	27.531	27.566	27.511
	2	28.671	28.635	28.645	28.571	28.607	28.533	28.593	28.519	28.574	28.500
	1.5	28.994	28.958	28.971	28.903	28.939	28.871	28.926	28.858	28.904	28.836
	1	29.328	29.287	29.313	29.242	29.287	29.216	29.273	29.202	29.253	29.182
33	3.5	30.707[a]	30.677	30.651	30.597	30.598	30.544	30.581	30.527	30.561	30.507
	2	31.670	31.634	31.644	31.570	31.606	31.532	31.592	31.518	31.573	31.499
	1.5	31.994	31.957	31.970	31.902	31.938	31.870	31.925	31.857	31.903	31.835
36	4	33.386[a]	33.358	33.326	33.274	33.266	33.214	33.251	33.199	33.231	33.179
	3	34.016	33.989	33.980	33.914	33.932	33.866	33.917	33.851	33.895	33.829
	2	34.669	34.633	34.642	34.569	34.605	34.531	34.591	34.517	34.572	34.498
	1.5	34.993	34.957	34.969	34.902	34.937	34.870	34.924	34.857	34.902	34.835
39	4	36.382[a]	36.354	36.322	36.270	36.262	36.210	36.247	36.195	36.227	36.175
	3	37.014	36.987	36.978	36.912	36.930	36.864	36.915	36.849	36.893	36.827
	2	37.668	37.632	37.642	37.568	37.604	37.530	37.590	37.516	37.571	37.497
	1.5	37.993	37.956	37.969	37.901	37.937	37.869	37.924	37.856	37.902	37.834
42	4	39.379[a]	39.351	39.319	39.267	39.259	39.207	39.244	39.192	39.224	39.172
	3	40.012	39.985	39.976	39.910	39.928	39.862	39.913	39.847	39.891	39.825
	2	40.667	40.631	40.641	40.567	40.603	40.529	40.589	40.515	40.570	40.496
	1.5	40.992	40.956	40.968	40.901	40.936	40.869	40.923	40.856	40.901	40.834

表 1（续）

单位为毫米

公称直径 d	螺距 P	毛坯直径 d_0									
		4h		6h		6g		6f		6e	
		max	min	max	min	max	min	max	min	max	min
45	4	42.376[a]	42.348	42.316	42.264	42.256	42.204	42.241	42.189	42.221	42.169
	3	43.010	42.983	42.975	42.908	42.927	42.860	42.912	42.845	42.890	42.823
	2	43.666	43.630	43.640	43.566	43.602	43.528	43.588	43.514	43.569	43.495
	1.5	43.992	43.955	43.968	43.900	43.936	43.868	43.923	43.855	43.901	43.833
48	4	45.373[a]	45.335	45.313	45.249	45.253	45.189	45.238	45.174	45.218	45.154
	3	46.001	45.975	45.967	45.895	45.919	45.847	45.904	45.832	45.882	45.810
	2	46.666	46.624	46.640	46.556	46.602	46.518	46.588	46.504	46.569	46.485
	1.5	46.991	46.950	46.968	46.890	46.936	46.858	46.923	46.845	46.901	46.823
52	4	49.370[a]	49.332	49.310	49.247	49.250	49.187	49.235	49.172	49.215	49.152
	3	49.999	49.973	49.965	49.893	49.917	49.845	49.902	49.830	49.880	49.808
	2	50.665	50.623	50.639	50.555	50.601	50.517	50.587	50.503	50.568	50.484
	1.5	50.991	50.950	50.967	50.890	50.935	50.858	50.922	50.845	50.900	50.823

[a] 计算这 11 个规格的 4 级螺纹毛坯最大直径时，不考虑新螺纹环规通端中径的内缩量。

表 2 选择螺纹刀具精度等级

螺纹公差等级	4 级	6 级
刀具精度等级	1 级[a,b]	2 级

[a] 对公称直径小于 4 mm 的螺纹，其加工仍然采用 2 级精度刀具。

[b] 不推荐采用 1 级搓丝板(GB/T 972—2008)加工 4 级螺纹。

附 录 A
（规范性附录）
毛坯直径计算式

A.1 尺寸代号

d ——外螺纹大径（公称直径）(mm)；

$d=d_2+2h_{1工件}$（全牙挤压工艺）

d_2 ——外螺纹中径(mm)；

$d_{2\max}=d_2+es$；$d_{2\min}=d_2+es-T_{d2}$

d_1 ——外螺纹小径(mm)；

$d_1=d_2-2h_{2工件}$

es ——外螺纹直径的基本偏差(μm)；

T_{d2} ——外螺纹中径公差(μm)；

α ——牙型角($\alpha=60°$)；

$\Delta\alpha/2$——刀具螺纹的牙侧角误差(′)；

P ——螺距(mm)；

ΔP_Σ——刀具螺纹的螺距累积误差(mm)；

f_α ——刀具标准所允许螺纹牙侧角最大误差的中径当量(mm)；

$f_\alpha=0.36P\times|\Delta\alpha/2|\times10^{-3}$

其中 $\Delta\alpha/2$ 值应符合 GB/T 971—2008 表 8 或 GB/T 972—2008 表 4 所规定的极限偏差。

B ——螺纹通端环规的螺纹长度(mm)；

公称直径 1～1.8 段：螺距为 0.2 的螺纹长度 $B=10P$，其他螺距的螺纹长度 $B=8P$；

公称直径 2～3 段：螺纹长度 $B=8P$；

公称直径 3.5 ～10 段：各公称直径最小螺距的螺纹长度 $B=10P$，其他螺距的螺纹长度$B=8P$；

公称直径 12～20 段：螺纹长度 $B=8P$；

公称直径 22～52 段：螺距为 1.5 的螺纹长度 $B=10P$，其他螺距的螺纹长度 $B=8P$。

f_p ——刀具标准所允许螺纹最大螺距累积误差的中径当量(mm)；

$f_p=1.732\times|\Delta P_\Sigma/25|\times B$

其中 ΔP_Σ 值应符合 GB/T 971—2008 表 8 或 GB/T 972—2008 表 4 所规定的极限偏差(25 mm 长度上)。

f_T ——新制螺纹环规通端中径内缩量(mm)；

$f_T=(Z_R+T_R/2)\times10^{-3}$，

其中 Z_R 和 T_R 值应符合 GB/T 3934—2003 表 6 的规定。

$h_{1工件}$——工件螺纹的牙顶高(mm)；

$h_{2工件}$——工件螺纹的牙底高(mm)；

$h_{1刀具}$——刀具螺纹的牙顶高(mm)；

$h_{2工件}=h_{1刀具}$

其中 $h_{1刀具}$ 值应符合 GB/T 971—2008 表 8 或 GB/T 972—2008 表 4 的规定。

$h_{2刀具}$——刀具螺纹的牙底高(mm)；

$h_{1工件}=h_{2刀具}$ （全牙挤压工艺）

其中 $h_{2刀具}$ 值应符合 GB/T 971—2008 表 8 或 GB/T 972—2008 表 4 的规定。

d_0 ——毛坯直径(mm)；

T_{d0} ——毛坯直径公差(mm)。

A.2 毛坯直径计算式

毛坯直径及其公差按下列公式计算。

毛坯最大直径：

$$d_{0\max}=\left\{\frac{\tan(\alpha/2)}{3P}\left[3d'_{2\max}(d'^{2}_{\min}-d'^{2}_{1\min})-2(d'^{3}_{\min}-d'^{3}_{1\min})\right]+\frac{1}{2}(d'^{2}_{\min}+d'^{2}_{1\min})\right\}^{\frac{1}{2}}$$

式中：

$d'_{2\max}=d_{2\max}-f_{\mathrm{p}}-f_{\alpha}-f_{\mathrm{T}}$

$d'_{\min}=d'_{2\max}+2h_{1\min工件}=d'_{2\max}+2h_{2\min刀具}$

$d'_{1\min}=d'_{2\max}-2h_{2\max工件}=d'_{2\max}-2h_{1\max刀具}$

毛坯最小直径：

$$d_{0\min}=\left\{\frac{\tan(\alpha/2)}{3P}\left[3d_{2\min}(d'^{2}_{\max}-d'^{2}_{1\max})-2(d'^{3}_{\max}-d'^{3}_{1\max})\right]+\frac{1}{2}(d'^{2}_{\max}+d'^{2}_{1\max})\right\}^{\frac{1}{2}}$$

式中：

$d'_{\max}=d_{2\min}+2h_{1\max工件}=d_{2\min}+2h_{2\max刀具}$

$d'_{1\max}=d_{2\min}-2h_{2\min工件}=d_{2\min}-2h_{1\min刀具}$

毛坯直径公差：

$T_{d0}=d_{0\max}-d_{0\min}$

ICS 65.060.35
B 91

中华人民共和国国家标准

GB/T 18690.2—2017/ISO 9912-2:2013
代替 GB/T 18690.2—2002

农业灌溉设备 微灌用过滤器 第2部分:网式过滤器和叠片式过滤器

Agricultural irrigation equipment—Filters for microirrigation—Part 2: Strainer-type filters and disc filters

(ISO 9912-2:2013,IDT)

2017-09-29 发布 2018-04-01 实施

中华人民共和国国家质量监督检验检疫总局
中国国家标准化管理委员会 发布

前　言

GB/T 18690《农业灌溉设备　微灌用过滤器》分为三个部分：

——第1部分：术语、定义和分类；

——第2部分：网式过滤器和叠片式过滤器；

——第3部分：自动冲洗网式过滤器和叠片式过滤器。

本部分为GB/T 18690的第2部分。

本部分按照GB/T 1.1—2009给出的规则起草。

本部分代替GB/T 18690.2—2002《农业灌溉设备　过滤器　网式过滤器》。

本部分与GB/T 18690.2—2002相比，除编辑性修改外主要技术变化如下：

——增加了部分术语(见第3章)；

——修改了标准的适用范围(见第1章，2002年版第1章)；

——删除了抽样和验收规则(见2002年版的第6章)；

——增加了循环压力试验(见6.2.3)。

本部分使用翻译法等同采用ISO 9912-2:2013《农业灌溉设备　微灌用过滤器　第2部分：网式过滤器和叠片式过滤器》。

本部分做了下列编辑性修改：

——用“MPa”换算代替“bar”。

本部分由中国机械工业联合会提出。

本部分由全国农业机械标准化技术委员会(SAC/TC 201)归口。

本部分起草单位：中国农业机械化科学研究院、江苏大学流体机械工程技术研究中心。

本部分主要起草人：张咸胜、王洋、赵丽伟、闫浩芳、侯永胜、林玉涵。

本部分所代替标准的历次版本发布情况为：

——GB/T 18690.2—2002。

农业灌溉设备 微灌用过滤器 第2部分:网式过滤器和叠片式过滤器

1 范围

GB/T 18690 的本部分规定了农业灌溉系统中使用的网式过滤器和叠片式过滤器(以下简称过滤器)的一般结构要求和试验方法。

本部分未涉及过滤器的过滤性能、效率和能力(如过滤水的质量、过滤器完全堵塞前的运行时间等),也未涉及 GB/T 18690.3 规定的带有自动冲洗装置的过滤器的结构要求和测试。

注:在其他 ISO 技术报告中将给出过滤器过滤性能、效率和能力参数的定义和试验方法。该技术报告将规定在相同工作条件下使用用户指定的水,对各种过滤器进行对比的试验方法,以表征过滤器在用户或试验者指定水中的运行特征。

2 规范性引用文件

下列文件对于本文件的应用是必不可少的。凡是注日期的引用文件,仅注日期的版本适用于本文件。凡是不注日期的引用文件,其最新版本(包括所有的修改单)适用于本文件。

GB/T 18690.1—2009 农业灌溉设备 微灌用过滤器 第1部分:术语、定义和分类(ISO 9912-1:2004,IDT)

ISO 7-1 用螺纹密封的管螺纹 第1部分:尺寸、公差与标记(Pipe threads where pressure-tight joints are made on the threads—Part 1:Dimensions, tolerances and designation)

ISO 7005-1 管道法兰 第1部分:用于工业和一般用途管道系统的钢法兰(Pipe flanges—Part 1:Steel flanges for industrial and general service piping systems)

ISO 7005-2 金属法兰 第2部分:铸铁法兰(Metallic flanges—Part 2:Cast iron flanges)

3 术语和定义

GB/T 18690.1—2009 界定的以及下列术语和定义适用于本文件。

3.1

网式过滤器 strainer filter

过滤器 strainer

装有一个或多个过滤元件(例如筛网或网眼),通过过滤元件把水流中的堵塞物截留在其表面而把堵塞物从水中分离出来的装置。

[GB/T 18690.1—2009,定义 2.8]

3.2

叠片式过滤器 disc filter

过滤元件为叠片式的过滤器。(见 3.4)

3.3

网式过滤元件 strainer filter element

过滤元件 filter element

网式过滤器的一个部件,它由孔板、筛网、网眼或它们的组合构成,用于从流经它的水中截留大于某规定尺寸的堵塞物。

[GB/T 18690.1—2009,定义 2.25]

3.4

叠片式过滤元件 disc filter element

过滤元件 filter element

由带沟槽或具纹理表面的相邻叠片叠加组成的过滤器部件。

3.5

过滤器壳体 filter housing

容纳或支撑过滤元件的过滤器部件。

[GB/T 18690.1—2009,定义 2.34]

3.6

过滤器壳盖 filter housing cover

用于组装、拆卸、检查和清洗过滤元件的可拆装封盖。

3.7

排污阀 drain valve

冲洗阀 flush valve

通常安装在过滤器底部,用于排出或冲洗过滤器壳体内滤出物的阀门。

3.8

公称压力 nominal pressure

p_{nom}

由制造厂规定的等于最大工作压力的数字标记,水温为 23 ℃±3 ℃时在该压力下装置能够运行。

3.9

清洁压降 clean pressure drop

清水流经洁净的过滤器时测出的压降。

3.10

最大安全压降 safe maximum pressure drop

由制造厂声明的,过滤元件堵塞到需要清洗或更换时过滤器进口和出口之间的最大允许压差。

3.11

损坏前临界压降 critical pressure drop before failure

由制造厂声明的,过滤元件损坏前过滤器的每个过滤元件进口和出口之间的最大允许压差。

3.12

推荐流量范围 range of recommended flow-rates

制造厂声明的过滤器能正常运行的流量范围。

3.13

公称尺寸 nominal size

用于表示过滤器连接端尺寸的数字标记,数值和与过滤器直接连接的管道的尺寸相同。

3.14

孔眼尺寸 aperture size

制造厂声明的用于表征过滤器拦截颗粒和悬浮物能力的尺寸。

注:孔眼尺寸用微米表示。

3.15

过滤器安装尺寸 filter connection length

过滤器连接末端之间的总长度,或为两个相邻连接端面之间的距离,或为两个平行的进口和出口端口中心线之间的距离。

3.16

滤出物 contaminate

过滤过程中从水中分离出去的碎屑、有机或无机悬浮颗粒或其他混合物。

[GB/T 18690.1—2009,定义 2.9]

4 标记

4.1 一般要求

每个过滤器都应具有包括 4.1.1 和 4.1.2 规定内容的清晰耐久标记。

4.1.1 过滤器壳体的标记

过滤器壳体的标记应包括:

a) 制造厂名称和/或注册商标;

b) 型号;

c) 公称尺寸;

d) 公称压力;

e) 指示水流方向的箭头;

f) 孔眼尺寸(选择性标记,当供货时过滤器内装有过滤元件时提供)。

可将标有孔眼尺寸的不干胶标签贴在过滤器壳体的明显位置上。

4.1.2 过滤元件的标记

过滤元件的标记应包括:

a) 制造厂名称和/或注册商标;

b) 孔眼尺寸。

孔眼尺寸可用标记表示,例如用制造厂产品样本中规定的一种特定的颜色表示。

5 设计和结构要求

5.1 一般要求

与水接触的过滤器零部件应采用无毒材料制造,并应耐或采取保护措施抵抗现实工作条件下和农业灌溉用各类型水与化学物质引起的腐蚀和其他形式的劣化。过滤器壳体应能耐环境条件。

同一制造厂生产的相同类型、型号和公称尺寸的过滤器零部件应能互换。

正常工作情况下暴露于紫外线中的过滤器塑料件应含有改善抗紫外线性能的添加剂。形成流道的塑料件应不透光,或具有不透明外层,以防止光线进入清洁水流道。

过滤器的结构应便于现场正确安装。

过滤器的设计应保证过滤元件装入壳体后,流过过滤器的水全部经过过滤元件。

5.2 过滤器壳体

当螺纹连接的过滤器壳体的尺寸或结构不便于与管网连接或拆下时,过滤器壳体上应具有凸台或其他结构,以便于过滤器壳体与管网连接或从管网上拆下。

过滤器的结构应保证在清洗或更换过滤元件时,积聚在过滤元件上或过滤器壳体内的滤出物不会进入供水管道。手工清洗的过滤器,过滤元件的结构应保证拆下、清洗和重新装上过滤元件时,过滤器不必从供水管道中拆下。

过滤器安装尺寸相对于制造厂产品样本中声明的尺寸的偏差应不大于表1规定的允许偏差。

表1 过滤器安装尺寸允许偏差

过滤器安装尺寸 mm	允许偏差[a] mm
≤400 >400	±2 ±3
[a] 该允许偏差仅适用于过滤器壳体进口和出口中心线平行的过滤器。	

5.3 连接方式

5.3.1 直接与供水管道连接的过滤器螺纹接口,其螺纹应符合ISO 7-1的规定。如果通过一个适当的接头与供水管道连接,过滤器接口可以采用其他型式的螺纹,但与供水管道连接的接头螺纹应符合ISO 7-1的规定。

5.3.2 过滤器与供水管道采用法兰连接时,根据过滤器壳体的材料,其法兰应分别符合ISO 7005-1或ISO 7005-2的规定。

5.3.3 采用其他方式连接时,制造厂应提供或指定市场上可购得到且能与5.3.1规定的标准螺纹或5.3.2规定的标准法兰相匹配的接头。

5.3.4 排污阀出口处应采用适当的连接方式,例如螺纹连接或机械沟槽连接(如:Victaulic[1)]卡箍),以便于与排泄装置相连接。

6 机械和水力试验

6.1 一般要求

除有特殊规定外,下列试验的水温应为23 ℃±3 ℃。

用于测量各种参数的仪表的测量值相对于真值的精确度为±2%。

6.2 过滤器耐内静压性能

6.2.1 试验准备

按制造厂说明书规定安装过滤器正常运行所需的所有零部件后进行下列试验。

样本大小应由试验方或客户确定。

按制造厂说明书规定,包括要求的关闭力或转矩,关闭过滤器壳盖。如果关闭需要特殊工具,应由制造厂提供。测量关闭过程中所需的力或转矩。

对于装有排污阀的过滤器,试验前在过滤器进口施加等于0.75倍公称压力(p_{nom})的水压下,开关排污阀100次。本操作可将排污阀从过滤器上拆下对排污阀单独实施。

关闭过滤器出口。靠重力将过滤器注满水。确认在正常使用压力下水已充满过滤器的所有空间且无滞留空气。

---

1) 给出本信息是为了方便本文件的使用者,并非认为是ISO组织认可该产品。

6.2.2 静压试验

在过滤器进口施加静水压，并逐步将压力加大到 1.5 倍公称压力（p_{nom}），保持该压力 5 min。

如果过滤器壳盖的密封垫出现鼓出或错位，则可恢复密封垫位置并增加关闭转矩以实现有效的密封。然后，重新加压至规定压力并保持 15 min，再次检查泄漏情况。

过滤器应能承受该试验压力，并无损坏和永久变形。

过滤器壳体、过滤器壳盖密封垫和排污阀应无泄漏迹象。

6.2.3 循环压力试验

6.2.3.1 将过滤器安装在图 1 所示的试验台上。将试验系统注满水，并将压力升至 0.1 MPa。

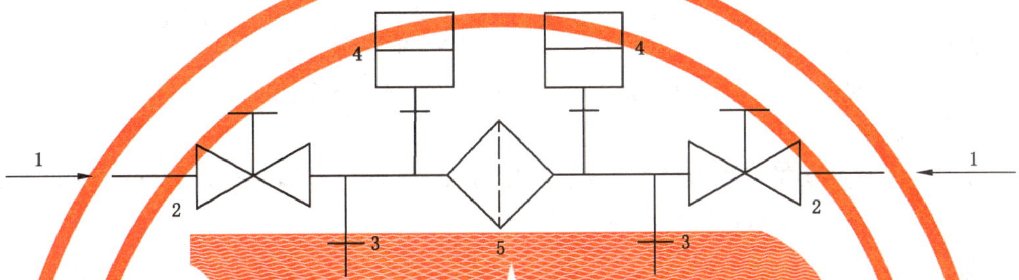

说明：

1——施压装置；

2——停止阀/电磁阀；

3——排污阀；

4——压力表；

5——试验用过滤器。

图 1 循环压力试验台

6.2.3.2 同时在过滤器的进口和出口施加循环压力，从 0.1 MPa 逐渐增加至公称压力（p_{nom}），保持在公称压力，然后逐渐泄压至 0.1 MPa 并保持，按图 2 所示循环。

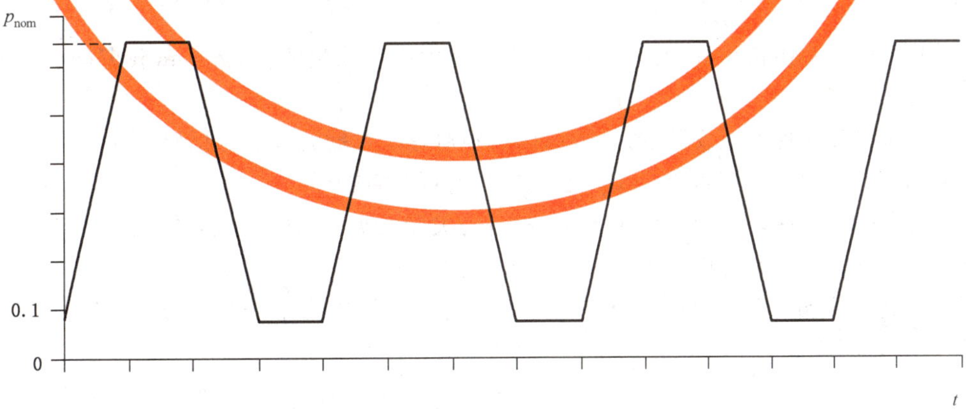

说明：

t ——时间，单位为秒（s）；

P ——压力，单位为兆帕（MPa）。

图 2 循环压力时序

压力递增、递减及保持时段的持续时间应符合表2的规定。

表2 循环压力时段的持续时间

过滤器容量 L	压力递增/递减时段的持续时间 s	压力保持时段的持续时间 s
0～60	4±1	4±1
61～200	8±2	8±2
201～600	15±3	15±3
>600	25±5	25±5

6.2.3.3 按照相同的循环压力时序施加压力，连续进行20 000个循环。

6.2.3.4 然后，按照相似的循环压力时序施加压力，继续进行2 000个循环，压力在0.1 MPa和1.5倍公称压力(p_{nom})之间循环。

6.2.3.5 对金属壳体过滤器增加压力至1.5倍公称压力(p_{nom})；对(全部或部分)塑料壳体过滤器增加压力至3倍公称压力(p_{nom})，并保持压力30 min。

6.2.3.6 试验过程中过滤器壳体无明显泄漏以及无破裂或出现其他损坏现象，则过滤器符合试验要求。填料密封泄漏不应为不符合的原因。

6.3 过滤元件紧密性和抗弯折或抗扯裂性能

6.3.1 用不透水的塑料(如聚乙烯或聚氯乙烯)薄膜封住过滤元件，使水流不能通过。

对于过滤器中水通常由过滤元件外表面流向内表面的，塑料薄膜包裹在过滤元件的外表面上；对于过滤器中水通常由过滤元件内表面流向外表面的，塑料薄膜包裹在过滤元件的内表面上。

可以采用任何其他方式封住过滤元件，只要该密封方式不增强或削弱过滤元件的抗弯折和抗扯裂性能。

将封住的过滤元件装在过滤器壳体内，并按6.2.1的规定关闭过滤器壳盖。

保持过滤器出口开启，在过滤器进口施加压力，并逐渐将压力加大到公称压力，保持该压力15 min。

试验过程中过滤器出口允许的泄漏量应不大于最大推荐流量的0.1%。试验期间该泄漏量应保持稳定或衰减。

对由若干个过滤元件串联安装的过滤器，应分别对每个过滤元件进行试验。

6.3.2 按制造厂说明书打开过滤器壳盖，测量开启所需的力或转矩。

开启壳盖所需的力或转矩应不大于6.2.1测得的关闭壳盖所需的力或转矩的1.5倍。

目测过滤元件。过滤元件应无永久变形、弯折或扯裂现象。

6.3.3 对于制造厂声明可利用全部水流在运行中反向冲洗的过滤器应按6.3.1和6.3.2的规定再次进行试验，但应做如下调整：

a) 对于过滤器中常规水流由过滤元件外表面流向内表面的，塑料薄膜包裹在过滤元件的内表面上；

b) 对于过滤器中常规水流由过滤元件内表面流向外表面的，塑料薄膜包裹在过滤元件的外表面上；

c) 保持过滤器进口开启，在过滤器出口施加压力，并逐渐加大压力至制造厂规定的损坏前临界压降。

6.3.4 本项试验(6.3.4)仅适用于按6.3.1的规定进行试验中，有泄漏并且泄漏量超过了规定限值的过滤器。

在过滤器中安装一个与常规过滤元件尺寸和表面平滑度相同的完全不透水的元件代替常规过滤元件。按 6.2.1 规定关闭过滤器壳盖。

重复 6.3.1 规定的试验。

过滤器出口的泄漏量应不大于最大推荐流量的 0.05%。试验期间泄漏量应保持稳定或衰减。

对于装有若干个过滤元件的过滤器,应分别对每个过滤元件进行试验。

6.4 清洁压降

至少在五个不同的流量下测量过滤器的清洁压降,其中一个流量为制造厂声明的推荐流量范围上限值的 90%,另一个流量为制造厂声明的推荐流量范围下限值的 110%,其他流量等值分布在上述两个流量值范围内。

使用清水(其大于过滤器孔眼尺寸 50%的颗粒浓度小于 20 ppm)或使用经过预过滤的水,预过滤用过滤元件的孔眼尺寸至少小于被试验过滤元件孔眼尺寸的 50%。

测得的清洁压降应不大于过滤器制造厂声明值的 1.10 倍。

7 制造厂提供的资料

制造厂应提供下列资料:

a) 制造厂或供货商的名称和地址;

b) 过滤器型号和在产品样本中的编号;

c) 过滤器参数:

  1) 公称尺寸(如果进口和出口端为同样尺寸,单一数字标记即可);

  2) 公称压力;

  3) 每个型号过滤元件的损坏前临界压降;

  4) 推荐流量范围;

  5) 过滤器外形尺寸;

  6) 与管网的连接方式;

  7) 过滤器安装尺寸;

  8) 孔眼尺寸;

  9) 推荐流量范围内清洁压降曲线;

  10) 最大安全压降;

d) 过滤器壳盖关闭说明书;

e) 包括使用限制和禁止事项的安装、操作、清洗和维护说明书;

f) 备件清单;

g) 对农业灌溉常用化学物质的耐腐蚀性能。

参 考 文 献

[1] GB/T 18690.3 农业灌溉设备 微灌用过滤器 第3部分:自动冲洗网式过滤器和叠片式过滤器

ICS 65.060.35
B 91

中华人民共和国国家标准

GB/T 18690.3—2017/ISO 9912-3:2013
代替 GB/T 18690.3—2002

农业灌溉设备　微灌用过滤器 第3部分:自动冲洗网式过滤器和叠片式过滤器

Agricultural irrigation equipment—Filters for microirrigation—Part 3:Automatic flushing strainer-type filters and disc filters

(ISO 9912-3:2013,IDT)

2017-09-29 发布　　2018-04-01 实施

中华人民共和国国家质量监督检验检疫总局
中国国家标准化管理委员会　发布

前　言

GB/T 18690《农业灌溉设备　微灌用过滤器》分为三个部分：

——第1部分：术语、定义和分类；

——第2部分：网式过滤器和叠片式过滤器；

——第3部分：自动冲洗网式过滤器和叠片式过滤器。

本部分为GB/T 18690的第3部分。

本部分按照GB/T 1.1—2009给出的规则起草。

本部分代替GB/T 18690.3—2002《农业灌溉设备　过滤器　自动清洗网式过滤器》。

本部分与GB/T 18690.3—2002相比，除编辑性修改外主要技术变化如下：

——修改了标准的适用范围，增加了自动冲洗叠片式过滤器的要求（见第1章，2002年版的第1章）。

——增加了部分术语（见第3章，2002年版的第3章）。

本部分使用翻译法等同采用ISO 9912-3:2013《农业灌溉设备　微灌用过滤器　第3部分：自动冲洗网式过滤器和叠片式过滤器》。

本部分由中国机械工业联合会提出。

本部分由全国农业机械标准化技术委员会（SAC/TC 201）归口。

本部分起草单位：中国农业机械化科学研究院、江苏大学流体机械工程技术研究中心、上海华维节水灌溉股份有限公司。

本部分主要起草人：张咸胜、王洋、赵丽伟、吕名礼、闫浩芳、林玉涵、侯永胜。

本部分所代替标准的历次版本发布情况为：

——GB/T 18690.3—2002。

农业灌溉设备　微灌用过滤器
第3部分:自动冲洗网式过滤器和
叠片式过滤器

1　范围

GB/T 18690的本部分规定了农业灌溉系统中使用的自动冲洗网式过滤器和叠片式过滤器(以下简称过滤器)的一般结构要求和试验方法。

本部分未涉及过滤器的过滤性能、效率和能力(如过滤水的质量、过滤器完全堵塞前的运行时间等)。

注1:在其他ISO技术报告中将给出过滤器过滤性能、效率和能力参数的定义和试验方法。该技术报告将规定在相同工作条件下使用用户指定的水,对各种过滤器进行对比的试验方法,以表征过滤器在用户或试验者指定水中的运行特征。

注2:GB/T 18690.2—2017给出了网式过滤器和叠片式过滤器的一般要求(见第5章)。

2　规范性引用文件

下列文件对于本文件的应用是必不可少的。凡是注日期的引用文件,仅注日期的版本适用于本文件。凡是不注日期的引用文件,其最新版本(包括所有的修改单)适用于本文件。

GB/T 18690.2—2017　农业灌溉设备　微灌用过滤器　第2部分:网式过滤器和叠片式过滤器(ISO 9912-2:2013,IDT)

ISO 9912-1　农业灌溉设备　微灌用过滤器　第1部分:术语、定义和分类(Agricultural irrigation equipment—Filters for micro-irrigation—Part 1:Terms,definitions and classification)

3　术语和定义

ISO 9912-1和GB/T 18690.2—2017界定的以及下列术语和定义适用于本文件。

3.1

自动冲洗过滤器　automatic flushing filter

冲洗循环的启动和终止均能自动激活的过滤器。

3.2

自动冲洗循环时间　duration of automatic flushing cycle

每次自动冲洗时,将水和堵塞物冲出所需的时间。

3.3

冲洗控制机构　flushing control mechanism

控制过滤器冲洗启动和终止动作的机构。

3.4

冲洗阀　flushing valve

从过滤器中排出冲洗水的阀门。

3.5

最小工作压力　minimum working pressure

制造厂声明的能保证过滤器正常工作，紧靠过滤器上游处的最低压力。

3.6

最小过滤压力　minimum filtering pressure

制造厂声明的在过滤模式下能保证过滤器发挥正常功能，紧靠过滤器上游处的最低工作压力。

3.7

最小冲洗压力　minimum flushing pressure

制造厂声明的在冲洗模式下能保证过滤器正常冲洗，紧靠过滤器上游处的最低工作压力。

3.8

预过滤元件　prefiltration element

在堵塞物进入主过滤元件之前收集堵塞物中特别大颗粒，以保护过滤元件和冲洗机构的过滤器组成部分。

3.9

保护机构　protective mechanism

防止因冲洗控制机构失灵或其他故障导致过滤器重复冲洗的机构。

3.10

冲洗水量　volume of flushing water

一次冲洗循环从过滤器中排出的水量。

4　标记

每个过滤器都应具有 GB/T 18690.2—2017 中第 4 章规定的所有标记。

过滤器还应有标明自动冲洗循环调整的各种选项对应的各自设定位置的永久刻度标记。

5　一般要求

自动冲洗过滤器除应符合 GB/T 18690.2—2017 的所有规定外，还应符合本部分规定的技术和试验要求。

6　设计和结构要求

6.1　基本要求

典型的自动冲洗过滤器见图 1 和图 2。

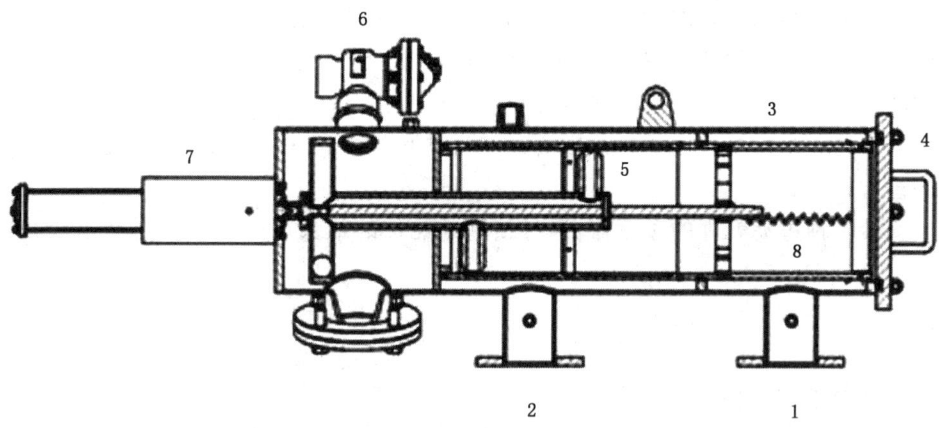

说明：

1——进口；
2——出口；
3——过滤器壳体；
4——过滤器壳盖；
5——过滤元件；
6——冲洗阀；
7——冲洗控制机构；
8——预过滤元件。

图 1 自动冲洗网式过滤器的典型结构

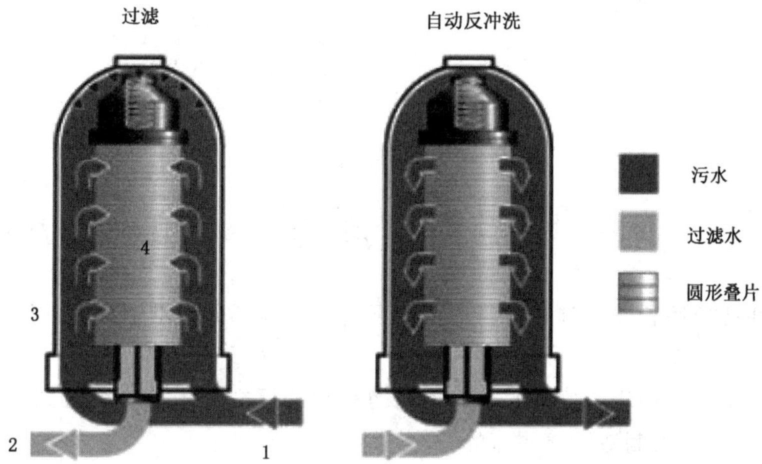

说明：

1——进口；
2——出口；
3——过滤器壳体；
4——叠片式元件。

图 2 自动冲洗叠片式过滤器的典型结构

自动冲洗过滤器的结构应符合下列要求：

a) 冲洗控制系统应和过滤器组合成一体，制造厂应将其与过滤器一起提供；或者冲洗控制系统应是制造厂生产的一部分并按用户的特殊要求提供。另外，冲洗控制系统可由过滤器制造厂认可的并包含在制造厂提供的信息内的第三方制造（见第 9 章）；
b) 过滤器的结构应保证自动冲洗控制机构失灵时能手动启动自动冲洗；
c) 冲洗控制机构应允许随时进行手动冲洗，与自动冲洗的适用条件无关；

d) 过滤器壳体的结构应允许拆开维护(或拆开清洗,如果过滤器还能人工清洗);

e) 冲洗运行和冲洗阀的开启应协调一致以防止水从冲洗阀流出,除非过滤器正在清洗。冲洗期间冲洗阀应至少在一次完整冲洗运行中保持打开状态;

f) 冲洗的启动和终止可被以下参数激活:压差、过滤时间、已过滤水体积、其他物理参数或各种参数的组合;

g) 对于安装了预过滤元件的过滤器,通过预过滤元件的最大压降应低于过滤器组件的最大安全压降。

6.2 可选特征

推荐过滤器具有下列结构特征:

a) 过滤器可以安装能够调整冲洗控制机构冲洗循环启动预置值的装置,以控制冲洗循环的时间和终止;

b) 过滤器可以配置防止重复冲洗的保护机构(见 3.9);

c) 除进口压力信号来自非过滤水外,过滤器的其他所有水力驱动附件宜使用已过滤的水驱动;

d) 预过滤元件的结构、过滤面积、水通道尺寸和形状宜适应过滤器适用的水质;

注:预过滤元件是可选附件。

e) 按第 7 章和第 8 章进行试验时,预过滤元件宜作为过滤器的一个组成部分(预过滤元件不进行单独试验)。

注:预过滤元件不会自动被冲洗。

7 性能试验

7.1 一般要求

第 7 章和第 8 章规定的试验和技术要求适用于结构或运行方式与相应条款所述试验过程中的概念相一致的过滤器。

在本部分中,冲洗循环和冲洗时间的概念可能不适用于本部分范围中规定的所有过滤器(例如自动连续冲洗过滤器)。

在这种情况下,试验规程应与特定的过滤器结构和制造厂文件中的声明相适应。在任何情况下均应保证过滤水的体积不超出制造厂声明值的 7%。

对于不具有完整控制系统的过滤器,应与制造厂文件中指定的控制系统一起作为一个组合系统进行试验。这种情况下,试验结果仅适用于被试过滤器和特定控制系统的组合体。

7.2 冲洗水量和冲洗时间

7.2.1 规定运行压力下试验

按制造厂说明书的描述,模拟田间安装方式,将过滤器与试验装置相连。确保试验装置至少应能提供制造厂声明的公称压力下的最大冲洗水量两倍的水量。

将集水容器附加到过滤器的冲洗口,以收集冲洗水。将过滤器进口压力设置为最小冲洗压力,手动启动冲洗循环。

测量收集到的冲洗水量和冲洗阀从开始打开到关闭所用的时间。

在公称压力下重复该试验。

试验结果应满足下列要求:

a) 每次试验测得的冲洗水量应不大于制造厂声明的冲洗水量的 1.07 倍。

b） 测得的冲洗时间相对于制造厂声明的冲洗时间的偏差应不大于±15%。

7.2.2 最小流量下试验

按照7.2.1的规定连接过滤器。确保试验装置在压差为最大安全压降下至少能提供的最大推荐流量。

将集水容器附加到过滤器的冲洗出口，以收集冲洗水。过滤器在流量等于最小推荐流量、压力设定为损坏前临界压降下运行。手动启动冲洗机构两次。

测量每次启动的冲洗水量和冲洗阀从开始打开到关闭所用的时间。

试验结果应满足下列要求：

a） 冲洗机构应运行可靠(完成全部冲洗过程)；

b） 每次试验测得的冲洗水量应不大于制造厂声明的冲洗水量的1.07倍；

c） 测得的冲洗时间相对于制造厂声明的冲洗时间的偏差应不大于±15%。

7.3 冲洗控制机构的运行

7.3.1 由压差传感器启动的机构

将压差传感器的"低"压端接口拆开，并与外部压力源相连。"高"压端接口保持与常规运行过滤器连接。

在过滤器进口和外部压力源施加最小过滤压力。逐步减小外部压力源的压力，直到执行冲洗运作。

重复试验两次，一次在过滤器进口压力为最小过滤压力和公称压力中间值的压力下进行，另一次在过滤器进口压力为公称压力下进行。

实现冲洗的压力差(过滤器进口压力减去外部压力源压力)相对于制造厂声明的压力差的偏差应不大于±10%。

7.3.2 由运行时间启动的机构

在制造厂声明的调整范围内将冲洗控制机构预先设置到短、中、长三个不同的时间段，进行三次试验。

使过滤器在进口压力等于最小过滤压力下运行。测量两次启动的间隔时间。

在过滤器进口压力等于公称压力下，重复一次试验。

两次启动的间隔时间相对于预先设置值的偏差应不大于±5%。

7.3.3 由过滤水量启动的机构

试验进行两次，每次试验将冲洗控制机构预置在制造厂规定水量范围内的不同水量下。第一次试验水量从比制造厂规定水量范围较低值大20%开始，第二次试验水量从比制造厂规定水量范围较高值小20%开始。

使过滤器运行，测量直到自动冲洗控制机构启动为止流经过滤器的水量。

测得的流经过滤器的水量相对于预设水量的偏差应不大于±10%。

7.3.4 由其他物理量启动的机构

将过滤器与水源相连，根据制造厂说明书做好所有的必要调整。

过滤器进口压力保持最小过滤压力。

如果冲洗控制机构是可调的，分别按最低、最高和中等三个状态预先设置控制机构进行三次试验；如果控制机构是不可调的，则只需进行一次试验。

按照制造厂说明书的规定,使过滤器运行,直至完成三次冲洗循环。

测量每一次冲洗循环启动时的物理量数值。

将过滤器进口压力调整到公称压力,重复上述整个试验过程。

试验结果应满足下列要求:

a) 冲洗循环的启动和运行应与制造厂的声明相符。
b) 对于可调式机构,各次冲洗循环启动时的物理量的测量值相对于预设值的偏差应不大于±10%;对于不可调式机构,测量值相对于制造厂声明值的偏差应不大于±10%。

7.4 保护机构的运行

如果过滤器配置防止重复冲洗的保护机构,该机构应按下面的规定进行试验。

使过滤器在进口压力等于最小过滤压力下运行。依次进行三次连续手动冲洗。

过滤器冲洗运行应可靠。

继续手动操作冲洗控制机构若干次,直到保护机构终止冲洗循环,或在制造厂声明的通过人为方式造成的条件下使保护机构启动。

保护机构启动前的冲洗次数或时间(取决于控制机构类型)相对于制造厂声明值的偏差应不大于±10%。

8 长期模拟使用后性能试验

该试验用于评价过滤器在8.1模拟使用条件下完成10 000次冲洗循环后的性能。

8.1 多个冲洗循环规程

使用清水(按GB/T 18690.2—2017中6.4规定)或化学与物理特性类似清水的液体,运行过滤器。

采用适当的方式启动每次冲洗循环,启动方式由检测机构确定并说明。

注:由于本次试验不适用于自动冲洗控制功能,因此冲洗控制机构的性能不予考虑。

按下列规程启动冲洗循环10 000次:

a) 在过滤器进口加压,在公称压力下至少保持10 s。使水通过过滤器,并在1.2倍公称压力下,使水流流量近似等于冲洗流量。
b) 保持过滤器进口压力不小于最小过滤压力(见3.6),在没有外部干预的情况下完成冲洗循环。

8.2 多个冲洗循环后的试验

10 000次循环结束后,进行下述试验。

8.2.1 性能试验

进行下列性能试验:

a) 过滤器耐内静压性能(按GB/T 18690.2—2017中6.2的规定进行);
b) 冲洗水量和冲洗时间试验(见7.2)。

过滤器应符合上述试验中规定的要求。

8.2.2 目测

拆开过滤器,检查其内部零部件有无过度磨损或损坏情况。过滤器壳体、运动件、过滤元件等零部件应无裂痕、断口等损坏迹象。

运动件或密封垫出现损坏迹象但不损害过滤器功能的,不应认为该项试验不合格。

9 制造厂提供的资料

制造厂除了提供 GB/T 18690.2—2017 中第 7 章规定的资料外，还应提供下列相关的资料：

a) 最小工作压力；

b) 最小过滤压力；

c) 最小冲洗压力；

d) 启动冲洗所需的最大压差；

e) 启动冲洗所需的压差范围；

f) 最大流量；

g) 最小流量；

h) 冲洗时间；

i) 最小冲洗压力和公称压力下的冲洗水量；

j) 依据时间、水量等参数设定的冲洗控制机构调整范围；

k) （对装有保护机构的过滤器）在发生故障情况下，直到冲洗停止重复的冲洗次数；

l) 冲洗水排出管的最小尺寸、最大长度和相对于过滤器安装位置的最大高度；

m) 制造厂认可的用于该过滤器的冲洗控制机构。

ICS 37.100.01
A 17

中华人民共和国国家标准

GB/T 18721.2—2017/ISO 12640-2:2004

印刷技术 印前数据交换 第2部分:XYZ/sRGB编码的标准彩色图像数据(XYZ/SCID)

Graphic technology—Prepress digital data exchange—
Part 2:XYZ/sRGB encoded standard colour image data (XYZ/SCID)

(ISO 12640-2:2004,IDT)

2017-05-12 发布　　2017-12-01 实施

中华人民共和国国家质量监督检验检疫总局
中国国家标准化管理委员会　发布

前　言

GB/T 18721《印刷技术　印前数据交换》共分为以下5个部分：

——第1部分：CMYK标准彩色图像数据(CMYK/SCID)；

——第2部分：XYZ/sRGB编码的标准彩色图像数据(XYZ/SCID)；

——第3部分：CIELAB标准彩色图像数据(CIELAB/SCID)；

——第4部分：宽色域范围显示标准彩色图像数据(Adobe RGB(1998)/SCID)；

——第5部分：以场景为参照的标准彩色图像数据(RIMM/SCID)。

本部分为GB/T 18721的第2部分。

本部分按照GB/T 1.1—2009给出的规则起草。

本部分使用翻译法等同采用ISO 12640-2:2004《印刷技术　印前数据交换　第2部分：XYZ/sRGB编码的标准彩色图像数据(XYZ/SCID)》。

与本部分中规范性引用的国际文件有一致性对应关系的我国文件如下：

——GB/T 19437—2004　印刷技术　印刷图像的光谱测量和色度计算(ISO 13655:1996,IDT)；

——GB/T 22113—2008　印刷技术　印前数据交换　用于图像技术的标签图像文件格式(TIFF/IT)(ISO 12639:2004,IDT)。

本部分还根据GB/T 1.1—2009的要求进行了下列编辑性修改：

——纳入ISO于2008年11月15日颁布的ISO 12640-2技术勘误表1的内容。

本部分由国家新闻出版广电总局提出。

本部分由全国印刷标准化技术委员会(SAC/TC 170)归口。

本部分起草单位：深圳职业技术学院、湖南天闻新华印务有限公司、鸿博昊天科技有限公司、杭州电子科技大学、北京印刷学院、上海泛彩图像设备有限公司。

本部分主要起草人：王利婕、招刚、刘浩学、潘晓山、肖建坤、尤俊国、刘建新、王强、张显斗、贺文琼、陈桥、张旭亮、陈明权、李博、莫春锦。

引　言

本部分最初是由日本图像处理技术标准委员会提交给国际标准化组织印刷技术委员会(ISO/TC 130)第二工作组,并由该工作组讨论制定。

0.1　标准 XYZ/sRGB 数字测试图像的作用

已颁布的标准彩色图像数据(CMYK/SCID,ISO 12640-1)是用 CMYK 网点百分比定义的,因此主要适用于印刷行业。如果要将这个数据应用于其他系统,如显示器、CMY 打印机等,就会出现下面一些问题:

——用 CMYK 网点百分比定义的图像数据与色度值之间没有明确的对应关系;

——该组图像数据仅用 8 位数据编码,会使颜色转换结果不够精确;

——该组图像数据是与 CMYK 输出设备相关的,要输出到其他彩色成像设备上可能需要生成适合其他设备的图像数据。

为了解决以上问题,提出了基于以下条件的图像数据:

——用 sRGB 表示,即 RGB 值是基于 ITU-R BT.709-3 RGB 原色编码的三刺激值;

——与 IEC 61966-2-1 定义的标准 sRGB 显示器和标准观察条件相关联。

除此之外,本部分还提供了 16 位编码的 CIE XYZ 图像数据,该数据对应于在白点色品坐标为 CIE 标准照明体 D_{65} 条件下 sRGB 图像所呈现的颜色。

由于本部分提供的这组图像具有很高的图像质量,数据一致性好,因此可广泛应用于以下各方面:

——评价成像系统及输出设备的颜色再现能力;

——评价存储和传输高清图像数据的编码技术等。

0.2　测试图像特征

彩色成像系统的性能评价通常包括主观(通过目视观察最终的输出图像)和客观(通过测量图像控制单元)两种方法。这样的评价方法要求测试图像中既要包括自然图像(照片),又要包括一些合成图像(计算机图形、商业图表、色表和渐变色)。

因为主观评价的结果在很大程度上会受到图像内容的影响,因此保证自然图像的高质量和多样性是非常重要的。

0.3　对数字测试图像的说明

为了确定理想的图像内容,在国际标准化组织印刷技术委员会成员国范围内进行了调查并且征集符合条件的图像。最终的图像集由 8 幅自然图像和 7 幅合成图像组成。8 幅自然图像中包含了皮肤色、中性色、极高光或暗调有丰富层次变化的图像,以及通常比较难复制的棕色和木质色、记忆色、复杂的几何形状、细微层次以及高光和暗调的渐变色。所选合成图像由计算机生成,包括若干计算机图形、一个商业图表、一个色表和一系列渐变色。

按照一般观察习惯,所有图像的像素排列都是以左上角为原点,逐行排列。RGB 图像以 TIFF 6.0 格式存储。TIFF 6.0 格式没有定义存储 XYZ 色空间数据的方法。XYZ 图像将 TIFF 6.0 格式中的 Photometric 标签设置为 2(RGB),这样设置允许 TIFF 阅读器打开 TIFF 文件,但无法正确显示图像的颜色。必要时,这样的图像可以在各种操作系统下,用行业通用的图像处理软件置入和编辑。关于 TIFF 文件头的详细说明参看附录 C。

印刷技术 印前数据交换 第2部分:XYZ/sRGB编码的标准彩色图像数据(XYZ/SCID)

1 范围

本部分规定了一组15幅标准彩色图像(16位编码的XYZ数据和8位编码的RGB数据电子文件),适用于评价编码、图像处理(包括转换、压缩和解压缩)、在显示器上显示或打印过程中图像质量的变化。这些图像可以应用在许多印刷技术领域中,如科研、开发、产品评价以及过程控制等。

2 规范性引用文件

下列文件对于本文件的应用是必不可少的。凡是注日期的引用文件,仅注日期的版本适用于本文件。凡是不注日期的引用文件,其最新版本(包括所有的修改单)适用于本文件。

IEC 61966-2-1:1999 多媒体系统与设备 颜色测量与管理 第2-1部分:默认的RGB颜色空间sRGB (Multimedia systems and equipment—Colour measurement and management—Part 2-1:Default RGB colour space—sRGB)

ITU-R BT.709-3:1998 节目制作及国际间节目交换用HDTV标准参数值(Parameter values for the HDTV standards for production and international programme exchange)

TIFF 6.0 最终版,Aldus公司(现为Adobe Systems Incorporated),1992年7月3日[TIFF, Revision 6.0 Final,Aldus Corporation (now Adobe Systems Incorporated),June 3,1992]

3 术语和定义

下列术语和定义适用于本文件。

3.1

校验和 check sum

文件中数字位的总和,用于检查文件是否被正确传输。

注:通常仅对最低有效位进行求和。

3.2

色序 colour sequence

存储于数据文件中的颜色排列顺序。

3.3

颜色空间 colour space

描述颜色集合的几何空间,通常是一个三维空间。

[CIE 出版物 17.4,845-03-25 条定义]

注:本部分基于XYZ和sRGB两个颜色空间。XYZ和sRGB的关系在5.2中给出。

3.4

整体颜色改变 global colour change

对图像中各部分的颜色同时进行改变。

注:整体颜色改变是相对于局部颜色改变而言的。局部颜色改变是指改变图像中某个选定区域的颜色,而保持其他区域颜色不变。

3.5

图像取向 orientation

从最终用户观察图像内容的角度来规定第一行数据的起点和排列方向。

注:用于说明取向的代码包含在 ISO 12639 中。

3.6

像素 pixel

图像中可单独处理的最小元素,由空间坐标和颜色编码值来定义。

注:如果像素是通过插值计算得到的,则将如此注明。

3.7

像素颜色值 pixel colour value

表示每个像素颜色的数值。

3.8

像素交替 pixel interleaving

一个像素颜色空间数据值例如 XYZ 或 RGB 颜色值的排列顺序,被下一个像素跟随使用。

注 1:颜色的特定顺序由 ISO 12639 定义的色序(见 3.2)标签来确定。

注 2:其他数据交替的形式还有线交替和面交替。

3.9

三刺激值 tristimulus values

在指定的三色系统中,与目标刺激色相匹配的三个参考颜色刺激量。

[CIE 出版物 17.4,845-03-22 条定义]

4 图像数据

本部分包括了 8 幅自然图像和 7 幅计算机合成图像的数据,分别用 16 位 XYZ 数据编码和 8 位 sRGB 数据编码。这些图像的特征在下面的第 5 章中给出,数据结构在第 6 章中给出。本部分给出了构成这些图像的 30 个数据文件,其文件名与 5.3 和 5.4 描述的图像名称相对应。

5 数据描述及定义

5.1 数据组的定义

每一组标准彩色图像的数据由 8 幅自然图像(照片)和 7 幅计算机合成图像组成。自然图像以 N1 到 N8 来命名,每个图像还有一个拍摄主题名称(如:拿着酒杯的女人);合成图像由若干计算机图形、一个商业图表,一个色表和一系列渐变色组成,分别以 S1 到 S7 命名。

为了区分 sRGB 与 XYZ 图像,用小号字在 sRGB 图像上标注 ISO-sRGB,在 XYZ 图像上标注 ISO-XYZ。标注文字的位置坐标值由附录 D 给出。

5.2 CIE XYZ 与 sRGB 颜色数据的关系

5.2.1 标准的与输出条件相关的 sRGB 图像数据特性

为了最大限度地保证 sRGB 图像数据在不同设备上的互操作性,sRGB 图像数据以 IEC 61966-2-1 规定的观察条件和标准 sRGB 显示器为参考输出目标。默认这组 sRGB 图像数据在这种情况下能够呈现理想的 sRGB 颜色外貌。在编码 sRGB 图像数据之前应该进行颜色处理,使图像在 sRGB 观察条件下能够在 sRGB 显示器上呈现所需的颜色外貌。sRGB 图像数据可以被认为表现了理想的 sRGB 外貌。观察条件和设备的呈色能力不同会造成这些图像数据所呈现的颜色有一定的差别，为保持颜色外貌不变，应对图像数据进行相应调整。但这种调整通常不应太大，也不应认为这些 sRGB 图像数据是"半成品"。用户编辑、修改图像数据以及处理非 sRGB 标准的任意 RGB 图像数据的情况除外。

5.2.2 XYZ 数据和 sRGB 数据的关系

IEC 61966-2-1 规定了 CIE 1931 XYZ 三刺激值与 sRGB 数值之间的转换方法，如式(1)～式(3)所示。这些计算公式定义了应该如何由 8 位 sRGB 值计算 XYZ 三刺激值。由此确定的色度值应是该图像在参考观察条件下、在标准 sRGB 显示器上由标准观察者看到的颜色。

转换公式定义如下：

$$R'_{sRGB} = R_{8bit}/255 \quad \cdots\cdots(1)$$

$$G'_{sRGB} = G_{8bit}/255 \quad \cdots\cdots(2)$$

$$B'_{sRGB} = B_{8bit}/255 \quad \cdots\cdots(3)$$

式中

R_{8bit} ——sRGB 的 R 通道 8 位编码值；

G_{8bit} ——sRGB 的 G 通道 8 位编码值；

B_{8bit} ——sRGB 的 B 通道 8 位编码值；

R'_{sRGB}——sRGB 图像的 R 通道归一化颜色值；

G'_{sRGB}——sRGB 图像的 G 通道归一化颜色值；

B'_{sRGB}——sRGB 图像的 B 通道归一化颜色值。

若 $R'_{sRGB} \leqslant 0.040\ 45$，则 $R_{sRGB} = R'_{sRGB}/12.92$；否则 $R_{sRGB} = [(R'_{sRGB} + 0.055)/1.055]^{2.4}$。

若 $G'_{sRGB} \leqslant 0.040\ 45$，则 $G_{sRGB} = G'_{sRGB}/12.92$；否则 $G_{sRGB} = [(G'_{sRGB} + 0.055)/1.055]^{2.4}$。

若 $B'_{sRGB} \leqslant 0.040\ 45$，则 $B_{sRGB} = B'_{sRGB}/12.92$；否则 $B_{sRGB} = [(B'_{sRGB} + 0.055)/1.055]^{2.4}$。

由此得到 CIE 1931 XYZ 三刺激值：

$$\begin{bmatrix} X \\ Y \\ Z \end{bmatrix} = \begin{bmatrix} 0.412\ 4 & 0.357\ 6 & 0.180\ 5 \\ 0.212\ 6 & 0.715\ 2 & 0.072\ 2 \\ 0.019\ 3 & 0.119\ 2 & 0.950\ 5 \end{bmatrix} \begin{bmatrix} R_{sRGB} \\ G_{sRGB} \\ B_{sRGB} \end{bmatrix} \quad \cdots\cdots(4)$$

其中，R_{sRGB}、G_{sRGB} 和 B_{sRGB} 代表线性的 sRGB 数值，X、Y 和 Z 值代表 sRGB 图像显示在标准 sRGB 显示器上的颜色测量值，测量值是在显示器表面没有眩光和耀斑条件下得到的。

由式(4)计算得到的 XYZ 三刺激值是符合 CIE 出版物 131 规定的相对值，取值范围从 0.0～1.0(不是某些场合使用的 0.0 到 100.0)。绝对三刺激值是由 0.0～1.0 范围内的相对值乘以 80 计算得出(sRGB 显示器的白点亮度值规定为 80 cd/m^2)。

5.2.3 XYZ 图像数据

由 5.2.2 计算得到的 XYZ 图像数据用显示器白点对应的三刺激值进行归一化，然后乘以 16 位对应的数据范围上限值，将其转换成每通道 16 位的编码值(包含在 XYZ 图像数据文件中)。即

$$X_{16bit} = 65\ 535 \times (X/X_{65}) \quad \cdots\cdots(5)$$

$$Y_{16bit} = 65\ 535 \times (Y/Y_{65}) \quad \cdots\cdots(6)$$

$$Z_{16bit} = 65\ 535 \times (Z/Z_{65}) \quad \cdots\cdots(7)$$

其中，

X_{16bit} 是 16 位编码的 X 代码值；

Y_{16bit} 是 16 位编码的 Y 代码值；

Z_{16bit} 是 16 位编码的 Z 代码值；

X、Y 和 Z 是由 5.2.2 计算得到的三刺激值集，也就是排除了显示器内部和表面的眩光和耀斑后各像素的三刺激值；

X_{65}、Y_{65} 和 Z_{65} 是显示器白点的三刺激值。

在对本部分的 XYZ 图像进行色彩管理时要使用一个 ICC 特性文件。本部分的 XYZ 图像数据是进行了单通道变换的，若使用标准的 D_{65} CIEXYZ 特性文件将会导致错误的结果。因此，已经建立了一个名为“D65channelscaledXYZ.icc”的特性文件来保证对这些数据进行正确的转换，该特性文件可在 http://www.color.org/XYZprofiles.html网址上免费得到。该特性文件的目的在于正确解释按 D_{65} 白点做了通道比例变换的 XYZ 图像文件，但不适合标准 CIEXYZ 数据使用，无论是解释数据还是创建数据。

5.2.4 图像数据的排列

图像数据的排列是各像素依次以 R、G、B 顺序交替排列(8 位)，或者按 X、Y、Z 顺序交替排列(16 位)。数据从左上角开始向右依次排列，然后转到下一个水平行。

5.3 自然图像

自然图像的特征和典型的应用见表 1，图像的描述名称在图像识别码的后面给出。图 1 给出了这些自然图像的缩略图。自然图像的基本特征如下：

——图像尺寸：4 096×3 072 像素；

注 1：当以 16 像素/毫米显示时，自然图像(4 096×3 072 像素)可以生成一个物理尺寸为 256 mm×192 mm 的图像。

——交替方式：像素交替排列；

——色序：RGB 或 XYZ；

——颜色值：RGB 数据，由三个 8 位编码值构成；
XYZ 数据，由三个 16 位编码值构成；

——图像数据取向：从左上角开始水平向右逐行排列直到右下角。

注 2：尽管 N5“火场”图像的原稿是绘画作品，仍然将其归类为自然图像。

注 3：各文件头的数据编码见附录 C，符合 ISO 12639 规定的格式。

注 4：由于 N1 和 N5 代码值的亮调端未使用，限制了这些图像的阶调范围。

注 5：N2、N4 和 N8 代码值亮调端和暗调端的剪切，可能影响敏锐的观察者的感知质量。然而，这种剪切在许多典型的图像中都存在。

表 1 自然图像

编号	图像名	图像方向	特征
N1	拿着酒杯的女人	纵向	女人和酒杯的特写，适用于评价皮肤色阶调复制
N2	花	横向	适用于评价高光区的阶调复制和暗调区的层次过渡
N3	渔具	纵向	渔具部分是中暗调图像，适用于评价图像锐化程度
N4	日本工艺品	横向	图像选自日本传统工艺品摄影作品集，包含许多高饱和颜色，适用于评价颜色复制能力
N5	火场	横向	适用于评价近似色的颜色复制准确性
N6	码头	横向	图像中包含复杂的几何形状，适用于评价图像处理效果
N7	绒线	横向	图像中包含毛线团、彩色铅笔和缎带等，适用于评价设备的色域
N8	银器	纵向	图像中包含银器，适用于评价灰色阶调复制以及金属物的光泽外观再现效果

N1. 拿着酒杯的女人

N2. 花

N3. 渔具

N4. 日本工艺品

N5. 火场

N6. 码头

图 1　自然图像的缩略图

N7. 绒线

N8. 银器

图 1（续）

5.4 合成图像

5.4.1 概述

合成图像包括几幅计算机图形、一个商业图表、一个色表和一系列渐变色。图 2 是这些合成图像的缩略图。颜色值的交替排列、色序、颜色位深和数据取向与自然图像完全相同。图像的尺寸在表 2 中给出。

表 2 合成图像

编号	图像名	图像方向	高(像素)	宽(像素)
S1	茶壶	横向	360	480
S2	日本玩偶	横向	1 536	2 048
S3	猫	横向	1 536	2 048
S4	动感	纵向	2 048	1 536
S5	商业图表	横向	1 536	2 048
S6	色表	横向	1 332	2 736
S7	渐变色	横向	2 608	4 256

图像 S1 到 S5 最初是以 8 位 sRGB 数据定义的，因为它们是用 8 位生成的。16 位 XYZ 数据是按照 5.2.2 介绍的从 sRGB 到 XYZ 的转换方法由 8 位 sRGB 数据进行计算得到的。图像 S6 和 S7 的数值是按照等间隔 CIE L^* 定义的。图像中不同部分的数值首先按照选定的 L^* 值间隔(a^* 和 b^* 都设置为 0)转换为 16 位 XYZ 数据，然后再按照 IEC 61966-2-1 规定的从 XYZ 到 sRGB 的转换方法，将其转换为 8 位 sRGB 数据。

注：图像 S1 和 S2 的高光区部分存在被剪切的现象，导致该区域的图像复制细节层次损失。

S1. 茶壶

S2. 日本玩偶

S3. 猫

S4. 动感

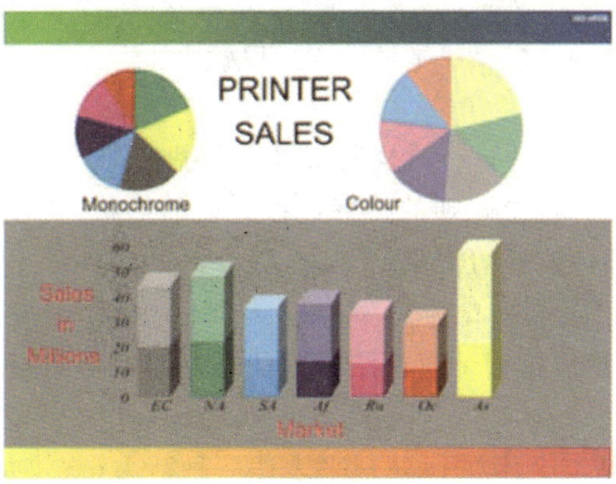

S5. 商业图表

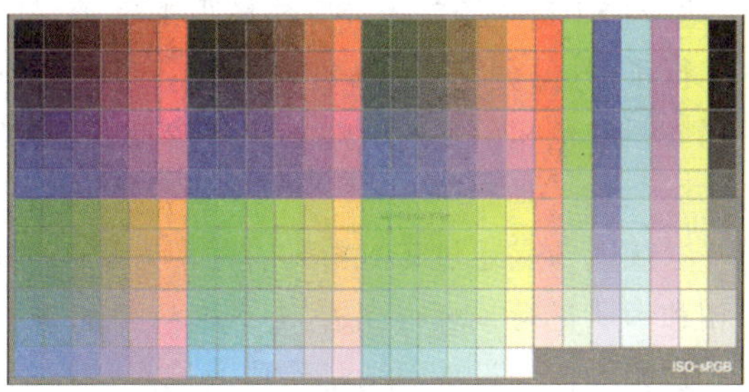

S6. 色表

图 2 合成图像的缩略图

S7. 渐变色

图 2（续）

5.4.2 计算机图形

计算机图形是人为绘制的图案。相对于自然图像而言，这些计算机图形的特征是具有大面积没有噪声、恒定色相的区域，以及色相和/或明度的变化非常平滑的渐变区域。

S1 和 S2 都是有暗调层次的三维计算机图形，S3 和 S4 都是没有暗调层次的二维计算机图形。

这四幅计算机图形都是为显示器显示而制作的，每个 sRGB 通道的颜色位深都是 8 位。

——S1 茶壶

图像 S1 是一个三维计算机图形，是在一组广为使用的名为犹他茶壶的三维造型数据集基础上进行水彩渲染得到的。通常，一个曲面可用若干个多边形表面近似构成。然而在贝塞尔剪裁基础上用光线追迹方法可以使物体非常精确地显现出来。另外，水彩的细微阶调特征用贝塞尔方程描述得非常好，所得到的造型效果非常逼真。

——S2 日本玩偶

图像 S2 是一个将三维实物的照片映射到一个三维计算机图形上生成的结果。计算机绘画师将各种数据集，包括原始数据、标准三维数据、二维数据、二维计算机素描图等进行二维的重组。

这幅图的设计意图是希望通过将 Fukusuke 面具和现代物品，如个人电脑、光盘等，结合到一起创建一种全新的多媒体场景，前者代表日本的传统特征，而后者代表数字化的家用电器。

——S3 猫

图像 S3 是一个二维计算机图形的例子，是通过对一幅照片进行采样所获得的数字图像。对图像数据进行了分区，分别对每一个分区进行修改，不仅依据计算机绘画师的喜好选择分区的形状，同时还考虑到人眼和色相的一些特性。该图像具有包含宽色域颜色信息的特征。

——S4 动感

这幅图像是通过先对滑雪者的照片原稿进行采样，然后依据计算机绘画师的喜好对数字数据中的色相和形状进行处理得到的。

这幅图像的设计意图是希望通过将动物的运动情绪与艺术进行融合来表达一种活力(欢快)的气氛。该图像的特征包含了绘画的元素，具有宽广的颜色信息和色相间的良好平衡。

5.4.3 商业图表

图像 S5 是一幅商业图表，包含一个柱状图、两个饼图、两个渐变条和若干字母。柱状图是灰色背景上的 7 个彩色柱，每个彩色柱包含 5 个颜色区域，即原色、原色的中间调、原色的亮调、变暗的原色和变暗的原色中间调。两个饼图都是以白色为背景，其中有一个填充了 7 个原色，另一个填充了低饱和度的 7 个原色。图中还有两个渐变条，一个的颜色从黄色渐变到橙色，另一个从草绿色渐变到深蓝色。

5.4.4 色表

5.4.4.1 布局

图像 S6 是一个色表，色表中所有色块都位于 ITU-R BT.709-3 RGB 原色定义的颜色空间范围内，没有使用负的三刺激值。通过测量这些色块，就可以用色度的客观评价方法评价图像输出设备对颜色复制的准确性。S6(XYZ)是 16 位编码的 XYZ 图像，S6(sRGB)是 8 位编码的 sRGB 图像。色表分为两部分：

——由 6^3(216)个三次色构成的色块部分；

——由原色、二次色和灰色(三次色)构成的部分(共 77 个色块)。

注：sRGB 和 XYZ 编码图像数据可以用 5.2.2 和 5.2.3 中规定的方法转换成显示的图像色度值。然而，显示图像的色度值不包含内部和表面眩光及耀斑，因此实际观察到的颜色与标准 sRGB 显示器上的颜色色度值不会完全相等。在对再现颜色与原始颜色准确性进行比对时，更恰当的方法是与实际观察到的颜色色度值进行比较。复制品色度测量值(显示器产生的或者观察者观察到的颜色)相对于原始图像色度值的保真度通常不应该作为复制质量的指标。因为 sRGB 观察条件与复制品介质的亮度因子和色域不同，为了获得最佳的复制质量，往往需要调整复制品的色度值，使其不同于直接与图像数据相对应的色度值，以此补偿 sRGB 观察条件与复制观察条件的差别。

色表中每个色块的色度值数据保存在一个名为"CHART.CSV"的文本数据文件中。

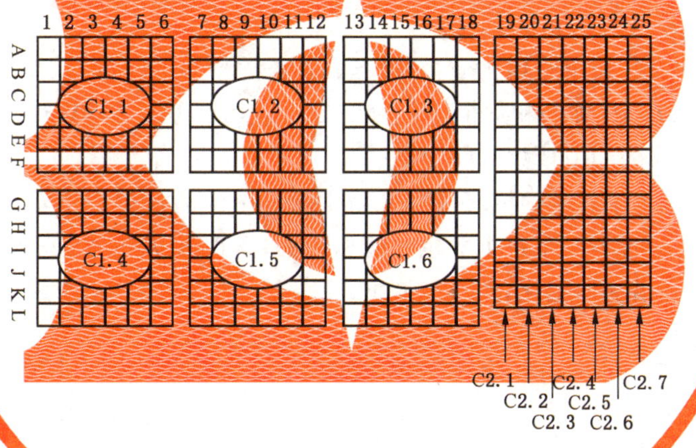

图 3 色表(S6)

5.4.4.2 6^3 颜色区内容的生成

S6 图像中的 6^3 颜色区的 XYZ 和 sRGB 图像数据通过如下步骤获得：

a) 将 L^* 值(0～100)等分为 6 份，以此为步长。

b) 将各个 L^* 值(假设 a^* 和 b^* 的值都为 0)转换为 XYZ 数据并将其归化为 0～1。

c) 将得到的 6 组 XYZ 值用式(8)转换为线性 sRGB 值。

$$\begin{pmatrix} R_{\text{sRGB}} \\ G_{\text{sRGB}} \\ B_{\text{sRGB}} \end{pmatrix} = \begin{pmatrix} 3.240\,6 & -1.537\,2 & -0.498\,6 \\ -0.968\,9 & 1.875\,8 & 0.041\,5 \\ 0.055\,7 & -0.204\,0 & 1.057\,0 \end{pmatrix} \begin{pmatrix} X \\ Y \\ Z \end{pmatrix} \quad \cdots\cdots (8)$$

d) 将得到的 6 个线性 sRGB 值进行任意组合可得到 6^3 个线性的 sRGB 组合，然后用式(9)计算出每个线性 sRGB 值对应的 XYZ 数据。

$$\begin{pmatrix} X \\ Y \\ Z \end{pmatrix} = \begin{pmatrix} 0.412\ 4 & 0.357\ 6 & 0.180\ 5 \\ 0.212\ 6 & 0.715\ 2 & 0.072\ 2 \\ 0.019\ 3 & 0.119\ 2 & 0.950\ 5 \end{pmatrix} \begin{pmatrix} R_{sRGB} \\ G_{sRGB} \\ B_{sRGB} \end{pmatrix} \qquad \cdots\cdots\cdots\cdots(9)$$

e) 利用下面的关系计算每一个线性 sRGB 值的 8 位 sRGB'值，共 6^3 个。

若 $R_{sRGB} \leqslant 0.003\ 130\ 8$，则 $R'_{sRGB} = 12.92 \times R_{sRGB}$；

否则 $R'_{sRGB} = 1.055 \times R_{sRGB}^{(1.0/2.4)} - 0.055$。

若 $G_{sRGB} \leqslant 0.003\ 130\ 8$，则 $G'_{sRGB} = 12.92 \times G_{sRGB}$；

否则 $G'_{sRGB} = 1.055 \times R_{sRGB}^{(1.0/2.4)} - 0.055$。

若 $B_{sRGB} \leqslant 0.003\ 130\ 8$，则 $B'_{sRGB} = 12.92 \times B_{sRGB}$；

否则 $B'_{sRGB} = 1.055 \times B_{sRGB}^{(1.0/2.4)} - 0.055$。

在 6 组色块(图 3 中的 C1.1～C1.6)中，G 值作为每组的变量参数。各组中 R 值沿水平方向改变，B 值沿垂直方向改变。

5.4.4.3 原色、二次色和灰色(三次色)颜色区数据内容的生成

各部分的 XYZ 和 sRGB 数据是按如下步骤获得：

a) 重复 5.4.4.2 中步骤 a)规定的方法，但进行了以下修改：将 L^* 的范围从[0,100]变成[0,90]，等分的级数从 6 级变为 10 级，并且增加了一级 $L^*=5$，成为了 11 级。用 5.4.4.2 中步骤 b)和 c)的方法获得线性 sRGB 值。

b) 用适当的线性 sRGB 值组合得到原色(红、绿、蓝)、二次色(青、品红、黄)和灰(三次色)。

c) 用与 5.4.4.2 中步骤 d)和 e)相同的方法计算每一组线性 sRGB 组合对应的 XYZ 数据以及对应的 8 位编码图像的 sRGB 数值。

值得注意的是，之所以每个颜色的梯尺没有采用 12 级，是因为从逻辑上都应该有一个白点($L^*=100, a^*=b^*=0$)，但是这个步骤对于每个颜色都是相同的，而且已经包含在三次色梯尺中。

这个梯尺中的 RGB 值沿纵向变化，并且按照 R、G、B、C、M、Y 和灰色的顺序水平排列。

5.4.5 渐变色

5.4.5.1 概述

图像 S7 是一组渐变色，其明度值在水平方向连续变化。用这些渐变色可以评价各类输出设备可再现的阶调特性，或者评价可再现的阶调级数。人们也可以视觉评价在阶调复制中经阶调改变或数据压缩等重要图像处理任务所达到的效果。特别是由于量化处理产生的阶调不连续问题，可以很容易观察出垂直方向出现的条杠。

5.4.5.2 渐变色内容的生成

用 5.4.4.3 中描述的步骤(除了将 L^* 值从 0 到 100 等分 4 096 级以外)计算原色、二次色和三次色 XYZ 数据对应的 sRGB 数据。

如图 4 所示，图像 S7 中每个原色、二次色或三次色都是由两个渐变色条构成。每个原色和二次色上边的一个渐变色条由黑色开始渐变，下边的一个是从白色开始渐变，二者都是从左到右向最饱和的纯颜色方向渐变。对于三次色(灰)渐变，最上边的那条从左到右由黑色变向白色，最下边的那条按相反方向渐变。

围绕所有渐变条的边框以及各渐变条之间的间隙颜色都是 $L^*=50, a^*=b^*=0$。

图 4 渐变色(S7)

6 电子数据

6.1 图像数据特征

本部分的图像数据保存在 30 个数据文件中。文件名与 5.3 和 5.4 中描述的图像识别码相对应。表 3 列出了这些文件的名称、大小、颜色空间、颜色值、每个数据文件的描述性名称以及图像长、宽的像素数。文件的大小表示文件中记录数据的多少和文件头等数据的数量。在附录 B 给出了校验和,可以用来检验数据的完整性。

使用这些图像数据文件的限制条件见附录 A,使用这些图像文件进行颜色复制的指导建议见附录 E。

6.2 文件结构

以下文件格式用于各个数据类型:

——RGB 图像数据　　TIFF 6.0;

——XYZ 图像数据　　基于 TIFF 6.0 和 ISO 12639 的特殊 TIFF 结构文件格式。

附录 C 给出了图像的 TIFF 6.0 文件头:N1XYZ.TIF 和 N1RGB.TIF。

RGB SCID 图像文件与 TIFF 6.0 规范文件中第 6 节和第 20 节的规定兼容。

XYZ 图像文件集与 TIFF 6.0 或 TIFF/IT 不兼容,因为二者都不能识别 XYZ 数据。为此,将这类图像文件中的 PhotometricInterpretation 域(标签 262)设置为 2,这是 RGB 数据的标识。此时应用软件会错将 XYZ 数据解释成 RGB 数据,造成显示颜色的错误。在这些 SCID 数据集中将 ColorSequence 域标签(ISO 12639 中定义)设置为“XYZ”。

表 3 自然和合成图像的数据内容

文件名	文件大小（字节）	高（像素）	宽（像素）	颜色空间	颜色值	图像名
N1XYZ.TIF	75 498 496	4 096	3 072	XYZ	三通道 16 位值	拿着酒杯的女人
N1RGB.TIF	37 749 760	4 096	3 072	RGB	三通道 8 位值	拿着酒杯的女人
N2XYZ.TIF	75 498 496	3 072	4 096	XYZ	三通道 16 位值	花
N2RGB.TIF	37 749 760	3 072	4 096	RGB	三通道 8 位值	花
N3XYZ.TIF	75 498 496	4 096	3 072	XYZ	三通道 16 位值	渔具
N3RGB.TIF	37 749 760	4 096	3 072	RGB	三通道 8 位值	渔具
N4XYZ.TIF	75 498 496	3 072	4 096	XYZ	三通道 16 位值	日本工艺品
N4RGB.TIF	37 749 760	3 072	4 096	RGB	三通道 8 位值	日本工艺品
N5XYZ.TIF	75 498 496	3 072	4 096	XYZ	三通道 16 位值	火场
N5RGB.TIF	37 749 760	3 072	4 096	RGB	三通道 8 位值	火场
N6XYZ.TIF	75 498 496	3 072	4 096	XYZ	三通道 16 位值	码头
N6RGB.TIF	37 749 760	3 072	4 096	RGB	三通道 8 位值	码头
N7XYZ.TIF	75 498 496	3 072	4 096	XYZ	三通道 16 位值	绒线
N7RGB.TIF	37 749 760	3 072	4 096	RGB	三通道 8 位值	绒线
N8XYZ.TIF	75 498 496	4 096	3 072	XYZ	三通道 16 位值	银器
N8RGB.TIF	37 749 760	4 096	3 072	RGB	三通道 8 位值	银器
S1XYZ.TIF	1 037 824	360	480	XYZ	三通道 16 位值	茶壶
S1RGB.TIF	519 424	360	480	RGB	三通道 8 位值	茶壶
S2XYZ.TIF	18 875 392	1 536	2 048	XYZ	三通道 16 位值	日本玩偶
S2RGB.TIF	9 438 208	1 536	2 048	RGB	三通道 8 位值	日本玩偶
S3XYZ.TIF	18 875 392	1 536	2 048	XYZ	三通道 16 位值	猫
S3RGB.TIF	9 438 208	1 536	2 048	RGB	三通道 8 位值	猫
S4XYZ.TIF	18 875 392	2 048	1 536	XYZ	三通道 16 位值	动感
S4RGB.TIF	9 438 208	2 048	1 536	RGB	三通道 8 位值	动感
S5XYZ.TIF	18 875 392	1 536	2 048	XYZ	三通道 16 位值	商业图
S5RGB.TIF	9 438 208	1 536	2 048	RGB	三通道 8 位值	商业图
S6XYZ.TIF	21 867 136	1 332	2 736	XYZ	三通道 16 位值	色表
S6RGB.TIF	10 934 080	1 332	2 736	RGB	三通道 8 位值	色表
S7XYZ.TIF	66 598 912	2 608	4 256	XYZ	三通道 16 位值	渐变色
S7RGB.TIF	33 299 968	2 608	4 256	RGB	三通道 8 位值	渐变色

附 录 A
（规范性附录）
标准彩色图像数据——使用指南

A.1 概述

为保证正确地使用这些图像按照意图进行测试和比较，需要遵照 A.2 和 A.3 中描述的步骤和方法。

A.2 图像使用

A.2.1 复制

这些图像的所有复制品中都应该包含一个注释，表明数据的来源是 ISO 12640，并且保留包含在图像数据中的颜色空间标识符。

A.2.2 修改

由这些图像数据修改后形成的任何图像（衍生图像）都应该在图像中保留一个可视的标识，还应该在附加的资料中列出对图像数据修改的步骤，包括所用的全部图像编辑步骤以及任何尺寸的修改或插值。

A.2.3 颜色调整

对这些图像进行任何颜色或阶调的调整应仅限于对图像颜色进行"整体"改变。

A.2.4 剪裁

只要表明图像颜色空间的标识仍然在图像上或者与剪裁后的图像放到一起，就允许对这些图像进行剪裁。

A.3 分发与共享

A.3.1 引言

有一些应用情况需要在不同的地点和/或不同的参与者间共同使用这些图像。下列用途是 ISO 接受和允许的。

A.3.2 商业用途

无论是图像数据还是由图像数据制作的印刷品都不允许以盈利为目的进行销售，除非符合 A.3.3 中的规定。

A.3.3 测试与评价服务

若图像数据或图像数据的衍生品作为测试和评价打包服务的组成部分进行销售，或者被免费提供，并且在整个打包服务中包含有授权的 GB/T 18721 本部分的数据，则允许使用这些图像。

注:某些测试和评价服务可能需要在其他数据处理过程中嵌入这些图像数据。只要这些正版数据是通过正当的标准代理机构获得的,允许将GB/T 18721本部分的正版数据作为打包服务的组成部分,可以嵌入相似的数据或衍生数据。

A.3.4 测试与评价程序

这些数据文件的拷贝或衍生文件在测试和评价过程中可能在不同的参与者间交换,则主办单位应该能够出示GB/T 18721本部分的正版授权。

A.3.5 报告

只要主办单位拥有GB/T 18721本部分的正版授权,允许将这些图像作为测试报告的一部分加以使用,或者出现在广告中。

附 录 B
（规范性附录）
校 验 和

表 B.1 和 B.2 中列出的校验和可用来检验图像数据的完整性。这些数据是用一个单字节累加器对每个图像通道（X、Y、Z、R、G、B）进行求和计算得到的，忽略累加器的溢出位。在表中还给出了所有三个通道的累积校验和 T。这些数据在表中以十六进制和十进制两种方式给出。表中的校验和仅仅是对图像数据的累加，不包含文件头数据。

表 B.1 XYZ 数据的校验和

图像名	十进制				十六进制			
	X	Y	Z	T	X	Y	Z	T
拿着酒杯的女人 XYZ	229	168	216	101	E5	A8	D8	65
花 XYZ	155	242	78	219	9B	F2	4E	DB
渔具 XYZ	24	234	130	132	18	EA	82	84
日本工艺品 XYZ	47	37	56	140	2F	25	38	8C
火场 XYZ	185	174	51	154	B9	AE	33	9A
码头 XYZ	166	235	239	128	A6	EB	EF	80
绒线 XYZ	19	238	36	37	13	EE	24	25
银器 XYZ	154	60	167	125	9A	3C	A7	7D
茶壶 XYZ	116	193	161	214	74	C1	A1	D6
日本玩偶 XYZ	47	102	12	161	2F	66	0C	A1
猫 XYZ	92	14	29	135	5C	0E	1D	87
运动 XYZ	202	63	22	31	CA	3F	16	1F
商业图 XYZ	139	124	13	20	8B	7C	0D	14
色表 XYZ	248	120	248	104	F8	78	F8	68
渐变色 XYZ	86	75	211	116	56	4B	D3	74

表 B.2 RGB 数据的校验和

图像名	十进制				十六进制			
	R	G	B	T	R	G	B	T
拿着酒杯的女人 RGB	10	138	47	195	0A	8A	2F	C3
花 RGB	245	144	17	150	F5	90	11	96
渔具 RGB	127	37	189	97	7F	25	BD	61
日本工艺品 RGB	82	82	54	218	52	52	36	DA
火场 RGB	137	112	21	14	89	70	15	0E

表 B.2（续）

图像名	十进制				十六进制			
	R	*G*	*B*	*T*	*R*	*G*	*B*	*T*
码头 RGB	229	245	30	248	E5	F5	1E	F8
绒线 RGB	141	106	17	8	8D	6A	11	08
银器 RGB	148	49	79	20	94	31	4F	14
茶壶 RGB	50	29	87	166	32	1D	57	A6
日本玩偶 RGB	223	47	24	38	DF	2F	18	26
猫 RGB	145	151	36	76	91	97	24	4C
运动 RGB	66	9	180	255	42	9	B4	FF
商业图 RGB	189	137	45	115	BD	89	2D	73
色表 RGB	156	156	156	212	9C	9C	9C	D4
渐变色 RGB	196	225	23	188	C4	E1	17	BC

附 录 C
（资料性附录）
图像数据文件中的典型 TIFF 文件头

C.1 概述

C.2 和 C.3 以图像 N1“拿着酒杯的女人”为例，展示 XYZ/SCID 图像集的 XYZ 和 RGB 文件的 TIFF 文件头。

C.2 XYZ 图像 TIFF 文件头示例

图 C.1 显示了 XYZ/SCID 图像集的 XYZ 子集名为 N1XYZ.TIF 的彩色图像文件的 TIFF 文件头编码。该编码采用了 TIFF 6.0 定义的标签。文件中 ColorSequence 域标签(ISO 12639 中定义)设置为‘XYZ’。

注：XYZ 图像使用了 Photometric=2 (RGB) 和 ColorSequence =‘XYZ’。

以下的域标签使用了默认值，因而没有在后面列出。

——NewSubfileType=0；

——Orientation=1（从左上角开始水平读取）；

——RowsPerStrip=2^{32}−1（仅一条）；

——PlanarConfiguration=1（像素交替）。

图 C.1 中，符号“n”代表一个空字节，“x”代表一个“任意”的十六进制填充位。

偏移量	值					描述
	TIFF 文件头					
00000000	4D4D					字节顺序："MM"（big-endian）
00000002	002A					版本号：42
00000004	00000008					第一个 IFD 的指针：从文件第 8 字节起始
	第一个 IFD					
00000008	0010					IFD 条目的数量：本例为 16 个
	标签号	类型	长度	值偏移量	值	
0000000A	0100	0003	00000001	0C00xxxx	256	ImageWidth：3027 像素/行
00000016	0101	0003	00000001	1000xxxx	257	ImageLength：4096 行/图像
00000022	0102	0003	00000003	00000200	258	BitsPerSample：起始地址为 00000200h
0000002E	0103	0003	00000001	0001xxxx	259	Compersssion：1（无压缩）
0000003A	0106	0003	00000001	0002xxxx	262	PhotometricInterpretation：2（设置为 RGB 图像）
00000046	010E	0002	00000014	00000206	270	ImageDescription：起始地址为 00000206h
00000052	010F	0002	0000000E	00000220	271	Make（厂商名称）：起始地址为 00000220h
0000005E	0111	0004	00000001	00000400	273	StripOffsets： 00000400h（图像数据的起始位置）
0000006A	0115	0003	00000001	0003xxxx	277	SamplesPerPixel：3（三个颜色通道）
00000076	0117	0004	00000001	04800000	279	StripByteCounts：每个图像带 75497472 字节
00000082	011A	0005	00000001	00000230	282	Xresolution：起始地址为 00000230h
0000008E	011B	0005	00000001	00000238	283	Yresolution：起始地址为 00000238h
0000009A	0128	0003	00000001	0003xxxx	296	ResolutionUnit：cm
000000A6	0132	0002	00000014	00000240	306	DateTime：起始地址为 00000240h
000000B2	8298	0002	00000029	00000258	33432	Copyright：起始地址为 00000258h
000000BE	84E1	0002	00000004	58595A00	34017	ColorSequence："XYZn"
000000CA	00000000					下一个 IFD 指针：无
	IFD 数值区					
00000200	0010	0010	0010			BitsPerSample：16，16，16（每颜色采样数 16 位）
00000206	57 4F 4D 41 4E 20 57 49 54 48 20 47 4C 41 53 53 58 59 5A 00 xx xx xx xx xx xx					ImagcDescription："WOMAN WITH GLASSXYZn"
00000220	49 53 4F 20 54 43 31 33 30 2F 57 47 32 00 xx xx					Make（厂商名称）："ISO TC130/WG2n"
00000230	00003E80	00000064				XResolution：16000/100（160 像素/cm）
00000238	00003E80	00000064				YResolution：16000/100（160 像素/cm）
00000240	32 30 30 32 3A 30 34 3A 30 31 20 31 30 3A 30 30 3A 30 30 00 xx xx xx xx					DateTime："2002:04:01 10:00:00n"（2002 年 4 月 1 日，10:00:00）
00000258	43 6F 70 79 72 69 67 68 74 20 32 30 30 32 20 49 53 4F 2C 20 41 6C 6C 20 72 69 67 68 74 73 20 72 65 73 65 72 76 65 64 2E 00 xx					Copyright："Copyright 2002 ISO，All rights reserved.n"
00000282 - 000003FF						未使用
	图像数据区					
00000400 - 048003FF						图像数据从 00000400h 起始，到 048003FFh 结束

图 C.1 图像 N1XYZ.TIF 的 TIFF 文件头

C.3 RGB 图像 TIFF 文件头示例

图 C.2 显示了 XYZ/SCID 图像集的 XYZ 子集名为 N1RGB.TIF 的彩色图像文件的 TIFF 文件头编码。该编码采用了 TIFF 6.0 定义的标签。

以下的域标签使用了默认值,因而没有在后面列出。

——NewSubfileType=0;

——Orientation=1(从左上角开始水平读取);

——RowsPerStrip=$2^{32}-1$(仅一条);

——PlanarConfiguration=1(像素交替)。

图 C.2 中,符号“n”代表一个空字节,“x”代表一个“任意”的十六进制填充位。

偏移量	值					描述
	TIFF 文件头					
00000000	4D4D					字节顺序：“MM”（big-endian）
00000002	002A					版本号：42
00000004	00000008					第一个 IFD 的指针：从第 8 字节起始
	第一个 IFD					
00000008	0011					IFD 条目的数量：本例为 17 个
	标签号	类型	长度	值偏移量	值	
0000000A	0100	0003	00000001	0C00xxxx	256	ImageWidth：3027 像素/行
00000016	0101	0003	00000001	1000xxxx	257	ImageLength：4096 行/图像
00000022	0102	0003	00000003	00000200	258	BitsPerSample：起始地址为 00000200h
0000002E	0103	0003	00000001	0001xxxx	259	Comperssion：1（无压缩）
0000003A	0106	0003	00000001	0002xxxx	262	PhotometricInterpretation：2（设置为 RGB 图像）
00000046	010E	0002	00000014	00000206	270	ImageDescription：起始地址为 00000206h
00000052	010F	0002	0000000E	00000220	271	Make（厂商名称）：起始地址为 00000220h
0000005E	0111	0004	00000001	00000400	273	StripOffsets：00000400h（图像数据的起始位置）
0000006A	0115	0003	00000001	0003xxxx	277	SamplesPerPixel：3（三个颜色通道）
00000076	0117	0004	00000001	02400000	279	StripByteCounts：每个图像带 75497472 字节
00000082	011A	0005	00000001	00000230	282	Xresolution：起始地址为 00000230h
0000008E	011B	0005	00000001	00000238	283	Yresolution：起始地址为 00000238h
0000009A	0128	0003	00000001	0003xxxx	296	ResolutionUnit：cm
000000A6	0132	0002	00000014	00000240	306	DateTime：起始地址为 00000240h
000000B2	013E	0005	00000002	00000258	318	WhitePoint：起始地址为 00000258h
000000BE	013F	0005	00000006	00000268	319	PrimaryChromaticities：起始地址为 00000268h
000000CA	8298	0002	00000029	00000298	33432	Copyright：起始地址为 00000258h
000000D6	00000000					下一个 IFD 指针：无
	IFD 数值区					
00000200	0008	0008	0008			BitsPerSample：8，8，8（每颜色采样数 8 位）
00000206	57 4F 4D 41 4E 20 57 49 54 48 20 47 4C 41 53 53 52 47 42 00 xx xx xx xx xx xx					ImageDescription：“WOMAN WITH GLASSRGBn”
00000220	49 53 4F 20 54 43 31 33 30 2F 57 47 32 00 xx xx					Make（厂商名称）：“ISO TC130/WG2n”
00000230	00003E80	00000064				XResolution：16000/100（160 像素/cm）
00000238	00003E80	00000064				YResolution：16000/100（160 像素/cm）
00000240	32 30 30 32 3A 30 34 3A 30 31 20 31 30 3A 30 30 3A 30 30 00 xx xx xx xx					DateTime：“2002:04:01 10:00:00n”（2002 年 4 月 1 日，10:00:00）
00000258	00000C37	00002710	00000CDA	00002710		D_{65}白点：x=3127/10000 y=3290/10000
00000268	00000280	000003E8	0000014A	000003E8		ITU-R BT.709-3 三原色： R(640/1000，330/1000) G(300/1000，600/1000) B(150/1000，60/1000)
	0000012C	000003E8	00000258	000003E8		
	00000096	000003E8	0000003C	000003E8		
00000258	43 6F 70 79 72 69 67 68 74 20 32 30 30 32 20 49 53 4F 2C 20 41 6C 6C 20 72 69 67 68 74 73 20 72 65 73 65 72 76 65 64 2E 00 xx					Copyright：“Copyright 2002 ISO，All rights reserved.n”
00000282	- 000003FF					未使用
	图像数据区					
00000400	- 024003FF					图像数据从 00000400h 起始，到 024003FFh 结束

图 C.2　图像 N1RGB.TIF 的 TIFF 文件头

附 录 D
（资料性附录）
文本标识

值得注意的是，每个图像都插入一个文本标识符，文本标识内容或者是“ISO-XYZ”，或者是“ISO-sRGB”。这个文本的颜色只能是黑或白，即 0 或 65535/255。该文本用来区分 XYZ 和 RGB 图像。

文本的边界用一个矩形框定义，其大小及位置用图 D.1 中所示两个角的坐标值确定。文本在每个图像中的坐标位置（用像素数表示）由表 D.1 给出。

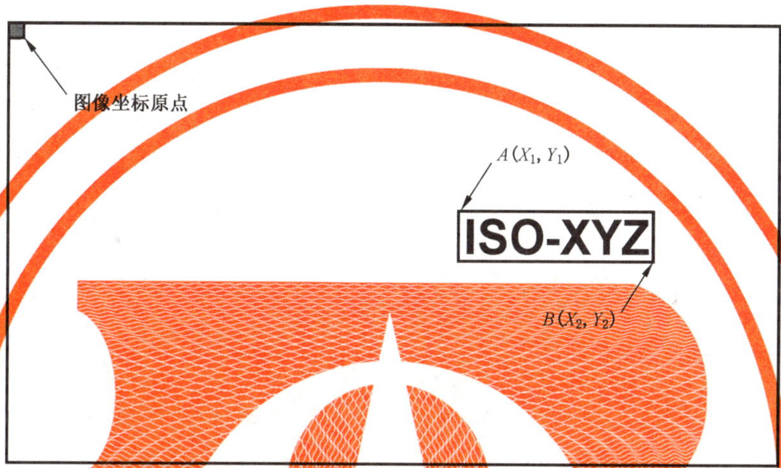

图 D.1 文本标识的坐标定义

表 D.1 每个图像中文本的位置与颜色

编号	图像名	$A(X_1,Y_1)$	$B(X_2,Y_2)$	文本颜色
N1	拿着酒杯的女人	(35,4 025)	(254,4 061)	白色
N2	花	(35,3 001)	(254,3 037)	白色
N3	渔具	(2 817,4 025)	(3 036,4 061)	白色
N4	日本工艺品	(3 842,3 001)	(4 061,3 037)	白色
N5	火场	(3 842,35)	(4 061,71)	白色
N6	码头	(35,35)	(254,71)	白色
N7	绒线	(3 842,35)	(4 061,71)	白色
N8	银器	(2 817,35)	(3 036,71)	白色
S1	茶壶	(424,9)	(473,16)	白色
S2	日本玩偶	(1 922,15)	(2 031,31)	黑色
S3	猫	(1 922,15)	(2 031,31)	白色
S4	运动	(1 410,15)	(1 519,31)	白色
S5	商业图	(1 922,15)	(2 031,31)	白色
S6	色表	(2 482,1 255)	(2 701,1 291)	白色
S7	渐变色	(4 002,2 550)	(4 221,2 586)	白色

附　录　E
（资料性附录）
图像评价与复制

为了确保本部分能够提供高质量图像，有必要定义视觉评价的流程。之前对这些图像是否需要通过彩色显示器显示或硬拷贝输出进行评估开展了大量讨论。这些图像在按照 IEC 61966-2-1 的要求适当设置的显示设备上观察得到了很好的结果，而将它们复制成硬拷贝所进行的评价会更加严格。因此，这些图像都曾经用 Fuji Pictrography 数字打印机[1)]打印成印刷品，然后在符合 ISO 3664 的标准观察条件下进行了评价。

然而，这种方法意味着用于评价的硬拷贝样品不能在色度上与数据完全一致，这样不可避免带来一个难题，即如何打印这些用于评价的样品才能保证它们的一致性。打印图像时需要进行一些数据修正，不仅要做色适应（因为图像的色度值是在 D_{65} 光源下定义的，而印刷品的观察光源为 D_{50}），还要做色域映射，这样才能获得满意的硬拷贝样品。色适应的变换相对容易定义，而色域映射就不那么简单，这类变换通常要通过实验的方法来确定，不能用数学公式简单表示。

由于定义色域映射的难度较大，在此不作讨论。然而，在表 E.1 中定义了阶调复制，这是色域映射非常重要的组成部分。通过给出 S6 图像中的各级原色、二次色和三次色梯尺的 CIELAB 值来实现这个目的。原色和二次色的数据可以大致定义色域的边界，而各梯级可用来确定阶调的复制。如果使用者用这些数据能够把图像复制成接近最佳的效果，就能够保证所用设备的状态也是最佳的，必要时还可以根据复制结果来修正色域差别。

表 E.1 中的数据是在两个不同的实验室测量 12 个不同样张得到的平均值，所有的测量按照 ISO 13655 的要求，以完全反射漫射体为参照。

表 E.1　图像 S6 颜色梯尺复制品的 CIELAB 测量值

梯级	红			绿			蓝		
	L^*	a^*	b^*	L^*	a^*	b^*	L^*	a^*	b^*
1	36.71	64.98	47.15	48.44	−53.86	53.02	18.55	22.67	−60.39
2	37.62	64.26	44.76	49.40	−52.80	54.49	19.44	20.62	−59.91
3	40.14	62.10	41.69	50.49	−51.50	56.23	21.44	20.43	−60.10
4	43.86	58.41	36.52	52.37	−50.15	57.10	27.70	19.03	−58.21
5	49.04	52.31	32.87	55.78	−48.95	53.33	33.82	17.12	−54.91
6	54.40	45.65	27.03	60.69	−45.71	47.49	39.51	15.44	−51.32
7	59.11	40.14	18.94	66.86	−40.22	38.50	47.30	12.72	−45.94
8	65.96	31.41	15.42	73.03	−33.50	29.47	57.21	9.77	−38.64
9	72.15	23.67	11.33	77.57	−27.65	22.18	65.95	6.96	−31.58
10	78.68	15.84	6.05	82.50	−20.05	14.00	74.57	4.80	−23.80
11	84.95	8.58	0.46	86.76	−12.18	5.14	83.09	2.21	−15.13

1）该打印机是可以购得并适合这一用途的其中一款。提供此信息只是为了方便使用本部分的用户，并不代表国家标准化管理委员会对该产品的认可。

表 E.1（续）

梯级	青			品红			黄		
	L^*	a^*	b^*	L^*	a^*	b^*	L^*	a^*	b^*
1	61.54	−41.36	−21.77	37.76	71.71	−36.23	83.03	−0.73	98.94
2	62.25	−40.79	−21.51	39.78	70.74	−36.50	83.12	−1.32	95.57
3	63.08	−40.29	−20.63	41.95	69.15	−36.64	83.47	−1.13	92.37
4	64.18	−39.55	−19.71	45.07	65.74	−36.65	84.42	−1.74	88.44
5	65.91	−38.15	−18.70	50.53	60.52	−35.14	85.43	−2.48	81.41
6	68.47	−35.91	−16.88	55.47	54.52	−33.19	86.47	−2.70	72.69
7	72.17	−31.77	−15.93	60.27	49.35	−30.58	87.33	−3.15	59.30
8	77.27	−25.62	−14.34	67.70	39.77	−26.19	87.93	−3.32	47.54
9	80.98	−20.41	−12.93	73.69	30.46	−22.08	89.11	−4.00	36.70
10	84.65	−14.62	−10.87	79.49	21.17	−17.37	90.22	−3.82	23.82
11	88.07	−8.46	−8.61	85.19	11.77	−12.06	91.18	−2.49	10.12

梯级	灰		
	L^*	a^*	b^*
1	6.93	−0.57	−2.75
2	11.97	−0.84	−0.75
3	18.22	−1.65	−1.41
4	24.69	−0.76	−1.18
5	32.26	−1.28	−1.39
6	39.82	−0.82	−2.93
7	47.52	−0.61	−3.14
8	56.86	−0.53	−1.99
9	65.49	−1.12	−1.52
10	73.76	−0.67	−2.38
11	82.31	−1.18	−3.36

参 考 文 献

[1] ISO 3664:2000,Viewing conditions—Graphic technology and photography

[2] ISO/IEC 10149:1995,Information technology—Data interchange on read-only 120 mm optical data disks (CD-ROM)

[3] ISO/CIE 10527:1991,CIE standard colorimetric observers

[4] ISO/DIS 12231,Photography—Electronic still-picture imaging—Terminology

[5] ISO 12639:2004,Graphic technology—Prepress digital data exchange—Tag image file format for image technology (TIFF/IT)

[6] ISO 13655,Graphic technology—Spectral measurement and colorimetric computation for graphic arts images

[7] CIE Publication 15.2:1986,Colorimetry,2nd edition

[8] CIE Publication 131:1998,The CIE interim colour appearance model (simple version) CIECAM97s

[9] PIMA 7667:2001,Photography—Electronic still picture imaging—Extended sRGB color encoding (e-sRGB)

[10] HUNT,R.W.G.,Revised Colour-Appearance Model for Related and Unrelated Colours, Color Res. Appl.,Vol. 16 (1991),pp. 146-165 (refers to the Von Kries chromatic adaptation transform)

[11] SAKAMOTO,K.,and URABE,H.,Standard High Precision Pictures: SHIPP,Fifth Color Imaging Conference: Color Science,Systems and Applications,(1997),pp. 240-244 (Scottsdale,Arizona,USA)

[12] SAKAMOTO,K.,and URABE,H.,Development of XYZ/sRGB-SCID and Color Gamut Compression,Seventh Color Imaging Conference: Color Science,Systems and Applications,(1999), pp. 212-216 (Scottsdale,Arizona,USA)

[13] SUSSTRUNK,S.; HOLM,J. and FINLAYSON,G.,Chromatic Adaptation Performance of Different RGB Sensors,IS&T/SPIE Electronic Imaging,SPIE,Vol. 4300 (2001) (San Jose,California,USA)

ICS 91.100.30
Q 13

中华人民共和国国家标准

GB/T 18736—2017
代替 GB/T 18736—2002

高强高性能混凝土用矿物外加剂

Mineral admixtures for high strength and high performance concrete

2017-03-09 发布　　　　2018-02-01 实施

中华人民共和国国家质量监督检验检疫总局
中国国家标准化管理委员会　发布

前 言

本标准按照 GB/T 1.1—2009 给出的规则起草。

本标准代替 GB/T 18736—2002《高强高性能混凝土用矿物外加剂》。

本标准与 GB/T 18736—2002 相比主要技术变化如下：

——本标准范围中增加了偏高岭土矿物外加剂，“磨细粉煤灰”改为“粉煤灰”(见第 1 章，2002 版第 1 章)；

——删除了磨细粉煤灰的定义，增加了粉煤灰的定义(见第 3 章，2002 版第 3 章)；

——增加了偏高岭土的定义(见第 3 章)；

——删除了粒化高炉矿渣、磨细矿渣、硅灰、天然沸石岩、磨细天然沸石、复合矿物外加剂的定义(见 2002 版第 3 章)；

——修改了磨细矿渣的分级，取消了粉煤灰、磨细天然沸石的分级(见第 4 章，2002 版第 4 章)；

——增加了偏高岭土矿物外加剂技术要求(见第 5 章)；

——将磨细矿渣、粉煤灰、磨细天然沸石的氯离子控制值由“≤0.02%”改为“≤0.06%”，将硅灰的氯离子控制值由“≤0.02%”改为“≤0.10%”，(见第 5 章，2002 版第 5 章)；

——增加了粉煤灰的游离氧化钙试验项目(见第 5 章)；

——增加了细度试验项目，细度试验项目包括比表面积和 45 μm 方孔筛筛余二项(见第 5 章)；

——调整了各矿物外加剂需水量比的控制值(见第 5 章，2002 版第 5 章)；

——调整了各矿物外加剂活性指数的控制值(见第 5 章，2002 版第 5 章)；

——修改了氯离子的试验方法(见第 6 章，2002 版第 6 章)；

——修改了二氧化硅的试验方法，取消了 2002 版中附录 A 二氧化硅含量分析方法(见第 6 章，2002 版第 6 章、附录 A)；

——取消了激光粒度分析仪测定比表面积的试验方法，磨细矿渣的比表面积按 GB/T 8074 进行(见第 6 章，2002 版第 6 章)；

——增加了 45 μm 方孔筛筛余试验方法(见第 6 章)；

——修改了含水率的试验方法，增加了附录 B“矿物外加剂含水率测定方法”(见第 6 章、附录 B，2002 版第 6 章)；

——修改了活性指数的试验方法(见第 6 章、附录 C，2002 版第 6 章、附录 C)；

——将“袋装每袋净质量不得少于标志质量的 98%”改为“袋装每袋净质量不得少于标志质量的 99%”(见第 8 章，2002 版第 9 章)。

本标准由中国建筑材料联合会提出。

本标准由全国水泥制品标准化技术委员会(SAC/TC 197)归口。

本标准负责起草单位：中国建筑材料科学研究总院、唐山建设集团有限责任公司。

本标准参加起草单位：北京新奥混凝土集团有限公司、中国铁道科学研究院标准计量研究所、天津市建筑科学研究院有限公司、江苏苏博特新材料股份有限公司、中冶建筑研究总院有限公司、中国建筑科学研究院、唐山唐龙新型建材有限公司、武汉武新新型建材有限公司、济南鲁新新型建材有限公司、内蒙古超牌高岭土有限公司、甘肃三远微硅粉有限公司、北京江汉科技有限公司、同济大学、南京水利水电科学研究院、深圳市迈地砼外加剂有限公司、广东瑞安科技实业有限公司、江苏镇江百瑞吉新材料有限公司、建筑材料工业技术情报研究所、焦作市煜坤矿业有限公司、开封奇明耐火材料有限公司。

本标准主要起草人：高春勇、姚燕、王玲、王军伟、李建勇、沈平邦、赵磊、孙继成、李培彦、王斌、高博、刘建忠、林炼、周永祥、郝挺宇、丁建彤、仲以林、陈伟国、赵筠、王洪涛、李凯琦、张雄、孙忠、张萍。

本标准所代替标准的历次版本发布情况为：

——GB/T 18736—2002。

高强高性能混凝土用矿物外加剂

1 范围

本标准规定了高强高性能混凝土用矿物外加剂的术语和定义、分类和标记、要求、试验方法、检验规则、包装、标志、运输及贮存等。

本标准适用于高强高性能混凝土用磨细矿渣、粉煤灰、磨细天然沸石、硅灰和偏高岭土及其复合的矿物外加剂。

2 规范性引用文件

下列文件对于本文件的应用是必不可少的。凡是注日期的引用文件，仅注日期的版本适用于本文件。凡是不注日期的引用文件，其最新版本(包括所有的修改单)适用于本文件。

GB/T 176 水泥化学分析方法

GB/T 1345 水泥细度检验方法 筛析法

GB/T 2419 水泥胶砂流动度测定方法

GB/T 5483 天然石膏

GB/T 8074 水泥比表面积测定方法 勃氏法

GB/T 8075 混凝土外加剂定义、分类、命名与术语

GB 8076—2008 混凝土外加剂

GB 9774 水泥包装袋

GB/T 12573 水泥取样方法

GB/T 17671—1999 水泥胶砂强度检验方法(ISO 法)

GB/T 19587 气体吸附 BET 法测定固态物质比表面积

GB/T 26748 水泥助磨剂

3 术语和定义

GB/T 8075 界定的以及下列术语和定义适用于本文件。

3.1

高强高性能混凝土用矿物外加剂 mineral admixtures for high strength and high performance concrete

在混凝土搅拌过程中加入的、具有一定细度和活性的、用于改善新拌混凝土和硬化混凝土性能(特别是混凝土耐久性)的某些矿物类产品。

3.2

粉煤灰 fly ash

用燃煤炉发电的电厂排放出的烟道灰或对其风选、粉磨后得到具有一定细度的产品。

3.3

偏高岭土 metakaolin

以高岭土类矿物为原料，在适当温度下煅烧后经粉磨形成的以无定型铝硅酸盐为主要成分的产品。

3.4

基准胶砂 reference mortar

用基准水泥按规定方法制备的作为对比的胶砂。

3.5

受检胶砂 tested mortar

矿物外加剂以规定比例取代一定量的基准水泥后，按规定方法制备的检验用胶砂。

3.6

需水量比 ratio of water demand

受检胶砂的流动度达到基准胶砂相同流动度时的用水量与基准胶砂用水量之比。

3.7

活性指数 index of activity

受检胶砂和基准胶砂试件在标准条件下养护至相同规定龄期的抗压强度之比。

4 分类和标记

4.1 分类

矿物外加剂按照其矿物组成分为五类：磨细矿渣、粉煤灰、磨细天然沸石、硅灰、偏高岭土。

复合矿物外加剂依其主要组分进行分类，参照该类产品指标进行检验。

4.2 等级

依据性能指标将磨细矿渣分为Ⅰ、Ⅱ级。其他四类矿物外加剂不分级。

4.3 代号

矿物外加剂用代号 MA 表示。

各类矿物外加剂用下列代号表示：磨细矿渣 S，粉煤灰 FA，磨细天然沸石 Z，硅灰 SF，偏高岭土 MK。

4.4 标记

矿物外加剂的标记依次为：矿物外加剂-分类-等级 标准号

示例：Ⅱ级磨细矿渣，标记为“MA-S-Ⅱ GB/T 18736—2017”

硅灰，标记为“MA-SF GB/T 18736—2017”

5 要求

5.1 原材料要求

粒化高炉矿渣粉磨时可适量添加符合 GB/T 5483 质量要求的石膏。粒化高炉矿渣、天然沸石岩和偏高岭土粉磨时加入的助磨剂应符合 GB/T 26748 的要求，助磨剂加入量应不大于产品质量的 0.5%。

5.2 技术要求

矿物外加剂的技术要求应符合表 1 的规定。

表 1 矿物外加剂的技术要求

<table>
<tr><th colspan="2" rowspan="2">试验项目</th><th colspan="2">磨细矿渣</th><th rowspan="2">粉煤灰</th><th rowspan="2">磨细
天然沸石</th><th rowspan="2">硅灰</th><th rowspan="2">偏高岭土</th></tr>
<tr><th>Ⅰ</th><th>Ⅱ</th></tr>
<tr><td colspan="2">氧化镁(质量分数)/% ≤</td><td colspan="2">14.0</td><td>—</td><td>—</td><td>—</td><td>4.0</td></tr>
<tr><td colspan="2">三氧化硫(质量分数)/% ≤</td><td colspan="2">4.0</td><td>3.0</td><td>—</td><td>—</td><td>1.0</td></tr>
<tr><td colspan="2">烧失量(质量分数)/% ≤</td><td colspan="2">3.0</td><td>5.0</td><td>—</td><td>6.0</td><td>4.0</td></tr>
<tr><td colspan="2">氯离子(质量分数)/% ≤</td><td colspan="2">0.06</td><td>0.06</td><td>0.06</td><td>0.10</td><td>0.06</td></tr>
<tr><td colspan="2">二氧化硅(质量分数)/% ≥</td><td>—</td><td>—</td><td>—</td><td>—</td><td>85</td><td>50</td></tr>
<tr><td colspan="2">三氧化二铝(质量分数)/% ≥</td><td>—</td><td>—</td><td>—</td><td>—</td><td>—</td><td>35</td></tr>
<tr><td colspan="2">游离氧化钙(质量分数)/% ≤</td><td>—</td><td>—</td><td>1.0</td><td>—</td><td>—</td><td>1.0</td></tr>
<tr><td colspan="2">吸铵值/(mmol/kg) ≥</td><td>—</td><td>—</td><td>—</td><td>1 000</td><td>—</td><td>—</td></tr>
<tr><td colspan="2">含水率(质量分数)/% ≤</td><td colspan="2">1.0</td><td>1.0</td><td>—</td><td>3.0</td><td>1.0</td></tr>
<tr><td rowspan="2">细度</td><td>比表面积/(m^2/kg) ≥</td><td>600</td><td>400</td><td>—</td><td>—</td><td>15 000</td><td>—</td></tr>
<tr><td>45 μm 方孔筛筛余(质量分数)/% ≤</td><td colspan="2">—</td><td>25.0</td><td>5.0</td><td>5.0</td><td>5.0</td></tr>
<tr><td colspan="2">需水量比/% ≤</td><td>115</td><td>105</td><td>100</td><td>115</td><td>125</td><td>120</td></tr>
<tr><td rowspan="3">活性指数/% ≥</td><td>3 d</td><td>80</td><td>—</td><td>—</td><td>—</td><td>90</td><td>85</td></tr>
<tr><td>7 d</td><td>100</td><td>75</td><td>—</td><td>—</td><td>95</td><td>90</td></tr>
<tr><td>28 d</td><td>110</td><td>100</td><td>70</td><td>95</td><td>115</td><td>105</td></tr>
</table>

5.3 总碱量

总碱量按 $Na_2O+0.658K_2O$ 计算值表示。根据工程要求,由供需双方商定供货指标的要求。

6 试验方法

6.1 氧化镁、三氧化硫、烧失量、氯离子、二氧化硅、三氧化二铝、游离氧化钙、总碱量

按 GB/T 176 进行。

6.2 吸铵值

按本标准附录 A 进行。

6.3 含水率

按本标准附录 B 进行。

6.4 细度

比表面积:磨细矿渣按 GB/T 8074 进行,硅灰按 GB/T 19587 进行。

45 μm 方孔筛筛余:粉煤灰按 GB/T 1345 进行,磨细天然沸石、硅灰和偏高岭土按 GB/T 1345 中的水筛法进行。

6.5 需水量比及活性指数

按本标准附录C进行。

7 检验规则

7.1 取样规则

7.1.1 矿物外加剂出厂前应按同类同等级进行编号和取样,每一编号为一个取样单位。

7.1.2 磨细矿渣日产100 t及以下的,50 t为一个取样单位;日产大于100 t且不大于2 000 t的,250 t为一个取样单位;日产大于2 000 t的,500 t为一个取样单位。硅灰及其复合矿物外加剂以30 t为一个取样单位。其他矿物外加剂以120 t为一个取样单位,其数量不足者也以一个取样单位计。

7.2 取样和留样

7.2.1 取样

取样按GB/T 12573规定进行。取样应随机取样,要有代表性。可以连续取样,也可以在20个以上不同部位取等量样品。每样总质量至少12 kg,硅灰和磨细天然沸石取样量可以酌减,但总质量至少4 kg。试样混匀后,按四分法缩减取比试验用量多1倍的试样。

7.2.2 留样

生产厂每一编号的矿物外加剂试样应分为两等份,一份供产品出厂检验用,另一份密封保存6个月,以备复验或仲裁时用。

7.3 检验

7.3.1 出厂检验

每一编号的矿物外加剂应根据类别按表2的规定进行出厂检验。

表2 矿物外加剂出厂检验项目

试验项目	磨细矿渣		粉煤灰	磨细天然沸石	硅灰	偏高岭土
	Ⅰ	Ⅱ				
氧化镁						
三氧化硫						
烧失量			√		√	
氯离子						
二氧化硅					√	√
三氧化二铝						√
游离氧化钙			√			
吸铵值						
含水率	√	√	√		√	√

表 2（续）

试验项目		磨细矿渣		粉煤灰	磨细天然沸石	硅灰	偏高岭土
		Ⅰ	Ⅱ				
细度	比表面积	√	√				
	45 μm 方孔筛筛余			√	√	√	√
需水量比		√	√	√	√	√	√
活性指数	3 d	√	√			√	√
	7 d	√	√			√	√
	28 d	√	√	√	√	√	√
注：表中试验项目中打“√”是每一编号的矿物外加剂应做的出厂检验项目。							

7.3.2 型式检验

型式检验应包括第 5 章中规定的所有试验项目。有下列情况之一者，应进行型式检验：

——新产品或老产品转厂生产的试制定型鉴定；

——正式生产后，如材料、工艺有较大改变，可能影响产品性能时；

——正常生产，一年至少进行一次检验；

——产品长期停产，恢复生产时；

——出厂检验结果与上次型式检验有较大差异时。

7.4 判定规则

7.4.1 出厂检验按照表 2 规定的检验项目全部符合表 1 的要求，如有一项不符合，则判定为不合格品。

7.4.2 型式检验磨细矿渣性能符合表 1 中相应等级的规定，则判为相应等级；若其中有一项不符合规定指标，则判为不合格品。

粉煤灰、磨细天然沸石、硅灰、偏高岭土性能符合表 1 中相应类别的规定，则判为合格品；若其中有一项不符合规定指标，则判为不合格品。

7.4.3 在产品贮存期内，用户对产品质量提出异议时，可进行复验。复验可以用同一编号封存样进行。如果用户要求现场取样，应事先在供货合同中规定。生产厂应在接到用户通知 7 日内会同用户共同取样，送质量监督检验机构检验；生产厂在规定时间内不去现场，用户可会同质检机构取样检验，结果同等有效。

7.5 检验报告

生产厂应在发货后 10 日内提供有效期内的型式检验报告和本批次的出厂检验报告（除 28 d 活性指数外），28 d 活性指数值应在发货后 32 d 内补报。矿物外加剂产品中加入的其他组分的品种和数量应在检验报告中予以说明。检验报告的内容应包括第 5 章中相应类别矿物外加剂的性能指标。

8 包装、标志、运输及贮存

8.1 包装

矿物外加剂可以袋装或散装。袋装每袋净质量不得少于标志质量的 99%，随机抽取 20 袋，其总质量不得少于标志质量的 20 倍。包装袋应符合 GB 9774 的规定。散装由供需双方商量确定,但有关散装质量的要求应符合上述原则规定。

8.2 标志

应在包装袋明显位置注明以下内容:执行的国家标准号、产品名称、等级、净质量、生产厂名。生产日期及出厂编号应于产品合格证上予以注明。

8.3 运输

运输过程中应防止淋湿及包装破损,或混入其他产品。

8.4 贮存

在正常的运输、贮存条件下,矿物外加剂的储存期从产品生产之日起计算为 180 d。

矿物外加剂应分类、分等级贮存在专用仓库或储仓中,不得露天堆放,以易于识别、便于检查和提货为原则。

储存时间超过储存期的产品,应予复检,检验合格后才能出库使用。

附 录 A
（规范性附录）
吸铵值测定方法

A.1 范围

本附录规定了磨细天然沸石吸铵值的测试方法。

A.2 原理

天然磨细沸石通过铵离子净交换即吸铵值来检验沸石粉的总交换容量，是综合评价沸石粉的一个重要指标。

A.3 标准试剂

A.3.1 氯化铵溶液：1 mol/L。
A.3.2 氯化钾溶液：1 mol/L。
A.3.3 硝酸铵溶液：0.005 mol/L。
A.3.4 硝酸银溶液：5%。
A.3.5 氢氧化钠标准溶液：0.1 mol/L。
A.3.6 甲醛溶液：38%。
A.3.7 酚酞酒精溶液：1%。

A.4 仪器

A.4.1 干燥器：ϕ30 cm～ϕ40 cm。
A.4.2 电炉：300 W～500 W。
A.4.3 烧杯：150 mL。
A.4.4 锥形瓶：250 mL～300 mL。
A.4.5 漏斗：ϕ10 cm～ϕ20 cm，附中速定性滤纸。
A.4.6 滴定管：50 mL，最小刻度 0.1 mL。
A.4.7 分析天平：200 g，感量 0.1 mg。

A.5 测试步骤

A.5.1 取通过 80 μm 方孔筛的磨细天然沸石风干样，放入干燥器中 24 h 后，称取 1 g，精确至 0.1 mg，置于 150 mL 的烧杯中，加入 100 mL 的 1 mol/L 的氯化铵溶液。
A.5.2 将烧杯放在电热板或调温电炉上加热微沸 2 h（经常搅拌，可补充水，保持杯中溶液至少 30 mL）。
A.5.3 趁热用中速滤纸过滤，取煮沸并冷却的蒸馏水洗烧杯和滤纸沉淀，再用 0.005 mol/L 的硝酸铵淋洗至无氯离子（用黑色比色板滴两滴淋洗液，加入一滴硝酸银溶液，无白色沉淀产生，表明无氯离子）。

A.5.4 移去滤液瓶，将沉淀移到普通漏斗中，用煮沸的 1 mol/L 氯化钾溶液每次约 30 mL 冲洗沉淀物。用一干净烧杯承接，分四次洗至 100 mL～120 mL 为止。

A.5.5 在洗液中加入 10 mL 甲醛溶液，静置 20 min。

A.5.6 在锥形洗液瓶中加入 2 滴～8 滴酚酞指示剂，用氢氧化钠标准溶液滴定，直至微红色为终点(半分钟不褪色)，记下消耗的氢氧化钠标准溶液体积。

A.6 计算

A.6.1 磨细天然沸石吸铵值按式(A.1)计算，计算结果保留至 0.1 mmol/kg：

$$A=\frac{M\times V\times 1\ 000}{m} \qquad \cdots\cdots\cdots\cdots(\text{A.1})$$

式中：

A ——吸铵值，单位为毫摩尔每千克(mmol/kg)；

M ——氢氧化钠标准溶液的摩尔浓度，单位为摩尔每升(mol/L)；

V ——消耗的氢氧化钠标准溶液的体积，单位为毫升(mL)；

m ——磨细天然沸石风干样放入干燥器中 24 h 的质量，单位为克(g)。

A.6.2 同一样品分别进行两次测试，取其平均值为试验结果，精确至 1 mmol/kg。如两次测试结果绝对值之差大于平均值的 3%，应查找原因，重新按上述试验方法进行测试。

附 录 B
（规范性附录）
矿物外加剂含水率测定方法

B.1 范围

本附录规定了磨细矿渣、粉煤灰、磨细天然沸石、硅灰和偏高岭土及其复合的矿物外加剂含水率的测试方法。

B.2 原理

将矿物外加剂放入规定温度的烘干箱内烘至恒重，以烘干前和烘干后的质量之差与烘干前的质量之比确定矿物外加剂的含水率。

B.3 仪器

B.3.1 烘干箱：温度范围 0 ℃～200 ℃。

B.3.2 天平：最小分度值 0.01 g。

B.4 测试步骤

B.4.1 称取矿物外加剂试样约 50 g，准确至 0.01 g，倒入蒸发皿中。

B.4.2 将烘干箱温度调整并控制在 105 ℃～110 ℃。

B.4.3 将矿物外加剂试样放入烘干箱内烘干至恒重，取出后放在干燥器中冷却至室温后称量，准确至 0.01 g。

B.5 计算

B.5.1 矿物外加剂含水率按式(B.1)计算，计算结果精确至 0.1%：

$$w=\frac{m_1-m_0}{m_1}\times 100\% \qquad \cdots\cdots(\text{B.1})$$

式中：

w ——矿物外加剂含水率，%；

m_1 ——烘干前试样的质量，单位为克(g)；

m_0 ——烘干后试样的质量，单位为克(g)。

B.5.2 含水率取两次试验结果的平均值，精确至 0.1%。

附 录 C
（规范性附录）
矿物外加剂胶砂需水量比及活性指数的测试方法

C.1 范围

本附录规定了磨细矿渣、粉煤灰、磨细天然沸石、硅灰和偏高岭土及其复合的矿物外加剂需水量比及活性指数的测试方法。

C.2 原理

C.2.1 测试受检胶砂和基准胶砂的相同流动度时的用水量，两者用水量之比评价矿物外加剂的需水量比。

C.2.2 测试受检胶砂和基准胶砂的抗压强度，采用两种胶砂同龄期的抗压强度之比评价矿物外加剂的活性指数。

C.3 仪器

C.3.1 采用 GB/T 17671—1999 中所规定的试验用仪器。

C.3.2 采用 GB/T 2419 中所规定的试验用仪器。

C.3.3 天平：分度值 0.01 g。

C.4 测试用材料

C.4.1 水泥：采用 GB 8076—2008 附录 A 中规定的基准水泥。

C.4.2 砂：符合 GB/T 17671—1999 规定的 ISO 标准砂。

C.4.3 水：采用自来水或蒸馏水。

C.4.4 矿物外加剂：受检的矿物外加剂。

C.4.5 化学外加剂：符合 GB 8076 要求的粉体萘系标准型高效减水剂。技术要求见表 C.1。

表 C.1 粉体萘系标准型高效减水剂技术要求

项目	减水率/% 不小于	泌水率比/% 不大于	含气量/% 不大于	凝结时间差/min		抗压强度比/% 不小于				硫酸钠含量/% 不大于
				初凝	终凝	1 d	3 d	7 d	28 d	
性能指标	14	90	3.0	−90～+120		140	130	125	120	5.0

C.5 测试条件及方法

C.5.1 测试条件

实验室应符合 GB/T 17671—1999 中 4.1 的规定。试验用各种材料和用具应预先放在实验室内，使其达到实验室相同的温度。

C.5.2 测试方法

C.5.2.1 胶砂配比

需水量比胶砂配比见表C.2,活性指数胶砂配比见表C.3。

表C.2 需水量比胶砂配比

单位为克

材料	基准胶砂	受检胶砂				
		磨细矿渣	粉煤灰	磨细天然沸石	硅灰	偏高岭土
基准水泥	450±2	225±1	315±1	405±1	405±1	382±1
矿物外加剂	—	225±1	135±1	45±1	45±1	68±1
ISO标准砂	1 350±5	1 350±5	1 350±5	1 350±5	1 350±5	1 350±5
水	225±1	使受检胶砂流动度达基准胶砂流动度值±5 mm				
注:表C.2所示为一次搅拌量。						

表C.3 活性指数胶砂配比

单位为克

材料	基准胶砂	受检胶砂				
		磨细矿渣	粉煤灰	磨细天然沸石	硅灰	偏高岭土
基准水泥	450±2	225±1	315±1	405±1	405±1	382±1
矿物外加剂	—	225±1	135±1	45±1	45±1	68±1
ISO标准砂	1 350±5	1 350±5	1 350±5	1 350±5	1 350±5	1 350±5
水	225±1	225±1	225±1	225±1	225±1	225±1
注1:检测时,受检胶砂流动度小于基准胶砂流动度的,使用符合表C.1要求的粉体萘系标准型高效减水剂调整受检胶砂,使受检胶砂的流动度与基准胶砂流动度值之差在±5 mm范围内。 注2:当受检胶砂流动度大于基准胶砂流动度时,不作调整,直接成型。 注3:表中所示为一次搅拌量。						

C.5.2.2 胶砂搅拌和需水量比测试

C.5.2.2.1 胶砂搅拌

把水加入搅拌锅里,再加入预先混匀的水泥、化学外加剂和矿物外加剂,把锅放置在固定架上,上升至固定位置。然后按GB/T 17671—1999中6.3进行搅拌。开动机器后,首先低速搅拌30 s,在第二个30 s开始的同时均匀地将砂子加入。把机器转至高速再拌30 s后,停拌90 s,在停拌后的第一个15 s内用一个胶皮刮具将叶片和锅壁上的胶砂刮入锅中间。在高速下继续搅拌60 s。各个搅拌阶段,时间误差应在±1 s以内。

C.5.2.2.2 需水量比测试

胶砂流动度测定按GB/T 2419进行,调整胶砂用水量使受检胶砂流动度控制在基准胶砂流动度的±5 mm之内。

C.5.2.3 试件的制备

按 GB/T 17671—1999 中第 7 章进行活性指数试验用胶砂试件的制备。

C.5.2.4 试件的养护

试件脱模前处理和养护、脱模、水中养护按 GB/T 17671—1999 中 8.1、8.2 和 8.3 进行。

C.5.2.5 强度和试验龄期

试件龄期是从水泥加水搅拌开始试验时算起，不同龄期强度试验在下列时间里进行：

——72 h±45 min；

——7 d±2 h；

——28 d±8 h。

C.6 计算

C.6.1 需水量比

相应矿物外加剂的需水量比，按式(C.1)计算，计算结果精确至 1%：

$$R_W = \frac{W_t}{225} \times 100\% \qquad \text{(C.1)}$$

式中：

R_W ——受检胶砂的需水量比，%；

W_t ——受检胶砂的用水量，单位为克(g)；

225 ——基准胶砂的用水量，单位为克(g)。

C.6.2 矿物外加剂活性指数计算

在测得相应龄期基准胶砂和受检胶砂抗压强度后，按式(C.2)计算矿物外加剂的相应龄期的活性指数，计算结果取为整数：

$$A = \frac{R_t}{R_0} \times 100\% \qquad \text{(C.2)}$$

式中：

A ——矿物外加剂的活性指数，%；

R_t ——受检胶砂相应龄期的抗压强度，单位为兆帕(MPa)；

R_0 ——基准胶砂相应龄期的抗压强度，单位为兆帕(MPa)。

ICS 83.140.30
G 33

中华人民共和国国家标准

GB/T 18742.1—2017
代替 GB/T 18742.1—2002

冷热水用聚丙烯管道系统 第1部分:总则

Polypropylene (PP) piping systems for hot and cold water installations—Part 1: General

(ISO 15874-1:2013, Plastics piping systems for hot and cold water installations—Polypropylene (PP)—Part 1: General, MOD)

2017-10-14 发布　　2018-05-01 实施

中华人民共和国国家质量监督检验检疫总局
中国国家标准化管理委员会　发布

前　言

GB/T 18742《冷热水用聚丙烯管道系统》分为3个部分：

——第1部分：总则；

——第2部分：管材；

——第3部分：管件。

本部分为GB/T 18742的第1部分。

本部分按照GB/T 1.1—2009给出的规则起草。

本部分代替GB/T 18742.1—2002，与GB/T 18742.1—2002相比，除编辑性修改外主要技术变化如下：

——增加了以下术语和定义：允许偏差(3.1.14)、管系列计算值(3.1.16)、设计压力(3.2.2)、最大允许工作压力(3.2.3)、静液压应力(3.2.4)、冷水温度(3.2.8)、采暖系统用的处理水(3.2.9)、设计应力(3.3.3)、聚丙烯混配料(3.3.4)、有阻隔层的管材(3.3.5)；

——增加了PP-RCT的缩略语(见4.2)；

——增加了聚丙烯管材和管件用混配料的其他要求(见6.1.5)；

——增加了PP-RCT的预测强度参照曲线(见附录A)。

本部分使用重新起草法修改采用国际标准ISO 15874-1：2013《冷热水设备用塑料管道系统　聚丙烯　第1部分：总则》(英文版)。

本部分与ISO 15874-1：2013相比，在结构上增加了两个附录(规范性附录A和资料性附录B)。

本部分与ISO 15874-1：2013的技术性差异及其原因如下：

——将标准适用范围限定在管材和管件，以适应国内使用的习惯；

——采用现行有效的国家标准，替代了ISO 15874-1：2013中的引用文件；

——删除了国内不采用的“公称名义尺寸(nominal size，DN/OD)”的定义；

——增加了聚丙烯管材和管件用混配料的其他要求表，以便于生产、研究和质量监督使用。

请注意本文件的某些内容有可能涉及专利。本文件的发布机构不承担识别这些专利的责任。

本部分由中国轻工业联合会提出。

本部分由全国塑料制品标准化技术委员会(SAC/TC 48)归口。

本部分主要起草单位：中国石油化工股份有限公司北京燕山分公司树脂应用研究所、上海白蝶管业科技股份有限公司、国机通用机械科技股份有限公司、爱康企业集团(上海)有限公司、金德管业集团有限公司、日丰企业集团有限公司、北京工商大学、北京北化高科新技术股份有限公司。

本部分主要起草人：陈宏愿、柴冈、吴文利、邱强、王士良、彭晓翊、项爱民、程红原。

本部分所代替标准的历次版本发布情况为：

——GB/T 18742.1—2002。

冷热水用聚丙烯管道系统 第1部分:总则

1 范围

GB/T 18742 的本部分规定了冷热水用聚丙烯管道系统的术语和定义、符号、代号和缩略语、使用条件级别、材料要求和卫生要求。

本部分与 GB/T 18742.2、GB/T 18742.3 一起适用于建筑物内冷热水管道系统,包括饮用水和采暖管道系统等。

注 1:选购方有责任根据其特定应用需求,结合相关法规、标准或规范要求,恰当选用本产品。

注 2:涉及与冷热水设备用聚丙烯管材和管件的连接件,以及聚丙烯管材和管件与其他塑料或非塑料部件连接方面的信息可查阅 ISO 15874 有关部分(见参考文献[6])以及其他标准文件。

本部分不适用于灭火系统。

2 规范性引用文件

下列文件对于本文件的应用是必不可少的。凡是注日期的引用文件,仅注日期的版本适用于本文件。凡是不注日期的引用文件,其最新版本(包括所有的修改单)适用于本文件。

GB/T 1033.1—2008 塑料 非泡沫塑料密度的测定 第1部分:浸渍法、液体比重瓶法和滴定法(ISO 1183-1:2004,IDT)

GB/T 1040.2—2006 塑料 拉伸性能的测定 第2部分:模塑和挤塑塑料的试验条件(ISO 527-2:1993,IDT)

GB/T 1043.1—2008 塑料 简支梁冲击性能的测定 第1部分:非仪器化冲击试验(ISO 179-1:2000,IDT)

GB/T 1634.2—2004 塑料 负荷变形温度的测定 第2部分:塑料、硬橡胶和长纤维增强复合材料(ISO 75-2:2003,IDT)

GB/T 1844.1—2008 塑料 符号和缩略语 第1部分:基础聚合物及其特征性能(ISO 1043-1:2001,IDT)

GB/T 3682—2000 热塑性塑料熔体质量流动速率和熔体体积流动速率的测定(idt ISO 1133:1997)

GB/T 4217—2008 流体输送用热塑性塑料管材 公称外径和公称压力(ISO 161-1:1996,IDT)

GB/T 6111—2003 流体输送用热塑性塑料管材耐内压试验方法(ISO 1167:1996,IDT)

GB/T 9345.1—2008 塑料 灰分的测定 第1部分:通用方法(ISO 3451-1:1997,IDT)

GB/T 17219 生活饮用水输配水设备及防护材料的安全性评价标准

GB/T 18251—2000 聚烯烃管材、管件和混配料中颜料或炭黑分散的测定方法

GB/T 18252—2008 塑料管道系统 用外推法确定热塑性塑料材料以管材形式的长期静液压强度

GB/T 18742.2—2017 冷热水用聚丙烯管道系统 第2部分:管材(ISO 15874-2:2013,MOD)

GB/T 18742.3—2017 冷热水用聚丙烯管道系统 第3部分:管件(ISO 15874-3:2013,MOD)

GB/T 18743—2002　流体输送用热塑性塑料管材　简支梁冲击试验方法(eqv ISO 9854-1～ISO 9854-2:1994)

GB/T 18991—2003　冷热水系统用热塑性塑料管材和管件(ISO 10508:1995,IDT)

GB/T 19278—2003　热塑性塑料管材、管件及阀门通用术语及其定义

GB/T 19466.3—2004　塑料　差示扫描量热法(DSC)　第3部分:熔融和结晶温度及热焓的测定(ISO 11357-3:1999,IDT)

GB/T 19466.6—2009　塑料　差示扫描量热法(DSC)　第6部分:氧化诱导时间(等温OIT)和氧化诱导温度(动态OIT)的测定(ISO 11357-6:2008,MOD)

GB/T 21300—2007　塑料管材和管件　不透光性的测定(ISO 7686:2005,IDT)

3　术语和定义

GB/T 19278—2003界定的以及下列术语和定义适用于本文件。为了便于使用,以下重复列出了GB/T 19278—2003中的某些术语和定义。

3.1　几何尺寸相关的术语和定义

3.1.1

公称尺寸　nominal size

DN

表示部件尺寸的名义数值。

[GB/T 19278—2003,定义3.4]

3.1.2

公称外径　nominal outside diameter

d_n

管材或管件插口外径的规定数值,单位为毫米。

注:与管材外径相配合的管件的公称直径也用管材公称外径表示。

[GB/T 19278—2003,定义3.5]

3.1.3

任一点外径　outside diameter (at any point)

d_e

通过管材任一点横断面测量的外径,单位为毫米。

3.1.4

平均外径　mean outside diameter

d_{em}

管材或管件插口端任一横断面的外圆周长除以3.142(圆周率)并向大圆整到0.1 mm得到的值,单位为毫米。

[GB/T 19278—2003,定义3.8]

3.1.5

平均内径　mean inside diameter

相互垂直的两个或多个内径测量值的算术平均值,单位为毫米。

[GB/T 19278—2003,定义3.11]

3.1.6

最小平均外径　minimum mean outside diameter

$d_{em,min}$

平均外径(3.1.4)的最小允许值,单位为毫米。

注:在符合 GB/T 4217—2008 的管材产品标准中,最小平均外径等于其公称外径(3.1.2)。

3.1.7

最大平均外径　maximum mean outside diameter

$d_{em,max}$

平均外径(3.1.4)的最大允许值,单位为毫米。

[GB/T 19278—2003,定义 3.9]

3.1.8

承口平均内径　mean inside diameter of socket

d_{sm}

承口规定部位的平均内径(3.1.5),单位为毫米。

[GB/T 19278—2003,定义 3.12]

3.1.9

不圆度　out-of roundness;ovality

在管材或管件的管状部位的同一横截面上,最大和最小外径测量值之差,或最大和最小内径测量值之差。

[GB/T 19278—2003,定义 3.14]

3.1.10

公称壁厚　nominal wall thickness

e_n

管材壁厚的规定值,等于最小允许壁厚 $e_{y,min}$,单位为毫米。

[GB/T 19278—2003,定义 3.16]

3.1.11

任一点壁厚　wall thickness (at any point)

e_y

管材或管件圆周上任一点的壁厚,单位为毫米。

[GB/T 19278—2003,定义 3.17]

3.1.12

最小壁厚　minimum wall thickness (at any point)

$e_{y,min}$

管材或管件圆周上任一点壁厚(3.1.11)的最小允许值,单位为毫米。

[GB/T 19278—2003,定义 3.19]

3.1.13

最大壁厚　maximum wall thickness (at any point)

$e_{y,max}$

管材或管件圆周上任一点壁厚(3.1.11)的最大允许值,单位为毫米。

[GB/T 19278—2003,定义 3.20]

3.1.14

允许偏差　permissibledeviation

极限偏差

允许极限数值与规定数值之间的差值。最大允许值与规定值之差称为上偏差，最小允许值与规定值之差称为下偏差。

[GB/T 19278—2003，定义 3.1]

3.1.15

管系列　pipe series

S

与公称外径(3.1.2)和公称壁厚(3.1.10)有关的无量纲数，可用于指导管材规格的选用。S 值可由下列任一公式计算，并按一定规则圆整：

$$S = \frac{d_n - e_n}{2e_n} \qquad \cdots\cdots(1)$$

$$S = \frac{SDR - 1}{2} \qquad \cdots\cdots(2)$$

$$S = \frac{\sigma}{p} \qquad \cdots\cdots(3)$$

式中：

d_n ——管材公称外径(3.1.2)；

e_n ——公称壁厚(3.1.10)；

SDR——标准尺寸比；

p ——管材内压；

σ ——诱导应力(环向应力)。

[GB/T 19278—2003，定义 6.8]

3.1.16

管系列计算值　calculated pipe value

S_{calc}

式(4)计算出的某种管系列的值，向上圆整至最接近的 0.1：

$$S_{calc} = \frac{d_n - e_n}{2e_n} \qquad \cdots\cdots(4)$$

式中：

d_n ——公称外径，单位为毫米(mm)；

e_n ——公称壁厚，单位为毫米(mm)。

3.2　与使用条件有关的术语和定义

3.2.1

公称压力　nominalpressure

PN

与管道系统部件耐压能力有关的参考数值，为便于使用，通常取 R10 系列的优先数。

[GB/T 19278—2003，定义 6.12]

3.2.2

设计压力　design pressure

P_D

管道系统压力的最大设计值，单位为兆帕。

3.2.3

最大允许工作压力　maximum allowable operating pressure

P_{PMS}

管道系统中允许连续使用的流体最大工作压力，单位为兆帕。

3.2.4

静液压应力　hydrostatic stress

σ

以水为介质，管材受内压时管壁内的环应力，单位为兆帕。用式(5)近似计算：

$$\sigma = p \cdot \frac{d_{em} - e_{y,min}}{2e_{y,min}} \qquad \cdots\cdots(5)$$

式中：

p　——管材所受内压，单位为兆帕(MPa)；

d_{em}　——管材的平均外径，单位为毫米(mm)；

$e_{y,min}$——管材的最小壁厚，单位为毫米(mm)。

3.2.5

设计温度　design temperature

T_D

管道系统设计的流体输送温度，单位为摄氏度。

[GB/T 19278—2003，定义 6.16]

注：一般认为包括系统设计的输送水的温度或温度组合。

3.2.6

最高设计温度　maximum design temperature

T_{max}

仅在短时间内出现的，可以接受的最高温度，单位为摄氏度。

[GB/T 19278—2003，定义 6.15]

3.2.7

故障温度　malfunction temperature

T_{mal}

管道系统超出控制极限时出现的最高温度，单位为摄氏度。

[GB/T 19278—2003，定义 6.17]

3.2.8

冷水温度　cold water temperature

T_{cold}

输送冷水的温度，单位为摄氏度，最高接近 25 ℃。

注：管道设计时采用 20 ℃。

3.2.9

采暖系统用的处理水　treated water for heating installations

采暖系统使用的含添加剂的水，对系统无有害影响。

3.3 与材料性能有关的术语和定义

3.3.1

预测静液压强度置信下限　lower confidence limit of the predicted hydrostatic strength

σ_{LPL}

置信度为97.5%时,对应于温度 T 和时间 t 的静液压强度预测值的下限,$\sigma_{LPL}=\sigma(T,t,0.975)$,与应力有相同的量纲。

[GB/T 19278—2003,定义5.9]

3.3.2

总体使用(设计)系数　overall service (design) coefficient

C

一个大于1的数值,它的大小考虑了使用条件和管路其他附件的特性对管道系统的影响,是在置信下限所包含因素之外考虑的管道系统的安全裕度。

注:GB/T 18475—2001规定了特定材料的总体使用(设计)系数的最小值。

[GB/T 19278—2003,定义6.10]

3.3.3

设计应力　design stress

σ_D

规定条件下的允许应力,单位为兆帕。用式(6)近似计算:

$$\sigma_D = MRS/C \qquad (6)$$

式中:

σ_D ——设计应力,单位为兆帕(MPa);

MRS——最小要求强度,单位为兆帕(MPa);

C ——总体使用(设计)系数(3.3.2),大于1的无量纲的数值(见3.3.2)。

注:GB/T 19278—2003中6.11采用"σ_S"。管材材料设计应力代号为 σ_{DP},管件材料设计应力代号为 σ_{DF}。

3.3.4

聚丙烯混配料　polypropylene compound

由基础聚合物聚丙烯(PP)和抗氧剂、着色剂等添加剂经挤出加工而成的符合预测强度参照曲线的颗粒料。

3.3.5

有阻隔层的管材　pipes with barrier layer

具有一层很薄阻隔层的聚丙烯管材,例如用于阻止或减少气体和光线通过管壁,管材设计应力要求完全靠聚丙烯材料层承担。

注:典型的有阻隔层的管材外部阻隔层厚度(含胶黏剂层)最大0.4 mm。外层厚度超过0.4 mm的管材称为多层管材(见参考文献[7]~[10]),最外层常被认为是多层管的第一层,而不仅仅作为阻隔功能层。

4 符号、代号和缩略语

GB/T 1844.1—2008界定的以及以下符号、代号和缩略语适用于本文件。

4.1 符号和代号

C:总体使用(设计)系数

DN:公称尺寸

d_e:外径(任一点)

d_{em}:平均外径

$d_{em,max}$:最大平均外径

$d_{em,min}$:最小平均外径

d_n:公称外径

d_{sm}:承口的平均内径

e_n:公称壁厚

e_y:任一点的壁厚

$e_{y,max}$:任一点的最大壁厚

$e_{y,min}$:任一点的最小壁厚

LPL:置信下限

MDP:最大设计应力

p:管材内压

P_D:设计压力

PN:公称压力

P_{PMS}:最大允许工作压力

S:管系列

T:温度

t:时间

T_{cold}:冷水温度

T_D:设计温度

T_{mal}:故障温度

T_{max}:最高设计温度

σ:静液压应力

σ_{cold}:20 ℃时的设计应力

σ_D:设计应力

σ_{DF}:塑料管件材料的设计应力

σ_{DP}:塑料管材料的设计应力

σ_F:塑料管件材料的静液压应力

σ_{LPL}:预测静液压强度的置信下限

σ_P:塑料管材料的静液压应力

4.2 缩略语

PP　聚丙烯(polypropylene)

PP-H　均聚聚丙烯(polypropylene homopolymer)

PP-B　耐冲击共聚聚丙烯(polypropylene block copolymer)

PP-R　无规共聚聚丙烯(polypropylene random copolymer)

PP-RCT　结晶改善的无规共聚聚丙烯(polypropylene random copolymer with modified crystallinity)

5 使用条件级别

聚丙烯管道系统采用 GB/T 18991—2003 的规定,按使用条件选用其中的四个应用等级,见表 1。

每个级别均对应于一个特定的应用范围及50年的使用寿命，在具体应用时，还应考虑0.4 MPa、0.6 MPa、0.8 MPa和1.0 MPa等不同的设计压力。

表1中所列各使用条件级别的管道系统应同时满足在20 ℃、1 MPa条件下输送冷水50年使用寿命的要求。

所有采暖系统仅应使用水或者处理过的水作为传输流体。

注：水处理类型和特殊用途（如氧渗透等）的适用性宜由塑料管材和管件的制造商给出意见。

表1 使用条件级别

应用等级	T_D/℃	在 T_D 下的时间 t^a/y	T_{max}/℃	在 T_{max} 下的时间 t/y	T_{mal}/℃	在 T_{mal} 下的时间 t/h	典型的应用范围
级别1[a]	60	49	80	1	95	100	供应热水（60 ℃）
级别2[a]	70	49	80	1	95	100	供应热水（70 ℃）
级别4[b]	20 40 60	2.5 20 25	70	2.5	100	100	地板采暖和低温散热器采暖
级别5[b]	20 60 80	14 25 10	90	1	100	100	高温散热器采暖

注1：当 T_D，T_{max} 和 T_{mal} 超出本表所给出的值时，不能用本表。

注2：GB/T 18991—2003中给出了级别3（低温地板采暖），但并不适用于本标准。

[a] 可根据使用情况选择级别1或者级别2。

[b] 对任何一个级别，当设计温度不止一个时，时间应当累加处理（例如：对于级别5，50年使用寿命是指下述温度下使用时间的累加：在20 ℃下使用14年，60 ℃下使用25年，80 ℃下使用10年，90 ℃下使用1年，可能出现的故障温度100 ℃下使用100 h）。

6 材料要求

6.1 聚丙烯混配料

6.1.1 管材和管件用聚丙烯混配料应使用以下四种适用于管道的基础树脂：

a) 均聚聚丙烯(PP-H)：丙烯均聚物。

b) 耐冲击共聚聚丙烯(PP-B)：由PP-H和(或)PP-R与橡胶相形成的两相或多相丙烯共聚物。橡胶相是由丙烯和另一种烯烃单体(或多种烯烃单体)的共聚物组成。该烯烃单体无烯烃外的其他官能团。

c) 无规共聚聚丙烯(PP-R)：由丙烯与另一种烯烃单体(或多种烯烃单体)共聚而成的无规共聚物，烯烃单体中无烯烃外的其他官能团。

d) 结晶改善的无规共聚聚丙烯(PP-RCT)：结晶改善的PP-R。

注1：基础树脂的分类命名参见参考文献[1]。

注2：差示扫描量热仪(DSC)曲线上，传统的PP-R材料有且仅有一个熔融峰，β晶型PP-H和β晶型PP-RCT材料显示有两个熔融峰。

6.1.2 管材和管件用聚丙烯混配料中仅应含有必需的添加剂，添加剂应均匀分散。管材和管件用聚丙烯混配料不应含有碳酸钙、硫酸钡和荧光增白剂等成分。

6.1.3 管材和管件用聚丙烯混配料颗粒应均匀、无杂质，一般为灰色，也可为其他颜色。

6.1.4 聚丙烯管材和管件用混配料应制成管，按 GB/T 6111—2003 进行长期静液压试验，按 GB/T 18252—2008 进行数据处理并给出预测强度曲线。PP-H、PP-B、PP-R 和 PP-RCT 的预测强度参照曲线见附录 A。

按 GB/T 18252—2008 进行数据处理计算出的不同温度、不同时间的 σ_{LPL} 值，与附录 A 中给出的预测强度参照曲线相比较，σ_{LPL} 值在全部时间及温度范围内不应低于参照曲线上的对应值。

注 1：一个等效的方法是分别计算每个温度(例如 20 ℃、60 ℃和 95 ℃)下的 σ_{LPL} 值。

注 2：预测强度曲线也称为蠕变破坏曲线。以 PP-RCT 类型的混配料制造的管材进行长期静液压试验获得预测强度曲线时，任何温度下(包括 110 ℃)在 8 760 h 之前的试验值均不出现脆性破坏，即曲线无拐点。

6.1.5 聚丙烯管材和管件用混配料的其他要求见表 2 和表 3。

表 2 聚丙烯管材和管件用混配料的其他要求(颗粒料及其制备试样的测定)

序号	项目	要求				试验参数和试样类型	试验方法
		β 晶型 PP-H	PP-B	PP-R	β 晶型 PP-RCT		
1	熔体质量流动速率/(g/10 min)	≤0.5				230 ℃/2.16 kg	GB/T 3682—2000
2	密度/(g/cm³)	0.895～0.915				拉伸试验试样中间部分[a]	GB/T 1033.1—2008
3	灰分/%	≤1.5				煅烧温度 600 ℃	GB/T 9345.1—2008 方法 A
4	熔融温度 T_{Pm}/℃	T_{Pm1}≥145 T_{Pm2}≥160	≥160	≤148	T_{Pm1}≤143 T_{Pm2}≤157	氮气流量 50 mL/min，升降温速率 10 ℃/min，2 次升温	GB/T 19466.3—2004
5	氧化诱导时间/min	＞20				210 ℃，铝皿	GB/T 19466.6—2009
6	负荷变形温度/℃	≥95	≥80	≥60	≥65	B 型试样[b]；负荷 0.45 MPa；升温速率 120 ℃/h±10 ℃/h	GB/T 1634.2—2004 中 B 法
7	拉伸弹性模量/MPa	＞1 050	＞1 000	＞650	＞700	A 型试样[b]；试验速度 1 mm/min	GB/T 1040.2—2006
8	拉伸屈服应力/MPa	≥28	≥24	≥20	≥22	A 型试样[b]；试验速度 50 mm/min	GB/T 1040.2—2006
9	拉伸断裂标称应变/%	＞350	＞400	＞400	＞400	A 型试样[b]；试验速度 50 mm/min	GB/T 1040.2—2006
10	简支梁缺口冲击强度(23 ℃)/(kJ/m²)	≥50	≥50	≥40	≥50	B 型试样[b]；23 ℃	GB/T 1043.1—2008
11	简支梁缺口冲击强度(−20 ℃)/(kJ/m²)	≥2.5	≥6.0	≥1.5	≥1.5	B 型试样[b]；−20 ℃	GB/T 1043.1—2008
12	颜料分散，级	≤3					GB/T 18251—2000
13	颜料分散外观级别	A1，A2，A3 或 B					GB/T 18251—2000
注：参考文献[5]规定了更为详细的聚丙烯冷热水管道系统用混配料的技术要求。							
[a] 参见参考文献[2]。 [b] 参见参考文献[3]。							

表 3 聚丙烯管材和管件用混配料的其他要求(以管材形式测定)

<table>
<tr><th rowspan="2">序号</th><th rowspan="2">项目</th><th rowspan="2" colspan="2">要求</th><th colspan="2">试验参数</th><th rowspan="2">试样数量</th><th rowspan="2">试验方法</th></tr>
<tr><th>参数</th><th>数值</th></tr>
<tr><td>1</td><td>熔体质量流动速率</td><td colspan="2">≤0.5 g/10 min,且与对应聚丙烯混配料的变化率不超过20%</td><td>试验温度
砝码质量</td><td>230 ℃
2.16 kg</td><td>3</td><td>GB/T 3682—2000</td></tr>
<tr><td rowspan="4">2</td><td rowspan="4">简支梁冲击</td><td>β晶型 PP-H</td><td rowspan="4">破损率不大于试样数量的10%</td><td rowspan="4">试验温度</td><td>23 ℃±2 ℃</td><td rowspan="4">10</td><td rowspan="4">GB/T 18743—2002</td></tr>
<tr><td>PP-B</td><td rowspan="3">0 ℃±2 ℃</td></tr>
<tr><td>PP-R</td></tr>
<tr><td>β晶型 PP-RCT</td></tr>
<tr><td>3</td><td>透光率[a]</td><td colspan="2">≤0.2%</td><td>—</td><td>—</td><td>3</td><td>GB/T 21300—2007</td></tr>
<tr><td>4</td><td>氧化诱导时间</td><td colspan="2">≥16 min(序号 5 试验后的样品内层)</td><td>试验温度
坩埚材质</td><td>210 ℃
铝</td><td>3</td><td>GB/T 19466.6—2009</td></tr>
<tr><td>5</td><td>静液压强度</td><td colspan="2">无破裂无渗漏</td><td>静液压应力
β晶型 PP-H
PP-B
PP-R
β晶型 PP-RCT
试验温度
试验时间</td><td>
3.6 MPa
2.6 MPa
3.5 MPa
3.8 MPa
95 ℃
1 000 h</td><td>3</td><td>GB/T 6111—2003</td></tr>
<tr><td>6</td><td>静液压状态下热稳定性</td><td colspan="2">无破裂无渗漏</td><td>静液压应力
β晶型 PP-H
PP-B
PP-R
β晶型 PP-RCT
试验温度
试验时间</td><td>
1.9 MPa
1.4 MPa
1.9 MPa
2.6 MPa
110 ℃
8 760 h</td><td>1</td><td>GB/T 6111—2003</td></tr>
<tr><td colspan="8">[a] 仅适用于明装管材。</td></tr>
</table>

6.2 回用料

聚丙烯管材生产中,制造商可少量使用本厂正常生产和检验控制形成的同牌号的洁净回用料,但不应使用其他来源的回用料和任何回收料。

聚丙烯管件生产中不应使用回用料。

注:本厂回用料用于管材生产时,管材制造商宜与用户协商一致并采用合适标识。

7 卫生要求

用于输送饮用水的聚丙烯管道系统以及制造该系统所用的混配料均应符合 GB/T 17219 的要求。

附 录 A
（规范性附录）
预测强度参照曲线

PP-H、PP-B、PP-R 和 PP-RCT 的预测强度参照曲线分别见图 A.1～图 A.4。图 A.1～图 A.4 中 10 ℃～95 ℃ 范围内的管材预测强度参照曲线分别来自下列方程[见式(A.1)～式(A.7)]，其中：

第一条支线(即图 A.1、图 A.2、图 A.3 中拐点左边部分和图 A.4)：

PP-H：

$$\log t = -46.364 - \frac{9\,601.1\log\sigma}{T} + \frac{20\,381.5}{T} + 15.24\log\sigma \qquad \cdots\cdots\cdots(\text{A}.1)$$

PP-B：

$$\log t = -56.086 - \frac{10\,157.8\log\sigma}{T} + \frac{23\,971.7}{T} + 13.32\log\sigma \qquad \cdots\cdots\cdots(\text{A}.2)$$

PP-R：

$$\log t = -55.725 - \frac{9\,484.1\log\sigma}{T} + \frac{25\,502.2}{T} + 6.39\log\sigma \qquad \cdots\cdots\cdots(\text{A}.3)$$

PP-RCT：

$$\log t = -119.546 - \frac{23\,738.797\log\sigma}{T} + \frac{52\,176.696}{T} + 31.279\log\sigma \qquad \cdots\cdots\cdots(\text{A}.4)$$

第二条支线(即图 A.1、图 A.2 和图 A.3 中拐点右边部分)：

PP-H：

$$\log t = -18.387 + \frac{8\,918.5}{T} - 4.1\log\sigma \qquad \cdots\cdots\cdots(\text{A}.5)$$

PP-B：

$$\log t = -13.699 + \frac{6\,970.3}{T} - 3.82\log\sigma \qquad \cdots\cdots\cdots(\text{A}.6)$$

PP-R：

$$\log t = -19.98 + \frac{9\,507}{T} - 4.11\log\sigma \qquad \cdots\cdots\cdots(\text{A}.7)$$

式中：

t ——破坏时间，单位为小时(h)；

T——温度，单位为开尔文(k)；

σ ——静液压应力，单位为兆帕(MPa)。

长期静液压试验应至少在 20 ℃、60 ℃～70 ℃、95 ℃三个温度下，以不同环应力水平试验，使试样破坏时间点落在下述区间内，每个区间至少有三个破坏点。这些区间是：(10 h～100 h)、(100 h～1 000 h)、(1 000 h～8 760 h) 以及超过 8 760 h。

试验时间内超过 8 760 h 仍未破坏的试样，如果其试验应力不低于参照曲线上的对应值，可将其试验时间视为破坏时间。

将各个试验结果的点绘入参照曲线的坐标图中以验证与参照曲线的符合性，要求至少 97.5%的试验点应位于或高于参照曲线对应的位置。

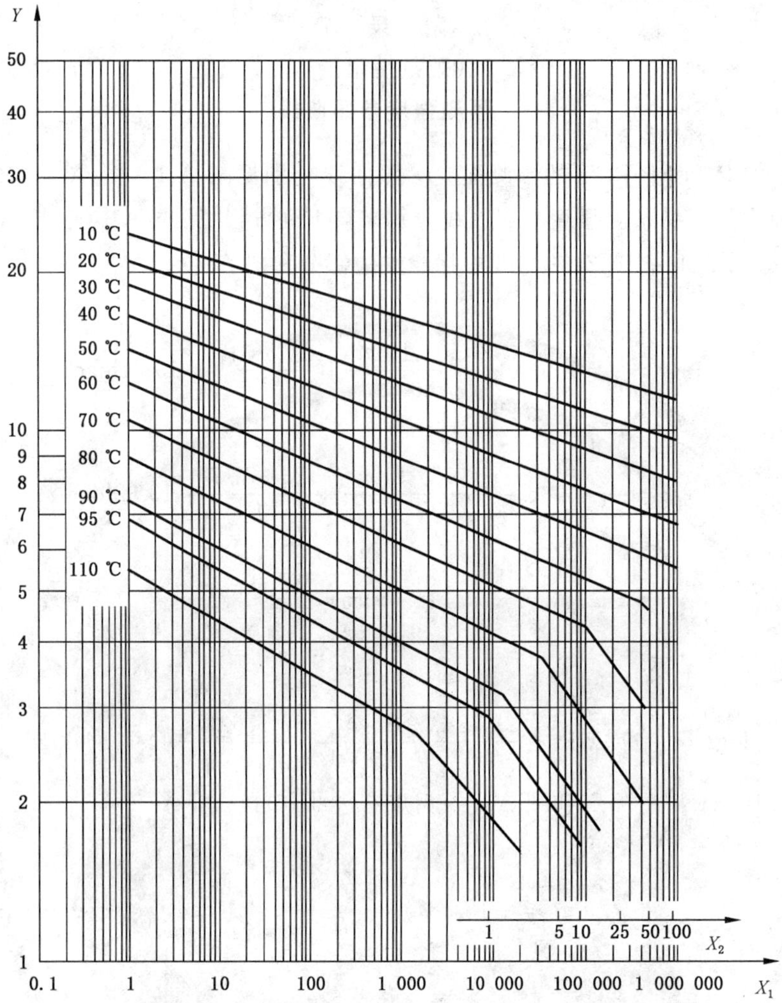

说明：

X_1——时间，t_1，至破坏，单位为小时(h)；

X_2——时间，t_2，至破坏，单位为年(y)；

Y ——环应力，σ，单位为兆帕(MPa)。

图 A.1 PP-H 预测强度参照曲线

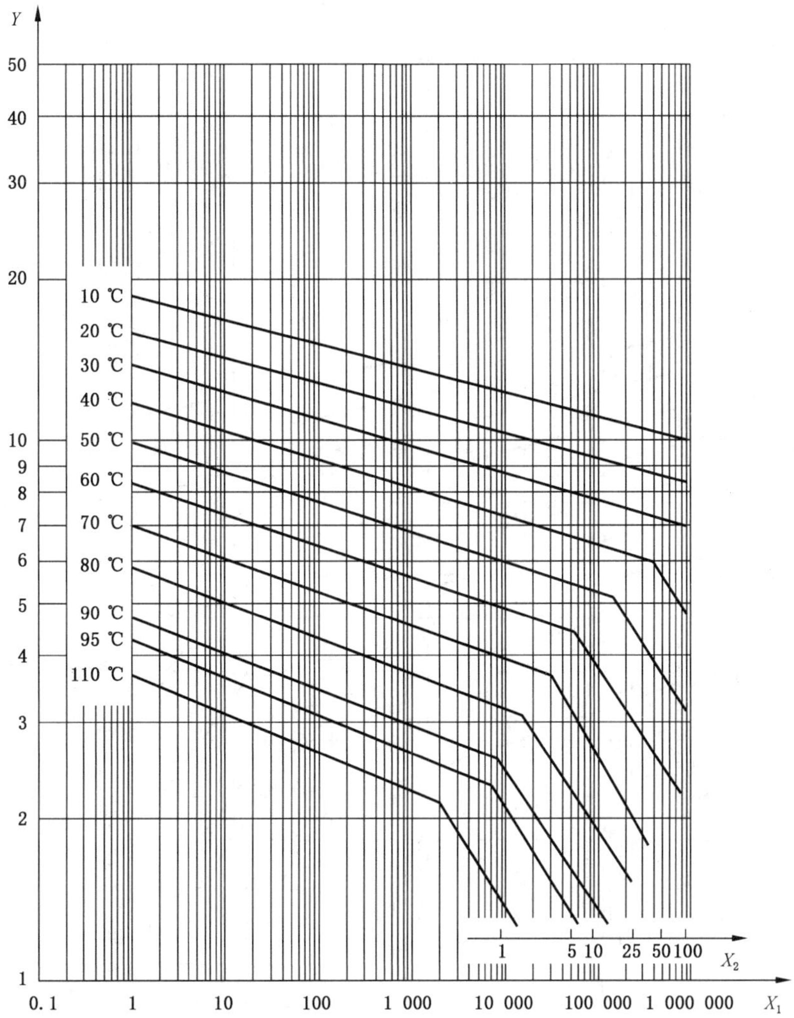

说明：

X_1——时间，t_1，至破坏，单位为小时(h)；

X_2——时间，t_2，至破坏，单位为年(y)；

Y ——环应力，σ，单位为兆帕(MPa)。

图 A.2 PP-B 预测强度参照曲线

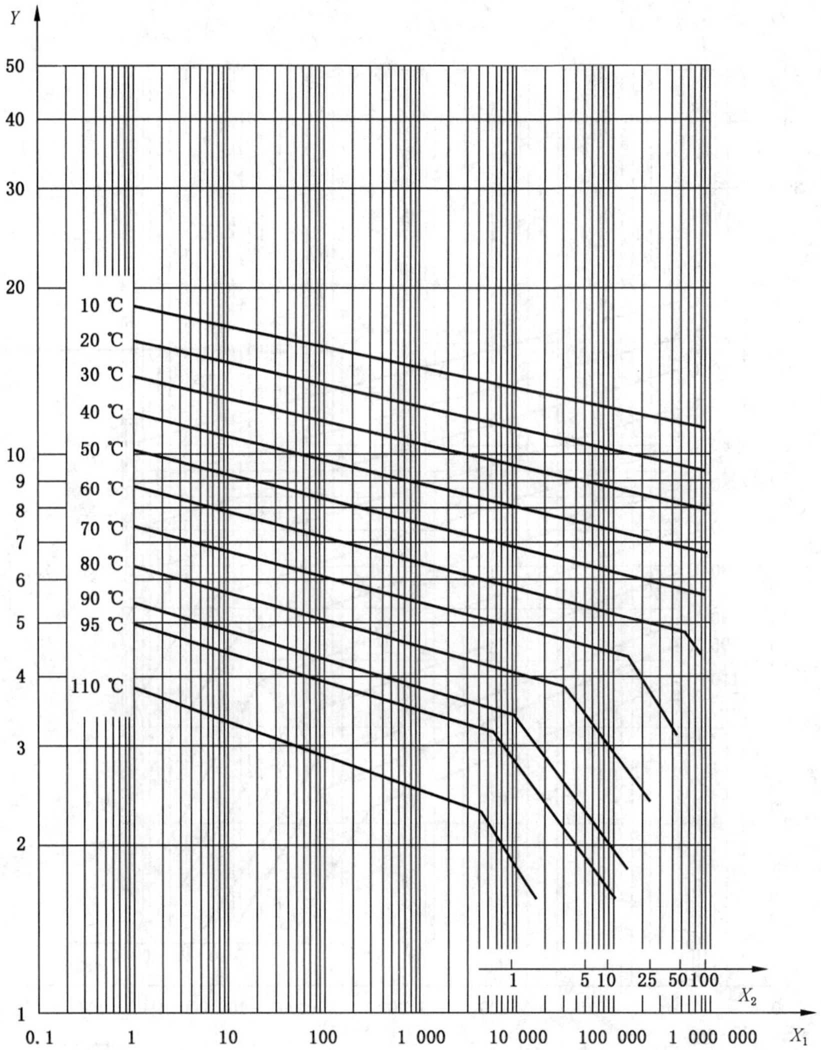

说明：

X_1——时间，t_1，至破坏，单位为小时(h)；

X_2——时间，t_2，至破坏，单位为年(y)；

Y ——环应力，σ，单位为兆帕(MPa)。

图 A.3 PP-R 预测强度参照曲线

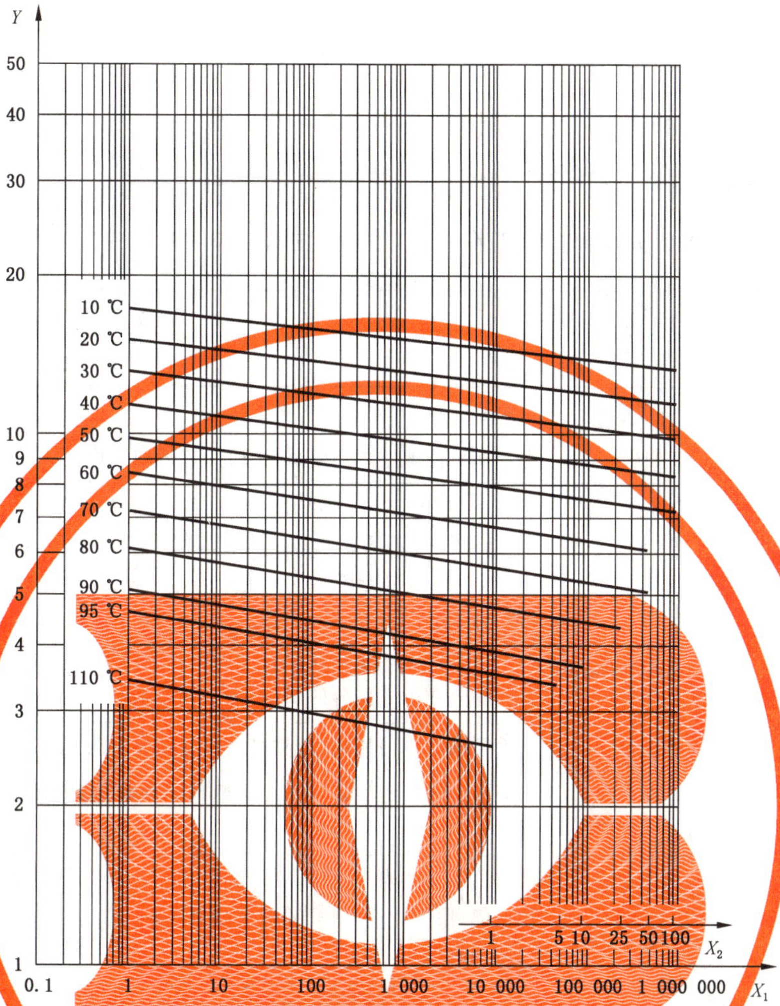

说明：

X_1——时间，t_1，至破坏，单位为小时(h)；

X_2——时间，t_2，至破坏，单位为年(y)；

Y ——环应力，σ，单位为兆帕(MPa)。

图 A.4 PP-RCT 预测强度参照曲线

附　录　B
（资料性附录）
本部分与 ISO 15874-1:2013 主要技术性和编辑性差异对照表

表 B.1 列出了本部分与 ISO 15874-1:2013 的主要技术性和编辑性差异。

表 B.1　本部分与 ISO 15874-1:2013 主要技术性和编辑性差异对照表

序号	本部分的条款编号	ISO 15874-1:2013 的条款编号	技术性和编辑性差异说明
1	—	引言	删除了 ISO 引言
2	第 1 章	第 1 章	将本部分范围限定在管材和管件，以适应国内使用的习惯
3	第 2 章	第 2 章	ISO 15874-1:2013 共列出了五项规范性引用文件，其中： 1） ISO 472 不适用我国国情，所以不作为引用文件； 2） ISO 1043-1 已等同转化为我国标准，因此将我国标准 GB/T 1844.1—2008 作为引用标准； 3） ISO 15874-2:2013、ISO 15874-3 和 ISO 4065 等三项标准作为本标准第 2 部分和第 3 部分的引用文件
4	—	3.1.1.2	删除了国内不使用的"公称名义尺寸 DN/OD"的定义
5	6.1	—	将 ISO 15874-2:2013 中 4.2 主要部分内容放到本部分本条款，符合国内使用习惯
6	6.1.5	—	增加了表 2 和表 3，分别将颗粒料和管材形式测定的颗粒料技术要求加以明确，便于生产、研究和质量监督使用
7	6.2	5.3	明确了回用料要求
8	—	第 6 章	系统适应性的要求在第 2 部分和第 3 部分标准体现，以符合国内使用习惯
9	附录 A	—	将 ISO 15874-2:2013 中 4.2 方程及说明和预测强度参照曲线等内容放到本部分本附录，符合国内使用习惯
10	参考文献	参考文献	ISO 15874-1:2013 共列出了七条参考文献，其中： 1） CEN/TR 12108，在 ISO 15874-1:2013 前言中注 1 提及了，本部分删除了 ISO 前言，因此去掉此条； 2） EN 806-1，在 ISO 15874-1:2013 中 3.1.2.1 设计压力的注 1 提及了，本部分未使用这个注，因此删除此条； 3） ISO 10508，对应的我国标准为 GB/T 18991，已作为引用文件在第 2 章中列出，参考文献中去掉此条； 4） ISO 21003-1、ISO 21003-2、ISO 21003-3 和 ISO 21003-5 在本部分 3.3.5 中提及，予以保留。 本部分增加了六条参考文献，其中： 1） GB/T 2546.1—2006 在 6.1.1 的注 1 提及； 2） GB/T 2546.2—2003、GB/T 17037.1—1997 和 SH/T 1750—2005 在 6.1.5 的表 2 中提及； 3） GB/T 18475—2001 在 3.3.2 的注中提及； 4） ISO 15874 在第 1 章注 2 中提及

参 考 文 献

[1] GB/T 2546.1—2006 塑料 聚丙烯(PP)模塑和挤出材料 第1部分:命名系统和分类基础

[2] GB/T 2546.2—2003 塑料 聚丙烯(PP)模塑和挤出材料 第2部分:试样制备和性能测定

[3] GB/T 17037.1—1997 热塑性塑料材料注塑试样的制备 第1部分:一般原理及多用途试样和长条试样的制备

[4] GB/T 18475—2001 热塑性塑料压力管材和管件用材料分级和命名 总体使用(设计)系数

[5] SH/T 1750—2005 冷热水管道系统用无规共聚聚丙烯(PP-R)专用料

[6] ISO 15874 冷热水用聚丙烯(PP)管道系统

[7] ISO 21003-1 建筑物内冷热水设备用复合管道系统 第1部分:总则

[8] ISO 21003-2 建筑物内冷热水设备用复合管道系统 第2部分:管材

[9] ISO 21003-3 建筑物内冷热水设备用复合管道系统 第3部分:管件

[10] ISO 21003-5 建筑物内冷热水设备用复合管道系统 第5部分:系统的适应性

ICS 83.140.30
G 33

中华人民共和国国家标准

GB/T 18742.2—2017
代替 GB/T 18742.2—2002

冷热水用聚丙烯管道系统 第2部分:管材

Polypropylene(PP) piping systems for hot and cold water installations—Part 2: Pipes

(ISO 15874-2:2013, Plastics piping systems for hot and cold water installations—Polypropylene(PP)—Part 2: Pipes, MOD)

2017-10-14 发布　　　　2018-05-01 实施

中华人民共和国国家质量监督检验检疫总局
中国国家标准化管理委员会　发布

前　言

GB/T 18742《冷热水用聚丙烯管道系统》分为3个部分：

——第1部分：总则；

——第2部分：管材；

——第3部分：管件。

本部分为GB/T 18742的第2部分。

本部分按照GB/T 1.1—2009给出的规则起草。

本部分代替GB/T 18742.2—2002《冷热水用聚丙烯管道系统　第2部分：管材》，与GB/T 18742.2—2002相比，主要技术变化如下：

——将聚丙烯管材料为原料修改为聚丙烯混配料为原料(见第1章)；

——删除了适用范围中的“工业及民用冷热水”及“不使用水作为介质的系统所用的管材”(见2002年版的第1章)；

——增加了贸易性内容的注(见第1章)；

——增加和更新了相关的规范性引用文件(见第2章)；

——将“生产管材所用原材料应是符合GB/T 18742.1要求的聚丙烯管材料”修改为“生产管材用聚丙烯混配料应符合GB/T 18742.1—2017的第6章、第7章的要求(见第4章)；

——本部分中将“PP-H”均修改为“β晶型PP-H”；

——管材按聚丙烯混配料分增加了β晶型PP-RCT管材(见5.1)；

——管材按管系列分增加了S6.3系列，将“附录B管系列S与公称压力PN的关系”修改为“附录C管系列S与最大允许工作压力的关系(20 ℃，50年)”(见5.2、附录C)；

——重新计算了管系列S值的选择并增加了β晶型PP-RCT管材管系列S的选择(见第6章)；

——对管材外观要求重新进行了表述(见7.2)；

——增加了带阻隔层管材的阻隔层和黏接层总壁厚要求(见7.3.2)；

——删除了“公称外径d_n 12 mm”的尺寸要求(见2002年版的7.4.2)；

——将公称外径尺寸扩大到d_n 200 mm(见7.3.2)；

——增加了管系列S6.3的公称壁厚并注明了管系列S6.3仅适用于β晶型PP-RCT管材的说明(见7.3.2)；

——增加了壁厚的允许偏差(见7.3.4)；

——单独列出管材的静液压强度，修改了部分静液压应力值并增加了β晶型PP-RCT管材静液压强度(见7.4)；

——增加了β晶型PP-RCT管材的物理和化学性能要求(见7.5)；

——增加了灰分、熔融温度、氧化诱导时间、95 ℃/1 000 h静液压试验后的氧化诱导时间、颜料分散、透光率、透氧率的要求(见7.5)；

——修改了简支梁冲击试验合格判定要求(见7.5)；

——修改了熔体质量流动速率与对应聚丙烯混配料的变化率要求(见7.5)；

——删除了不透光性要求，放入本部分表8中并修改为透光率(见7.5)；

——增加了“采用机械连接的管材与管件的系统适用性”的注(见7.7.1)；

——重新计算内压试验的试验压力值并增加了β晶型PP-RCT管材的内压试验要求(见7.7.2)；

——删除了“预应力的推算方法”，将“预应力”放入表10中(见7.7.3)；

——增加了β晶型 PP-RCT 的预应力(见 7.7.3);
——删除了 GB/T 18742.2—2002 中的附录 A(见 2002 年版的附录 A);
——增加和修改了试验方法(见第 8 章);
——增加了检验分类(见 9.1);
——修改了组批和分组要求(见 9.2.1、9.2.2);
——增加了定型检验项目要求(见 9.3);
——增加了出厂检验项目要求,对β晶型 PP-H、PP-B、PP-R、β晶型 PP-RCT 管材的静液压试验做了说明(见 9.4.1);
——修改了正常检验一次抽样方案,合格质量水平 6.5 改为接收质量限(AQL)4.0,增加了“批量范围”(见 9.4.2);
——增加了控制点检验要求(见 9.5);
——增加了型式检验项目要求(见 9.6.2);
——修改了型式检验时间要求(见 9.6.3);
——将“不合格批”修改为“不合格批(或产品)”(见 9.7);
——修改了标志中产品名称的内容(见 10.1.1);
——标志内容中增加了生产批号、非明装管材、带阻隔层管材的标志要求(见 10.1.1);
——删除了为防止使用过程中出现混乱,不应标志 PN 值的条款(见 2002 年版的 10.1.3);
——删除了“每个包装质量一般不大于 25 kg,也可根据用户要求协商确定”的要求(见 2002 年版的 10.2);
——增加了资料性附录“本部分与 ISO 15874-2:2013 相比的结构变化情况”(见附录 A);
——增加了资料性附录“本部分与 ISO 15874-2:2013 的技术差异及其原因”(见附录 B);
——增加了资料性附录“系统适用性”(见附录 D)。

本部分使用重新起草法修改采用 ISO 15874-2:2013《冷热水设备用塑料管道系统 聚丙烯 第 2 部分:管材》(英文版)。

本部分与 ISO 15874-2:2013 相比在结构上有较多调整。附录 A 中列出了本部分章条编号与 ISO 15874-2:2013 的章条编号的对照一览表。

本部分与 ISO 15874-2:2013 相比存在技术性差异,附录 B 中给出了相应技术性差异及其原因的一览表。

本部分采用现行有效的国家标准,替代了 ISO 15874-2:2013 中的引用文件。

请注意本文件的某些内容可能涉及专利。本文件的发布机构不承担识别这些专利的责任。

本部分由中国轻工业联合会提出。

本部分由全国塑料制品标准化技术委员会(SAC/TC 48)归口。

本部分主要起草单位:上海白蝶管业科技股份有限公司、浙江伟星新型建材股份有限公司、永高股份有限公司、淄博洁林塑料制管有限公司、成都川路塑胶集团有限公司、日丰企业集团有限公司、爱康企业集团(上海)有限公司、武汉金牛经济发展有限公司、金德管业集团有限公司、国机通用机械科技股份有限公司、河北宝路七星塑业有限公司、北京工商大学、上海天力实业(集团)有限公司。

本部分主要起草人:柴冈、李大治、黄剑、徐红越、朱利平、谢建玲、贾立蓉、李白千、邱强、涂向群、王士良、项爱民、吴文利。

本部分所代替标准的历次版本发布情况为:

——GB/T 18742.2—2002。

冷热水用聚丙烯管道系统
第2部分：管材

1 范围

GB/T 18742 的本部分规定了以聚丙烯混配料为原料，经挤出成型的圆形横截面的聚丙烯管材（以下简称管材）的定义、符号和缩略语、材料、产品分类、管系列 S 值的选择、要求、试验方法、检验规则和标志、包装、运输、贮存。

本部分与 GB/T 18742.1、GB/T 18742.3 一起适用于建筑物内冷热水管道系统，包括饮用水和采暖管道系统等。

注：选购方有责任根据其特定应用需求，结合相关法规、标准或规范要求，恰当选用本产品。

本部分不适用于灭火系统。

2 规范性引用文件

下列文件对于本文件的应用是必不可少的。凡是注日期的引用文件，仅注日期的版本适用于本文件。凡是不注日期的引用文件，其最新版本（包括所有的修改单）适用于本文件。

GB/T 2828.1—2012 计数抽样检验程序 第1部分：按接收质量限（AQL）检索的逐批检验抽样计划（ISO 2859-1：1999，IDT）

GB/T 2918—1998 塑料试样状态调节和试验的标准环境（idt ISO 291：1997）

GB/T 3682—2000 热塑性塑料熔体质量流动速率和熔体体积流动速率的测定（idt ISO 1133：1997）

GB/T 6111—2003 流体输送用热塑性塑料管材耐内压试验方法（ISO 1167：1996，IDT）

GB/T 6671—2001 热塑性塑料管材 纵向回缩率的测定（eqv ISO 2505：1994）

GB/T 8806—2008 塑料管道系统 塑料部件 尺寸的测量（ISO 3126：2005，IDT）

GB/T 9345.1—2008 塑料 灰分的测定 第1部分：通用方法（ISO 3451-1：1997，IDT）

GB/T 10798—2001 热塑性塑料管材通用壁厚表（idt ISO 4065：1996）

GB/T 15820—1995 聚乙烯压力管材与管件连接的耐拉拔试验

GB/T 17219 生活饮用水输配水设备及防护材料的安全性评价标准

GB/T 18251—2000 聚烯烃管材、管件和混配料中颜料和炭黑分散的测定方法

GB/T 18742.1—2017 冷热水用聚丙烯管道系统 第1部分：总则（ISO 15874-1：2013，MOD）

GB/T 18742.3—2017 冷热水用聚丙烯管道系统 第3部分：管件（ISO 15874-3：2013，MOD）

GB/T 18743—2002 流体输送用热塑性塑料管材 简支梁冲击试验方法（eqv ISO 9854-1～9854-2：1994）

GB/T 19466.3—2004 塑料 差示扫描量热法（DSC） 第3部分：熔融和结晶温度及热焓的测定（ISO 11357-3：1999，IDT）

GB/T 19466.6—2009 塑料 差示扫描量热法（DSC） 第6部分：氧化诱导时间（等温 OIT）和氧化诱导温度（动态 OIT）的测定（ISO 11357-6：2008，MOD）

GB/T 19473.2—2004 冷热水用聚丁烯（PB）管道系统 第2部分：管材

GB/T 19993—2005 冷热水用热塑性塑料管道系统 管材管件组合系统热循环试验方法

GB/T 21300—2007 塑料管材和管件 不透光性的测定(ISO 7686:2005,IDT)

ISO 17455:2005 塑料管道系统 多层管 阻隔层氧气渗透性能的测定(Plastics piping systems—Multilayer pipes—Determination of the oxygen permeability of the barrier pipe)

3 术语和定义、符号和缩略语

GB/T 18742.1—2017 界定的术语和定义、符号和缩略语适用于本文件。

4 材料

生产管材用聚丙烯混配料应符合 GB/T 18742.1—2017 的第 6 章、第 7 章的要求。

5 产品分类

5.1 管材按聚丙烯混配料分为β晶型 PP-H、PP-B、PP-R、β晶型 PP-RCT 管材。

5.2 管材按管系列分为 S6.3、S5、S4、S3.2、S2.5、S2。管系列 S 与最大允许工作压力的关系(20 ℃,50 年)参见附录 C。

6 管系列 S 值的选择

管材按不同的材料、使用条件级别和设计压力选择对应的 S 值,见表 1、表 2、表 3、表 4。其他压力规格,按供需双方商定选择对应 S 值,使用寿命设计应满足 50 年的要求。

表 1 β晶型 PP-H 管管系列 S 的选择

设计压力 MPa	管系列 S			
	级别 1 σ_D=2.88 MPa	级别 2 σ_D=1.99 MPa	级别 4 σ_D=3.23 MPa	级别 5 σ_D=1.82 MPa
0.4	5	5	5	4
0.6	4	3.2	5	2.5
0.8	3.2	2.5	4	2
1.0	2.5	2	3.2	—

表 2 PP-B 管管系列 S 的选择

设计压力 MPa	管系列 S			
	级别 1 σ_D=1.66 MPa	级别 2 σ_D=1.19 MPa	级别 4 σ_D=1.94 MPa	级别 5 σ_D=1.19 MPa
0.4	4	2.5	4	2.5
0.6	2.5	2	3.2	2
0.8	2	—	2	—
1.0	—	—	2	—

表 3　PP-R 管管系列 S 的选择

设计压力 MPa	管系列 S			
	级别 1 σ_D=3.02 MPa	级别 2 σ_D=2.12 MPa	级别 4 σ_D=3.29 MPa	级别 5 σ_D=1.89 MPa
0.4	5	5	5	4
0.6	5	3.2	5	3.2
0.8	3.2	2.5	4	2
1.0	2.5	2	3.2	—

表 4　β 晶型 PP-RCT 管管系列 S 的选择

设计压力 MPa	管系列 S			
	级别 1 σ_D=3.64 MPa	级别 2 σ_D=3.40 MPa	级别 4 σ_D=3.67 MPa	级别 5 σ_D=2.92 MPa
0.4	6.3	6.3	6.3	5
0.6	5	5	5	4
0.8	4	4	4	3.2
1.0	3.2	3.2	3.2	2.5

7　要求

7.1　颜色

一般为灰色，其他颜色可由供需双方协商确定。

7.2　外观

管材表面颜色应均匀一致，不应有明显色差。

管材的内外表面应光滑、平整，不应有凹陷、气泡、杂质和其他影响产品性能的表面缺陷。管材端面应切割平整并与轴线垂直。

7.3　规格及尺寸

7.3.1　管材规格用管系列 S、公称外径 d_n×公称壁厚 e_n 表示。

示例：管系列 S5、公称外径为 32 mm、公称壁厚为 2.9 mm

表示为 S5　d_n32×e_n2.9

7.3.2　管材的公称外径、平均外径以及管系列 S 对应的最小壁厚(不包括阻隔层和黏接层的壁厚)，见表 5。阻隔层和黏接层总壁厚应不大于 0.4 mm。

表 5 管材管系列和规格尺寸

单位为毫米

公称外径 d_n	平均外径		公称壁厚 e_n					
			管系列					
	$d_{em,min}$	$d_{em,max}$	S6.3[a]	S5	S4	S3.2	S2.5	S2
16	16.0	16.3	—	—	2.0	2.2	2.7	3.3
20	20.0	20.3	—	2.0	2.3	2.8	3.4	4.1
25	25.0	25.3	2.0	2.3	2.8	3.5	4.2	5.1
32	32.0	32.3	2.4	2.9	3.6	4.4	5.4	6.5
40	40.0	40.4	3.0	3.7	4.5	5.5	6.7	8.1
50	50.0	50.5	3.7	4.6	5.6	6.9	8.3	10.1
63	63.0	63.6	4.7	5.8	7.1	8.6	10.5	12.7
75	75.0	75.7	5.6	6.8	8.4	10.3	12.5	15.1
90	90.0	90.9	6.7	8.2	10.1	12.3	15.0	18.1
110	110.0	111.0	8.1	10.0	12.3	15.1	18.3	22.1
125	125.0	126.2	9.2	11.4	14.0	17.1	20.8	25.1
140	140.0	141.3	10.3	12.7	15.7	19.2	23.3	28.1
160	160.0	161.5	11.8	14.6	17.9	21.9	26.6	32.1
180	180.0	181.7	13.3	16.4	20.1	24.6	29.0	36.1
200	200.0	201.8	14.7	18.2	22.4	27.4	33.2	40.1
[a] 仅适用于β晶型 PP-RCT 管材。								

7.3.3 管材的长度一般为 4 m 或 6 m，也可由供需双方商定。管材长度不应有负偏差。

7.3.4 管材同一截面壁厚允许偏差应符合表 6 规定。

表 6 壁厚的允许偏差

单位为毫米

公称壁厚 e_n	允许偏差	公称壁厚 e_n	允许偏差	公称壁厚 e_n	允许偏差	公称壁厚 e_n	允许偏差
$1.0<e_n\leqslant2.0$	$^{+0.3}_{0}$	$7.0<e_n\leqslant8.0$	$^{+0.9}_{0}$	$13.0<e_n\leqslant14.0$	$^{+1.5}_{0}$	$19.0<e_n\leqslant20.0$	$^{+2.1}_{0}$
$2.0<e_n\leqslant3.0$	$^{+0.4}_{0}$	$8.0<e_n\leqslant9.0$	$^{+1.0}_{0}$	$14.0<e_n\leqslant15.0$	$^{+1.6}_{0}$	$20.0<e_n\leqslant21.0$	$^{+2.2}_{0}$
$3.0<e_n\leqslant4.0$	$^{+0.5}_{0}$	$9.0<e_n\leqslant10.0$	$^{+1.1}_{0}$	$15.0<e_n\leqslant16.0$	$^{+1.7}_{0}$	$21.0<e_n\leqslant22.0$	$^{+2.3}_{0}$
$4.0<e_n\leqslant5.0$	$^{+0.6}_{0}$	$10.0<e_n\leqslant11.0$	$^{+1.2}_{0}$	$16.0<e_n\leqslant17.0$	$^{+1.8}_{0}$	$22.0<e_n\leqslant23.0$	$^{+2.4}_{0}$
$5.0<e_n\leqslant6.0$	$^{+0.7}_{0}$	$11.0<e_n\leqslant12.0$	$^{+1.3}_{0}$	$17.0<e_n\leqslant18.0$	$^{+1.9}_{0}$	$23.0<e_n\leqslant24.0$	$^{+2.5}_{0}$
$6.0<e_n\leqslant7.0$	$^{+0.8}_{0}$	$12.0<e_n\leqslant13.0$	$^{+1.4}_{0}$	$18.0<e_n\leqslant19.0$	$^{+2.0}_{0}$	$24.0<e_n\leqslant25.0$	$^{+2.6}_{0}$

表 6（续）

单位为毫米

公称壁厚 e_n	允许偏差	公称壁厚 e_n	允许偏差	公称壁厚 e_n	允许偏差	公称壁厚 e_n	允许偏差
$25.0<e_n\leqslant26.0$	$^{+2.7}_{0}$	$29.0<e_n\leqslant30.0$	$^{+3.1}_{0}$	$33.0<e_n\leqslant34.0$	$^{+3.6}_{0}$	$37.0<e_n\leqslant38.0$	$^{+4.0}_{0}$
$26.0<e_n\leqslant27.0$	$^{+2.8}_{0}$	$30.0<e_n\leqslant31.0$	$^{+3.2}_{0}$	$34.0<e_n\leqslant35.0$	$^{+3.7}_{0}$	$38.0<e_n\leqslant39.0$	$^{+4.1}_{0}$
$27.0<e_n\leqslant28.0$	$^{+2.9}_{0}$	$31.0<e_n\leqslant32.0$	$^{+3.3}_{0}$	$35.0<e_n\leqslant36.0$	$^{+3.8}_{0}$	$39.0<e_n\leqslant40.0$	$^{+4.2}_{0}$
$28.0<e_n\leqslant29.0$	$^{+3.0}_{0}$	$32.0<e_n\leqslant33.0$	$^{+3.4}_{0}$	$36.0<e_n\leqslant37.0$	$^{+3.9}_{0}$	$40.0<e_n\leqslant41.0$	$^{+4.3}_{0}$

7.4 静液压强度

管材的静液压强度应符合表 7 的规定。

表 7 管材的静液压强度

材料	试验参数			试样数量	要求
	试验温度 ℃	试验时间 h	静液压应力 MPa		
β晶型 PP-H	20	1	21.0	3	无破裂 无渗漏
	95	22	5.1		
		165	4.2		
		1 000	3.6		
PP-B	20	1	16.0		
	95	22	3.5		
		165	3.0		
		1 000	2.6		
PP-R	20	1	16.0		
	95	22	4.3		
		165	3.8		
		1 000	3.5		
β晶型 PP-RCT	20	1	15.0		
	95	22	4.2		
		165	4.0		
		1 000	3.8		

7.5 物理和化学性能

管材的物理和化学性能应符合表 8 的规定。

表 8 管材的物理和化学性能

项目		要求	试验参数：参数	试验参数：数值	试样数量	试验方法
灰分		≤1.5%	试验温度	600 ℃	3	GB/T 9345.1—2008 方法 A
熔融温度 T_{Pm}	β晶型 PP-H	T_{Pm1}≥145 ℃ T_{Pm2}≥160 ℃	氮气流量 50 mL/min，升降温速率 10 ℃/min，2 次升温		3	GB/T 19466.3—2004
	PP-B	≥160 ℃				
	PP-R	≤148 ℃				
	β晶型 PP-RCT	T_{Pm1}≤143 ℃ T_{Pm2}≤157 ℃				
氧化诱导时间		≥20 min	试验温度	210 ℃	3	GB/T 19466.6—2009
95 ℃/1 000 h 静液压试验后的氧化诱导时间		≥16 min				
颜料分散		≤3 级 外观级别：A1、A2、A3 或 B	—		3	GB/T 18251—2000
纵向回缩率	β晶型 PP-H	≤2%	e_n≤8 mm：1 h 8 mm<e_n≤16 mm：2 h e_n>16 mm：4 h	(150±2)℃	3	GB/T 6671—2001
	PP-B					
	PP-R			(135±2)℃		
	β晶型 PP-RCT					
简支梁冲击	β晶型 PP-H	破损率不大于试样数量的 10%	试验温度	(23±2)℃	10	GB/T 18743—2002
	PP-B			(0±2)℃		
	PP-R					
	β晶型 PP-RCT					
熔体质量流动速率		≤0.5 g/10 min 且与对应聚丙烯混配料的变化率不超过 20%	试验温度 砝码质量	230 ℃ 2.16 kg	3	GB/T 3682—2000
静液压状态下热稳定性		无破裂无渗漏	静液压应力： β晶型 PP-H PP-B PP-R β晶型 PP-RCT 试验温度 试验时间	 1.9 MPa 1.4 MPa 1.9 MPa 2.6 MPa 110 ℃ 8 760 h	1	GB/T 6111—2003
透光率[a]		≤0.2%	—		3	GB/T 21300—2007
透氧率[b]		≤0.1 g/(m^3·d)				ISO 17455:2005

[a] 仅适用于明装管材。

[b] 仅适用于带阻氧层的管材。

7.6 卫生要求

用于输送饮用水的管材应符合 GB/T 17219 的规定。

7.7 系统适用性

7.7.1 管材与符合 GB/T 18742.3—2017 规定的管件连接后进行内压试验和热循环试验。

注：采用机械连接的管材与管件的系统适用性可参见 7.7 及附录 D 进行。

7.7.2 内压试验的结果应符合表 9 的要求。

表 9 内压试验

<table>
<tr><th>管系列</th><th>材料</th><th>试验压力
MPa</th><th>试验温度
℃</th><th>试验时间
h</th><th>试样数量</th><th>要求</th></tr>
<tr><td>S6.3</td><td>β 晶型 PP-RCT</td><td>0.60</td><td rowspan="21">95</td><td rowspan="21">1 000</td><td rowspan="21">3</td><td rowspan="21">无破裂
无渗漏</td></tr>
<tr><td rowspan="4">S5</td><td>β 晶型 PP-H</td><td>0.72</td></tr>
<tr><td>PP-B</td><td>0.52</td></tr>
<tr><td>PP-R</td><td>0.70</td></tr>
<tr><td>β 晶型 PP-RCT</td><td>0.76</td></tr>
<tr><td rowspan="4">S4</td><td>β 晶型 PP-H</td><td>0.90</td></tr>
<tr><td>PP-B</td><td>0.65</td></tr>
<tr><td>PP-R</td><td>0.88</td></tr>
<tr><td>β 晶型 PP-RCT</td><td>0.95</td></tr>
<tr><td rowspan="4">S3.2</td><td>β 晶型 PP-H</td><td>1.13</td></tr>
<tr><td>PP-B</td><td>0.81</td></tr>
<tr><td>PP-R</td><td>1.09</td></tr>
<tr><td>β 晶型 PP-RCT</td><td>1.19</td></tr>
<tr><td rowspan="4">S2.5</td><td>β 晶型 PP-H</td><td>1.44</td></tr>
<tr><td>PP-B</td><td>1.04</td></tr>
<tr><td>PP-R</td><td>1.40</td></tr>
<tr><td>β 晶型 PP-RCT</td><td>1.52</td></tr>
<tr><td rowspan="4">S2</td><td>β 晶型 PP-H</td><td>1.80</td></tr>
<tr><td>PP-B</td><td>1.30</td></tr>
<tr><td>PP-R</td><td>1.75</td></tr>
<tr><td>β 晶型 PP-RCT</td><td>1.90</td></tr>
</table>

7.7.3 热循环试验的结果应符合表 10 的要求。

表 10　热循环试验

材料	最高试验温度 ℃	最低试验温度 ℃	试验压力 MPa	循环次数	预应力 MPa	试样数量	要求
β晶型 PP-H	95	20	1.0	5 000	3.6	1	无破裂 无渗漏
PP-B					3.0		
PP-R					2.4		
β晶型 PP-RCT					2.7		
注：一个循环的时间为 30^{+2}_{0} min，包括 15^{+1}_{0} min 最高试验温度和 15^{+1}_{0} min 最低试验温度。							

8　试验方法

8.1　试验状态调节

应在管材下线 48 h 后取样。

除非另有规定，试样应按 GB/T 2918—1998 规定，在温度为(23±2)℃，相对湿度为(50±10)%条件下进行状态调节，时间不少于 24 h，并在此条件下进行试验。

8.2　颜色及外观检查

目测。

8.3　尺寸测量

8.3.1　平均外径

按 GB/T 8806—2008 进行测量。应选取距离管材端口 100 mm～150 mm 处测量，小数点后第二位非零数字进位。

8.3.2　壁厚

按 GB/T 8806—2008 的规定测量壁厚的最大值和最小值，精确到 0.1 mm，小数点后第二位非零数字进位。

带阻隔层管材测量壁厚时，在管材的同一横截面上平均切取四段弧状试样，用切片机切取厚度为 20 μm 的样品并用盖玻片平整盖好，在倍率不低于 100 倍的显微镜下进行测量，计算四段阻隔层和黏接层的厚度，取平均值为阻隔层和黏接层的壁厚，精确到 0.01 mm。

8.3.3　长度

按 GB/T 8806—2008 进行测量，量具精度不低于 1 mm。

8.4　静液压强度

按 GB/T 6111—2003 进行试验。试验条件按表 7 的规定，试样内外的介质均为水，采用 A 型封头。带阻隔层管材计算试验压力时，计算公式中的最小壁厚应去除阻隔层和黏接层的厚度。

8.5 灰分

按 GB/T 9345.1—2008 方法 A 进行试验，试验温度为 600 ℃。带阻隔层管材试验前应去除阻隔层和黏接层。

8.6 熔融温度

按 GB/T 19466.3—2004 进行试验。取第 2 次加热扫描 DSC 曲线上的峰值温度 T_{Pm} 为熔融温度。带阻隔层管材试验前应去除阻隔层和黏接层。

8.7 氧化诱导时间

按 GB/T 19466.6—2009 进行试验，试验温度为 210 ℃，试验容器为铝皿。带阻隔层管材试验前应去除阻隔层和黏接层。

8.8 95 ℃/1 000 h 静液压试验后的氧化诱导时间

按 GB/T 19466.6—2009 进行试验，在完成 95 ℃/1 000 h 静液压试验后的样品中进行取样，取管材内层进行试验。带阻隔层管材试验前应去除阻隔层和黏接层。

8.9 颜料分散

按 GB/T 18251—2000 进行试验。带阻隔层管材试验前应去除阻隔层和黏接层。

8.10 纵向回缩率

按 GB/T 6671—2001 方法 B 进行试验。

8.11 简支梁冲击

按 GB/T 18743—2002 进行试验。

8.12 熔体质量流动速率

按 GB/T 3682—2000 进行试验。带阻隔层管材试验前应去除阻隔层和黏接层。

8.13 静液压状态下的热稳定性

8.13.1 试验条件

按表 8 规定进行试验，温度允许偏差为 110^{+4}_{-2} ℃。试验介质：内部为水，外部为空气。

8.13.2 试验方法

按 GB/T 6111—2003 进行试验，采用 A 型封头。

8.14 透光率

按 GB/T 21300—2007 进行试验。

8.15 透氧率

按 ISO 17455:2005 进行试验。

8.16 卫生要求

按 GB/T 17219 进行试验。

8.17 系统适用性试验

8.17.1 内压试验

试验组件应包括管材和至少两种以上相配套的管件组合而成，试验方法按 GB/T 6111—2003 进行试验，采用 A 型封头。试验介质:试样内外均为水。

8.17.2 热循环试验

按 GB/T 19993—2005 进行试验。

9 检验规则

9.1 检验分类

检验分为定型检验、出厂检验、控制点检验和型式检验。

9.2 组批和分组

9.2.1 组批

同一原料、同一设备和工艺且连续生产的同一规格管材作为一批，每批数量不超过 100 t。如果生产 10 天仍不足 100 t，则以 10 天产量为一批。

9.2.2 分组

按表 11 规定对管材进行尺寸分组。

表 11 管材的尺寸组和公称外径范围

尺寸组	公称外径范围 mm
1	$16 \leqslant d_n \leqslant 63$
2	$63 < d_n \leqslant 200$

定型检验和型式检验按表 11 规定选取每一尺寸组中任一规格的管材进行检验，即代表该尺寸组内所有规格产品。

9.3 定型检验

定型检验的项目为第 7 章规定的全部技术要求。同一设备制造厂的同类型设备首次投产或原材料发生变动时应进行定型检验。

9.4 出厂检验

9.4.1 出厂检验的项目为外观、尺寸、静液压强度及 7.5 中的颜料分散、纵向回缩率、简支梁冲击和熔体质量流动速率。其中 β 晶型 PP-H、PP-B、PP-R 管材的静液压试验为 20 ℃/1 h 和 95 ℃/22 h(或

95 ℃/165 h)，β晶型 PP-RCT 管材的静液压试验为 95 ℃/165 h。

9.4.2 管材的外观、尺寸按 GB/T 2828.1—2012 采用正常检验一次抽样方案，取一般检验水平Ⅰ，接收质量限(AQL)4.0，抽样方案见表 12。

表 12 抽样方案

单位为根(盘)

批量范围 N	样本大小 n	接收数 Ac	拒收数 Re
≤15	2	0	1
16～25	3	0	1
26～90	5	0	1
91～150	8	1	2
151～280	13	1	2
281～500	20	2	3
501～1 200	32	3	4
1 201～3 200	50	5	6
3 201～10 000	80	7	8
10 001～35 000	125	10	11
35 001～150 000	200	14	15
150 001～500 000	315	21	22

9.4.3 在 9.4.2 计数抽样合格的产品中，随机抽取足够的样品，进行 20 ℃/1 h、95 ℃/22 h 和 95 ℃/165 h 的静液压试验、颜料分散、纵向回缩率、简支梁冲击和熔体质量流动速率试验。

9.5 控制点检验

9.5.1 在出厂检验合格的产品中随机抽取任一规格，每三个月进行一次控制点检验。

9.5.2 控制点检验的项目为 95 ℃/1 000 h 静液压试验及 7.5 中的灰分、熔融温度、氧化诱导时间、95 ℃/1 000 h 静液压试验后的氧化诱导时间和透光率。

9.6 型式检验

9.6.1 型式检验的项目为除 7.5 中的静液压状态下热稳定性和 7.7.3 以外的所有试验项目。

9.6.2 按本部分技术要求并按 9.4.2 规定对外观、尺寸进行检验，在检验合格的样品中随机抽取足够的样品，进行静液压强度、灰分、熔融温度、氧化诱导时间、95 ℃/1 000 h 静液压试验后的氧化诱导时间、颜料分散、纵向回缩率、简支梁冲击、熔体质量流动速率、透光率、透氧率和系统适用性试验中的内压试验。

9.6.3 每三年进行一次型式检验。

一般情况下，若有下列情况之一，也应进行型式检验：

a) 正式生产后，若结构、材料、工艺有较大变化，可能影响产品性能时；

b) 因任何原因停产半年以上恢复生产时；

c) 出厂检验结果与上次型式检验结果有较大差异时。

9.7 判定规则

外观、尺寸按表12进行判定。卫生要求有一项不合格判为不合格批(或产品)。其他要求有一项达不到规定时,则随机抽取双倍样品进行复检,如仍不合格,则判为不合格批(或产品)。

10 标志、包装、运输、贮存

10.1 标志

10.1.1 管材标志应清晰可辨,间隔不超过1 m。

标志至少应包括下列内容:

a) 生产厂名或商标;

b) 产品名称:注明β晶型PP-H或PP-B或PP-R或β晶型PP-RCT冷热水管材;

c) 规格及尺寸:管系列S、公称外径d_n和公称壁厚e_n;

d) 本标准号;

e) 生产日期或生产批号;

f) 非明装管材应注明"不可明装";

g) 若带有阻隔层,应标注,如"阻氧"。

10.1.2 管材包装至少应有下列标志:

a) 商标;

b) 产品名称:注明β晶型PP-H或PP-B或PP-R或β晶型PP-RCT冷热水管材;

c) 生产厂名、厂址。

10.2 包装

管材应按相同规格装入包装袋捆扎、封口。

10.3 运输

管材在装卸和运输时,不得抛掷、曝晒、沾污、重压和损伤。

10.4 贮存

管材应堆放于库房内,远离热源。堆放高度不得超过1.5 m。

附 录 A
（资料性附录）
本部分与 ISO 15874-2:2013 相比的结构变化情况

本部分与 ISO 15874-2:2013 相比在结构上有较多调整，具体章条编号对照情况见表 A.1。

表 A.1 本部分与 ISO 15874-2:2013 的章条编号对照情况

本部分章条	ISO 15874-2:2013
1	1
2	2
3	3
4	4.1
—	4.2
5	—
6	6.1
7.1	—
7.2	5.1
7.3.1	—
7.3.2	6.2.1
7.3.3	—
7.3.4	6.2.2
7.4	7
7.5	8
7.6	4.3
7.7	—
8	—
9	—
10	10
附录 A、附录 B、附录 C、附录 D	—
—	附录 A
参考文献	参考文献

附 录 B
（资料性附录）
本部分与 ISO 15874-2:2013 的技术差异及其原因

表 B.1 给出了本部分与 ISO 15874-2:2013 的技术性差异及其原因。

表 B.1 本部分与 ISO 15874-2:2013 的技术性差异及其原因

本部分章条编号	技术性差异	原因
1	关于范围，本部分要求与 GB/T 18742.1、GB/T 18742.3 一起适用于建筑物内冷热水管道系统，而国际标准的适用范围更广	按 GB/T 1.1 的规定编写，以适合我国国情
2	关于规范性引用文件，本部分做了具有技术性差异的调整，调整的情况集中反映在第 2 章“规范性引用文件”中，具体调整如下： ——引用了现行有效的我国标准； ——增加了 GB/T 2828.1—2012、GB/T 2918—1998、GB/T 9345.1—2008、GB/T 15820—1995、GB/T 17219、GB/T 18251—2000、GB/T 19466.3—2004、GB/T 19466.6—2009、GB/T 19473.2—2004、GB/T 19993—2005、ISO 17455:2005； 删减了 ISO 15874-2:2013 规范性引用文件中的 ISO 9080、ISO 15874-5	强调按 GB/T 1.1 的规定编写，确保技术内容的确定和文本结构的协调统一，以适合我国国情
4	删除了 ISO 15874-2:2013 中的典型工作曲线，放入 GB/T 18742.1—2017 中； 重新定义了“生产管材用聚丙烯混配料应符合 GB/T 18742.1—2017 的第 6 章、第 7 章的要求”	考虑到原国标的编写格式，使文本结构协调统一，以适合我国国情。 使原料使用更规范，以适合我国国情
5	增加了产品分类一章，将“PP-H、PP-RCT”修改为“β 晶型 PP-H、β 晶型 PP-RCT”	使产品分类更明确，以适合我国国情
6	删除了 ISO 15874-2:2013 中管系列最大计算值 $S_{calc,max}$； 增加了管系列 S 值的选择	以适合我国国情
7.3.2	删除了 ISO 15874-2:2013 中管系列 S8 的公称壁厚； 删除了 ISO 15874-2:2013 中表 6、表 7、表 8 的内容； 扩大管系列 S4 的使用范围； 扩大公称外径尺寸	无管系列 S8 系列产品，以适合我国国情。 无尺寸等级 B1、B2、C 的管道尺寸，以适合我国国情。 考虑到我国国情，管系列 S4 仍适用于 β 晶型 PP-H、PP-B、PP-R 管材
7.3.3	增加了管材的长度要求	以适合我国国情
7.5	增加了灰分、熔融温度、氧化诱导时间、95 ℃/1 000 h 试验后的氧化诱导时间、颜料分散、透氧率的要求； 熔体质量流动速率的变化率修改为“与对应聚丙烯混配料的变化率不超过 20%”	以适合我国国情

表 B.1（续）

本部分章条编号	技术性差异	原因
7.7	增加了“系统适用性”一章	明确要求，以适合我国国情
8	增加了“试验方法”一章	具有可操作性，符合我国产品标准的编写规定
9	增加了“检验规则”一章	符合我国产品标准的编写规定
10.1.1	增加了“生产日期或生产批号”“若带有阻隔层，应标注，如‘阻氧’”	以适合我国国情
10.1.2	增加了管材包装要求	符合我国产品标准的编写规定
10.3	增加了运输要求	符合我国产品标准的编写规定
10.4	增加了贮存要求	符合我国产品标准的编写规定
附录 C	增加了“管系列 S 与最大允许工作压力的关系(20 ℃，50 年)”	以适合我国国情
附录 D	增加了“系统适用性”	采用 ISO 15874-5：2013 的内容，便于使用
参考文献	删减了 ISO 15874-2：2013 参考文献中的 CEN/TR 12108、ISO 11922-1、ISO 13760； 增加了 ISO 15874-1：2013、ISO 15874-2：2013、ISO 15874-3：2013、ISO 15874-5：2013	为了便于标准使用者查询，以适合我国国情

附　录　C
（资料性附录）
管系列S与最大允许工作压力的关系（20 ℃，50 年）

C.1　当管道系统总使用（设计）系数 C 为 1.25 时，见表 C.1。

表 C.1　管系列 S 与最大允许工作压力的关系（C＝1.25）

管系列 S	S6.3	S5	S4	S3.2	S2.5	S2
最大允许工作压力 （20 ℃，50 年） MPa	1.0	1.25	1.6	2.0	2.5	3.2

C.2　当管道系统总使用（设计）系数 C 为 1.5 时，见表 C.2。

表 C.2　管系列 S 与最大允许工作压力的关系（C＝1.5）

管系列 S	S6.3	S5	S4	S3.2	S2.5	S2
最大允许工作压力 （20 ℃，50 年） MPa	0.8	1.0	1.25	1.6	2.0	2.5

附 录 D
（资料性附录）
系统适用性

D.1 弯曲试验

在 20 ℃、1 h 的试验条件下，根据表 D.1、表 D.2、表 D.3、表 D.4 给出的试验参数并按 GB/T 19473.2—2004 中的附录 B 进行弯曲试验，试验中管材、管件及连接处应无破裂无渗漏。

仅适用于公称外径大于或等于 32 mm 的管道。

表 D.1 β 晶型 PP-H 弯曲试验的试验参数

<table>
<tr><th rowspan="3">应用等级</th><th rowspan="3">最高设计温度
℃</th><th rowspan="3">设计应力
MPa</th><th rowspan="3">试验温度
℃</th><th rowspan="3">试验时间
h</th><th rowspan="3">静液压应力
MPa</th><th colspan="4">试验压力
MPa</th><th rowspan="3">试样数量</th></tr>
<tr><th colspan="4">设计压力
MPa</th></tr>
<tr><th>0.4</th><th>0.6</th><th>0.8</th><th>1.0</th></tr>
<tr><td>级别 1</td><td>80</td><td>2.88</td><td>20</td><td>1</td><td>21</td><td>3.36[a]</td><td>4.38</td><td>5.84</td><td>7.30</td><td>3</td></tr>
<tr><td>级别 2</td><td>80</td><td>1.99</td><td>20</td><td>1</td><td>21</td><td>4.23</td><td>6.35</td><td>8.47</td><td>10.59</td><td>3</td></tr>
<tr><td>级别 4</td><td>70</td><td>3.23</td><td>20</td><td>1</td><td>21</td><td>3.36[a]</td><td>3.91</td><td>5.21</td><td>6.51</td><td>3</td></tr>
<tr><td>级别 5</td><td>90</td><td>1.82</td><td>20</td><td>1</td><td>21</td><td>4.61</td><td>6.91</td><td>9.22</td><td>11.52</td><td>3</td></tr>
<tr><td colspan="11">[a] 在 20 ℃、1.0 MPa、50 年条件下，更高的冷水要求决定了试验压力值(见 ISO 15874-1:2013 第 4 条)。</td></tr>
</table>

表 D.2 PP-B 弯曲试验的试验参数

<table>
<tr><th rowspan="3">应用等级</th><th rowspan="3">最高设计温度
℃</th><th rowspan="3">设计应力
MPa</th><th rowspan="3">试验温度
℃</th><th rowspan="3">试验时间
h</th><th rowspan="3">静液压应力
MPa</th><th colspan="4">试验压力
MPa</th><th rowspan="3">试样数量</th></tr>
<tr><th colspan="4">设计压力
MPa</th></tr>
<tr><th>0.4</th><th>0.6</th><th>0.8</th><th>1.0</th></tr>
<tr><td>级别 1</td><td>80</td><td>1.66</td><td>20</td><td>1</td><td>16</td><td>3.85</td><td>5.77</td><td>7.70</td><td>9.62</td><td>3</td></tr>
<tr><td>级别 2</td><td>80</td><td>1.19</td><td>20</td><td>1</td><td>16</td><td>5.38</td><td>8.07</td><td>10.76</td><td>13.45</td><td>3</td></tr>
<tr><td>级别 4</td><td>70</td><td>1.94</td><td>20</td><td>1</td><td>16</td><td>3.29</td><td>4.94</td><td>6.59</td><td>8.23</td><td>3</td></tr>
<tr><td>级别 5</td><td>90</td><td>1.19</td><td>20</td><td>1</td><td>16</td><td>5.38</td><td>8.07</td><td>10.77</td><td>13.46</td><td>3</td></tr>
</table>

表 D.3 PP-R 弯曲试验的试验参数

应用等级	最高设计温度 ℃	设计应力 MPa	试验温度 ℃	试验时间 h	静液压应力 MPa	试验压力 MPa 设计压力 MPa				试样数量
						0.4	0.6	0.8	1.0	
级别 1	80	3.02	20	1	16	2.31[a]	3.18	4.25	5.31	3
级别 2	80	2.12	20	1	16	3.03	4.54	6.05	7.56	3
级别 4	70	3.29	20	1	16	2.31[a]	2.92	3.89	4.87	3
级别 5	90	1.89	20	1	16	3.39	5.08	6.77	8.46	3

[a] 在 20 ℃、1.0 MPa、50 年条件下，更高的冷水要求决定了试验压力值(见 ISO 15874-1:2013 第 4 条)。

表 D.4 β晶型 PP-RCT 弯曲试验的试验参数

应用等级	最高设计温度 ℃	设计应力 MPa	试验温度 ℃	试验时间 h	静液压应力 MPa	试验压力 MPa 设计压力 MPa				试样数量
						0.4	0.6	0.8	1.0	
级别 1	80	3.64	20	1	15	1.82[a]	2.47	3.30	4.12	3
级别 2	80	3.40	20	1	15	1.82[a]	2.64	3.52	4.41	3
级别 4	70	3.67	20	1	15	1.82[a]	2.45	3.26	4.08	3
级别 5	90	2.92	20	1	15	2.05	3.08	4.11	5.13	3

[a] 在 20 ℃、1.0 MPa、50 年条件下，更高的冷水要求决定了试验压力值(见 ISO 15874-1:2013 第 4 条)。

D.2 耐拉拔试验

根据表 D.5 给出的试验条件并按 GB/T 15820—1995 进行耐拉拔试验，将管材与管件连接而成的组件施加恒定的轴向拉力，并保持规定的时间，试验中管材与管件连接处应不分离。

轴向拉力 F 应按下列公式进行计算：

$$F=\pi\times d_n{}^2\times p_D/4$$

式中：

F ——轴向拉力，单位为牛顿(N)；

d_n ——管材公称外径，单位为毫米(mm)；

p_D ——0.4 MPa、0.6 MPa、0.8 MPa、1.0 MPa 的设计压力，单位为兆帕(MPa)。

表 D.5 耐拉拔试验条件

	所有压力等级[a]	级别 1	级别 2	级别 4	级别 5
最高设计温度/℃	—	80	80	70	90
试验温度/℃	23	90	90	80	95
试验时间/h	1	1	1	1	1
轴向拉力/N	1.5×F	F	F	F	F
试样数量	3	3	3	3	3
[a] 选取所有压力等级时，设计压力为 1.0 MPa。					

D.3 压力循环试验

根据表 D.6 给出的试验条件并按 GB/T 19473.2—2004 中的附录 D 进行压力循环试验，试验中管材、管件及连接处应无破裂无渗漏。

表 D.6 压力循环试验条件

设计压力 MPa	最低试验压力 MPa	最高试验压力 MPa	试验温度 ℃	循环次数	循环频率 次/min	试样数量
0.4	0.05	0.6	23	10 000	30±5	3
0.6	0.05	0.9				
0.8	0.05	1.2				
1.0	0.05	1.5				

D.4 真空试验

根据表 D.7 给出的试验参数并按 GB/T 19473.2—2004 中的附录 E 进行真空试验。

表 D.7 真空试验参数

项目	试验温度 ℃	试验时间 h	试验压力 MPa	试样数量	要求
真空密封性	23	1	−0.08	3	真空压力变化≤0.005 MPa

参考文献

［1］ ISO 15874-1:2013 Plastics piping systems for hot and cold water installations—Polypropylene(PP)—Part 1:General

［2］ ISO 15874-3:2013 Plastics piping systems for hot and cold water installations—Polypropylene(PP)—Part 3:Fittings

［3］ ISO 15874-5:2013 Plastics piping systems for hot and cold water installations—Polypropylene(PP)—Part 5:Fitness for purpose of the system

［4］ ISO 15874-7:2003 Plastics piping systems for hot and cold water installations—Polypropylene(PP)—Part 7:Guidance for the assessment of conformity

ICS 83.140.30
G 33

中华人民共和国国家标准

GB/T 18742.3—2017
代替 GB/T 18742.3—2002

冷热水用聚丙烯管道系统 第3部分:管件

Polypropylene(PP) piping systems for hot and cold water installations—Part 3:Fittings

(ISO 15874-3:2013,Plastics piping systems for hot and cold water installations—Polypropylene(PP)—Part 3:Fittings,MOD)

2017-10-14 发布 2018-05-01 实施

中华人民共和国国家质量监督检验检疫总局
中国国家标准化管理委员会 发布

前 言

GB/T 18742《冷热水用聚丙烯管道系统》分为3个部分：

——第1部分：总则；

——第2部分：管材；

——第3部分：管件。

本部分为GB/T 18742的第3部分。

本部分按照GB/T 1.1—2009给出的规则起草。

本部分代替GB/T 18742.3—2002《冷热水用聚丙烯管道系统　第3部分：管件》，与GB/T 18742.3—2002相比，主要技术变化如下：

——将聚丙烯管材料为原料修改为聚丙烯混配料为原料(见第1章)；

——删除了适用范围中的“工业及民用冷热水”及“不使用水作为介质的系统所用的管件”(见2002年版的第1章)；

——增加了贸易性内容的注(见第1章)；

——增加和更新了相关的规范性引用文件(见第2章)；

——将“生产管件所用原材料应符合GB/T 18742.1的要求”修改为“生产管件用聚丙烯混配料应符合GB/T 18742.1—2017的第6章、第7章的要求，不允许使用回用料”(见第4章)；

——本部分中将“PP-H”均修改为“β晶型PP-H”；

——按聚丙烯混配料分增加了β晶型PP-RCT管件(见5.1)；

——将“管件按管系列S分类与管材相同，按GB/T 18742.2的规定。管件的壁厚应不小于相同管系列S的管材的壁厚”修改为“管件按管系列S分类与GB/T 18742.2—2017中5.2相同。管件的壁厚应大于相同管系列S的管材的壁厚”(见5.3)；

——增加了“管件的颜色一般为灰色”(见6.1)；

——对图1做简化处理，标注倒角R，但不确定R值，表1中最大不圆度、公称外径尺寸做了修订(见6.3.1)；

——对图2重新制图(见6.3.2)；

——单独列出管件的静液压强度，根据管材静液压应力的修改对管件静液压试验压力做了修改，增加了β晶型PP-RCT管件静液压强度，新增管系列S6.3仅适用于β晶型PP-RCT(见6.4)；

——增加了灰分、熔融温度、氧化诱导时间、95 ℃/1 000 h静液压试验后的氧化诱导时间、颜料分散的要求(见6.5)；

——修改了熔体质量流动速率与对应聚丙烯混配料的变化率要求(见6.5)；

——删除了不透光性要求，放入本部分表4中并修改为透光率(见6.5)；

——增加了β晶型PP-RCT管件的物理和化学性能要求(见6.5)；

——增加了“采用机械连接的管件与管材的系统适用性”的注(见6.7.1)；

——重新计算内压试验的试验压力值并增加了β晶型PP-RCT管件的内压试验要求(见6.7.2)；

——删除了“预应力的推算方法”，将“预应力”放入表6中(见6.7.3)；

——增加了β晶型PP-RCT的预应力(见6.7.3)；

——增加和修改了试验方法(见第7章)；

——删除了GB/T 18742.3—2002中的表7(见2002年版的表7)；

——增加了检验分类(见8.1)；

——修改了组批要求(见 8.2);

——增加了定型检验项目要求(见 8.3);

——增加了出厂检验项目要求(见 8.4)

——修改了正常检验一次抽样方案,合格质量水平 6.5 改为接收质量限(AQL)4.0,增加了"批量范围"(见 8.4.2);

——增加了控制点检验要求(见 8.5);

——增加了型式检验项目要求(见 8.6);

——修改了型式检验时间要求(见 8.6.3);

——将"不合格批"修改为"不合格批(或产品)"(见 8.7);

——将"产品名称:应注明原料名称"修改为"原料名称"(见 9.1.1);

——标志内容中增加了非明装管件的标志要求(见 9.1.2);

——删除了为防止使用过程中出现混乱,不应标志 PN 值的条款(见 2002 年版的 9.1.3);

——删除了"每个包装箱质量不超过 25 kg"(见 2002 年版的 9.2);

——增加了资料性附录"本部分与 ISO 15874-3:2013 相比的结构变化情况"(见附录 A);

——增加了资料性附录"本部分与 ISO 15874-3:2013 的技术差异及其原因"(见附录 B)。

本部分使用重新起草法修改采用 ISO 15874-3:2013《冷热水设备用塑料管道系统　聚丙烯　第 3 部分:管件》(英文版)。

本部分与 ISO 15874-3:2013 相比在结构上有较多调整。附录 A 中列出了本部分章条编号与 ISO 15874-3:2013 的章条编号对照一览表。

本部分与 ISO 15874-3:2013 相比存在技术性差异,附录 B 中给出了相应技术性差异及其原因的一览表。

本部分采用现行有效的国家标准,替代了 ISO 15874-3:2013 中的引用文件。

请注意本文件的某些内容可能涉及专利。本文件的发布机构不承担识别这些专利的责任。

本部分由中国轻工业联合会提出。

本部分由全国塑料制品标准化技术委员会(SAC/TC 48)归口。

本部分主要起草单位:上海白蝶管业科技股份有限公司、永高股份有限公司、浙江伟星新型建材股份有限公司、成都川路塑胶集团有限公司、淄博洁林塑料制管有限公司、武汉金牛经济发展有限公司、河北宝路七星塑业有限公司、北京工商大学、上海天力实业(集团)有限公司。

本部分主要起草人:柴冈、黄剑、李大治、贾立蓉、薛彦超、郭兵、徐红越、项爱民、朱利平。

本部分所代替标准的历次版本发布情况为:

——GB/T 18742.3—2002。

冷热水用聚丙烯管道系统
第3部分:管件

1 范围

GB/T 18742的本部分规定了以聚丙烯混配料为原料,经注射成型的聚丙烯管件(以下简称管件)的定义、符号和缩略语、材料、产品分类、要求、试验方法、检验规则和标志、包装、运输、贮存。

本部分与GB/T 18742.1、GB/T 18742.2一起适用于建筑物内冷热水管道系统,包括饮用水和采暖管道系统等。

注:选购方有责任根据其特定应用需求,结合相关法规、标准或规范要求,恰当选用本产品。

本部分不适用于灭火系统。

2 规范性引用文件

下列文件对于本文件的应用是必不可少的。凡是注日期的引用文件,仅注日期的版本适用于本文件。凡是不注日期的引用文件,其最新版本(包括所有的修改单)适用于本文件。

GB/T 2828.1—2012 计数抽样检验程序 第1部分:按接收质量限(AQL)检索的逐批检验抽样计划(ISO 2859-1:1999,IDT)

GB/T 2918—1998 塑料试样状态调节和试验的标准环境(idt ISO 291:1997)

GB/T 3682—2000 热塑性塑料熔体质量流动速率和熔体体积流动速率的测定(idt ISO 1133:1997)

GB/T 6111—2003 流动输送用热塑性塑料管材耐内压试验方法(ISO 1167:1996,IDT)

GB/T 7306(所有部分)—2000 55°密封管螺纹(eqv ISO 7-1:1994)

GB/T 8806—2008 塑料管道系统 塑料部件 尺寸的测定(ISO 3126:2005,IDT)

GB/T 9345.1—2008 塑料 灰分的测定 第1部分:通用方法(ISO 3451-1:1997,IDT)

GB/T 17219 生活饮用水输配水设备及防护材料的安全性评价标准

GB/T 18251—2000 聚烯烃管材、管件和混配料中颜料或炭黑分散的测定方法

GB/T 18742.1—2017 冷热水用聚丙烯管道系统 第1部分:总则(ISO 15874-1:2013,MOD)

GB/T 18742.2—2017 冷热水用聚丙烯管道系统 第2部分:管材(ISO 15874-2:2013,MOD)

GB/T 19466.3—2004 塑料 差示扫描量热法(DSC) 第3部分:熔融和结晶温度及热焓的测定(ISO 11357-3:1999,IDT)

GB/T 19466.6—2009 塑料 差示扫描量热法(DSC) 第6部分:氧化诱导时间(等温OIT)和氧化诱导温度(动态OIT)的测定(ISO 11357-6:2008,MOD)

GB/T 19993—2005 冷热水用热塑性塑料管道系统 管材管件组合系统热循环试验方法

GB/T 21300—2007 塑料管材和管件 不透光性的测定(ISO 7686:2005,IDT)

3 术语和定义、符号和缩略语

GB/T 18742.1—2017 界定的术语和定义、符号和缩略语适用于本文件。

4 材料

4.1 生产管件用聚丙烯混配料应符合 GB/T 18742.1—2017 的第 6 章、第 7 章的要求，不允许使用回用料。

4.2 管件金属部分的材料在管道使用过程中对塑料管道材料不应造成降解或老化。

推荐采用：

——铬含量不小于 10.5%，碳含量不大于 1.2%的不锈钢；

——经表面处理的铜或铜合金。

5 产品分类

5.1 管件按聚丙烯混配料分为β晶型 PP-H、PP-B、PP-R、β晶型 PP-RCT 管件。

5.2 管件按熔接方式的不同分为热熔承插连接管件和电熔连接管件。

5.3 管件按管系列 S 分类与 GB/T 18742.2—2017 中 5.2 相同。管件的壁厚应大于相同管系列 S 的管材的壁厚。

6 要求

6.1 颜色

一般为灰色。其他颜色可由供需双方协商确定。

6.2 外观

管件表面应光滑、平整，不允许有裂纹、气泡、脱皮和明显的杂质、严重的缩形以及色泽不均、分解变色等缺陷。

6.3 规格及尺寸

6.3.1 热熔承插连接管件的承口应符合图 1、表 1 的规定。

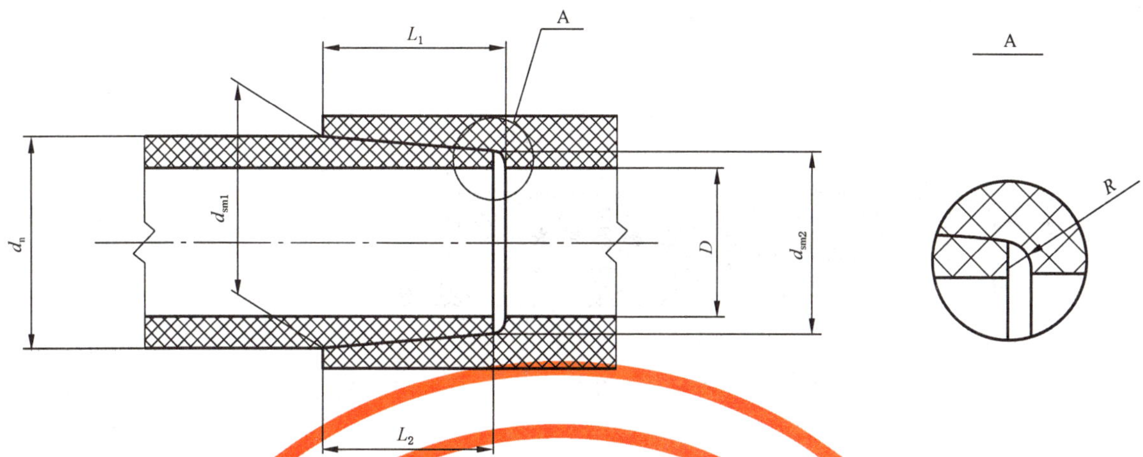

说明：

d_n ——与管件相连的管材的公称外径；

d_{sm1}——承口口部平均内径；

d_{sm2}——承口根部平均内径；

D ——最小通径；

L_1 ——承口深度；

L_2 ——承插深度；

R ——允许的最大根半径。

图 1 热熔承插连接管件承口

表 1 热熔承插连接管件承口尺寸

单位为毫米

公称外径 d_n	承口的平均内径				最大不圆度	最小通径 D	承口深度 $L_{1,min}$	承插深度 $L_{2,min}$
	口部 d_{sm1}		根部 d_{sm2}					
	最小	最大	最小	最大				
16	15.0	15.5	14.8	15.3	0.4	9	13.3	9.8
20	19.0	19.5	18.8	19.3	0.4	13	14.5	11.0
25	23.8	24.4	23.5	24.1	0.4	18	16.0	12.5
32	30.7	31.3	30.4	31.0	0.5	25	18.1	14.6
40	38.7	39.3	38.3	38.9	0.5	31	20.5	17.0
50	48.7	49.3	48.3	48.9	0.6	39	23.5	20.0
63	61.6	62.2	61.1	61.7	0.6	49	27.4	23.9
75	73.2	74.0	71.9	72.7	1.0	58.2	31.0	27.5
90	87.8	88.8	86.4	87.4	1.0	69.8	35.5	32.0
110	107.3	108.5	105.8	106.8	1.0	85.4	41.5	38.0
125	122.4	124.6	121.5	123.0	1.2	99.7	46.5	43.0
注：此处的公称外径 d_n 指与管件相连的管材的公称外径。								

6.3.2 电熔连接管件的承口应符合图 2、表 2 的规定。

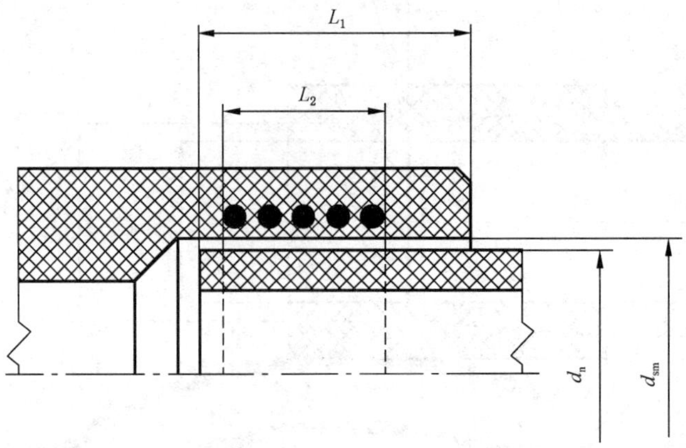

说明：

d_n ——与管件相连的管材的公称外径；

d_{sm} ——熔合段内径；

L_2 ——熔合段长度；

L_1 ——插入长度。

图 2 电熔承插管件承口

表 2 电熔连接管件承口尺寸

单位为毫米

公称外径 d_n	熔合段内径 $d_{sm,min}$	熔合段长度 $L_{2,min}$	插入长度 L_1	
			最小	最大
16	16.1	10	20	35
20	20.1	10	20	37
25	25.1	10	20	40
32	32.1	10	20	44
40	40.1	10	20	49
50	50.1	10	20	55
63	63.2	11	23	63
75	75.2	12	25	70
90	90.2	13	28	79
110	110.3	15	32	85
125	125.3	16	35	90
140	140.3	18	38	95
160	160.4	20	42	101
注：此处的公称外径 d_n 指与管件相连的管材的公称外径。				

6.3.3 带金属螺纹接头的管件其螺纹部分应符合 GB/T 7306—2000 的规定。

6.4 静液压强度

管件的静液压强度应符合表 3 的规定。

表 3　管件的静液压强度

管系列	试验压力 MPa				试验温度 ℃	试验时间 h	试样数量	要求
	材料							
	β晶型 PP-H	PP-B	PP-R	β晶型 PP-RCT				
S6.3	—	—	—	2.38	20	1	3	无破裂 无渗漏
S5	4.20	3.20	3.20	3.00				
S4	5.25	4.00	4.00	3.75				
S3.2	6.56	5.00	5.00	4.69				
S2.5	8.40	6.40	6.40	6.00				
S2	10.50	8.00	8.00	7.50				
S6.3	—	—	—	0.60	95	1 000	3	无破裂 无渗漏
S5	0.72	0.52	0.70	0.76				
S4	0.90	0.65	0.88	0.95				
S3.2	1.13	0.81	1.09	1.19				
S2.5	1.44	1.04	1.40	1.52				
S2	1.80	1.30	1.75	1.90				
注：管系列 S6.3 仅适用于β晶型 PP-RCT。								

6.5　物理和化学性能

管件的物理和化学性能应符合表 4 的规定。

表 4　管件的物理和化学性能

项目		要求	试验参数		试样数量	试验方法
			参数	数值		
灰分		≤1.5%	试验温度	600 ℃	3	GB/T 9345.1—2008 方法 A
熔融温度 T_{Pm}	β晶型 PP-H	T_{Pm1}≥145 ℃ T_{Pm2}≥160 ℃	氮气流量 50 mL/min，升降温速率 10 ℃/min，2 次升温			GB/T 19466.3—2004
	PP-B	≥160 ℃				
	PP-R	≤148 ℃				
	β晶型 PP-RCT	T_{Pm1}≤143 ℃ T_{Pm2}≤157 ℃				
氧化诱导时间		≥20 min	试验温度	210 ℃		GB/T 19466.6—2009
95 ℃/1 000 h 静液压试验后的氧化诱导时间		≥16 min				

表 4（续）

<table>
<tr><th rowspan="2">项目</th><th rowspan="2">要求</th><th colspan="2">试验参数</th><th rowspan="2">试样数量</th><th rowspan="2">试验方法</th></tr>
<tr><th>参数</th><th>数值</th></tr>
<tr><td rowspan="2">颜料分散</td><td>≤3 级</td><td colspan="2" rowspan="2">—</td><td rowspan="3">3</td><td rowspan="2">GB/T 18251—2000</td></tr>
<tr><td>外观级别：A1、A2、A3 或 B</td></tr>
<tr><td>熔体质量流动速率</td><td>≤0.5 g/10 min 且与对应聚丙烯混配料的变化率不超过 20%</td><td>试验温度
砝码质量</td><td>230 ℃
2.16 kg</td><td>GB/T 3682—2000</td></tr>
<tr><td>静液压状态下热稳定性</td><td>无破裂无渗漏</td><td>静液压应力：
β 晶型 PP-H
PP-B
PP-R
β 晶型 PP-RCT
试验温度
试验时间</td><td>
1.9 MPa
1.4 MPa
1.9 MPa
2.6 MPa
110 ℃
8 760 h</td><td>1</td><td>GB/T 6111—2003</td></tr>
<tr><td>透光率[a]</td><td>≤0.2%</td><td colspan="2">—</td><td>3</td><td>GB/T 21300—2007</td></tr>
<tr><td colspan="6">注：相同原料同一生产厂家生产的管材已做过静液压状态下热稳定性试验则管件可不做。</td></tr>
<tr><td colspan="6">[a] 仅适用于明装管件。</td></tr>
</table>

6.6 卫生要求

用于输送饮用水的管件应符合 GB/T 17219 的规定。

6.7 系统适用性

6.7.1 管件与符合 GB/T 18742.2—2017 规定的管材连接后进行内压试验和热循环试验。

注：采用机械连接的管件与管材的系统适用性按 6.7 及 GB/T 18742.2—2017 附录 D 进行。

6.7.2 内压试验的结果应符合表 5 的要求。

表 5 内压试验

<table>
<tr><th>管系列</th><th>材料</th><th>试验压力
MPa</th><th>试验温度
℃</th><th>试验时间
h</th><th>试样数量</th><th>要求</th></tr>
<tr><td>S6.3</td><td>β 晶型 PP-RCT</td><td>0.60</td><td rowspan="10">95</td><td rowspan="10">1 000</td><td rowspan="10">3</td><td rowspan="10">无破裂
无渗漏</td></tr>
<tr><td rowspan="4">S5</td><td>β 晶型 PP-H</td><td>0.72</td></tr>
<tr><td>PP-B</td><td>0.52</td></tr>
<tr><td>PP-R</td><td>0.70</td></tr>
<tr><td>β 晶型 PP-RCT</td><td>0.76</td></tr>
<tr><td rowspan="4">S4</td><td>β 晶型 PP-H</td><td>0.90</td></tr>
<tr><td>PP-B</td><td>0.65</td></tr>
<tr><td>PP-R</td><td>0.88</td></tr>
<tr><td>β 晶型 PP-RCT</td><td>0.95</td></tr>
</table>

表 5（续）

管系列	材料	试验压力 MPa	试验温度 ℃	试验时间 h	试样数量	要求
S3.2	β晶型 PP-H	1.13	95	1 000	3	无破裂 无渗漏
	PP-B	0.81				
	PP-R	1.09				
	β晶型 PP-RCT	1.19				
S2.5	β晶型 PP-H	1.44				
	PP-B	1.04				
	PP-R	1.40				
	β晶型 PP-RCT	1.52				
S2	β晶型 PP-H	1.80				
	PP-B	1.30				
	PP-R	1.75				
	β晶型 PP-RCT	1.90				

6.7.3　热循环试验的结果应符合表 6 的要求。

表 6　热循环试验

材料	最高试验温度 ℃	最低试验温度 ℃	试验压力 MPa	循环次数	预应力 MPa	试样数量	要求
β晶型 PP-H	95	20	1.0	5 000	3.6	1	无破裂 无渗漏
PP-B					3.0		
PP-R					2.4		
β晶型 PP-RCT					2.7		
注：一个循环的时间为 30^{+2}_{0} min，包括 15^{+1}_{0} min 最高试验温度和 15^{+1}_{0} min 最低试验温度。							

7　试验方法

7.1　试样状态调节

应在管件生产 48 h 后进行试验。

除非另有规定，试样应按 GB/T 2918—1998 规定，在温度为（23±2）℃，相对湿度为（50±10）%条件下进行状态调节至少 24 h，并在此条件下进行试验。

7.2　颜色及外观检查

目测。

7.3 尺寸测量

7.3.1 按 GB/T 8806—2008 的规定测量壁厚最小值，精确到 0.1 mm，小数点后第二位非零数字进位。

7.3.2 按 GB/T 8806—2008 的规定，用精度不低于 0.02 mm 的量具测量管件的承口深度。

7.3.3 按 GB/T 8806—2008 的规定，用精度不低于 0.01 mm 的内径量表测量图 1、图 2 规定部位相互垂直的内径，计算它们的算术平均值为平均内径。

7.3.4 按 GB/T 8806—2008 的规定，用精度不低于 0.01 mm 的内径量表测量同一断面的最大内径和最小内径，最大内径减最小内径为不圆度。

7.4 静液压强度

按 GB/T 6111—2003 进行试验。试验条件按表 3 的规定，试样内外的介质均为水，采用 A 型封头。试样为单个管件或管件与管材组合而成。管件与管材组合时，应取和管件相同或更小管系列 S 的管材连接，在室温下放置至少 24 h，组合件及管材的自由长度应不小于其公称外径的 3 倍，最小不小于 250 mm。如组合件中管材破裂应重做。

7.5 灰分

按 GB/T 9345.1—2008 方法 A 进行试验，试验温度为 600 ℃。

7.6 熔融温度

按 GB/T 19466.3—2004 进行试验。取第 2 次加热扫描 DSC 曲线上的峰值温度 T_{Pm} 为熔融温度。

7.7 氧化诱导时间

按 GB/T 19466.6—2009 进行试验。试验温度为 210 ℃，试验容器为铝皿。

7.8 95 ℃/1 000 h 静液压试验后的氧化诱导时间

按 GB/T 19466.6—2009 进行试验。在完成 95 ℃/1 000 h 静液压试验后的样品中进行取样，取管件内层进行试验。

7.9 颜料分散

按 GB/T 18251—2000 进行试验。

7.10 熔体质量流动速率

按 GB/T 3682—2000 进行试验。

7.11 静液压状态下热稳定性

7.11.1 试验条件

按表 4 规定进行试验，温度允许偏差为 110^{+4}_{-2} ℃。试验介质：内部为水，外部为空气。

7.11.2 试验方法

按 GB/T 6111—2003 的规定进行试验，采用 A 型封头。静液压状态下热稳定性用管状试样或管件与管材相连进行试验。管状试样按实际壁厚计算试验压力，管件与管材相连作为试样时，按相同管系列 S 的管材的公称壁厚计算试验压力，如试验中管材破裂则试验应重做。

7.12 透光率

按 GB/T 21300—2007 的规定试验。同一聚丙烯混配料生产的管材，且已做过不透光性试验的，则管件可不做。

7.13 卫生要求

按 GB/T 17219 进行试验。

7.14 系统适用性试验

7.14.1 内压试验

内压试验试样由管材和管件组合而成，其中应包括至少两种以上管件，试验方法按 GB/T 6111—2003 进行，采用 A 型封头。试验介质：试样内外均为水。

7.14.2 热循环试验

按 GB/T 19993—2005 进行试验。

8 检验规则

8.1 检验分类

检验分为定型检验、出厂检验、控制点检验和型式检验。

8.2 组批和分组

8.2.1 组批

同一原料、同一设备和工艺且连续生产的同一规格管件作为一批。$d_n \leqslant 25$ mm 规格的管件每批不超过 50 000 个，$32 \leqslant d_n \leqslant 63$ mm 规格的管件每批不超过 20 000 个，$d_n > 63$ mm 规格的管件每批不超过 5 000 个。如果生产 7 天仍不足上述数量，则以 7 天为一批。

8.2.2 分组

按表 7 规定对管件进行尺寸分组。

表 7 管件的尺寸组及公称外径范围

尺寸组	公称外径范围 mm
1	$16 \leqslant d_n \leqslant 63$
2	$63 < d_n \leqslant 160$

定型检验和型式检验按表 7 规定选取每一尺寸组中任一规格的管件进行检验，即代表该尺寸组内所有规格产品。

8.3 定型检验

定型检验的项目为第 6 章规定的全部技术要求。同一设备的制造厂的同类型设备首次投产或原材料发生变动时应进行定型检验。

8.4 出厂检验

8.4.1 出厂检验项目为外观、尺寸、20 ℃/1 h静液压试验、颜料分散、熔体质量流动速率。

8.4.2 管件的外观、尺寸按GB/T 2828.1—2012采用正常检验一次抽样方案，取一般检验水平Ⅰ，接收质量限(AQL)4.0，抽样方案见表8。

表8 抽样方案

单位为个

批量范围 N	样本大小 n	接收数 Ac	拒收数 Re
≤15	2	0	1
16～25	3	0	1
26～90	5	0	1
91～150	8	1	2
151～280	13	1	2
281～500	20	2	3
501～1 200	32	3	4
1 201～3 200	50	5	6
3 201～10 000	80	7	8
10 001～35 000	125	10	11
35 001～150 000	200	14	15

8.4.3 在8.4.2计数抽样合格的产品中，随机抽取足够的样品进行20 ℃/1 h静液压试验、颜料分散、熔体质量流动速率。

8.5 控制点检验

8.5.1 在出厂检验合格的产品随机中抽取任一规格，每三个月进行一次控制点检验。

8.5.2 控制点检验项目为95 ℃/1 000 h静液压试验及6.5中的灰分、熔融温度、氧化诱导时间、95 ℃/1 000 h静液压试验后的氧化诱导时间和透光率。

8.6 型式检验

8.6.1 型式检验的项目为第6章中除6.5中静液压状态下热稳定性和6.7.3以外的所有试验项目。

8.6.2 按本部分技术要求并按8.4.2规定对外观、尺寸进行检验，在检验合格的样品中随机抽取足够的样品，进行静液压强度、灰分、熔融温度、氧化诱导时间、95 ℃/1 000 h静液压试验后的氧化诱导时间、颜料分散、熔体质量流动速率、透光率和系统适用性试验中的内压试验。

8.6.3 每三年进行一次型式检验。

一般情况下，若有以下情况之一，应进行型式检验：

a) 正式生产后，若结构、材料、工艺有较大改变，可能影响产品性能时；

b) 产品因任何原因停产半年以上恢复生产时；

c) 出厂检验结果与上次型式检验结果有较大差异时。

8.7 判定规则

外观、尺寸按表8进行判定。卫生要求有一项不合格判为不合格批(或产品)。其他要求有一项达不到规定时,则随机抽取双倍样品进行复检;如仍不合格,则判为不合格批(或产品)。

9 标志、包装、运输、贮存

9.1 标志

9.1.1 产品应有下列永久性标志:

a) 原料名称;

示例:PP-R

b) 产品规格:注明公称外径 d_n、管系列 S;

示例:等径管件标记为 d_n20 S4;

异径管件标记为 d_n40×20 S3.2;

带螺纹管件的标记为 d_n20×1/2 ″ S2.5。

c) 商标。

9.1.2 包装标志应有如下内容:

a) 生产厂名、厂址、商标;

b) 产品名称、规格;

c) 生产日期或生产批号;

d) 本标准号;

e) 非明装管件注明"不可明装"。

9.2 包装

一般情况下,每个包装箱内应装相同品种和规格的管件,包装箱应有内衬袋。

9.3 运输

不得曝晒、沾污、重压、抛摔和损伤。

9.4 贮存

管件应贮存在库房内,远离热源,合理放置。

附　录　A
（资料性附录）
本部分与 ISO 15874-2:2013 相比的结构变化情况

本部分与 ISO 15874-3:2013 相比在结构上有较多调整，具体章条编号对照情况见表 A.1。

表 A.1　本部分与 ISO 15874-3:2013 的章条编号对照情况

本部分章条	ISO 15874-3:2013
1	1
2	2
3	3
4.1	4.1
4.2	4.2
5.1	—
5.2	3.2、3.3、3.4
5.3	—
6.1	—
6.2	5.1
6.3.1	6.2.1
6.3.2	6.2.2
6.3.3	6.1.3
6.4	7
6.5	4.1.2.2、5.2、8
6.6	4.3
6.7	—
7	—
8	—
9	10
附录 A、附录 B	—
参考文献	参考文献

附　录　B
（资料性附录）
本部分与 ISO 15874-3:2013 的技术差异及其原因

表 B.1 给出了本部分与 ISO 15874-3:2013 的技术差异及其原因。

表 B.1　本部分与 ISO 15874-3:2013 的技术差异及其原因

本部分章条编号	技术性差异	原因
1	关于范围，本部分要求与 GB/T 18742.1、GB/T 18742.2 一起适用于建筑物内冷热水管道系统，而国际标准的应用范围更广	以适合我国国情
2	关于规范性引用文件，本部分做了具有技术性差异的调整，调整的情况集中反映在第 2 章“规范性引用文件”中，具体调整如下： 引用了现行有效的我国标准； 增加了 GB/T 2828.1—2012、GB/T 2918—1998、GB/T 7306—2000、GB/T 9345.1—2008、GB/T 17219、GB/T 18251—2000、GB/T 19466.3—2004、GB/T 19466.6—2009、GB/T 19993—2005； 删减了 ISO 15874-3:2013 规范性引用文件中的 ISO 228-1、ISO 9080、ISO 15874-5、EN 681-1、EN681-2、EN 1254-3、EN 10088-1、EN 10226-1	强调以 GB/T 1.1 的规定编写，确保技术内容和文本结构的协调统一，以适合我国国情
4.1	重新定义了“生产管件用聚丙烯混配料应符合 GB/T 18742.1—2013 的第 6 章、第 7 章的要求，不允许使用回用料”	使使用原料更规范，以适合我国国情
5	增加了“产品分类”一章，将“PP-H、PP-RCT”修改为“β 晶型 PP-H、β 晶型 PP-RCT”	使产品分类更明确，以适合我国国情
6.1	明确了管件一般颜色为灰色，亦可根据供需双方协商确定	以适和我国国情
6.3.1	引用了热熔承插连接管件倒角 R，但未确定 R 值； 引用了 ISO 15874-3:2013 表 3 中最大不圆度值、公称外径； 删减了 ISO 15874-3:2013 表 4 中类型 B 管件尺寸表	以适合我国国情
6.4	引用了 ISO 15874-3:2013 中的静液压应力； 扩大了管系列 S4 的适用范围	以适合我国国情
6.5	增加了灰分、熔融温度、氧化诱导时间、95 ℃/1 000 h 试验后的氧化诱导时间、颜料分散的要求； 熔体质量流动速率的变化率修改为“与对应聚丙烯混配料的变化率不超过 20%”	以适合我国国情
6.7	增加了“系统适用性”一章	明确要求，以适合我国国情

表 B.1（续）

本部分章条编号	技术性差异	原因
7	增加了“试验方法”一章	具有可操作性，符合我国产品标准的编写规定
8	增加了“检验规则”一章	以符合我国产品标准的编写规定
9.1.2	“制造商信息”“生产日期”“生产批号”“产品标准号”在包装标志要求中提出	以适合我国国情
9.2	增加了“包装”一章	符合我国产品标准的编写规定
9.3	增加了“运输”一章	符合我国产品标准的编写规定
9.4	增加了“贮存”一章	符合我国产品标准的编写规定
参考文献	删减了 ISO 15874-3:2013 参考文献中的 CEN/TR 12108; 增加了 ISO 15874-1:2013、ISO 15874-2:2013、ISO 15874-3:2013、ISO 15874-5:2013	为了便于标准使用者查询，以适合我国国情

参 考 文 献

[1] ISO 15874-1:2013 Plastics piping systems for hot and cold water installations—Polypropylene(PP)—Part 1:General

[2] ISO 15874-2:2013 Plastics piping systems for hot and cold water installations—Polypropylene(PP)—Part 2:Pipes

[3] ISO 15874-5:2013 Plastics piping systems for hot and cold water installations—Polypropylene(PP)—Part 5:Fitness for purpose of the system

[4] ISO 15874-7:2003 Plastics piping systems for hot and cold water installations—Polypropylene(PP)—Part 7:Guidance for the assessment of conformity

ICS 29.020
J 07

中华人民共和国国家标准

GB/T 18759.7—2017

机械电气设备　开放式数控系统 第7部分：通用技术条件

Electrical equipment of machines—Open numerical control system—Part 7: General technical specification

2017-07-31 发布　　2018-02-01 实施

中华人民共和国国家质量监督检验检疫总局
中国国家标准化管理委员会　发布

前　言

GB/T 18759《机械电气设备　开放式数控系统》分为如下几部分：

——第1部分：总则；

——第2部分：体系结构；

——第3部分：总线接口与通信协议；

——第4部分：硬件平台；

——第5部分：软件平台；

——第6部分：网络接口与通信协议；

——第7部分：通用技术条件；

——第8部分：试验与验收。

本部分为 GB/T 18759 的第7部分。

本部分按 GB/T 1.1—2009 给出的规则起草。

本部分由中国机械工业联合会提出。

本部分由全国工业机械电气系统标准化技术委员会(SAC/TC 231)归口。

本部分负责起草单位：国家机床质量监督检验中心、广州数控设备有限公司。

本部分参加起草单位：沈阳高精数控智能技术股份有限公司、北京凯恩帝数控技术有限责任公司、北京航天数控系统有限公司、中国科学院沈阳计算技术研究所有限公司、大连光洋科技集团有限公司、武汉华中数控股份有限公司、山东大学、浙江大学、上海交通大学、北京航空航天大学、沈阳机床(集团)有限责任公司、北京易能立方科技有限公司。

本部分主要起草人：黄祖广、张玉洁、尹震宇、于东、薛瑞娟、胡天亮、杨堂勇、胡毅、蒋峥、杨洪丽、胡晓、陈虎、杜瑞芳、王大伟。

机械电气设备 开放式数控系统 第7部分:通用技术条件

1 范围

GB/T 18759 的本部分规定了机械电气设备开放式数控系统的通用技术要求。

本部分适用于包括金属加工机械、纺织机械、印刷机械、缝制机械、塑料橡胶机械、木工机械等在内的机械电气设备所用的开放式数控系统。其他类似用途的开放式数控系统可参照本部分。

2 规范性引用文件

下列文件对于本文件的应用是必不可少的。凡是注日期的引用文件,仅注日期的版本适用于本文件。凡是不注日期的引用文件,其最新版本(包括所有的修改单)适用于本文件。

GB/T 8129—2015 工业自动化系统 机床数值控制 词汇

GB/T 8870.1—2012 自动化系统与集成 机床数值控制 程序格式和地址字定义 第1部分:点位、直线运动和轮廓控制系统的数据格式

GB/T 18759.3—2009 机械电气设备 开放式数控系统 第3部分:总线接口与通信协议

GB/T 18759.4—2014 机械电气设备 开放式数控系统 第4部分:硬件平台

GB/T 18759.5—2016 机械电气设备 开放式数控系统 第5部分:软件平台

GB/T 19660—2005 工业自动化系统与集成 机床数值控制 坐标系和运动命名(ISO 841:2001,IDT)

GB 28526—2012 机械电气安全 安全相关电气、电子和可编程电子控制系统的功能安全(IEC 62061:2005,IDT)

GB/T 29482.1—2013 工业机械数字控制系统 第1部分:通用技术条件

3 术语和定义

GB/T 18759.1~GB/T 18759.6 界定的术语和定义适用于本文件。为了便于使用,以下重复列出了 GB/T 18759.1 中的某些术语和定义。

3.1

开放式数控系统 open numerical control system;ONC

应用软件构筑与遵循公开性、可扩展性、兼容性原则的系统平台之上的数控系统,使应用软件具备可移植性、可操作性和人机界面的一致性。

[GB/T 18759.1—2002,定义 3.1]

3.2

硬件平台 hardware platform

软件平台和应用软件运行的基础部件,处于基本体系结构的最底层。

[GB/T 18759.1—2002,定义 3.4]

3.3

软件平台　software platform

应用软件运行的基础部件,处于体系结构的硬件平台和应用软件之间。

[GB/T 18759.1—2002,定义 3.5]

3.4

系统平台　system platform

由硬件平台和软件平台组成的用于运行数控应用软件对运动部件实施控制的基础部件,与数控系统其他部件一起,实现对机械的操作控制。

[GB/T 18759.1—2002,定义 3.3]

4　ONC 系统的综合要求

4.1　ONC 系统的开放程度要求

ONC 系统按开放程度应满足以下三个层次要求:

a)　第一层开放:具有可配置功能、开放的人机界面的通信接口及协议(见 GB/T 18759.1—2002 的 4.3);

b)　第二层开放:数控装置在明确固定的拓扑结构下允许替换,增加 NC 核心中的特定模块以满足用户的特殊要求(见 GB/T 18759.1—2002 的 4.4);

c)　第三层开放:拓扑结构完全可变的"全开放"数控装置,ONC 系统实现重构。

4.2　ONC 系统的硬件平台要求

4.2.1　概述

ONC 系统硬件平台处于 ONC 基本体系结构的最底层,是软件平台和应用软件运行的基础部件(见 GB/T 18759.4—2014),应满足其技术要求。

4.2.2　硬件平台通用要求

硬件平台通用要求包括:

a)　体系结构

　1)　集中式结构分为单总线硬件体系结构和层次化多总线硬件体系结构。

　2)　分布式硬件体系结构,由多个单独的分布式系统通过现场总线(以太网)与驱动装置等互连。

b)　处理器

　包括处理器位宽、处理器数量、处理器类型及处理器计算能力。

c)　存储器

　1)　随机存储器容量(内存):KB、MB、GB、TB。

　2)　非易失性存储器容量:KB、MB、GB、TB。

d)　外设扩展总线

　外设扩展总线包括 PCI、PCI-E、ISA 等。

e)　对外 PC 接口

　对外 PC 接口包括 USB、RJ45、UART、PS/2、HDD、SATA、FDD、SD、CF 等。

f)　数控外设接口

　数控外设接口包括模拟 I/O、脉冲 I/O、现场总线、工业以太网。

g) 驱动接口

驱动接口包括模拟 I/O、脉冲 I/O、现场总线、工业以太网。

h) 编码器接口

编码器接口包括总线式、脉冲式、模拟式。

4.2.3 计算机子系统要求

计算机子系统要求包括：

a) 核心处理器

1) 核心处理器内核选择 CISC 指令集架构如 x86 等。

2) 核心处理器内核选择 RISC 指令集架构如 MIPS、PPC、ARM、Hitachi SH2/3/4、DSP 等。

b) 处理器模块功能与接口

包括功能与接口及结构形式。

c) 内外部连接

包括直接连接、总线背板连接、分布式互联及其他自定义连接。

4.2.4 接口与信号要求

接口与信号要求包括：

a) 人机界面的外部接口

1) 常用接口：人机界面常用接口应符合相关要求；

2) 触摸式显示器：当 ONC 系统采用触摸式显示器其接口为 PS/2、串口等接口，应符合相关要求；

3) 键盘与鼠标：ONC 系统的键盘与鼠标采用 USB、PS/2 等接口，应符合相关要求；

4) 音频：ONC 系统的音频接口应符合 AC'97 的要求；

5) USB：ONC 系统的 USB 接口应符合 USB 1.1/2.0/3.0 的要求；

6) 触摸板：ONC 系统的触摸板采用串口、PS/2、USB 等接口，应符合相关要求；

7) 轨迹球：ONC 系统的轨迹球采用串口、PS/2、USB 等接口，应符合相关要求；

8) 外接显示设备：ONC 系统与外接显示设备互联，应符合相关要求；

9) RS232：ONC 系统与外部人机接口设备采用 RS232 互联，应符合 RS232 的要求。

b) 驱动装置和设备接口

1) 驱动装置接口：进给伺服驱动及主轴驱动装置采用以下三种接口且应符合相关要求：

——连接伺服驱动装置的模拟式接口；

——连接伺服驱动装置的脉冲式接口；

——连接伺服驱动装置的总线式接口。

2) 数控设备接口：ONC 系统中除数控装置外，其他部分统称为数控设备(NCD)，包括 I/O 单元、操作单元(操作站)、编码器、光栅尺、视觉传感器、激光传感器等：

——基于 RS422/RS485 的数控设备接口，应符合 RS422/RS485 的相关要求；

——基于现场总线/工业以太网的数控设备接口，应符合相关要求；

——ONC 系统的开关量 I/O 接口应符合相关要求；

——I/O 点式手持单元接口应符合相关要求；

——总线式手持单元接口应符合相关要求；

——数控装置与编码器/光栅尺等的接口应符合相关要求。

c) 网络应用服务接口

1) 以太网连接：ONC 系统网络应用服务接口采用以太网连接应符合相关要求。

2) 无线连接:ONC系统网络应用服务接口采用无线连接应符合相关要求。

3) 其他连接:ONC系统网络应用服务接口采用用户自定义连接应符合相关要求。

4.2.5 保护安全要求

应满足ONC系统硬件平台的电气安全要求及功能安全要求。

4.3 ONC系统的软件平台要求

4.3.1 概述

由应用编程接口、中间件、实时操作系统等部分组成的ONC系统软件平台,处于ONC系统应用软件平台和硬件平台之间,为应用软件提供实时性、可靠性及安全性的系统服务及编程接口,应满足ONC系统应用软件互操作及开放性要求(见GB/T 18759.5—2016)。

4.3.2 软件平台通用要求

ONC系统数据结构、数据类型(基本数据类型及派生数据类型)应符合相关要求。

4.3.3 操作系统要求

操作系统要求包括:

a) 实时操作系统

为上层提供POSIX等调用,实现对操作系统资源及硬件平台资源的管理及访问,主要由通用内核及实时内核组成。通用内核完成通用核心功能,如进程管理、实时及非实时进程间通信、内存管理、设备管理、文件管理、网络管理等,应符合相关要求。实时内核完成实时任务调度,支持抢占式优先级调度策略,应符合相关要求。

b) 任务调度

1) 保证优先调度实时任务;
2) 高优先级任务可中断低优先级任务的执行;
3) 实时任务(进程)采用先到先服务的实时调度策略;
4) 非实时任务(进程)采用时间片轮转的调度策略。

c) 实时时钟

提供高精度计时功能时钟,满足实时任务(进程)对特定设备或处理任务的精确与实时控制执行要求。

d) 实时进程间通信

实时操作系统支持一种或多种实时进程间通信:

1) FIFO队列;
2) 共享内存;
3) 消息盒;
4) 信号量;
5) 互斥器。

e) 非实时进程间通信

f) 内存管理

实时操作系统应提供实时任务(进程)的内存锁定,减少读取指令、数据访问及I/O操作等引入的延迟。

g) 设备管理

实时操作系统应提供对 I/O、磁盘、CF 卡、SD 卡等设备的数据读写及同步管理，满足数据完整性要求。

h) 网路管理

实时操作系统应提供达到相关要求的实时以太网的支持，满足 ONC 对实时以太网功能的需求。

i) 共享资源

共享资源应满足允许两个或多个线程之间可共享的数据结构或访问同一内存而不引起内存冲突的要求。

4.3.4 中间件要求

中间件要求包括：

a) 中间件

为上层应用软件提供数控功能相关的资源及服务，分为功能块和功能组件。包括：为应用软件进程提供运动控制功能调用的插补运算、运动学变换、轴控制算法、数控总线驱动等服务；为人机界面开发、坐标系转换、路径及速度规划等提供需要的图形库、数学库服务；为实时和非实时操作系统提供通信、计算、实时资源调度、设备驱动等服务。

b) 通信库

应满足数控系统间网络互联及数控系统内部非实时空间内各进程间通信的要求。

c) 图形库

图形库中间件通过提供图形库编程接口为人机界面开发提供服务，应符合相关要求。

d) 数学库

数学库中间件应提供数学库编程接口为运动控制组件、任务控制器组件等服务。包括实时数学库及非实时数学库，应满足通过调用数学库接口，使用数学库中的算法资源，达到系统要求的矢量分解、样条曲线拟合、插补运算、速度控制等要求。

e) 实时操作系统模块

1) 实时操作系统模块应提供实时操作系统接口，为上层应用软件提供实时时钟、实时线程扩展、实时通信、中断调度等。

2) 实时操作系统模块应满足实时线程调度与管理机制要求。

f) 运动学控制库

运动学控制库具有的机床运动学接口为轴运动控制功能组件提供服务，应满足各机床轴位置坐标与用户空间轨迹点的位置坐标间转换的要求。

g) 总线驱动模块

总线驱动模块具有的总线驱动接口为运动控制功能组件提供服务，应满足通过调用总线驱动接口控制硬件设备运行及获取硬件设备运行状态的要求。

4.3.5 应用编程接口要求

应用编程接口要求包括：

a) 应用编程接口

主要包括通信库接口、图形库接口、数学库调用接口、实时操作系统接口、运动学控制库接口、轴孔库接口、总线驱动接口，为 ONC 系统应用软件提供独立于硬件平台的系统调用接口及运行环境支撑，实现数控系统应用软件对系统平台功能调用及资源访问。

b) 通用操作系统接口

具有的有关通用操作系统资源的访问接口，应满足用于进程管理、内存管理、设备管理、文件系统管理、局域(广域)网网络功能等系统调用及对标准C库函数、图形用户界面等标准库函数访问的要求。

c) 通信库接口

包括数控系统间网络互联通信接口及数控系统内部非实时空间各进程间通信接口。网络互联通信接口应满足包括面向局域网/广域网协议通信接口的相关要求,非实时空间进程间通信接口应满足包括信号、管道、共享内存、消息队列等通信接口的相关要求。

d) 图形库接口

应满足通过调用图形接口、使用图形库系统资源进行数控系统人机界面开发的相关要求。

e) 数学库接口

由实时数学库接口及非实时数学库接口构成,应用软件通过调用数学库接口和使用数学库的算法资源,达到满足数控系统开发的矢量计算、样条曲线拟合、插补计算、速度控制等要求。

f) 实时操作系统接口

包括实时时钟、实时线程扩展、实时通信、中断调度等调用接口。实时时钟、实时线程扩展、中断调度等调用接口应满足实现数控系统的实时线程调度与管理功能的相关要求。实时通信调用接口的通信方式包括共享内存、FIFO队列、消息互斥器等,应满足用于非实时空间进程与实时线程间通信及实时空间内各线程间通信的相关要求。

g) 运动学控制库接口

应满足应用软件通过调用运动学接口实现不同运动学坐标系之间转换的相关要求。

h) 总线驱动接口

应满足应用软件通过调用总线驱动接口实现控制硬件设备运行及获取硬件设备运行状态的相关要求。

4.3.6 ONC系统组件要求

ONC系统组件要求包括:

a) 系统、装置及组件配置

1) 系统模型

系统模型中各个装置通过一种(或多种)通信网络互联实现数据交互,采用层次方式结构,应满足控制要求。

2) 装置模型

装置模型是在特定环境下由其接口界定的范围执行一个(或多个)指定功能的物理实体,一个装置至少包括一个过程接口或通信接口(也可包括功能组件),应满足相关要求。

3) 组件模型

功能组件包含在装置里运行且具有独立控制功能的单元,为应用程序提供算法调度、管理、执行等服务。单个功能组件可以独立建立、配置、参数化、启动、删除等而不影响其他功能组件,但运行状态需要与一些其他功能组件配合,应满足安装、测试等相关要求。

4) 功能块模型

——功能块:功能块是一个软件组成的不可分割的功能单元,由完成执行功能的数据结构和相关执行服务组成,其典型操作是对相关数据结构的数据进行更改。功能块类型有:基本功能块、组合功能块、服务功能块、其他功能块等。

——服务功能块:服务功能块为应用提供一个(或多个)服务,包括通信功能块及管理功能块等,应满足基于服务原语到该功能块的事件输入、事件输出、数据输入和数据输出的映射的相关要求。

5) 配置

◆ 系统配置:应满足包括该系统名、该系统应用的每一个技术规范及每一个装置与他相关功能组件的配置等要求。

◆ 装置配置:应满足下列要求:

——该装置的实例名和类型名;

——对该装置参数指定的配置值;

——由该装置实例支持的功能组件类型;

——每一个功能块的实例名和类型名;

——每一个数据连接和事件连接;

——该装置中每一个功能组件的配置。

◆ 功能组件配置:应满足下列要求:

——功能组件的实例名和类型名;

——由该功能组件实例支持的数据类型和功能块类型;

——每一个功能块实例的实例名、类型名及初始化(在该功能组件实例中出现的);

——每一个数据连接、事件连接及适配器连接(在该功能组件实例中出现的);

——每一个访问路径(在该功能组件实例中出现的)。

b) 应用管理

1) 应用模型由功能块网络组成,网络节点为功能块(或子应用)及相关参数,网络分支为数据连接和事件连接。一个应用可分布在同一个(或不同装置)的若干功能组件之间,功能组件可以响应通信和过程接口接收到的事件(或本功能组件内部事件),应满足相应要求。

2) 应满足包括 ONC 系统的功能组件管理和应用管理服务的要求。

4.4 ONC 系统的接口与通信要求

4.4.1 概述

ONC 系统总线是用于连接系统装置(或单元)间的数字式、双向、多点的通信系统总线,应满足系统对周期性、实时性、同步性、可靠性、安全性及开放性的要求(见 GB/T 18759.3—2009)。

4.4.2 总线结构与总线协议

总线结构与总线协议包括:

a) 总线结构

1) ONC 系统由数控装置、伺服驱动装置(主要为伺服驱动单元及伺服电动机)、主轴驱动装传感装置、I/O 装置等构成。装置(或单元)间通过总线等支持其互操作,总线由站点、通信介质与设备组成。

2) 站点是装置数据发送与接收设备,基本功能是将装置产生的命令与应答编码,变换成便于传输的信号形式,送往通信介质。产生命令的站点为主站,产生应答的站点为从站。

3) 通信介质为站点间信号传递所经的媒介。

4) 通信设备为保证信号可靠传递的插头(插座)及中继器等设备。

5) 装置站点间建立连接实现 ONC 系统控制、检测、参数调整、故障诊断等功能,并生成相关功能所需的命令与应答。

b) 总线协议

1) 周期通信:为满足装置的转矩、速度与位置等控制的采样,总线应支持周期通信方式并根据装置的控制进行调整的要求;

2) 实时通信:为满足装置的转矩、速度与位置等控制的响应时间,总线应支持实时通信并满足相关要求；

3) 同步传输/异步传输通信：为满足 ONC 系统的多轴联动插补与快移等功能，总线应支持同步传输/异步传输通信并满足相关要求；

4) 可靠通信：为应对工业现场不可避免的干扰，总线应具有差错处理机制并满足相关要求；

5) 安全通信：为防止总线与装置运行受到损和非正常停运，总线应支持安全通信并满足相关要求；

6) 开放通信：为使不同厂商装置间能进行互操作并适应控制技术与通信技术的不断发展，总线应满足开放性的相关要求，以适应新技术新产品的引入。

4.4.3 物理层要求

物理层协调总线在物理媒体中传送比特流所需的功能，规约总线接插件和传输媒体的机械和电气接口、总线拓扑、电磁兼容及为传输所应完成的过程与功能，应满足相关要求。

4.4.4 数据链路层要求

数据链路层为应用层提供周期、实时、无差错的数据链路。数据链路层分为抽象数据链路子层和实时数据链路子层，以满足用户不同系统性能要求而选用不同通信技术。

总线周期、通信协议、同步抖动及链路层通信安全应满足相关要求。

4.4.5 应用层要求

应用层主要由连接管理、同步传输、异步传输及传输管理服务等组成，其功能是维护站点间安全、可靠的数据传输通道，并为用户层行规的命令与应答提供传输服务。

应用层数据单元的内部规范及外部调用处理、总线同步传输、总线异步传输、网络应用服务接口等应满足相关要求。

4.4.6 用户层行规要求

用户层行规规范装置特征、功能特性和行为。用户层行规以格式化数据结构形式定义，包括管理、传感器、驱动与 I/O 四种类别的数据定义，以保证装置间的互操作支持面向应用的实现。

ONC 系统调用总线的用户层行规接口过程中的数据保护、主从站通信与配置管理、用户授权、设备保护等应满足相关要求。

5 ONC 系统的安全要求

5.1 ONC 系统的基本安全要求

5.1.1 一般要求

ONC 系统产品应满足被控机械对数控装置安全使用要求的有关规定，即：

a) 满足预期的操作条件和环境影响；

b) 设置访问口令或钥匙开关，防止程序被有意或无意改动；

c) 有关安全的软件未经授权不允许改变；

d) 其他与 ONC 系统有关的安全要求。

5.1.2 电击防护

ONC 系统的电击防护要求应符合 GB/T 29482.1—2013 的 7.3.1 的规定。

5.1.3 保护联结

ONC 系统的保护联结要求应符合 GB/T 29482.1—2013 的 7.4.1 的规定。

5.1.4 绝缘电阻

ONC 系统的绝缘电阻要求应符合 GB/T 29482.1—2013 的 7.5.1 的规定。

5.1.5 耐电压试验

ONC 系统的耐电压试验要求应符合 GB/T 29482.1—2013 的 7.6.1 的规定。

5.1.6 外壳防护

ONC 系统的外壳防护要求应符合 GB/T 29482.1—2013 的 5.7.1 的规定。

5.1.7 防火保护及非金属材料的阻燃性

ONC 系统的防火保护及非金属的阻燃性要求应符合 GB/T 29482.1—2013 的 7.7.1 的规定。

5.2 ONC 系统的功能安全要求

ONC 系统的功能安全要求应符合 GB 28526—2012 的规定。

6 ONC 系统的环境要求

6.1 气候环境要求

6.1.1 贮存、运输的耐干热与耐干冷

ONC 系统贮存与运输的耐干热与耐干冷要求应符合 GB/T 29482.1—2013 的 4.1.1.1 的规定。

6.1.2 高温及低温运行

ONC 系统在高温及低温气候条件下运行要求应符合 GB/T 29482.1—2013 的 4.1.2.1 的规定。

注：机箱内置的 ONC 系统，运行高温为 55 ℃。

6.1.3 温度变化运行

ONC 系统的温度变化运行要求应符合 GB/T 29482.1—2013 的 4.1.3.1 的规定。

6.1.4 耐交变湿热

ONC 系统的耐交变湿热要求应符合 GB/T 29482.1—2013 的 4.1.4.1 的规定。

6.2 机械环境要求

6.2.1 振动

ONC 系统的振动要求应符合 GB/T 29482.1—2013 的 4.2.1.1 的规定。

6.2.2 冲击

ONC 系统的冲击要求应符合 GB/T 29482.1—2013 的 4.2.2.1 的规定。

6.2.3 自由跌落

ONC 系统的数控装置自由跌落(带制造厂包装)要求应符合 GB/T 29482.1—2013 的 4.2.3.1 的规定。

6.3 电源环境要求

6.3.1 工作电源条件范围

ONC 系统的工作电源条件要求应符合 GB/T 29482.1—2013 的 4.3.1.1 的规定。

6.3.2 电压谐波

ONC 系统对交流输入电源抗 3 次谐波电压的适应要求应符合 GB/T 29482.1—2013 的 4.3.2.1 的规定。

注：本项要求仅对高档 ONC 系统适用。

6.4 特殊环境要求

ONC 系统对满足特殊环境条件的要求应符合 GB/T 29482.1—2013 的 4.4 的规定。

7 ONC 系统的功能要求

要求如下：

a) 功能及定义
包括有关功能、参数等所使用的词汇、术语及定义，一般应符合 GB/T 8129—2015 及有关规定(参见附录 A)。

b) 坐标系和轴运动
ONC 系统相关的产品坐标系和轴运动命名应符合 GB/T 19660—2005 的规定。
注：由于 ONC 系统的产品门类较多，如缝制机械等的 ONC 系统可不按本条款要求。

c) 基本功能和选配功能
1) 各类型 ONC 系统所具有的控制功能应满足被控机械的使用要求。ONC 系统的功能(基本功能与选配功能)参见附录 A，但不限于其所述内容；
2) ONC 系统的基本功能及主要技术指标应详细表述在产品使用文件中；
3) ONC 系统的选配功能及其主要技术指标，应在制造厂商与用户的技术协议中明确约定。

d) 高档 ONC 系统的功能
高档 ONC 系统应具有满足于高档型工业机械设备性能要求相适应的功能，这些功能及主要技术指标(参数)应详细表述在产品使用文件中。

e) 特殊功能
对有特殊功能需求的 ONC 系统，应由制造厂商与用户的技术协议进行约定，特殊功能及主要技术指标(参数)也应详细补充表述在产品使用文件中。

f) 指令代码及数据格式 ONC 系统相关的产品的指令代码(如 G、M、S、F、T 等)、数据格式一般应符合 GB/T 8870.1—2012 等有关规定。

8 ONC 系统的设计与制造要求

8.1 标识(标志)

ONC 系统的标识(标志)要求应符合 GB/T 29482.1—2013 的 5.1 的规定。

8.2 颜色要求

ONC 系统的颜色要求应符合 GB/T 29482.1—2013 的 5.2 的规定。

8.3 外观及结构

ONC 系统的外观及结构要求应符合 GB/T 29482.1—2013 的 5.3 的规定。

8.4 控制元件的位置

ONC 系统的控制元件的位置要求应符合 GB/T 29482.1—2013 的 5.4 的规定。

8.5 功能接地

ONC 系统的功能要求应符合 GB/T 29482.1—2013 的 5.5 的规定。

8.6 导线连接

ONC 系统的导线连接要求应符合 GB/T 29482.1—2013 的 5.6 的规定。

8.7 元器件质量

ONC 系统的元器件质量要求应符合 GB/T 29482.1—2013 的 5.8 的规定。

8.8 操作与维修的方便性

ONC 系统的操作与维修的方便性要求应符合 GB/T 29482.1—2013 的 5.9 的规定。

9 ONC 系统的电磁兼容(EMC)要求

9.1 ONC 系统的发射要求

ONC 系统的电磁兼容性发射分为辐射干扰及传导干扰。

ONC 系统的发射要求应符合 GB/T 29482.1—2013 的 7.9.1 的规定。

9.2 ONC 系统的抗扰度要求

9.2.1 静电放电抗扰度

ONC 系统的静电放电抗扰度要求应符合 GB/T 29482.1—2013 的 7.10.1.1 的规定。

9.2.2 电快速瞬变脉冲群抗扰度

ONC 系统的电快速瞬变脉冲群抗扰度要求应符合 GB/T 29482.1—2013 的 7.10.2.1 的规定。

9.2.3 浪涌(冲击)抗扰度

ONC 系统的浪涌(冲击)抗扰度要求应符合 GB/T 29482.1—2013 的 7.10.3.1 的规定。

9.2.4 电压暂降和短时中断抗扰度

ONC 系统的电压暂降和短时中断抗扰度要求应符合 GB/T 29482.1—2013 的 7.10.4.1 的规定。

9.2.5 射频电磁场辐射抗扰度

ONC 系统的射频电磁场辐射抗扰度要求应符合 GB/T 29482.1—2013 的 7.10.5.1 的规定。

9.2.6 射频场感应的传导骚扰抗扰度

ONC 系统的射频场感应的传导骚扰抗扰度要求应符合 GB/T 29482.1—2013 的 7.10.6.1 的规定。

9.2.7 工频磁场抗扰度

ONC 系统的工频磁场抗扰度要求应符合 GB/T 29482.1—2013 的 7.10.7.1 的规定。

10 ONC 系统的可靠性要求

ONC 系统的可靠性要求主要用平均故障间工作时间 MTBF 来衡量,ONC 系统的 MTBF 应不小于 10 000 h,或 20 000 h、30 000 h、40 000 h、50 000 h、60 000 h 等各个等级,由 ONC 系统的具体产品确定。

ONC 系统的可靠性测试与评定按 GB/T 29482.1—2013 的附录 A 的有关规定进行。

11 ONC 系统的随行文件要求

ONC 系统随行文件包括 ONC 系统使用文件、质量保证文件及包装文件,其要求应符合 GB/T 29482.1—2013 第 9 章的规定。

12 ONC 包装、贮运要求

ONC 系统的包装、贮运要求应符合 GB/T 29482.1—2013 第 10 章的规定。

13 制造厂商的保证与用户服务

在符合 ONC 系统产品运输、贮存、安装、调试、维修及遵守正常使用规定的条件下,使用产品的用户自收货之日起一年内,因设计、制造或包装质量等原因造成产品损坏或不能正常使用时,制造厂(含销售商)应负责包修、包换、包退。

当用户有需求时,应及时提供技术服务。

附 录 A
（资料性附录）
ONC 系统的功能描述

A.1 基础性的功能

手动操作功能，自动操作功能，程序编辑功能，自诊断功能，报警显示功能，回零功能，MDI 功能，手脉或单步进给功能，直线及圆弧插补功能等。

A.2 轴控制功能

ONC 系统的产品具有下列轴控制功能：

——多通道控制功能，一般为 1 通道～8 通道及以上；

——多轴联动功能，一般为 2 轴～8 轴的联动（多为 5 轴联动及以下）；

——自动上下料轴控制功能；

——PLC 增加的位置控制功能；

——高速、大容量、多通道的 PLC 功能；

——轴同步控制功能；

——电子齿轮功能；

——双轴同步驱动功能；

——多通道、复合加工功能等。

A.3 高速、高精加工控制功能

ONC 系统的产品具有下列高精、高速加工控制功能：

——前馈（feed forward）功能；

——预读前瞻控制功能；

注：即边输入，边运算，边执行。如：预先进行插补前加减速控制（含伺服的“预先前馈控制”）减少位置误差，多段缓冲器，插补后直线加减速，RISC（精简指令集计算机）控制。前瞻预读 1 000 段～2 000 段或以上。

——精细加减速功能（提高加工精度）；

——平滑高增益的位置控制功能（减少跟踪误差）；

——加速度（加加速度）控制功能；

——小的插补周期；

——HRV（high response vector）伺服控制功能；

——纳米插补控制功能；

——NURBS 插补、五轴联动双 NURBS 插补功能（实现曲面高精度直接插补）；

——RTCP（rotational tool center point）旋转刀具中心编程功能；

——纳米平滑控制功能，实现自由曲面的“无研磨”平滑等。

A.4 多种插补功能

ONC 系统的产品具有下列多种插补功能：

——直线插补功能；
——圆弧插补功能；
——样条插补功能；
——渐开线插补功能；
——螺旋线插补功能；
——极坐标插补功能；
——指数曲线插补功能；
——圆柱插补功能；
——假想坐标插补功能；
——逆向插补功能等。

A.5 误差补偿功能

ONC 系统的产品具有下列误差补偿功能：
——反向间隙补偿功能；
——螺距误差补偿功能；
——直线度补偿功能；
——垂直度补偿功能；
——机床坐标系补偿功能；
——工件坐标系补偿功能；
——斜角补偿功能；
——意外力矩扰动补偿功能；
——阻尼误差补偿功能；
——动态精度补偿功能；
——机械空间误差补偿功能；
——多轴联动误差补偿功能，如几何补偿、热变形补偿、力综合误差补偿等。

A.6 友好的人机界面功能

ONC 系统的产品具有下列友好的人机界面功能：
——丰富的显示功能，如具有实时图形显示、PLC 梯形图显示和多窗口等的其他显示功能；
——丰富的编程功能，如会话式自动编程功能、图形输入自动编程功能及 CAD/CAM 功能；
——根据加工要求多种方便编程的固定循环；
——PLC 在线梯形图编程及监控功能，步进流程图编程功能等；
——伺服装置数据和波形显示功能，伺服装置参数的自动设定功能等；
——快速熟悉操作的引导对话方式并具备自动工作手动参与功能；
——系统的多种管理功能，如刀具及其寿命管理、故障记录、工作记录等功能；
——帮助和智能诊断功能，如显示系统报警及解决方法的功能、远程智能诊断功能等。

A.7 通信与丰富的网络功能

产品具有下列通信与丰富的网络功能：
——通过 RS232、USB、CAN 等的通信功能；

——具备符合通信协议规范标准的现场总线通信功能，如 TCP/IP 以太网通信，NCUC-Bus 总线通信，EtherCAT 总线通信等；

——丰富强大的网络功能，提供远程监控、远程诊断、远程维护及网络 DNC 功能等。

A.8 安全功能

ONC 系统的产品具有下列基本的安全功能：

——硬软件的行程限位；

——急停；

——多种存贮式行程检查；

——各种互锁功能；

——卡盘和尾座干涉区的设定功能；

——各种安全报警显示功能；

——伺服监控显示功能；

——输入输出界面显示功能；

——数据备份与恢复功能；

——双检安全功能，以内嵌在 CNC 的多个处理器进行双重监控主轴及伺服驱动等。

A.9 满足特殊要求的功能

ONC 系统具有满足高档数控机械特殊要求的数控功能。

参 考 文 献

[1] GB/T 18759.1—2002 机械电气设备 开放式数控系统 第1部分:总则
[2] GB/T 18759.2—2006 机械电气设备 开放式数控系统 第2部分:体系结构
[3] GB/T 18759.6—2016 机械电气设备 开放式数控系统 第6部分:网络接口与通信协议

ICS 29.020
J 07

中华人民共和国国家标准

GB/T 18759.8—2017

机械电气设备　开放式数控系统　第8部分：试验与验收

Electrical equipment of machines—Open numerical control system—Part 8: Test and acceptance

2017-07-31 发布　　2018-02-01 实施

中华人民共和国国家质量监督检验检疫总局
中国国家标准化管理委员会　发布

前言

GB/T 18759《机械电气设备　开放式数控系统》分为如下几个部分：

——第1部分：总则；

——第2部分：体系结构；

——第3部分：总线接口与通信协议；

——第4部分：硬件平台；

——第5部分：软件平台；

——第6部分：网络接口与通信协议；

——第7部分：通用技术条件；

——第8部分：试验与验收。

本部分为GB/T 18759的第8部分。

本部分按照GB/T 1.1—2009给出的规则起草。

本部分由中国机械工业联合会提出。

本部分由全国工业机械电气系统标准化技术委员会(SAC/TC 231)归口。

本部分负责起草单位：国家机床质量监督检验中心、北京凯恩帝数控技术有限责任公司。

本部分参加起草单位：中国科学院沈阳计算技术研究所有限公司、广州数控设备有限公司、北京航天数控系统有限公司、沈阳高精数控智能技术股份有限公司、大连光洋科技集团有限公司、武汉华中数控股份有限公司、山东大学、浙江大学、上海交通大学、北京航空航天大学、沈阳机床(集团)有限责任公司、北京易能立方科技有限公司。

本部分主要起草人：黄祖广、尹震宇、杨洪丽、于东、薛瑞娟、胡毅、胡天亮、蒋峥、杨堂勇、杜瑞芳、陈虎、张玉洁、王健、王大伟。

机械电气设备　开放式数控系统
第8部分:试验与验收

1　范围

GB/T 18759的本部分规定了机械电气设备开放式数控系统的试验与验收。

本部分适用于包括金属加工机械、纺织机械、印刷机械、缝制机械、塑料橡胶机械、木工机械等在内的机械电气设备所用的开放式数控系统。其他类似用途的开放式数控系统可参照本部分。

2　规范性引用文件

下列文件对于本文件的应用是必不可少的。凡是注日期的引用文件,仅注日期的版本适用于本文件。凡是不注日期的引用文件,其最新版本(包括所有的修改单)适用于本文件。

GB/T 2423(所有部分)　电工电子产品环境试验

GB/T 4208—2008　外壳防护等级(IP代码)(IEC 60529:2003,IDT)

GB/T 5169.11—2008　电工电子产品着火危险试验　第11部分:灼热丝/热丝基本试验方法　成品的灼热丝可燃性试验方法(IEC 60695-2-11:2000,IDT)

GB/T 5169.16—2008　电工电子产品着火危险试验　第16部分:试验火焰　50 W水平与垂直火焰试验方法(IEC 60695-11-10:2003,IDT)

GB 5226.1—2008　机械电气安全　机械电气设备　第1部分:通用技术条件(IEC 60204-1:2005,IDT)

GB/T 8129—2015　工业自动化系统　机床数值控制　词汇

GB/T 8870.1—2012　自动化系统与集成　机床数值控制　程序格式和地址字定义　第1部分:点位、直线运动和轮廓控制系统的数据格式

GB/T 18759.1—2002　机械电气设备　开放式数控系统　第1部分:总则

GB/T 18759.2—2006　机械电气设备　开放式数控系统　第2部分:体系结构

GB/T 18759.3—2009　机械电气设备　开放式数控系统　第3部分:总线接口与通信协议

GB/T 18759.4—2014　机械电气设备　开放式数控系统　第4部分:硬件平台

GB/T 18759.5—2016　机械电气设备　开放式数控系统　第5部分:软件平台

GB/T 18759.6—2016　机械电气设备　开放式数控系统　第6部分:网络接口与通信协议

GB/T 18759.7—2017　机械电气设备　开放式数控系统　第7部分:通用技术条件

GB/T 19660—2005　工业自动化系统与集成　机床数值控制　坐标系和运动命名(ISO 841:2001,IDT)

GB/T 24342—2009　工业机械电气设备　保护接地电路连续性试验规范

GB/T 24343—2009　工业机械电气设备　绝缘电阻试验规范

GB/T 24344—2009　工业机械电气设备　耐压试验规范

GB 28526—2012　机械电气安全　安全相关电气、电子和可编程电子控制系统的功能安全(IEC 62061:2005,IDT)

GB/T 29482.1—2013　工业机械数字控制系统　第1部分:通用技术条件

3 术语和定义

GB/T 18759.1～GB/T 18759.6 界定的以及下列术语和定义适用于本文件。

3.1

试验 test

按照指定程序的技术操作,包括对既定产品的一个或多个特性、工艺或服务的测定。

注:在一组适合项目的环境、运行条件和/或要求情况下,进行该项目特性或性质的测量或分类。

3.2

型式试验 type test

对产品的一个或多个具有代表性项目所做的符合性测试。

3.3

常规试验 routine test

在制造期间或之后,对各项技术指标所做的一致性测试。

3.4

验收 acceptance

用户对制造商提交的 ONC 系统,按照合同或双方约定进行试验、审查或评审,决定接收或拒收的活动。

4 ONC 系统试验

4.1 ONC 系统试验类型

本部分关注型式试验和常规试验,其他试验由 ONC 系统制造商自行规定或由制造商和用户协商确定。型式试验基本包括本部分述及的全部试验项目,常规试验仅进行本部分述及的部分试验项目,由制造商确定。

4.2 ONC 系统试验条件

4.2.1 通用试验条件

试验应按规定的试验程序进行。

除非另有规定,试验应在表 1 给出的通用试验条件下进行。

除非另有规定,型式试验一般没有顺序要求。

表 1 通用试验条件

项目	试验条件
设备电源	额定电压和频率
环境温度	15 ℃～35 ℃
相对湿度	45%～75%
大气压强	86 kPa～106 kPa(海拔 1 000 m 以下)
输出负载	输出加载至额定负载
污染等级	污染等级 2

4.2.2 试验设施

电工仪表或测量仪器应符合相关标准规定，测量精度符合要求，在校准有效时间内。

试验配置设备或配置项、软件测试配置项及软件测试工具应合理有效。

4.2.3 试验人员

试验人员应经过培训或具有相应的资质。应合理配备参加试验的人员。

4.3 试验准备和实施

试验准备和实施应注意下列建议：

a) 开始试验之前，应制定试验计划，包括：
   ——试验说明；
   ——预期试验结果；
   ——试验时间顺序。

b) 试验应有试验记录，至少包括下列内容：
   ——参见试验人员；
   ——试验条件；
   ——试验设施；
   ——试验程序；
   ——试验结果。

c) 应将试验记录和试验计划进行比对，以保证达到规定的功能和性能。

4.4 ONC 系统的试验内容和试验方法

本部分涉及的 ONC 系统试验内容和试验方法见表 2。试验工作指导参见附录 A。软件试验方法参见附录 B。

表 2 ONC 系统试验内容及方法

序号	试验项目	技术要求	试验方法	备注
1	ONC 系统的综合要求	见 GB/T 18759.7—2017 中第 4 章(也见 GB/T 18759.3—2009)；	试验方法见下述 1.1～1.4	
1.1	ONC 系统的开放程度	见 GB/T 18759.1—2002 中 4.1(也见 GB/T 18759.1—2002 的 4.3～4.5)；	查验 ONC 制造商技术文件(例如图纸，说明书等)；评估开放程度	
1.2	ONC 系统的硬件平台	见 GB/T 18759.7—2017 中4.2(也见 GB/T 18759. 2—2006，GB/T 18759.4—2014)；	查验 ONC 制造商技术文件(例如图纸，说明书等)；视检、评估或检测硬件体系结构、处理器、存储器、各接口及其信号、总线及其连接符合相关要求	
1.3	ONC 系统的软件平台	见 GB/T 18759.7—2017 中4.3(也见 GB/T 18759.5—2016)；	查验 ONC 制造商技术文件(例如图纸，说明书等)；评估或检测应用编程接口、中间件、实时操作系统等部分组成的 ONC 系统软件平台符合相关要求	

表 2（续）

序号	试验项目	技术要求	试验方法	备注
1.4	ONC 系统的接口与通信	见 GB/T 18759.7—2017 中4.4（也见 GB/T 18759.3—2009，GB/T 18759.6—2016）；	查验 ONC 制造商技术文件(例如图纸，说明书等)；评估或检测 ONC 系统总线、网络链接符合相关要求	
2	ONC 系统的安全要求	见 GB/T 18759.7—2017 中第 5 章	查验 ONC 制造商技术文件，视检受试设备	
2.1	ONC 系统的基本安全要求	见 GB/T 18759.7—2017 中5.1	查验 ONC 制造商技术文件，视检受试设备	
2.1.1	一般要求	见 GB/T 18759.7—2017 中5.1.1	按 GB 5226.1—2008 中 9.4.1 查验是否提供通路编码等安全措施	
2.1.2	安全责任	见 GB/T 18759.7—2017 中5.1.2	查验 ONC 制造商技术文件，验证其履行安全的责任，具有告知用户正确操作、安装、调整、维护、贮运、培训的信息和用户的安全责任	
2.1.3	电击防护	见 GB/T 18759.7—2017 中5.1.3	查验 ONC 制造商技术文件，按 GB 5226.1—2008 中 6.2、6.3、6.4、8.2 和 16.2 视检或测试受试设备	
2.1.4	保护联结	见 GB/T 18759.7—2017 中5.1.4	查验 ONC 制造商技术文件，按 GB 5226.1—2008 中第 8 章和 GB/T 24342—2009 视检或测试受试设备	
2.1.5	绝缘电阻	见 GB/T 18759.7—2017 中5.1.5	查验 ONC 制造商技术文件，按 GB 5226.1—2008 中 18.3 和 GB/T 24343—2009 的试验方法进行试验	
2.1.6	耐电压试验	见 GB/T 18759.7—2017 中5.1.6	查验 ONC 制造商技术文件，按 GB 5226.1—2008 中 18.4 和 GB/T 24344—2009 的试验方法进行试验	
2.1.7	外壳防护	见 GB/T 18759.7—2017 中5.1.7	查验 ONC 制造商技术文件，按 GB/T 4208—2008 的第 11 章～第 14 章的试验方法进行试验	
2.1.8	防火保护及非金属材料的阻燃性	见 GB/T 18759.7—2017 中5.1.8	查验非金属材料数据表，其阻燃性按 GB/T 5169.16—2008 及 GB/T 5169.11—2008 的试验方法进行试验	
2.2	ONC 系统的功能安全要求	见 GB/T 18759.7—2017 中5.2	查验 ONC 制造商技术文件，按 GB 28526—2012 的要求验证是否达到下述目标：实现功能安全所必需的管理和技术工作；执行安全相关控制功能规范要求；规定 SRECS 的选择准则和/或设计方法、设计(或选择)的硬件和软件满足功能安全要求；随机资料齐全	
3	ONC 系统的环境要求	见 GB/T 18759.7—2017 中第 6 章	按下述试验方法进行试验	
3.1	ONC 气候环境要求	见 GB/T 18759.7—2017 中6.1		

表 2（续）

序号	试验项目	技术要求	试验方法	备注
3.1.1	储存与运输的耐干热与耐干冷	见 GB/T 18759.7—2017 中6.1.1	按 GB/T 29482.1—2013 的 4.1.1.2 的试验方法进行试验	
3.1.2	高温及低温运行	见 GB/T 18759.7—2017 中6.1.2	按 GB/T 29482.1—2013 的 4.1.2.2 的试验方法进行试验	
3.1.3	温度变化运行	见 GB/T 18759.7—2017 中6.1.3	按 GB/T 29482.1—2013 的 4.1.3.2 的试验方法进行试验	
3.1.4	耐交变湿热	见 GB/T 18759.7—2017 中6.1.4	按 GB/T 29482.1—2013 的 4.1.4.2 的试验方法进行试验	
3.2	ONC 机械环境要求	见 GB/T 18759.7—2017 中6.2	按下述试验方法进行试验	
3.2.1	振动	见 GB/T 18759.7—2017 中6.2.1	按 GB/T 29482.1—2013 的 4.2.1.2 的试验方法进行试验	
3.2.2	冲击	见 GB/T 18759.7—2017 中6.2.2	按 GB/T 29482.1—2013 的 4.2.2.2 的试验方法进行试验	
3.2.2	自由跌落	见 GB/T 18759.7—2017 中6.2.3	按 GB/T 29482.1—2013 的 4.2.3.2 的试验方法进行试验	
3.3	电源环境	见 GB/T 18759.7—2017 中6.3	按下述试验方法进行试验	
3.3.1	工作电源条件范围	见 GB/T 18759.7—2017 中6.3.1	按 GB/T 29482.1—2013 的 4.3.1.2 的试验方法进行试验	
3.3.2	谐波电压	见 GB/T 18759.7—2017 中6.3.2	按 GB/T 29482.1—2013 的 4.3.2.2 的试验方法进行试验	
3.4	特殊环境要求	见 GB/T 18759.7—2017 中6.4	按 GB/T 29482.1—2013 的 4.4 的试验方法进行试验	
4	ONC 系统的功能要求	见 GB/T 18759.7—2017 中第 7 章	按下述试验方法进行试验或验证	
4 a)	功能及定义	见 GB/T 18759.7—2017 中7 a)	查验 ONC 制造商技术文件，有关功能、参数等所使用的词汇、术语及定义，应符合 GB/T 8129—2015 及有关规定	
4 b)	坐标系和轴运动	见 GB/T 18759.7—2017 中7 b)	查验 ONC 制造商技术文件，ONC 系统相关的产品坐标系和轴运动命名一般应符合 GB/T 19660—2005 的规定	
4 c)	基本功能和选配功能	见 GB/T 18759.7—2017 中7 c)	造厂商与用户协议约定	
4 d)	高性能 ONC 系统的功能	见 GB/T 18759.7—2017 中7 d)	造厂商与用户协议约定	
4 e)	特殊功能	见 GB/T 18759.7—2017 中7 e)	造厂商与用户协议约定	
4 f)	指令代码及数据格式	见 GB/T 18759.7—2017 中7 f)	查验 ONC 制造商技术文件，ONC 系统采用的指令代码及数据格式一般应符合 GB/T 8870.1—2012 等有关规定	

表 2（续）

序号	试验项目	技术要求	试验方法	备注
5	ONC系统的设计与制造要求	见 GB/T 18759.7—2017 中第 8章	按下述试验方法进行试验或验证	
5.1	标识(标志)	见 GB/T 18759.7—2017 中8.1	按 GB/T 29482.1—2013 的 5.1.1.2、5.1.2.2、5.1.3.2、5.1.4.2、的方法视检。应符合GB/T 29482.1—2013 的 5.1 各项的规定	
5.2	颜色要求	见 GB/T 18759.7—2017 中8.2	按 GB/T 29482.1—2013 的 5.2.1.2、5.2.2.2、5.2.3.2、5.2.4.2 的方法视检，应符合GB/T 29482.1—2013 的 5.2 各项的规定	
5.3	外观及结构	见 GB/T 18759.7—2017 中8.3	按 GB/T 29482.1—2013 的 5.3.2 的方法视检，应符合 GB/T 29482.1—2013 的 5.3 的规定	
5.4	控制元件的位置要求	见 GB/T 18759.7—2017 中8.4	按 GB/T 29482.1—2013 的 5.4.2 的方法视检，应符合 GB/T 29482.1—2013 的 5.4.1 的规定	
5.5	功能接地	见 GB/T 18759.7—2017 中8.5	按 GB/T 29482.1—2013 的 5.5.2 的方法视检，应符合 GB 5226.1—2008 的 8.3 和4.4.2的规定	
5.6	导线连接	见 GB/T 18759.7—2017 中8.6	按 GB/T 29482.1—2013 的 5.6.2 的方法视检，应符合 GB 5226.1—2008 的 13.1 的规定	
5.7	元器件质量	见 GB/T 18759.7—2017 中8.7	按 GB/T 29482.1—2013 的 5.8.2 的方法视检和/或测试，产品元器件的质量应符合相关标准规定	
5.8	方便性	见 GB/T 18759.7—2017 中8.8	按 GB/T 29482.1—2013 的 5.9.2 的方法视检产品设计与安装已充分考虑调试、操作及维修的方便性(也见 GB 5226.1—2008 的11.1～11.2)	
5.9	ONC 系统的电磁兼容性	见 GB/T 18759.7—2017 中第 9 章	按下述试验方法进行试验或验证	
5.9.1	ONC系统的发射要求	见 GB/T 18759.7—2017 中9.1	按 GB/T 29482.1—2013 的 7.9.2 的方法试验	
5.9.2	ONC 系统的抗扰度要求	见 GB/T 18759.7—2017 中9.2	按下述试验方法进行试验或验证	
5.9.2.1	ONC系统的静电放电抗扰度	见 GB/T 18759.7—2017 中9.2.1	按 GB/T 29482.1—2013 的 7.10.1.2 的方法试验	
5.9.2.2	电快速瞬变脉冲群抗扰度	见 GB/T 18759.7—2017 中9.2.2	按 GB/T 29482.1—2013 的 7.10.2.2 的方法试验	
5.9.2.3	浪涌(冲击)抗扰度	见 GB/T 18759.7—2017 中9.2.3	按 GB/T 29482.1—2013 的 7.10.3.2 的方法试验	
5.9.2.4	电压暂降和短时中断抗扰度	见 GB/T 18759.7—2017 中9.2.4	按 GB/T 29482.1—2013 的 7.10.4.2 的方法试验	

表 2（续）

序号	试验项目	技术要求	试验方法	备注
5.9.2.5	射频电磁场辐射抗扰度	见 GB/T 18759.7—2017 中9.2.5	按 GB/T 29482.1—2013 的 7.10.5.2 的方法试验	
5.9.2.6	射频场场感应的传导抗扰度	见 GB/T 18759.7—2017 中9.2.6	按 GB/T 29482.1—2013 的 7.10.6.2 的方法试验	
5.9.2.7	工频磁场抗扰度	见 GB/T 18759.7—2017 中9.2.7	按 GB/T 29482.1—2013 的 7.10.7.2 的方法试验	
6	ONC 系统的可靠性要求	见 GB/T 18759.7—2017 中第10章	ONC 系统的可靠性测试与评定由制造商确定或由制造商与用户约定	
7	ONC 系统随行文件要求	见 GB/T 18759.7—2017 中第11章	按 GB/T 29482.1—2013 第 9 章的规定查验随行文件	
8	ONC 系统的包装、贮运要求	见 GB/T 18759.7—2017 中第12章	按 GB/T 29482.1—2013 第 10 章的规定视检或试验	
9	制造厂商的保证与用户服务	见 GB/T 18759.7—2017 中第13章	查验相关文件证明制造商能履行 GB/T 18759.7—2017 中第 13 章的规定	
10	ONC 系统的功能描述	见 GB/T 18759.7—2017 中附录 A	功能的选择和设置、功能的试验方法或试验程序、试验装置、试验工具等由制造商确定或由制造商与用户约定	

5 验收

5.1 ONC 系统验收依据

ONC 系统验收的依据是合同或供需双方约定的验收依据文件(例如 ONC 系统规格说明等)或相关标准。

5.2 ONC 系统验收条件

ONC 系统验收应具备下列条件：

a) 被验收的 ONC 系统已通过本部分规定的试验或验证；

b) 合同双方约定的验收依据文件规定的各类文件齐全并通过审查。

5.3 ONC 系统验收相关方及其职责

ONC 系统验收相关方及职责包括：

a) 通常由用户负责组织实施 ONC 系统验收，包括：审批验收申请、指定或委托成立验收组织、审批验收计划，并根据验收结论建议决定是否接收 ONC 系统。

b) 验收组织负责制定验收计划、实施验收活动并作出验收结论。

c) 制造商提出验收申请，提供被验收的 ONC 系统和相关文件，配合完成 ONC 系统验收工作，负责做好验收所需的保障工作。

d) 验收各方应遵守验收保密协议。

5.4 ONC 系统验收流程

ONC 系统验收流程一般包括：

a) 制造商提出 ONC 系统验收申请；

b) 用户批复验收申请并成立 ONC 系统验收组织；

c) 验收组织制定 ONC 系统验收计划；

d) 用户审批 ONC 系统验收计划；

e) 验收组织实施验收活动并形成 ONC 系统验收报告；

f) 验收未通过的处置。

附 录 A
（资料性附录）
试验工作指导

本附录的目的在于加强 ONC 系统试验的管理。

A.1 试验计划

ONC 系统试验宜首先编制试验计划，内容包括试验项目、试验目的、试验环境、试验配置、试验方法、试验程序（或步骤）等。

A.2 试验概述

A.2.1 气候环境

ONC 系统的气候环境适应性试验应根据 GB/T 2423 电工电子产品环境试验系列标准规定的试验方法，即按 GB/T 2423.1—2008、GB/T 2423.2—2008、GB/T 2423.3—2006、和 GB/T 2423.22—2002 等标准的规定进行。

严酷等级是试验样品进行条件试验所用的一组参数值，例如温度试验的严酷等级由温度和试验持续时间表示。严酷等级应从标准中选取或从已知的环境得出，如果该环境给出明显差异的数值。

预处理按制造商的要求进行。

初始检测，试验样品的初始状态可通过视检。

气候环境适应性试验一般包括下列要求：

——除非标准另有规定，产品不应有包装，各部件之间（包括正常工作用的附件）应保持正常连接，处于准备使用状态；

——对于需通电运行的试验，电源电压应在其额定值±10%范围内；

——通常在空载条件下进行；

——试验前及试验后应对受试设备进行目视检验和运行功能测试，以使试验正常进行。

大气条件符合 GB/T 2421.1—2008 中第 5 章的规定，即：

a) 正常试验的大气条件

所有试验除非另有规定，均应按下列规定：

1) 环境温度：15 ℃～35 ℃；

2) 相对湿度：45%～75%；

3) 气压：86 kPa～106 kPa。

b) 仲裁试验的标准大气条件

当因气候条件对试验结果有争议时，则以下述条件的试验结果为裁定产品的依据：

1) 环境温度：(20±1) ℃；

2) 相对湿度：63%～67%；

3) 气压：86 kPa～106 kPa。

c) 基准的标准大气条件

作为计算依据的基准大气条件如下：

1) 环境温度：20 ℃；

2） 相对湿度：65％；

3） 气压：101.3 kPa。

A.2.2 机械环境试验

通过振动试验确定ONC系统在使用和运输期间对振动的适应性。试验方法按GB/T 2423.10—2008试验Fc：振动（正弦）。

通过冲击试验确定ONC系统在使用和运输期间对非重复性冲击的适应性。

试验方法按GB/T 2423.5—1995试验Ea。

通过自由跌落试验确定带包装的ONC系统在运输期间对冲击的适应性。试验方法按GB/T 2423.8—1995试验Ed。

A.2.3 电磁兼容性试验

电磁兼容性抗扰度试验需从GB/T 17626系列标准中选择适当的试验项目及受试设备适用的试验等级。

设备应进行其可靠性要求所必需的全部试验，但考虑到经济性，将试验项目合理地限制到最少为宜。

选择适用的抗扰度试验项目取决于下列因素：

——电磁骚扰的类型；

——电磁环境；

——要求的可靠性；

——经济限制；

——设备的性能或特性。

——电磁兼容性标准按下列顺序优先选择：

——专用产品标准；

——产品类标准；

——通用标准。

A.2.4 功能安全试验

ONC系统的功能安全依据GB 28526—2012，该标准对机械安全相关电气电子和可编程电子控制系统（SRECS）的设计、集成和确认，规定要求和给出建议。

ONC系统的选择或设计应符合安全要求规范中规定的功能和安全完整性要求。ONC系统在应用软件和硬件集成期间，宜采用暴露故障和避免失效的测试。试验期间，通过评审以确定是否达到了规定的ONC特性。一般进行下列试验：

——在充分表征操作的数据处，对ONC系统应用功能试验。察看输出，其响应与规范的规定进行比较；

——在实际功能条件下，验证动态行为的动态试验和评估ONC系统的实用性。

在ONC系统设计期间，每个设计阶段完成后应检验该设计阶段是否满足安全规范要求，设计过程后，应检查全部符合安全规范要求。检验的方法可以采用评定、分析、检查、评审和/或测试。

应编制试验计划并包括下述各项的详细描述：

——每项安全功能的功能测试；

——每项安全功能所用每一项诊断功能的功能测试；

——验收准则。

根据情况，试验可采取黑盒或白盒测试。依据相关要求，也可以不测试或用其他检验/验证方法代替。

A.3 试验配置

包括试验设备、测量仪器、测量工具、受试对象、试验台、辅助装置等。

A.4 试验方法

试验方法一般包括下列项目(依实际情况定):

——试验目的;

——试验依据的标准;

——试验参数;

——试验持续的时间;

——特定的试验装置;

——试验程序(或步骤)。

A.5 试验程序(或步骤)

试验步骤一般包括下列项目(依实际情况定):

——受试设备初始检查(或预处理);

——测量仪器和试验设备的配置、受试设备和配套设备的布置、安装、接线及其他;

——开始试验;

——试验过程;

——试验结束。

A.6 试验报告

试验报告至少应包含下列信息:

——试验报告编号;

——试验日期;

——试验申请者名称和地址;

——实验室名称和地址;

——试验类型;

——依照的标准或规范;

——试验程序;

——试验样品的描述(工程图、照片、数量、结构、状态等);

——初始、中间和最后检测;

——试验期间所采取的措施;

——试验结果数据、图表、简要列出数据处理过程及所用公式;

——试验期间的观察结果及所采取的措施;

——试验结果的判定或分析。

附　录　B
（资料性附录）
软件测试方法

B.1　静态测试方法

B.1.1　代码审查

代码审查的测试内容为检查代码和设计的一致性：检查代码执行标准情况、代码逻辑表达的正确性、代码结构的合理性和代码的可读性。

B.1.2　代码走查

代码走查的测试内容与代码审查的测试内容基本一样。

B.1.3　静态分析

静态分析包括：

a）　控制流分析

控制流分析是采用控制流程图系统地检查受试程序的控制结构的工作。控制流依照结构化程序规则和程序结构的基本要求进行程序结构检查。

控制流程图是简化的程序流程图。控制流程图由"节点"和"弧"两种图形符号组成。

b）　数据流分析

数据流分析采用控制流程图来分析数据发生的异常，包括被初始化被赋值或被引用过程中行为序列的异常。数据流分析也作为数据流测试的预处理过程。

c）　接口分析

接口分析用于程序静态分析和设计分析。

d）　表达式分析

检查表达式错误。

B.2　动态测试法

B.2.1　概述

动态测试建立在程序执行过程中，依据对受试项目内部情况是否了解，分为黑盒测试和白盒测试。

黑盒测试又称为功能测试（也称数据驱动测试或基于规格说明的测试），黑盒测试不必了解受试项目的内部情况，仅依据需求规格说明书规定的功能来设计测试实例。

白盒测试又称为结构测试（也称逻辑测试或基于程序的测试），白盒测试应了解程序的内部结构，并依据内部的结构设计测试实例。

通常单元测试采用白盒测试，配置项测试或系统测试采用黑盒测试。

B.2.2　黑盒测试

黑盒测试包括：

a）　功能分解

功能分解是将需求规格说明书中每一项功能进行分解，以确保各项功能均被全面地测试。功能分解的步骤如下：

1） 采用程序设计中的功能抽象方法将程序分解为功能单元；

2） 使用数据抽象方法生成测试各功能单元的数据。

功能抽象方法中的程序被视为一种抽象的功能层次，每一层次可以标识被测试的功能，上一层次结构中的某项功能由其下一层功能定义。对功能层次进行分解，可以得到众多的最低层次的子功能，以这些子功能为对象设计测试实例。

数据抽象中，数据结构可以用抽象数据类型的层次图来描述，每个抽象数据类型有其取值集合。程序中的每一个输入/输出量的取值集合用数据抽象来描述。

b） 等价类划分

等价类划分是在分析需求规格说明的基础上，把程序的输入域化分为若干部分，然后在每部分中选取代表性数据作为测试实例。

步骤如下：

1） 划分有效等价类；

2） 划分无效等价类；

3） 为每一个等价类定义唯一的编号；

4） 为每一个等价类设计一组测试实例，保证覆盖相应的等价类。

c） 边界值分析

边界值分析是用小于、等于或大于边界值的数据对程序进行测试。

步骤如下：

1） 分析规格说明找出所有可能的边界条件；

2） 对每一个边界条件，给出满足和不满足边界值的输入数据；

3） 设计相应的测试实例。

d） 判定表

判定表由条件桩、条件条目、动作桩和动作条目组成。任何一个条件组合的取值及其相应执行的操作构成规则，条目中的每一列是一条规则。

e） 因果图

因果图方法是通过画因果图，将用自然语言描述的功能说明转换为判定表，然后为判定表的每一列设计一个测试实例。

步骤如下：

1） 分析程序规格说明，引出原因（输入条件）和结果（输出结果），给每个原因和结果赋予一个标识符；

2） 分析程序规格说明中语义的内容，将其表示成连接各个原因和相应结果的因果图；

3） 在因果图上标明约束条件；

4） 通过跟踪因果图中的状态条件，将因果图转换成有限项的判定表；

5） 将判定表中的每一列所表示的情况生成测试实例。

f） 随机测试

随机测试指输入数据是在所有可能输入值中随机选取的。

g） 猜错法

猜错法是有经验的测试人员，通过列出可能有差错/易错情况表，写出测试实例。

h） 正交试验法

正交试验法是从大量实验点中选出适量的、有代表性的点，应用正交表合理安排试验。

B.2.3 白盒测试法

白盒测试法包括：

a) 控制流测试

控制流测试依据控制流程图生成测试实例。

步骤如下：

1) 将控制流程图转换成控制流图；
2) 经过语法分析求得路径表达式；
3) 生成路径树；
4) 生成路径编码；
5) 通过译码得到执行的路径；
6) 通过路径枚举生成特定路径的测试实例。

b) 数据流测试

数据流测试是用控制流程图对变量的定义和引用进行分析，并查找出未定义或未使用的变量。

步骤如下：

1) 将程序流程图转换成控制流图；
2) 在每个链路上对变量的数据操作标注操作符号或符号序列；
3) 选定数据流测试的策略；
4) 依据测试策略得到测试路径；
5) 依据路径可以获得测试输入数据和测试实例。

c) 程序变异

为了查出受试软件在接受过其他测试后还剩余的一些小差错。

d) 程序插装

向受试程序插入操作以实现测试目的。

e) 域测试

域测试是判别程序对输入空间的划分是否正确。

f) 符号求值

符号求值是允许数值变量取“符号值”和数值。